TECHNIK UND KULTUR

in 10 Bänden und einem Registerband

Band I   Technik und Philosophie
Band II   Technik und Religion
Band III   Technik und Wissenschaft
Band IV   Technik und Medizin
Band V   Technik und Bildung
Band VI   Technik und Natur
Band VII   Technik und Kunst
Band VIII   Technik und Wirtschaft
Band IX   Technik und Staat
Band X   Technik und Gesellschaft

Im Auftrag der Georg-Agricola-Gesellschaft
herausgegeben von
Armin Hermann (Vorsitzender des wissenschaftlichen Beirats)
und
Wilhelm Dettmering (Ehrenvorsitzender der Gesellschaft)

Gesamtredaktion: Charlotte Schönbeck

GESAMT-REGISTER

*Zusammengestellt und bearbeitet
von Charlotte Schönbeck*

VDI VERLAG

Die Deutsche Bibliothek – CIP-Einheitsaufnahme

Technik und Kultur: in 10 Bänden und einem Registerband /
im Auftr. der Georg-Agricola-Gesellschaft hrsg. von Armin
Hermann und Wilhelm Dettmering. – Düsseldorf: VDI-Verl.
  Teilw. hrsg. von Wilhelm Dettmering und Armin Hermann
  ISBN-13: 978-3-642-95797-0   e-ISBN-13: 978-3-642-95796-3
  DOI: 10.1007/978-3-642-95796-3

Herstellung: PRODUserv, Berlin

Satz: Konrad Triltsch GmbH, Würzburg

ISBN-13: 978-3-642-95797-0

Vorwort

Charlotte Schönbeck

„Die Technik ist heute zu einer Macht geworden, die unser Leben stark beeinflußt. Sie gibt unserer Zeit in weitem Maße das Gepräge. Damit wird es aber zur dringenden Aufgabe, daß wir - bei aller Anerkennung des technischen Fortschritts - nicht nur äußerlich, sondern auch geistig, Herr bleiben über die Welt der technischen Gebilde. Dies erfordert aber eine genaue Kenntnis des Wesens der Technik. (. . .) Man sollte zeigen, welche weltanschaulichen Einflüsse auf die Technik wirken und wie die Technik die anderen kulturellen Bereiche beeinflußt. Es wird so die Verbindung der einzelnen Kulturbereiche miteinander beleuchtet". Diese Betrachtung der Technik als Teil der Kulturgeschichte in dem Geflecht aller anderen Kulturbereiche gab Friedrich Klemm bereits 1963 in einem Vortrag. Sie könnte das Motto für die Konzeption und das Ziel der Bände von „Technik und Kultur" sein. Auch dieses Gesamtregister für die Buchreihe ist in seinem Aufbau von dieser Grundkonzeption bestimmt. Um die vielfältigen wechselseitigen Verknüpfungen der angesprochenen Themen „quer" durch alle Bände für den Leser auch nach außen hin zu markieren und nachvollziehbar zu machen, sind in dem Inhaltsverzeichnis für das Gesamtwerk nicht nur die Beiträge der Bände aufgeführt, sondern auch die dort erscheinenden „Querverweise" auf andere Artikel, in denen ein angesprochener Themenbereich - oft unter einem anderen Gesichtspunkt - behandelt wird. „Technik und Kultur" soll als wissenschaftliches Arbeitsinstrument und als Nachschlagewerk möglichst gut zugänglich sein. Das Personenregister und das Sach- und Schlagwörterverzeichnis sind daher für alle Bände gemeinsam erstellt worden. Kapitel über die Herausgeber, die Autoren, die Redaktion und über die Georg-Agricola-Gesellschaft schließen diesen Band, der als „Schlüssel" für die Einführung in das weit gefächerte Themenfeld von „Technik und Kultur" Hilfe leisten soll, ab.

Von der ersten Idee für „Technik und Kultur" bis zur Fertigstellung dieses Gesamtregisters sind mehr als zehn Jahre vergangen. Eine intensive Zusammenarbeit, das Engagement und die Aufgeschlossenheit vieler Personen, Einrichtungen und Institutionen hat das Zustandekommen aller Bände - über viele, oft steinige Wege -

möglich gemacht. Die Georg-Agricola-Gesellschaft dankt hier noch einmal allen Bandherausgebern und Autoren sehr herzlich. Sie waren immer wieder bereit, sich in vielen Gesprächen mit dem Gesamtkonzept des Werkes auseinanderzusetzen und ihre eigenen Beiträge diesem Konzept unterzuordnen und so gemeinsam wirklich ein Gesamtwerk zu schaffen. Das erforderte oft zusätzliche Ergänzungs- und Änderungsarbeit für die Mitarbeiter, brachte aber auch große Bereicherungen und Einsichten für das Gesamtwerk.

Für die Hilfe bei der Beschaffung der Abbildungen ist die Georg-Agricola-Gesellschaft vielen Bibliotheken, Archiven und Privatpersonen zu Dank verpflichtet. Stellvertretend soll hier nur die Bildstelle des Deutschen Museums in München genannt werden. Die Bände hätten nicht in der vorliegenden Weise illustriert werden können, wenn nicht die Bildredakteure des Werkes in oft unermüdlicher Suche nach immer besseren Motiven und Bildern dazu beigetragen hätten. Hier gilt der Dank Susanne Manecke-Albrecht, Ursula Abele, Guido Huß und vor allem Margot Klemm, die für fünf Bände bei der Bildredaktion tätig war.

Die Georg-Agricola-Gesellschaft hat für die Herstellung von „Technik und Kultur" im VDI-Verlag immer Aufgeschlossenheit und Bereitschaft gefunden. Sie dankt dem Verlag für die gute Ausstattung und reichhaltige Aufnahme von Abbildungen. Sie ist dem Verlag mit ganz besonderem Dank dafür verbunden, daß er, trotz mancher Umstrukturierungen und Änderungen des Verlagsprogramms, immer an dem Projekt „Technik und Kultur" festgehalten und so die Verbundenheit mit der Agricola-Gesellschaft, die bereits seit deren Gründung 1926 besteht, gezeigt hat. Dank sagen möchte die Gesellschaft besonders den Lektoren, die Ansprechpartner für die „eigentliche" Arbeit waren: Cheflektor Dr.-Ing. Wolfram Borchert, Renate Raschke und ganz besonders Siegfried Binder, in dessen Händen die Lektoratsarbeit für die meisten Bände lag.

Die Realisierung dieses Werkes forderte nicht nur Arbeitskraft und Ausdauer von vielen Seiten, sie war auch mit großen Kosten verbunden, die von der Georg-Agricola-Gesellschaft allein niemals hätten aufgebracht werden können. Hätte die Gesellschaft nicht immer wieder vielseitige finanzielle Unterstützung erfahren, wäre die Fertigstellung von „Technik und Kultur" nicht möglich gewesen. Die Gesellschaft ist daher allen Spendern zu tiefempfundenem Dank verpflichtet. Nur durch sie konnte das Werk verwirklicht werden. Für diese Hilfe, die sie oft immer wieder in der Zeit des Entstehens von „Technik und

Kultur" hat in Anspruch nehmen können, dankt sie an dieser Stelle herzlich:

Für Spenden in den Jahren:

1982 A. Krupp v. Bohlen u. Halbach-Stiftung
1984 Vereinigung Deutscher Metallerzbergbau
Draegerwerk AG, Lübeck
Degussa AG, Frankfurt
A. Krupp v. Bohlen u. Halbach-Stiftung
1985 Gaggenau-Werke
Krupp Atlas Elektronik, Bremen
Steinbeis-Verwaltungsgesellschaft mbH
Daimler-Benz AG
SEL Standard Elektrik Lorenz
1986 Dr.-Ing. B. Plettner
Siemens AG
A. Krupp v. Bohlen u. Halbach-Stiftung
Ruhrgas AG, Essen
1987 Allgemeine Deutsche Philips Industrie GmbH
1988 Thyssen Industrie AG, Essen
Gerling-Konzern, Köln
Plettner/Siemens
Walter Becker GmbH, Friedrichsthal/Saar
A. Krupp v. Bohlen u. Halbach-Stiftung
1989 Metallgesellschaft, Frankfurt
Gerling-Konzern
Degussa AG, Frankfurt
Bayer AG, Leverkusen
1990 Mercedes-Benz AG, Stuttgart
A. Krupp v. Bohlen u. Halbach-Stiftung
RWE, Essen
1991 Gerling-Konzern
Stifterverband für die Deutsche Wissenschaft
1992 Dr.-Ing. C. V. Bodnarescu
1993 Stifterverband der Deutschen Industrie
Schering AG
1994 AKBHA-Stiftung

Wilhelmsfeld/Heidelberg, im August 1995   *Charlotte Schönbeck*

Inhalt

1 „Technik und Kultur" – eine Einführung in das Gesamtwerk
Charlotte Schönbeck 1

2 Inhaltsübersicht des Gesamtwerkes
mit Angabe der Querverweise 17

3 Sach- und Schlagwörterregister 33

4 Personenregister 131

5 Herausgeber, Redaktion und Autoren 173

6 Die Georg-Agricola-Gesellschaft zur Förderung der Geschichte
der Naturwissenschaften und der Technik
Helmuth Albrecht, Charlotte Schönbeck 211

„Technik und Kultur" – eine Einführung in das Gesamtwerk

Charlotte Schönbeck

Streitfrage Technik

Welche Bedeutung hat die Technik für uns, für eine moderne Industriegesellschaft? Welche Rolle wird sie in den kommenden Jahren spielen? Dies sind Fragen, die in den letzten Jahren viel, kontrovers und vehement diskutiert worden sind. Die Zahl der Veröffentlichungen darüber ist fast unüberschaubar. Schon eine – fast willkürliche – Auswahl von Titeln aus dem Bereich der populären Bücher, Artikel und Vorträge läßt die Spannweite der Diskussion erkennen: „Forschung und Technik: unsere Zukunft" – „Wunderwelt der Technik" – „Technik – die zweite Schöpfung" – „Abenteuer Wissenschaft" – „Die Welt wird zum Labor" – „Alptraum Technik" – „Der tödliche Fortschritt" – „Überrollt uns die Technik?" – „Über den Umgang mit der Unsicherheit" – „Technik: die schwarze Wand der Zukunft".

In diesen Überschriften klingt die gegenwärtige Situation in ihrem ganzen Ausmaß an: die Polarität zwischen Technikbegeisterung, dem uneingeschränktem Vertrauen in das technisch Machbare, der Techniküberzeugung und der Technikangst, der eingepanzerten Technikfeindlichkeit, der Technikkritik, die Bewunderung für die technischen Innovationen und die abwehrende Furcht vor den Eingriffen der Technik in unser Leben, die Beklommenheit vor dem Ausmaß und dem Tempo der Veränderungen, die Unsicherheit und Orientierungslosigkeit in dieser Situation und die Furcht vor dem ungewissen Weg in die Zukunft. Diese Diskussion über den Einfluß der Technik ist nicht auf den Kreis der Techniker, Ingenieure und Wissenschaftler, der Politiker und Wirtschaftsfachleute beschränkt. Alle Kreise der Öffentlichkeit sind davon betroffen: Hochschulgremien ebenso wie Gewerkschaften, Bürgerinitiativen genauso wie Gesprächskreise in der Industrie, Umweltgruppen in gleicher Weise wie kirchliche Gruppierungen. Und nicht nur das: Durch die tiefgreifenden Eingriffe der Technik in das Alltagsleben und in soziale Strukturen sieht sich jeder Einzelne vor die Frage gestellt: Wie gehen wir mit der Technik um, wie geht die Technik mit uns um?

Die gemeinsame Ausgangsposition bei allen Diskussionen über die Einflüsse der Technik ist die unbestrittene Tatsache, daß durch Naturwissenschaften und Technik wesentliche materielle und geistige Grundgegebenheiten für das Leben in einer modernen Industriegesellschaft bereitgestellt werden. Und das bedeutet, daß ein Ausstieg aus dieser Entwicklung, ein Rückzug in die ländliche Idylle der Einsamkeit, keine Lösung ist. Diese Tatsache bildet die Ausgangsposition für jede Auseinandersetzung mit den komplexen Einflüssen und Folgen der Technik.

Die umfassenden positiven Ergebnisse der Technik, auf die auch die entschiedenen Kritiker nicht verzichten möchten, sind offensichtlich: In den Industrienationen gehören Hungersnot und Epidemien der Vergangenheit an. Der Standard der Transport – und Kommunikationstechnik erlaubt eine Mobilität und Informationsmöglichkeit, die man noch vor zweihundert Jahren in das Reich der Phantasie verwiesen hätte. Die Fortschritte der Medizin haben eine umfassende Gesundheitsfürsorge und -vorsorge ermöglicht und die durchschnittliche Lebenserwartung wesentlich erhöht. Die moderne Technik hat – allerdings nur für die Industrienationen – zu einem nie dagewesenen Wohlstand mit einem Überangebot von Konsumgütern geführt und eine große soziale Sicherung der Bevölkerung erreicht. Auch die vermehrten Freizeit-, Reise-, Bildungs- und Ausbildungsmöglichkeiten sind nur durch die Nutzung der modernen Technik möglich geworden. Diese Leistungen des technischen Fortschritts will niemand missen, sie gehören bereits zu den Selbstverständlichkeiten in unserer Gesellschaft. Die Wohlstandsvermehrung durch Naturwissenschaften, Technik und Industrie wird gewünscht, geradezu gefordert und zielstrebig herbeigeführt. Wachstumsraten sind Barometermarken der Wirtschaft und der Politik.Und doch fürchtet man sich gleichzeitig vor den zum großen Teil unvermeidbaren Folgen der Übertechnisierung. Zukunft ist Chance, aber gleichzeitig auch Risiko.

Dies Wohlstandsleben ist nur möglich durch die Ausbeutung nicht regenerierbarer Ressourcen der Natur und durch einen Energieverbrauch der Industrieländer, der jedes vertretbare Maß übersteigt. Mit dieser Kenntnis und dem täglichen Erleben der einschneidenen Veränderungen des Lebens durch die Technik wäre es naiv zu glauben, daß diese Entwicklung ohne – gewollte oder ungewollte – Folgen wäre. Vielfache Umweltschäden sprechen eine deutliche Sprache. Aber erst seitdem die globalen Schäden beim Klima und der Ressourcenschwund erkannt worden sind, ist die ganze Palette der negativen Auswirkungen unseres Wohlstandes mit den Folgen für das Lebens-

recht anderer Länder der Erde und auch für die zukünftigen Generationen in das Bewußtsein der Gesellschaft gedrungen. Durch die moderne Technik wurden zwar die elementaren Einschränkungen unseres physischen Lebens aufgehoben, aber um den Preis, daß wir uns neuen – erdumfassenden – Einschränkungen zu unterwerfen haben. Man kann sich eben nicht der lebensrevolutionierenden Erfolge von Wissenschaft und Technik rühmen und gleichzeitig verkennen, daß solche Erfolge tiefgreifende Folgen haben. In nüchterner ökonomischer Sprache würde man diese als Kosten bezeichnen, mit denen unsere technischen Erfolge zu Buche schlagen.

Das schwankende Urteil über die Technik und die Orientierungslosigkeit und Unsicherheit im Hinblick auf die zukünftige Entwicklung hat mehrere Wurzeln. Eine davon ist die Komplexität, Undurchschaubarkeit und zunehmende Lebensferne und Abstraktheit moderner Technik: Die technischen „Diener unseres Alltags" benutzen wir zwar mit größter Selbstverständlichkeit, aber der Aufbau und die Funktion ihrer einzelnen Bestandteile sind den meisten Normalbürgern unbekannt; das Auto, die Stereoanlage, der Fernseher oder die Waschmaschine ist jeweils eine Black-Box, von der man nur die Schalter für die Inbetriebnahme oder deren Ende kennt. In verstärktem Maße gilt dies für das Verständnis von Anlagen der Großtechnologie, Müllverbrennungsanlagen, Kernkraftwerken oder der elektrischen Verbundsysteme.

Die Abwehrhaltung gegenüber der uns umgebenden Technik ist aber auch durch ihre weit über unseren eigentlichen persönlichen Lebensbereich hinausgehenden Wirkungen bedingt, und das gilt sowohl in räumlicher wie in zeitlicher Hinsicht. Und nicht zuletzt ist es die zunehmende Geschwindigkeit, mit der heute technische Neuerungen einander ablösen. Die äußeren Veränderungen erfolgen so schnell, daß sie innerlich kaum verarbeitet werden können. Für diese welthistorisch einmalige Situation fehlt es an Vergleichsmöglichkeiten und Anhaltspunkten, die bei einer eigenen Urteilsbildung helfen könnten.

Um zu einer Urteilsfindung zu kommen und um die gegenwärtige Situation sachlich zu betrachten, gilt es, die Ambivalenz der modernen Technik zu sehen und anzuerkennen. In der öffentlichen Diskussion ist man allerdings eher dabei angelangt, daß sich Befürworter und Gegner der Technik in getrennten Lagern aufhalten, deren Meinungen unvereinbar aufeinanderprallen. Bei Reizthemen wie der Kernkraft finden die Auseinandersetzungen im Extremfall auf der Straße statt. Dort wird nicht nach Sachargumenten gefragt, dort wird demonstriert. Steine und Schlagstöcke sind aber kein geeignetes Mittel, um

einen Weg aus der gegebenen Situation zu weisen, sie blockieren nur die sachlichen Lösungen.

Die Technik hat unsere Lebensbedingungen entscheidend geändert, aber sie tat das nicht augenblicklich, nicht total und radikal, sondern schrittweise. Unsere gegenwärtige Situation ist das Ergebnis einer langen historischen Entwicklung, die bis zum Beginn der Menscheitsgeschichte zurückreicht. Jede geschichtliche Epoche, von der Vor- und Frühgeschichte, über das Mittelalter, die Neuzeit bis zur Gegenwart besitzt eine Technik mit einer für jede Zeit charakteristischen Ausprägung. Technik ist nie ein isoliertes Phänomen, sondern ein in der jeweiligen Epoche der Kulturgeschichte eingewobenes Geschehen. Sie ist ein Teil der menschlichen Kultur, denn Kultur umfaßt alle Dinge, die der Mensch in geistiger und materieller Hinsicht hervorbringt. Und die Technik steht in vielfältigen Beziehungen zu anderen Kulturbereichen, den sozialen Strukturen der Gesellschaft und dem Lebenskreis des Einzelnen. Verfolgt man die Wege der technischen Entwicklung von ihren Anfängen, nimmt dabei besonders die historischen Stränge der Verknüpfungen der Technik mit den vielfältigen geistigen, politischen, wirtschaftlichen und sozialen Strömungen auf und verfolgt diese bis in die Gegenwart, dann wird man die heutige Situation besser verstehen und sich auf Grund dieser fundierten historischen Kenntnisse sachlich damit auseinandersetzen können.

Während sich die Technik vom Beginn der Menscheitsgeschichte bis zur Neuzeit – und auch noch bis zu den Anfängen der Industriellen Revolution – als ein Bestandteil unter vielen anderen in das Gesamtbild der jeweiligen kulturellen Befindlichkeit einordnete und ihren Platz von den gerade prägenden Geistesströmungen zugewiesen bekam, hat sich dieses Bild seit der Jahrhundertwende grundlegend geändert. Technik und Wissenschaft gestalten unser Leben, *sie* bestimmen die kulturelle Ausformung unserer Zeit. Für die zukünftige Entwicklung ist es daher entscheidend, sich der Frage nach der Rolle der Technik, ihrer Wirkungen und Folgen in objektiver und nüchterner Weise zu stellen.

,,Technik und Kultur" – das Konzept

Vor mehr als zehn Jahren hat sich die Georg-Agricola-Gesellschaft das Ziel gesetzt, einen Beitrag zu Lösung *dieser* Aufgabe zu leisten. Sie hat mit der Arbeit an einer zehnbändigen Buchreihe ,,Technik und Kultur" – mit einem zusätzlichen Registerband für das Gesamtwerk – begonnen, deren Bände komplett vorliegen.

Gemäß ihrem Verständnis als einer Gesellschaft zur Förderung der Geschichte der Technik und der Naturwissenschaften will sie eine Bestandsaufnahme vorlegen über die Rolle, die die Technik – in positiver wie in negativer Weise – im Laufe der Kulturgeschichte der Menschheit gespielt hat. Es soll damit – nicht nur für den Ingenieur, den Techniker und den Naturwissenschaftler, sondern ebenso für den verantwortungsbewußten Vertreter anderer Bereiche des kulturellen Spektrums und den interessierten Laien – ein Weg gewiesen werden, durch das Aufzeigen der historischen Entwicklung zu einer sachlichen, fundierten und eigenständigen Beurteilung der heutigen Situation zu gelangen.

Um diesen sehr anspruchsvollen und umfangreichen Plan in einem vertretbaren Umfang und in einem überschaubaren Zeitrahmen durchführen zu können, waren für das Gesamtwerk Abgrenzungen und Einschränkungen notwendig.

Als Generalthema, das alle Untersuchungen wie ein roter Faden durchlaufen sollte, wurde die Frage gestellt: Welche wechselseitigen Beziehungen zwischen der Technik und anderen Bereichen der Kultur hat es im Laufe der historischen Entwicklung bis hin zur Gegenwart gegeben? Damit ist bereits stillschweigend eine Einschränkung getroffen: Es kommen hier nur *die* Aspekte der Technik zur Sprache, die Auswirkungen auf andere Kulturbereiche haben und selbst wieder Einflüssen dieser Kulturbereiche unterliegen. Damit sind Fragestellungen der Ingenieurwissenschaften und der handwerklichen Technik ebenso ausgeschlossen wie Fragen der engeren Technikgeschichte, in der es ausschließlich auf die historische Entwicklung technischer Geräte, Instrumente und Verfahren ankommt, ohne deren unterschiedliche Wirkungen und Folgen einzubeziehen. Das Werk ist also kein Kompendium über verschiedene Gebiete der Technik, der Ingenieurwissenschaften oder der handwerklichen Technik, und ebenso wenig ist es ein Handbuch über die Grundlagen der anderen angesprochenen Kulturbereiche. Um trotz der ungeheuren Vielfalt der kulturellen Wechselwirkungen zur Technik nicht das Hauptanliegen des Werkes aus dem Auge zu verlieren, durchziehen einige *Grundfragen* jeden Band und geben der Buchreihe dadurch einen ausgewogenen Aufbau: Welche technischen Innovationen, Ideen, Verfahren und Modelle haben zu grundsätzlichen Veränderungen in der Denkweise und den Methoden innerhalb anderer Kulturbereiche geführt? Welche theoretischen Vorstellungen, Strukturbedingungen oder drängenden Probleme der Lebensbedingungen gaben den Anstoß für technisches Forschen, Erfinden und Konstruieren? Durch diese Beschränkung auf die grund-

sätzlichen und bahnbrechenden Einschnitte innerhalb der Entwicklung der Technik und auch innerhalb der Wege der Kulturgeschichte ist eine weitere „innere" Einschränkung des großen Themenkreises mit seiner fast unübersehbaren Zahl an Einzelphänomenen getroffen.

Eine *räumliche* und *zeitliche* Abgrenzung ergibt sich fast selbstverständlich aus der Notwendigkeit, in erster Linie die gegenwärtige Situation hier bei uns – d. h. in den Industrieländern – zu verstehen. Die Betrachtung des abendländischen Kulturbereiches steht daher im Mittelpunkt aller Bände; so oft wie möglich werden aber Ausblicke auf andere Kulturräume und andersartige gesellschaftliche Strukturen gegeben. – Für zukünftige Ergänzungen wären die Vergleiche mit der historischen Entwicklung der Technik in anderen Kulturen eine notwendige Erweiterung.

Da der Einfluß der Technik seit Beginn der Neuzeit, insbesondere seit der Industriellen Revolution ein Maß erreicht hat, das mit den Verhältnissen in den davor liegenden Epochen nicht vergleichbar ist, liegt der Schwerpunkt der Untersuchungen in fast allen Bänden im Zeitraum der letzten dreihundert Jahre mit besonderer Betonung der Gegenwart. Aber auch diese Einschränkung macht keine vollständige Behandlung des Themenkreises möglich; es muß eine exemplarische Auswahl getroffen werden.

Die Folgen der Technik erstrecken sich nicht nur auf Techniker und Ingenieure. Wir sind alle davon betroffen. Soll das Phänomen Technik also verständlicher und durchsichtiger gemacht werden, dann muß es in einer *Sprache* geschehen, die auch dem Fachmann aus anderen Bereichen der Geisteswelt und des öffentlichen Lebens und ebenso dem aufgeschlossenen Laien die Grundzüge technischer Entwicklung nahebringt, zumindestens die zu erwartenden Leistungen und ihre Gefahren klar darlegt. Eine verständliche und klare sprachliche Darstellung ist daher wesentliche Grundbedingung für alle Artikel der Buchreihe. Man kann sich nur über Zusammenhänge ein eigenes Urteil bilden, die man versteht.

Um das außerordentlich komplexe und mit anderen Bereichen verzahnte Thema „Technik und Kultur" zu gliedern, bieten sich mehrere Möglichkeiten an: Man untersucht nacheinander verschiedene historische Epochen in deren chronologischer Reihenfolge, wie es bei jedem Übersichtswerk der Geschichte üblich ist, und hebt die technischen Phänomene mit ihren Einflüssen auf die Strömungen eines Zeitraumes hervor. Es wäre auch denkbar, die Epochen der Technikgeschichte zur Grundlage der Gliederung zu machen und für jede Epoche die jeweiligen kulturellen, politischen und wirtschaftlichen Ausstrahlun-

gen auf die Technik und umgekehrt zu betonen. – Hier wird ein anderer Weg beschritten. Da es das Grundanliegen des Gesamtwerkes ist, die wechselseitigen Einflüsse der Technik auf einzelne Bereiche der Kultur in ihrem historischen Werdegang zu zeigen, müssen diese Wechselbeziehungen aus dem umfassenden Bereich der Kulturgeschichte herauspräpariert und als eigenständiger historischer Entwicklungsstrang verfolgt werden. Die Themenkreise dieser Wechselbeziehungen und ihre Aufeinanderfolge in den einzelnen Bänden sind so gewählt, daß einerseits charakteristische Wesenszüge und übergreifende Strukturen der Technik hervortreten und andererseits in der Gesamtheit aller Bände eine ineinandergreifende Darstellung der Technik im Rahmen der Kulturgeschichte der Industrienationen möglich ist.

Bevor die Vernetzungen der Technik mit anderen Themen der Kultur untersucht werden können, muß eine wesentliche Voraussetzung geklärt und klar umrissen sein: die dem Gesamtwerk zugrunde liegenden Vorstellungen von Technik. Oder salopp ausgedrückt: Man muß zunächst wissen, wovon die Rede ist, bevor man sich über Folgethemen Gedanken macht. Zum Technikbegriff sind viele Defintions- und Beschreibungsversuche unternommen worden. Wir werden uns hier auf die von Günter Ropohl formulierte und in die Richtlinien des VDI aufgenommene Beschreibung beziehen. Danach umfaßt Technik die Menge der nutzorientierten, künstlichen, gegenständlichen Gebilde (Artefakten oder Sachsysteme), die Menge der menschlichen Handlungen und Einrichtungen, in denen Sachsysteme entstehen und die Menge der Handlungen, in denen Sachsysteme verwendet werden.

Um den Begriff „Technik" zu umreißen, Grundsatzfragen der technischen Entwicklung anzusprechen, theoretische Prämissen zu präzisieren und normative Vorstellungen herauszuarbeiten, ist die Philosophie gefragt. Am Anfang des Gesamtwerkes steht daher der Band „Technik und Philosophie". Er beginnt mit Erörterungen zum Technikbegriff und der Beschreibung seines Wandels in der Geschichte der Philosophie. Untersuchungen zum technischen Problemlösen und zur instrumentellen Verfahrensweise, Überlegungen zum geschichtlichen Wertwandel, Untersuchungen der drängenden Fragen nach der Verantwortung für den technischen Fortschritt und zur Technikfolgenabschätzung schließen sich an. Diskussionen über die Ambivalenz der Technik, über ihre weltweiten kulturgeschichtlichen Wirkungen, über ihre erhofften und über ihre realisierten Leistungen und über die Gefahren der Technik runden den Band ab.

Für die ethischen Normen und Bewertungen ist nicht nur die Philosophie als Instanz gefragt, sondern auch die Religion. Der christliche Verantwortungskodex der „zehn Gebote" zeigte über zweitausend Jahre die Grenzen der Moral und der individuellen Verantwortung auf. Außerdem ist die moderne Technik, wie sie die industrielle Zivilisation formt, nicht denkbar ohne die beiden Wurzeln, durch welche die europäische Tradition entscheidend geprägt wurde: das Christentum und die Entstehung der modernen Naturwissenschaften zu Beginn der Neuzeit. Der Verquickung von Technik und Religion wurde daher ein eigener Band gewidmet. Das mag auf den ersten Blick vielleicht überraschen, aber es zeigt sich, daß die fortschreitende Geschichte der Technik gleichzeitig eine Geschichte der fortschreitenden Säkularisierung, der Lösung aus der religiösen und der kirchlichen Eingebundenheit des geistigen und alltäglichen Lebens ist.

In dem Band „Technik und Religion" werden die weitgefächerten Zusammenhänge zwischen dem technischen Wandel und religiösen Vorstellungen untersucht. Um für die Beiträge dieses Bandes eine gemeinsame gedankliche Ausgangsbasis zu finden, werden im Eingangskapitel die Begriffe Religion, Theologie und Kirche gegeneinander abgegrenzt. Im Mittelpunkt des Bandes stehen dann die wechselseitigen Beziehungen zwischen der technischen Entwicklung und den großen außerchristlichen Religionen und den christlichen Kirchen in einem historischen Überblick bis hin zur Gegenwart. Stellungnahmen zu den wachsenden esoterischen Strömungen heute – vielleicht eine Reaktion auf die Rationalität der Industriegesellschaften – und mögliche Modelle der Religiosität in einer zukünftigen technischen Weltzivilisation schließen diesen Band ab.

Moderne Technik konnte nur entstehen, nachdem die Anwendung der mathematischen Methode und das gezielte, auf der Erfahrung fußende Experiment zur Entstehung der modernen Naturwissenschaften geführt hatten. Die Anwendung naturwissenschaftlicher Methoden und Ausnutzung der Naturgesetze sind wesentliche Voraussetzungen für technisches Schaffen. Auf der anderen Seite konnten auch die modernen Naturwissenschaften zu Beginn der Neuzeit erst durch die Verbindung von technischen Errungenschaften, der mathematischen Methode und der Erfahrungen aus dem gezielten Experiment entstehen. Die Wandlung der Beziehungen zwischen Naturwissenschaften und Technik sind das Hauptthema des Bandes „Technik und Wissenschaft". Der Wissenschaftsbegriff, dessen Erörterung Ausgangspunkt aller weiteren Untersuchungen dieses Bandes ist, wird hier so weit gefaßt, daß er nicht nur die Naturwisssenschaften und die Technikwis-

senschaften einbezieht, sondern auch die Geisteswissenschaften mit umgriffen werden. Es ist der Versuch, in einer historischen Betrachtung der Einflüsse der Technik auf alle Wissenschaften eine Brücke zwischen den „zwei Kulturen" zu schlagen. Schon die im Gesamtwerk vorliegende historische Darstellung naturwissenschaftlicher und technischer Phänomene ist ja in sich bereits eine Brücke, sie ist – als Geschichte – eine geisteswissenschaftliche Beschreibung naturwissenschaftlicher Gegenstände. Und so versteht sich das ganze Werk als Brücke zwischen den „zwei Kulturen".

Ein Kapitel ist zunächst den Beziehungen von Technik und Geisteswissenschaften – exemplarisch am Beispiel der Mathematik, der Archäologie und der Geschichtswissenschaften – gewidmet. Untersuchungen zum Verhältnis zu den Rechtswissenschaften bzw. den Wirtschaftswissenschaften schließen sich an. Die Entstehung der relativ neuen Technikwissenschaften, ihre Verknüpfungen sowohl mit dem praktischen technischen Schaffen wie mit den Ergebnissen der Naturwissenschaften und die Ansätze für eine zukünftige, mehr interdisziplinäre Zusammenarbeit beider deuten eine zu erwartende neue Ausrichtung beider Wissenschaften an.

Die Wechselwirkungen einiger Wissenschaften, die man in diesem Band erwarten würde, sind aus übergeordneten inhaltlichen Gesichtspunkten an anderer Stelle eingeordnet: So fügen sich zum Beispiel die Literaturwissenschaften und Untersuchungen über Technik und Sprache besser in den Zusammenhang des Bandes „Technik und Kunst" ein. Und Gesichtspunkte über Technik und Sozialwissenschaften oder Technik und Erziehungswissenschaften paßten besser in den Themenkreis von „Technik und Bildung".

Die wechselseitigen Verknüpfungen zwischen Technik und Medizin haben in der Vergangenheit – ebenso wie in der Gegenwart – oft über das Leben und die Gesundheit des Einzelnen oder der Gesellschaft entschieden. Eingehende Überlegungen dazu hätten den Rahmen des Wissenschaftsbandes gesprengt; sie sind deshalb zu einem eigenen Band „Technik und Medizin" zusammengefügt worden.

Die Geschichte der Medizin geht zurück bis in die Vorgeschichte der Menschheit; und diese Geschichte ist eng verbunden mit der Qualität der medizinischen Technik der Instrumente und der Behandlungsmethoden. Eine Beschränkung dieses sich über mehr als dreitausend Jahre erstreckenden Themas war unbedingt notwendig. Aus der immer weiter wachsenden Vielfalt technischer Hilfsmittel für die Arbeit des Arztes wurden vor allem diejenigen herausgehoben, die zu einem grundlegenden Wandel der medizinisch-wissenschaftlichen

Auffassungen und Methoden geführt haben. Die hoch technisierte moderne Medizin hat ungeahnte Erfolge zu verbuchen, das Gesundheitswesen der Industrieländer ist einmalig, die Lebenserwartung der Menschen war noch nie so hoch. Aber die Medizin ist bei ihren möglichen Eingriffen in den Beginn und das Ende des Lebens auch an Grenzen gestoßen. Diesen Themen und der drängenden Problematik der Verantwortung im Umgang mit technischen Möglichkeiten in der heutigen Medizin gelten die Beiträge im abschließenden Teil dieses Bandes.

Die Möglichkeiten des technischen Handelns und der Spielraum realisierbarer Erfindungen hängen vom jeweiligen Stand des Wissens und des sich daraus ergebenden Könnens ab. Das jeweilige erreichbare Niveau einer Epoche wird durch die weitgefächerten Bildungseinrichtungen an die nachfolgenden Generationen weitergegeben. Für das Kulturverständnis einer Zeit ist charakteristisch, welche Techniken von ihr für wert gehalten werden, sie zu tradieren, welche auf Akzeptanz stoßen und welche verworfen werden.

Die Beziehungen zwischen technischer Entwicklung und unterschiedlichen Bildungsvorstellungen und Bildungseinrichtungen sind das Thema des Bandes „Technik und Bildung": Neben der technischen Ausbildung und den Bildungswerten, die der schöpferischen Tätigkeit von Technikern und Ingenieuren innewohnen, geht es den Autoren immer wieder um die Herausforderung der traditionellen, humanistischen Bildungsideale durch moderne Medien und Technologien. Das Einwirken der Technik auf alle Lebensbereiche ist auch eine Herausforderung an die Erziehungswissenschaft, die diese sowohl in Deutschland wie auch in anderen Ländern nur zögernd annimmt. Auf die Notwendigkeit, Technik pädagogisch zu durchdringen und aufzuarbeiten, weist besonders der Schlußbeitrag des Bandes hin. Der verantwortliche Umgang mit der Technik muß sich in den kommenden Jahren darin zeigen, daß in allen Ausbildungsgängen die Diskussion über Technikfolgen und Technikbewertung ein festes Bildungsziel wird. Dazu gehört auch ein verantwortungsbewußter Transfer abendländischer Technik in andere Länder und Kulturen.

Die Realisierung der Technik geschieht immer durch Umgestaltung der physischen Welt, durch die Beherrschung und Nutzbarmachung der Natur für die Zwecke des Menschen. Ideen und Pläne der Techniker und Ingenieure lassen sich nur dann in konkreten und materiellen Gebilden verwirklichen, wenn sie in letzter Konsequenz – oft nach komplizierten Umformungen, Umwandlungen und Umwegen – aus der unberührten Natur hervorgehen. Technik entsteht nur im Zusam-

menhang – der Konfrontation oder dem Einvernehmen – mit Gegenständen und Vorgängen der Natur. Diesem Themenkreis gelten die Beiträge des Bandes „Technik und Natur": Die Entstehung neuer wissenschaftlicher Richtungen der biologischen Wissenschaften – der Bionik und der Technischen Biologie – unter dem Einfluß moderner technischer Entwicklungen wird hier angesprochen. Der Schwerpunkt der folgenden Untersuchungen liegt bei den für unsere Zukunft entscheidenden Auswirkungen der Technik auf Natur und Umwelt, auf deren Grundelemente Boden, Wasser und Luft. Die Einführung in dieses zentrale Kapitel des Bandes über Technik und Umwelt wird durch einen historischen Überblick über das Ausmaß von Umweltschäden in verschiedenen Epochen in Europa gegeben. Die globalen Veränderungen durch technische Eingriffe, die Warnung vor ungehemmtem Mißbrauch bei der Verwendung von Ressourcen und der Aufruf zu einem verantwortungsbewußten Umgang mit der Natur werden eingehend erörtert. Umweltschäden durch die Technik zu erkennen, sie einzudämmen und in Zukunft möglichst zu vermeiden, läßt sich *nicht ohne* Technik machen. Man braucht dazu technisches Wissen, technische Geräte und technische Methoden. Die Technik muß die Verantwortung für die Erhaltung der Natur als wichtige zukünftige Kulturaufgabe übernehmen.

Kreatives Schaffen des Menschen beschränkt sich nicht auf technisches Erfinden und Produzieren. Technisches Planen, Entwerfen und Entdecken sind seit Beginn der Kulturgeschichte eng verknüpft mit handwerklicher und künstlerischer Kreativität. In der Antike bedeuten ja Kunst und Technik noch das gleiche. Die wechselseitigen Beziehungen zwischen Technik und Kunst haben sich im Laufe der Geschichte vielfach gewandelt. Sie reichen von einem krassen Gegensatz bis zu einer vollständigen Verschmelzung – man denke dabei nur an das Wirken der Künstler-Ingenieure in der Zeit der Renaissance. Diesen wechselvollen Verbindungen ist der Band „Technik und Kunst" gewidmet. Seine Beiträge beleuchten sehr unterschiedliche Aspekte des Hauptthemas. Nach einer Eingangsbetrachtung über den Wandel des Kunstbegriffes im Laufe der Geschichte wird am Beispiel verschiedener Kunstrichtungen die Rolle der Technik als Werkzeug zur Gestaltung von Kunstwerken herausgearbeitet, es werden die Grenzbereiche zwischen Technik und Kunst angesprochen und vor allem die künstlerische Auseinandersetzung mit neuen technischen Möglichkeiten und Technologien diskutiert.

Kunstwerke sind seit jeher ein besonders sensibler Ausdruck für das Zeitempfinden; mit Mitteln der Kunst lassen sich Stimmungen und

Tendenzen einfangen, die schwer formuliert oder gar nicht in Worte gefaßt werden können. Die Kunst ist ein untrügliches Indiz für die positiven Erwartungen und auch für die negativen Befürchtungen, die Menschen gegenüber der Technik hegen. Ein umfangreiches Kapitel ist der Darstellung der Technik in Kunstwerken gewidmet. Hier wird nicht nur gezeigt, wie sich die Technik als Thema in der Malerei oder in der Plastik widerspiegelt, sondern es wird auch intensiv auf die Darstellung der Technik in Literatur und Musik hingewiesen. Gerade diese sind ein untrüglicher Spiegel für Einstellung des Menschen gegenüber der Technik.

Maschinen, technische Gerätschaften und Verfahren befreien den Menschen von einem Großteil körperlicher und sogar geistiger Arbeit. Aber ihr Gebrauch wirkt unweigerlich auf den einzelnen Menschen und auf seine soziale Umgebung zurück. Neben die genannten Grundmerkmale der Technik – ihre enge Verknüpfung mit den Wissenschaften und ihre Auseinandersetzung mit der Natur – tritt die im umfassendsten Sinn soziale Dimension als drittes Charakteristikum hinzu.

Die sozialen Folgen der Technik für die unterschiedlichen Strukturen der Gesellschaft sind vielschichtig und weitreichend. Diesen Themenkreis skizzieren die drei Bände „Technik und Wirtschaft", „Technik und Staat" und „Technik und Gesellschaft".

Nach Untersuchungen über den modernen Wirtschaftsbegriff gibt der Band „Technik und Wirtschaft" einen Überblick über die Entstehung der industriellen Welt und verfolgt dann in den Hauptkapiteln den Einfluß der technischen Entwicklung auf die Grundpfeiler des modernen Wirtschaftssystems in den Industrieländern. Dies sind die Gewinnung von Roh- und Grundstoffen, ihre Verarbeitung und Montage, die Energiewirtschaft, der Ausbau eines leistungsfähigen Verkehrssystems und die Infrastruktur eines Landes.

Technische Entscheidungen stoßen oft an die Schranken politischer Gegebenheiten. Und politische Auseinandersetzungen haben vielfach ihren Ursprung in der Leistungsschwäche überlebter Techniken oder umfassenden Auswirkungen bei der Nutzung neuer Techniken. Die langjährigen Diskussionen über Kohle und Stahl, über die Subventionierung der europäischen Landwirtschaft oder die vehemente Auseinandersetzung über die Nutzung der Kernenergie sprechen eine deutliche Sprache. In wie vielfältiger Weise der Staat auf die technische Entwicklung eines Landes einwirkt und wie sehr wirtschaftliche, militärische und politische Leistungen eines Staates von seinem technischen Standard abhängigen, das sind Themenbereiche, mit denen sich

der Band „Technik und Staat" auseinandersetzt. Der Bogen wird hier von den historischen bis zu den modernen Staatsformen gespannt, und es werden neben den europäischen Gegebenheiten auch Ausblicke auf die Verflechtungen von Staat und Technik in China und Japan im Laufe ihrer Geschichte gegeben.

Alle Verknüpfungen zwischen Technik und anderen Kulturbereichen, die in den vorangegangenen Bänden angesprochen worden sind, haben auch eine soziale Komponente. Diese ist das Schwerpunktthema des Schlußbandes „Technik und Gesellschaft". Dieser Band will die Wechselwirkungen der Technik mit dem einzelnen Menschen, mit gesellschaftlichen Gruppen und mit gesamtgesellschaftlichen Strukturen deutlich werden lassen. Die Beiträge beschäftigen sich daher einerseits mit der Rolle der Technik bei der Entstehung und Ausformung sozialer Strukturen und andererseits mit den Auswirkungen sozialer Gruppen und Strukturen auf die Entwicklung der Technik. Durch die Technisierung unserer heutigen Industriegesellschaft und durch die „Vergesellschaftung" der Technik – also durch das Verständnis der Technik als Phänomen des gesamten Gesellschaft – hat sich das Leben für jeden Einzelnen und für die Gesellschaft grundlegend geändert. Diese Veränderungen, von den Wandlungen der Arbeitsplätze, des Alltags und der Freizeit für jeden Bürger bis hin zu den Änderungen der Beschäftigungsstruktur der Bevölkerung und der Einbeziehung der Öffentlichkeit in die Entscheidungsprozesse über die Nutzung neuer Technologien, sind wesentliche Anliegen dieses abschließenden Bandes der Reihe „Technik und Kultur".

„Technik und Kultur" – Rückblick und Ausblick

Das Gesamtwerk ist in einer Arbeitszeit von mehr als zehn Jahren – von der Planung bis zum Erscheinen des letzten Bandes – und durch die Mitarbeit von nahezu zweihundert Autoren aus unterschiedlichen Fachbereichen entstanden. Die Bände zeigen daher eine Vielfalt von Ansätzen, Methoden und Diktionen. Beigetragen haben Vertreter der Naturwissenschaften und der Technik ebenso wie der Geisteswissenschaften und der Sozialwissenschaften, Künstler und Fachleute der technischen Praxis. Während dieser Entstehungszeit ist die Sensibilität für das Anliegen des Werkes in starkem Maße gestiegen. Wir finden es als Thema übergreifender Vorlesungen an Hochschulen ebenso wie in den Seminaren großer Industriekonzerne oder bei kirchlichen Tagungen. Besonders die gegenwartsbezogenen Beiträge aller Bände haben eine Bündelung von gedanklichen Ansätzen, Erkenntnis von

Strukturen der Technik und eine Darlegung von manchen technischen Entwicklungen in ihrer revolutionierenden Wirkung für alle Kulturbereiche entstehen lassen, deren Prägnanz in der Planungszeit des Gesamtwerkes noch nicht zu erkennen war. In den letzten Jahren haben sich sogar öffentliche Institutionen für Technikbewertung und Technikfolgenabschätzung installiert, und es ist ein Verein für europäische Technikkultur gegründet worden.

In der Zusammenschau aller Bände sollen einige Gesichtspunkte hierzu genannt werden: Betrachtet man zunächst die Vielfalt der technischen Innovationen der Gegenwart, so belegen Beiträge in allen Bänden, in welch fundamentaler Weise in den meisten Bereichen der Kultur die Einführung und Verbesserung der elektronischen Datenverarbeitung zu einer Veränderung sowohl der Arbeitsmethoden wie zu einer inhaltlichen Neuorientierung der Fächer geführt hat. Das gilt in ähnlicher Weise auch für den Einfluß moderner Medien. So läßt sich zum Beispiel der Computer gar nicht mehr wegdenken aus der Bürotechnik, der Praxis bei der Ausstellung alltäglicher Rechtsbescheide, dem Unterricht in allen Schularten oder der Computeranimation in Graphik, Film und Technik. In Bereichen der Wissenschaft und in der Medizin gehört der Computer schon lange zum selbstverständlichen Hilfsmittel.

Sucht man nach Themen, die fächerübergreifend in allen Bänden anklingen, dann kristallisiert sich als vordringlicher Fragenkreis der nach der Verantwortung für den technischen Fortschritt, nach seinen Grenzen und nach seinen Leistungen heraus. Nachdem die Folgen der fortschreitenden globalen und irreversiblen Eingriffe der Technik immer deutlicher werden, wird von allen Fachrichtungen die Notwendigkeit für die Auseinandersetzung mit der zukünftigen Rolle der Technik und für die Entwicklung neuer Wertvorstellungen im Umgang mit der Technik gesehen. Nur so lassen sich auch für zukünftige Generationen menschenwürdige Lebensumstände sichern.

Fragt man nach Problemen, die für die Zukunft unserer technischen Zivilisation entscheidend sein werden und die ihre Ursache in der technischen Entwicklung haben, dann ist – neben den Umweltfolgen im umfassendsten Sinn – im Laufe der Entstehungszeit von „Technik und Kultur" ein Kardinalproblem immer intensiver in den Vordergrund gerückt, das nicht nur über das zukünftige Leben in den Industrieländern, sondern auch über das der gesamten Erdbevölkerung entscheiden wird. Es ist der explosionsartige Bevölkerungszuwachs, der gerade das Verhältnis von Technik und Natur an die Grenze einer Zerreißprobe führt, deren Ausgang ungewiß ist. Das Wachstum der

Weltbevölkerung kann nur von Kulturschüben und technischen Innovationen ausgehen, durch die immer mehr Ressourcen zur Verbesserung von Ernährung, Gesundheit und zur Lebensverlängerung zur Verfügung gestellt werden. Vor zehntausend Jahren betrug die Weltbevölkerung eine Million Menschen, um 5000 v.Chr. waren es fünfzig Millionen, um 1830 war die Milliardengrenze erreicht, und im Mai 1993 berichtete eine dpa-Meldung von 5,5 Milliarden Menschen auf der Erde. Anschaulich gesprochen bedeutet das: Gegenwärtig kommen 230 000 Menschen pro Tag, 9700 pro Stunde, 162 pro Minute oder 3 Menschen pro Sekunde dazu. Das entspricht nach 21 Tagen der Bevölkerung von Rio de Janeiro, nach acht Monaten der Bevölkerungszahl der alten Bundesländer und nach sieben Jahren der Bevölkerungszahl von ganz Afrika. Aber es bedeutet gleichzeitig den steten Schwund an Wald, Wiese und naturbelassener Fläche: Jede Minute nimmt die Fläche unbebauten Landes um sieben Hektar ab. Die Bevölkerungslawine und deren Folgen stellen alle strittigen Probleme, die durch den technischen Fortschritt auftreten, in den Schatten. Überlegungen zu einer Regelung für die Zukunft und zu der Aufgabe, die der Technik und einem verantwortungsbewußten Umgang mit ihr zukommt, das sind Themen, die in „Technik und Kultur" in den gegenwartsbezogenen Beiträgen voller Dringlichkeit anklingen.

Nach Abschluß des Gesamtwerkes wird deutlich, wie viele Fragen unbeantwortet bleiben mußten und wie viele Themen nicht einmal angerissen werden konnten. Die Diskussion über die Rolle der Technik von einem kulturhistorischen Ansatz aus ist ein guter Weg, um zu einer sachlich fundierten Orientierung zu kommen, aber die vorliegenden Bände sind nur ein erster Schritt, ein Anfang, der in viele Richtungen noch weitergeführt werden muß. Hierzu gehört zum Beispiel die Ausweitung über den deutschsprachigen Raum hinaus. Einbezogen werden müssen zunächst die entsprechenden Entwicklungen in allen westlichen Industriestaaten und in den USA, aber ebenfalls in der ehemaligen Sowjetunion und den osteuropäischen Staaten. Der Zusammenbruch des Sozialismus wird über wichtige Zusammenhänge zwischen totalitären Staatsformen und technischen Entwicklungen Aufschluß bringen. Von großer Wichtigkeit wird auch die Erweiterung auf andere Kulturbereiche sein, die einen anderen historischen Werdegang und damit auch ein ganz anderes Verhältnis zur Technik haben.

Wie weit sich die westlich geprägte Technik verantwortungsvoll auf Länder anderer Kulturen übertragen läßt, welche Erwartungen man dort an die Leistungen der Technik hat und welche Folgen für die

traditionellen Strukturen und Wirtschaftsgefüge damit verbunden
sind, das sind Fragen, die noch nicht einmal in Ansätzen erfaßt sind,
die aber in weiterführenden Arbeiten zum Thema „Technik und Kultur" in Angriff genommen werden müssen.

Inhaltsübersicht des Gesamtwerkes
mit Angabe der Querverweise

Der innere Zusammenhang der Beiträge in den einzelnen Bänden wird in folgender Weise durch sogenannte Querverweise gewährleistet: Wird in einem Absatz eines Beitrages ein Thema angesprochen, das – eventuell unter einem anderen Gesichtspunkt – auch in einem anderen Kapitel oder Beitrag des Gesamtwerkes erwähnt wird, dann wird am Schluß des Absatzes auf die entsprechenden Kapitel bzw. Beiträge in anderen Bänden hingewiesen. Der Hinweis erfolgt in Form einer eckigen Klammer; zum Beispiel bedeutet [I-3.6], daß Aspekte des im vorhergehenden Absatz untersuchten Themas auch in dem Beitrag 3.6 im Band I „Technik und Philosophie" angesprochen werden.

I   TECHNIK UND PHILOSOPHIE
Herausgeber: Friedrich Rapp

Einleitung. *Friedrich Rapp.* [I-3.6]

1   Entwicklung der Technikphilosophie
1.1   Der Technikbegriff. *Alois Huning.* [II-5.2]; [III-3.3, 4.3, 4.4]; [V-3.1, 3.6.2]; [VI-1.1]
1.2   Die philosophische Tradition. *Alois Huning.* [II-3.2, 4.1, 4, 2]; [V-1]; [VI-1.1]; [VII-1.1]
1.3   Deutungen vom 19. Jahrhundert bis zur Gegenwart. *Alois Huning.* [I-1.1, 2, 3.4, 3.5, 3.6]; [II-5.2]; [VI-1.1]
1.4   Geistesgeschichtliche Voraussetzungen der modernen Technik. *Friedrich Rapp.* [II-3.1, 4.1, 4.3, 4.4, 4.5]; [III-3.2, 3.3, 4.1]; [VI-Einleitung, 1.1]; [VIII-1, 2]; [X-5.1, 5.2, 5.6]

2   Technisches Problemlösen und soziales Umfeld. *Günter Ropohl.* [I-1.2, 1.3, 3.4, 3.5, 3.6]; [II-4.5]; [III-3.3, 3.6, 4.1, 4.4, 4.5]; [V-Einleitung, 3.5, 3.6]; [VI-Einleitung, 1.1, 4, 5]; [VII-1.1]; [VIII-6]; [IX-5]; [X-2.1, 5.1, 5.3]

3   Technik und Verantwortung
3.1   Die zwei Kulturen: Technische und humanistische Rationalität. *Friedrich Rapp.* [I-1.4, 3.2, 3.4]; [III-1.1, 3.1]; [V-3.4, 3.5]; [X-5.1]

3.2   Sachzwänge und Wertentscheidungen. *Friedrich Rapp*. [I-2, 3.3]
      [X-5.7, 5.8]
3.3   Geschichtlicher Wertwandel. *Ernst Oldemeyer*. [VI-1.1];
      [IX-1, 5]
3.4   Verantwortungsdifferenzierung und Systemkomplexität.
      Hans Lenk. [I-1.3, 3.6]; [III-2.6]; [IV-Einleitung, 9]; [V-4.4];
      [VI-Einleitung, 3.4, 3.5, 4.2, 4.3, 4.4, 4.5, 5]
3.5   Möglichkeiten und Grenzen der Technikbewertung.
      Friedrich Rapp.[I-2, 3.4, 4.3]; [VI-4]
3.6   Spezifische Problembereiche. *Walther Ch. Zimmerli*. [I-2, 3.4];
      [II-4.2]; [III-4.5]; [IV-4.8, 4.9]; [V-2, 6]; [VI-Einleitung, 1.1,
      3.4, 3.5, 4, 5]; [IX-4.6, 4.7, 4.8, 5]; [X-5.7, 5.8]

4   Die Ambivalenz der Technik
4.1   Utopien und Antiutopien. *Friedrich Rapp*. [I-3.5]; [II-4.1];
      [V-5]; [VII-5.4, 5.10, 5.11]; [IX-5]
4.2   Die technische Weltzivilisation. *Friedrich Rapp*. [I-1.2, 1.3,
      2, 4.3]; [II-4.5, 6]; [III-1]; [V-2, 5, 6]; [VI-3.4, 4.2, 5.1, 5.4, 5.6]
4.3   Die Leistungen der Technik und ihr Preis. *Friedrich Rapp*.
      [I-3.4, 3.6]; [II-4.5]; [X-5.2, 5.3]

II   TECHNIK UND RELIGION
Herausgeber: Ansgar Stöcklein und Mohammed Rassem

      Einleitung. *Ansgar Stöcklein*. [I-1.2, 4.2]; [II-1, 4.1]

1   Was ist Religion?
      Religion – Kirche – Theologie. *Heinrich Rombach*. [I-1.3];
      [II-3.1, 5.3]

2   Außerchristliche Religionen und ihr Verhältnis zur Technik
      Einführung. *Mohammed Rassem*. [I-4.2]; [II-2.3, 2.4, 2.5];
      [IX-3.5]
2.1   Naturreligionen und Frühformen der Technik.
      Werner Müller. [II-2.3]; [X-3]
2.2   Religion und Technik in den frühen Hochkulturen des
      Vorderen Orients und des Mittelmeerraumes. *Fritz Graf*.
      [II-1]; [III-3.2, 4.2]; [IV-1]; [VII-2.1]; [X-2.2]
2.3   Religionen und Technik in China. *Jean Pierre Voiret*.
      [IX-3.5]
2.4   Die Technik im Islam. *Hans Daiber*. [II-3.2, 3.5];
      [III-3.2]

2.5 Religiöse Bezüge zur Technik im Judentum. *Salcia Landmann.*
[II-2.4, 3.2]; [III-3.2]

3 Christentum und Technik bis zurAufklärung
Einführung. *Mohammed Rassem.* [I-4.2]; [II-2.2, 4.5];
[III-2.5, 3.1]; [VI-5]

3.1 Die Technik im Frühchristentum. *Werner Georg Haverbeck.*
[II-1, 4.5]; [III-3.2, 4.2]; [X-2.2]

3.2 Technik und Kirche im Mittelalter. *Wolfgang Stürner.*
[I-4.1]; [II-3.1, 3.2, 4.1, 4.5]; [III-2.3, 2.4, 3.2, 4.1, 4.2];
[V-3.1, 4.1]; [IX-4.1]; [X-2.3]

3.3 Die Kirchen des Westens und die Technik im Aufbruch
zur Neuzeit. *Hans-Werner Schütt.* [II-3.2, 4.1, 4.2];
[III-3.3, 4.1, 4.2, 4.4]; [V-3.1]; [VI-1.1]; [VII-1]

4 Christentum und Technik in der modernen Welt

4.1 Technik auf dem Wege zu einer säkularisierten Welt.
Ansgar Stöcklein. [II-1, 2.1, 3.2, 3.3, 4.5, 5.3, 6];
[V-3.1; 4.1]; [VI-1]

4.2 Westliches Christentum und Technik im Zeitalter
der Industrialisierung. *Franz Burgey.* [V-3.2]; [X-4.1, 4.2]

4.3 Katholische Kirche und Technik heute. *Peter Inhoffen.*
[I-1.2, 1.3, 3.6, 4.2]; [II-4.5]; [IV-8, 9]; [VI-4, 5]

4.4 Technik als Herausforderung von reformatorischen Kirchen
und Freikirchen
Alfred Jäger. [I-1.3, 3.4, 3.6]; [II-4.1, 4.2, 4.3, 5.3];
[III-3.2]; [IV-9]; [V-4.1]

4.5 Rückblick: Entscheidende Begegnungen und Wandlungen
von Glauben und Technik. *Udo Krolzik.* [I-1.2];
[II-2.2, 4.1]; [III-3.2, 4.2]; [V-3.1]; [VI-1.1]; [IX-2.1, 2.3]

5 Ausgewählte Zeugnisse von Ingenieuren,
Naturwissenschaftlern und Philosophen
Einführung. *Mohammed Rassem.*

5.1 Einstellungen von Ingenieuren und Technikern zur Religion.
Walter Botsch. [I-1.3]; [II-4.5]

5.2 Hinwendung, Ablehnung, Dialog. *Hans Sachsse.*
[I-1.2, 1.3, 3.4, 3.6]; [II-4.3, 4.4, 5.1]

5.3 Esoterisch-mystische Zugänge zur Technik. *Kurt Dressler.*
[I-3.6]; [II-1]; [IV-9]; [VI-1.1, 3.5]

6 Ausblick: Religion und Technik morgen. *Mohammed Rassem.*
[I-1.1, 3.4, 3.6]; [II-Einleitung, 2.1, 2.2, 4.3, 4.4, 4.5];
[IV-8, 9]; [VI-1.1, 5]; [IX-3.4, 4]; [X-5.3]

III   TECHNIK UND WISSENSCHAFT
Herausgeber: Armin Hermann und Charlotte Schönbeck

Einleitung. *Charlotte Schönbeck.* [II-2.3]; [III-2.6]; [IV-3.4]; [V-4.4]; [X-5.1]

1   Was ist Wissenschaft?
1.1   Was ist Wissenschaft? *Alwin Diemer, Gert König.* [I-3.4, 3.6]; [III-3.1, 3.3, 4.1]; [V-3.1]

2   Technik und Geisteswissenschaften
2.1   Technik und Mathematik. *Christoph J.Scriba, Bertram Maurer.* [I-1.2]; [II-2.2, 2.5, 3.2, 4.1,]; [III-1.1, 3.2, 3.3, 3.7, 4.2, 4.4]; [V-3.1, 3.5, 3.6.2];[IX-4.1, 4.2, 4.3, 4.4, 4.5, 4.6, 4.7]; [X-2.2]
2.2   Technik und Archäologie. *Ernst Pernicka.* [II-2.1]
2.3   Technik als Hilfsmittel in den Geschichtswissenschaften. *Heinrich Best, Manfred Thaller.* [III-2.2]
2.4   Technik und Geschichtswissenschaft. *Rolf-Jürgen Gleitsmann.* [I-1.1, 1.3]; [III-1, 4.3]; [V-3.5, 3.6.2, 4.1]
2.5   Technik und Wirtschaftswissenschaften. *Hans-Joachim Braun.* [I-1.2, 1.3, 3.6]; [III-3.7, 4.3, 4.4]; [V-3.5]; [VIII-1, 5.10, 6]; [IX-2.2, 4.6, 4.7, 5]
2.6   Technik und Rechtswissenschaft. *Udo Kornblum.* [I-2]; [X-5.7, 5.8]

3   Technik und Naturwissenschaften
3.1   Was wollen die Naturwissenschaften? *Armin Hermann.* [I-1.1, 1.2, 3.4, 3.6]; [II-4.2]; [III-1.1, 2.1, 3.3]
3.2   Technik und Naturwissenschaften in Antike u. Mittelalter. *Fritz Krafft.* [I-1.2]; [III-1, 2.1, 3.3, 4.2]; [IV-1]; [V-3.1]; [VI-Einleitung, 1.1]; [X-2.2]
3.3   Renaissance – Naturwissenschaften und Technik zwischen Tradition und Neubeginn. *Charlotte Schönbeck.* [III-1, 2.1, 2.6, 3.1, 3.2, 3.4]; [IV-1]; [V-3.1]
3.4   Technik und Naturwissenschaften im 17. und 18. Jahrhundert. *Andreas Kleinert.* [III-2.1, 3.1, 3.3, 3.5, 3.6, 4.2, 4.4]; [IV-2.2, 3.2]; [IX-2.2, 2, 3]
3.5   Anfänge der technischen Chemie. *Otto Krätz.* [III-3.4, 3.7]; [VIII-3.3]
3.6   Naturkunde und Biologie in ihrer Wechselwirkung zur Technik. *Brigitte Hoppe.* [III-4.5]; [III-4.5]; [IV-1, 2.5, 3.2, 3.3, 3.4, 5.2, 7]; [VI-2.1, 2.2, 3.1, 3.2, 3.5, 4.3]; [VIII-5.12]; [X-2.1, 5.2, 5.4]

3.7 Naturwissenschaft und Technik in den
letzten hundert Jahren.
Walter Botsch, Armin Hermann. [I-3.6];
[III-2.4, 3.1, 3.2, 3.3, 3.5, 4.1, 4.4, 4.5];
[IV-3.2]; [VIII-3.3, 5.10]

4 Technik und Technikwissenschaften
4.1 Was wollen die Technikwissenschaften?
Gerhard Zweckbronner. [III-3.3; 4.5]
4.2 Technisches Wissen in Antike und Mittelalter.
Kurt Mauel. [II-2.2, 3.2, 4.5]; [III-3.1, 3.2, 3.3, 3.6];
[VIII-4.1]
4.3 Technologie als Wissenschaft im 18. und
frühen 19. Jahrhundert. *Ulrich Troitzsch.*
[I-1.2]; [III-3.4, 4.4]; [V-3.5]; [IX-2.2, 2.3]
4.4 Technische Wissenschaften im Industrialisierungsprozeß
bis zum Beginn des 20. Jahrhunderts.
Gerhard Zweckbronner. [III-2.1, 3.3, 3.4, 3.7, 4.2];
[V-3.5, 3.6]; [VIII-5.3, 5.8, 5.11]
4.5 Technikwissenschaften im Wandel. *Heinz Blenke.*
[I-3.4, 3.6,]; [III-3.2, 3.3, 3.4, 3.5, 3.6, 3.7, 4.2, 4.4];
[IV-1, 8, 9]; [VI-2.1, 3.2, 3.5, 4, 5];
[VIII-3.3, 5.3, 5.4, 5.8, 5.9, 5.11]; [X-6]

IV TECHNIK UND MEDIZIN
Herausgeber: Rolf Winau

Einleitung. *Rolf Winau*

1 Konzepte von Gesundheit und Krankheit.
Rolf Winau. [I-1.1, 1.2]
2 Technische Hilfsmittel in der Medizin. *Rolf Winau*
2.1 Einführung
2.2 Entwicklung chirurgischer Instrumente
2.3 Narkose
2.4 Antiseptik und Aseptik
2.5 Geräte ersetzen Körperfunktionen

3 Das Sichtbarmachen des Unsichtbaren. *Rolf Winau*
3.1 Einführung
3.2 Der Blick durch das Mikroskop. [III-3.5, 3.7]
3.3 Bilder vom Körper. [III-3.7]

3.4   Bilder aus dem Körper
3.5   Von der Faszination der Kurven. [VII-5.9]

4   Auf dem Wege zum „Ersatzteilmenschen". *Rolf Winau*. [I-3.6];
      [II-4.3]; [IV-2.2]; [VI-3.5]

5   Technik und Krankheiten. *Rolf Winau*
5.1   Entwicklung der Lehre von den Berufskrankheiten.
      [III-3.3]; [X-4.2, 5.2, 5.3, 5.4]
5.2   Arbeitsmedizin. [IV-6]
5.3   Veränderungen des Krankheitsspektrums
5.4   Zivilisationskrankheiten

6   Elektrizität und Medizin. *Michael Hubenstorf*.
      [IV-5.2]

7   Von der Apotheke zur pharmazeutischen Großindustrie.
      Rolf Winau
7.1   Medikamente aus der Apotheke
7.2   Medikamente aus der Fabrik. [III-2.6]; [VIII-3.3]
7.3   Firmenforschung

8   Soziale und individuelle Folgen der Technisierung der Medizin.
      Rolf Winau. [I-3.6]; [IV-1, 9]

9   Technische Fertigkeiten und ethische Verantwortung.
      Rolf Winau. [I-3.4, 3.6,]; [III-3.6, 4.5]; [IV-4, 8]; [VI-3.5]

V   TECHNIK UND BILDUNG
Herausgeber: Laetitia Boehm, Charlotte Schönbeck

      Einleitung. *Charlotte Schönbeck*.
      [III-2.4]; [IV-8]; [VI-2.1, 3.5]; [VII-5]; [IX-5]; [X-5.6]

1   Was ist Bildung? *Günther Dohmen*. [II-4.1]; [V-2, 3.1, 3.2]

2   Bildung und Technik. *Günther Dohmen*.
      [I-1.3]; [II-2.1]; [V-1, 4.4, 6]; [VI-5];
      [VII-5.9]; [VIII-5.10];[X-1,6]

3   Bildung für die technische Welt
3.1   Technische Bildung von den Anfängen bis
      zur frühen Neuzeit. *Laetitia Boehm*. [I-1.1, 1.2, 1.4, 4.1]; [II-2.1,
      2.2, 3.2, 3.3, 4.1, 4.3, 4.4, 4.5, 5.2]; [III-2.4, 2.6, 3.2, 3.3, 4.2, 4.3,
      4.4]; [V-1, 2, 3.2, 3.3, 3.4, 3.6.3, 3.12, 4.1, 5]; [VII-5.1];
      [X-2.3, 2.4]

3.2 Die Anfänge eines technischen Bildungssystems.
Helmuth Albrecht. [V-1, 3.1, 3.4, 3.6.3]; [IX-4.2]

3.3 Technik und allgemeinbildende Schulen.
Wolf Ekkehard Traebert. [I-1.1, 2, 3.4]; [II-2.2]; [III-3.2, 4.1];
[V-1, 2, 3.1, 3.2, 6]

3.4 Entwicklung der technischen Fachschulen.
Gustav Grüner. [III-3.3]; [V-3.2, 3.5]; [X-4.1, 4.3]

3.5 Geschichte der Technischen Hochschulen.
Karl-Heinz Manegold. [III-3.7, 4.1, 4.3, 4.4];
[V-1, 3.2, 3.4, 3.6.2]; [X-5.6]

3.6 Förderung technischer Bildung außerhalb
der Schulen

3.6.1 Polytechnische Vereine und technische Bildung.
Claus Priesner. [III-2.6]; [V-1, 3.2, 3.3, 3.4, 3.5,
3.6.2, 4.2]; [X-3.1]

3.6.2 Technische Vereine als Bildungseinrichtungen.
Wolfgang König. [V-3.3, 3.5, 3.6.1, 4.2]; [X-5.6]

3.6.3 Technische Bildung und Ausbildung in Betrieben.
Karlwilhelm Stratmann. [V-3.1, 3.2, 3.4, 3.6.2];
[X-4.2, 4.3, 5.1, 5.4, 5.6]

4 Technische Medien und Bildung
4.1 Buchdruck und technisches Schrifttum.
Rolf Stümpel. [II-3.3, 4.1]; [III-3.2, 3.3, 4.1, 4.2];
[V-1, 3.1, 3.2, 4.2]

4.2 Zeitschriftenwesen und technische Bildung.
Hans-Martin Kirchner. [III-2.1, 3.4];
[V-3.3, 3.4, 3.5, 3.6.1, 3.6.2, 3.6.3, 4.1];
[X-5.2]

4.3 Hörfunk und Fernsehen. *Walter Först.* [V-2, 6]; [VIII-5.10];
[IX-3.3]

4.4 Computer – Herausforderung der traditionellen
Bildung. *Klaus Haefner.* [I-2]; [III-2.6]; [V-2, 3.4, 6]; [VII-5.8,];
[VIII-5.10];
[IX-4.4, 4.8, 5]; [X-5.3]

5 Popularisierung der Technik durch Massenmedien. *Jens Krüger,
Stephan Ruß-Mohl.* [II-3.2]; [V-4.1, 4.2, 4.3]

6 Technik im Blickpunkt der Erziehungswissenschaft. *Hermann
Röhrs.* [I-1.3, 3.4, 3.5, 3.6]; [V-1, 2, 3.3, 3.5, 3.6.2, 4.4, 5];
[X-1, 5.1, 5.4, 5.6, 6]

VI   TECHNIK UND NATUR
Herausgeber: Werner Nachtigall, Charlotte Schönbeck

      Einleitung. *Charlotte Schönbeck.* [I-1.3]; [III-3.1]; [IV-8, 9]; [V-1.1]

1   Technik und Natur
1.1   Homo Faber – Der technische Zugang zur Natur. *Hans-Liudger Dienel.* [I-1.1]; [II-2.1, 2.3, 2.5, 3.2, 4.2, 4.5]; [III-3.3, 3.6] [IV-5]; [V-3.1]; [VI-Einleitung, 2.1, 2.2, 3.2, 3.3, 3.4, 4, 4.1, 4.3, 4.6; 5]; [VII-5.3, 5.12]; [VIII-3.3, 5.1, 5.2, 5.8, 5.12]; [IX-3.3]; [X-2.1, 2.3, 5.2, 5.12]
1.2   Konstruktionen der belebten Welt – Technik in der Natur. *Werner Nachtigall*

2   Naturverständnis durch die Technik
2.1   Technische Biologie und Bionik. *Werner Nachtigall.* [VI-Einleitung, 2.2, 3.1, 3.2, 3.3]
2.2   Natur verstehen durch Denkansätze aus der Technik. *Werner Nachtigall.* [VI-Einleitung, 2.1, 3.1, 3.2, 3.3]
2.3   Konstruktionen ausgestorbener Lebewesen. *Wolf-Ernst Reif.* [VI-Einleitung, 2.1, 2.2, 3.1, 3.2, 3.3, 3.4]
2.4   Der Pneu als formbildendes Prinzip. *Frei Otto.* [VI-2.3]; [VII-5.7]

3   Anregungen aus der Natur für die Technik
3.1   Bionik – Entstehung einer Wissenschaft. *Irmtraut Scheele.* [VI-2.1, 2.2, 3.2, 3.3, 3.4]; [III-3.3]
3.2   Aspekte der Struktur und Konstruktionsbionik. *Werner Nachtigall.* [VI-2.1, 2.2, 2.3, 3.1, 3.3]
3.3   Evolutionsstrategie – Optimieren wie in der Natur. *Ingo Rechenberg.* [VI-2.1, 2.2, 2.3, 3.1, 3.2]
3.4   Die Welt – ein vernetztes System. *Frederic Vester.* [I-3.3, 3.4, 3.6]; [VI-Einleitung, 3.2, 5]; [VIII-1, 2, 3.1, 3.2, 6]
3.5   Gentechnik verändert die Natur. *Eckart Fuchs.* [I-3.4, 3.6]; [III-3.6, 4, 5]; [IV-8, 9]

4   Technik und Umwelt – Gegenwartsfragen.
4.1   Umweltschädigungen in historischer Sicht – Beispiel Mitteleuropa. *Christian Hünemörder.* [I-3.5]; [II-3.2]; [III-3.2, 4.2]; [V-3.1]; [VI-Einleitung, 4.4, 5]; [VIII-5.12]

4.2 Technik und Luft. *Franz Slemr.*
[I-3.6]; [VI-4.1, 4.5, 5]; [VIII-5.1]
4.3 Technik und Wasser. *Jürgen Schwoerbel.*
[II-2.1]; [III-3.6]; [IV-4.1]; [VIII-5.1, 5.4, 5.6, 5.12];
[X-2.2]
4.4 Technik und Boden. *Gerhard Eisenbeis, Michael Sturm.* [VI-4.1,
4.2, 4.3, 4.5]
4.5 Wirkungen pflanzlichen Lebens in großen Räumen.
Ulrich Lüttge. [III-3.6, 4.5]; [VI-4.1, 4.2, 4.3, 4.4]
4.6 Entstehung, Entsorgung und Wiederverwertung
von Müll – ein globales Problem.
Werner Schenkel. [VI-3.4, 4.2, 4.4]; [VIII-1, 8]

5 Technik und Natur an der Wende zum
dritten Jahrtausend – Versuch eines Ausblickes.
Charlotte Schönbeck, Werner Nachtigall.
[I-3.4, 3.6]; [VI-1.1, 2.1, 2.2, 3.1, 3.2, 3.3, 3.4]

VII TECHNIK UND KUNST
Herausgeber: Dietmar Guderian

Einleitung. *Dietmar Guderian*

1 Was ist Kunst?
1.1 Der Kunstbegriff im Wandel. *Hans-Georg Gadamer.* [I-1.1];
[VII-1.2]
1.2 Über die Schwierigkeiten, moderne Kunst zu vermitteln.
Bazon Brock

2 Technik als Werkzeug zur Gestaltung von Kunstwerken
2.1 Kunst und Technik im klassischen Altertum –
die antike Bronzetechnik. *Peter C. Bol.* [I-1.1]; [VII-2.3]
2.2 Eisen in der modernen Kunst. *Willy Rotzler.*
[VII-2.1, 2.3]
2.3 Technik und Kunst in der Skulptur der Moderne.
Eberhard Fiebig. [I-1.1]; [VII-1.1]
2.4 Die Technik der Musikinstrumentenherstellung
am Beispiel des klassischen Instrumentariums.
Hubert Henkel. [I-1.1]; [VII-2.5, 5.8]
2.5 Die Entwicklungsgeschichte des künstlich
erzeugten Tons. *Hubert Henkel.* [VII-2.4, 5.8]
2.6 Fotografische Technik und Malerei im Dialog
Erika Billeter

3   Kunst und Handwerk
3.1   Kunsthandwerk und Technik. *Astrid Guderian*. [I-1.1]
3.2   Möbel: Konstruktion und Gestaltung. *Bernhard Bischoff*

4   Grenzbereiche zwischen Technik und Kunst
4.1   Künstlerische Auseinandersetzung mit
       neuen Technologien. *Dietmar Guderian*.
       [VII-4.2, 4.3]
4.2   Computergraphik als Kunst. *Herbert W. Franke*
       [III-2.1]
4.3   Künstler, Computer und tanzender Bär.
       David Galloway. [VII-4.1, 4.2, 4.4]
4.4   Technische Erscheinungen von ästhetischem Reiz.
       Dietmar Guderian. [VII-2.1, 4.2, 4.4]

5   Technik als Thema von Kunstwerken
5.1   Der Bergbau des 16. und 17. Jahrhunderts in seinem
       künstlerischen Ausdruck. *Rainer Slotta*.
       [III-3.1, 3.3]; [VII-5.3]
5.2   Industrielle Revolution in der Bildenden Kunst
       des 19. Jahrhunderts. *Christoph Bertsch*.
       [I-4.3]; [II-4.1]; [VII-5.3, 5.4, 5.12];
       [VIII-5.7, 5.9]; [X-4.1, 4.2, 5.7]
5.3   Der Arbeitsprozeß und der Mensch im Arbeitsprozeß –
       vom Beginn der Industrialisierung bis zur Gegenwart.
       Dietmar Guderian. [VII-5.2, 5.12]; [VIII-2, 3.1, 3.2, 4.1, 4.3]
5.4   Kunst als Ventil – Technikangst und Technikbegeisterung.
       Dietmar Guderian. [IV-5]; [VII-4.3, 5.2, 5.3, 5.10, 5.11]
5.5   Graphik, Design und Technik – die visuelle
       Kommunikation der Industrieunternehmen.
       Karl Duschek. [VII-4.4, 5.6, 5.7]
5.6   Architektur als Ausdruck unserer Zeit.
       Fritz Leonhardt. [VII-5.7]
5.7   Architektur im 20. Jahrhundert –
       vom floraren Stil zum Dekonstruktivismus.
       Eva-Maria Schumann-Bacia. [VI-2.4]; [VII-5.6]
5.8   Technik als Thema in der Musik des 20. Jahrhunderts.
       Hans-Joachim Braun. [VII-2.4, 2.5]
5.9   Technik und Sprache. *Astrid Guderian*. [IV-3.5]
5.10   Technik in der Literatur der Neuzeit.
       Dietrich von Engelhardt. [I-4.1]; [V-5];
       [VII-5.3, 5.4, 5.9, 5.11, 5.12]

5.11 Das literarische Gedankenexperiment –
zur Technikgeschichte der Science Fiction.
Susanne Päch. [I-4.1]; [VII-5.10]
5.12 Technik und Lyrik – Geschichte einer Beziehung.
Astrid Guderian. [I-4.1]; [VII-5.2, 5.3, 5.9, 5.10, 5.11]

VIII TECHNIK UND WIRTSCHAFT
Herausgeber: Ulrich Wengenroth

Einleitung. *Ulrich Wengenroth.* [III-2.5]; [X-2.1]

1   Was ist Wirtschaft? *Ulrich Wengenroth.* [III-2.5]; [VIII-5.1];
[IX-5]

2   Die Herausbildung der industriellen Welt.
Ulrich Wengenroth. [II-2.3]; [III-3.2, 4.2];
[V-3.5, 4.2]; [VIII-3.3, 5.1, 5.3]; [IX-3.5]

3   Die Roh- und Grundstoffe
3.1   Der Steinkohlenbergbau in Deutschland.
Uwe Burghardt. [VII-5.1, 5.3]; [VIII-3.3, 5.2, 5.4, 5.8];
[X-4.4]
3.2   Eisen, Stahl und Buntmetalle. *Ulrich Wengenroth.* [VIII-2.1, 3.1,
3.3, 5.3, 5.5, 5.6]
3.3   Chemische Industrie. *Gottfried Plumpe.*
[III-3.5, 3.7]; [IV-7.1, 7.2, 7.3]; [VI-4.4]

4   Verarbeitung und Montage
4.1   Die Entwicklung der Fertigungstechnik.
*Volker Benad-Wagenhoff, Akos Paulinyi,
Jürgen Ruby.* [I-1.1]; [VIII-3.2, 4.2, 4.3]
4.2   Fertigungsorganisation im Maschinenbau.
Volker Benad-Wagenhoff. [VIII-4.1, 4.3]
4.3   Montage – Engpaß in der Automation
von Produktionssystemen. *Michael Mende.*
[III-4.4]; [VIII-4.1, 4.2]; [X-5.1]

5   Energie, Verkehr und Infrastruktur
5.1   Frühindustrielle Antriebstechnik –
Wind- und Wasserkraft. *Michael Mende.*
[VI-4.2, 4.3]; [VIII-5.3]; [IX-3.5]
5.2   Vom Holz zur Kohle – Prozeßwärme
und Dampfkraft. *Michael Mende.* [VIII-3.1]
5.3   Elektroenergie. *Ulrich Wengenroth.*
[III-3.7]; [VIII-4.1, 5.11]; [X-5.2, 5.3, 5.4]

5.4   Kernenergie – Großtechnik zwischen Staat,
      Wirtschaft und Öffentlichkeit.
      Joachim Radkau. [I-3.6]; [IX-3.7, 4.8]; [X-5.8]
5.5   Seeschiffahrt. *Andreas Kunz, Daniel Thomas.*
      [VIII-5.6, 5.8]; [X-4.1]
5.6   Binnenschiffahrt. *Andreas Kunz.* [VIII-5.5]
5.7   Straßenverkehr. *Uwe Burghardt.* [VI-4.2, 4.5]; [VIII-5.8];
      [IX-3.3]; [X-5.3]
5.8   Eisenbahnen. *Rainer Fremdling.* [I-4.3]; [III-4.5]; [VII-5.12];
      [VIII-3.1, 3.2, 4.1, 4.3]; [X-5.7]
5.9   Luftfahrt. *Michael K. Wustrack.* [VIII-4.3]; [IX-4.3]
5.10 Informationsübermittlung und Informationsverarbeitung.
      Ulrich Wengenroth. [III-3.7]; [V-4.3]; [VIII-5.3];
      [IX-3.3]; [X-5.2]
5.11 Von der Werkstattzentrale zur Verbundwirtschaft.
      Thomas Herzig. [VI-4.3]; [VIII-3.1, 5.1, 5.3, 5.4, 5.13];
      [X-5.7]
5.12 Versorgungswirtschaft – Staatliche Regie und
      Privatindustrie in der Wasserversorgung.
      Axel Föhl. [III-3.6]; [IV-8]; [VI-4.3]; [X-5.7]
5.13 Die Gasversorgung. *Axel Föhl.* [III-3.5]; [VI-1.1]; [X-4.3]

6   Technik und Wirtschaft an der Wende
      zum nächsten Jahrhundert. *Ulrich Wengenroth.*
      [I-3.4, 3.6]; [VI-3.4, 4, 4.2, 4.5; 5]; [X-6]

IX   TECHNIK UND STAAT
Herausgeber: Armin Hermann, Hans-Peter Sang

      Einleitung. *Hans-Peter Sang.*
      [II-4.1]; [III-3.3]; [V-4.1]

1   Was ist Staat ? *Hans-Peter Sang*

2   Technik in historischen Staatsformen
2.1   Technik und Staat im Absolutismus.
      Hans-Peter Sang. [III-2.6, 3.3]; [V-3.2, 3.5, 3.6.1, 4.1, 4.4];
      [IX-2.2]
2.2   Der Kameralismus in Preußen und die
      Berliner Akademie. *Rüdiger vom Bruch.*
      [I-1.1]; [III-2.5, 3.4, 4.3]; [V-3.2]; [IX-2.1]
2.3   Die Französische Revolution und die Akademie.
      Hans-Peter Sang. [III-2.6, 3.4]; [V-3.5]; [IX-2.1]

2.4 Goethe und die Entwicklung der Technik in
Sachsen-Weimar: Das Ilmenauer Bergbauprojekt.
Bernd Roeck. [III-3.3]; [VII-5.10]; [VIII-2.2, 3.1]

3 Technik in modernen Staatsformen.
3.1 Technik und Staat in der Wilhelminischen Zeit
und der Weimarer Republik. *Hans-Peter Sang*.
[I-1.3]; [V-3.6.2]; [IX-3.2]
3.2 Die Bedeutung der Elektrotechnik in der
Gründungsphase der Sowjetunion.
Guido Huß, Michael Tangemann.
[VIII-5.3, 511]
3.3 Technik und Staat im Dritten Reich.
Hans-Peter Sang. [V-3.6.2, 4.3]; [IX-3.1, 4.3, 4.4, 4.6]
3.4 Die Rolle des Staates beim Aufstieg Japans
in den Kreis der hochindustrialisierten Länder.
Erich Pauer
3.5 Wunschtraum und Wirklichkeit –
Technik und Staat in China. *Jean-Pierre Voiret*. [II-2.3]
3.6 Technik und Staat in der Deutschen Demokratischen
Republik (1949-1989/90).
Eckart Förtsch, Clemens Burrichter. [I-1.3]; [VI-4.4]; [VIII-4.3];
[IX-3.7]
3.7 Technologiepolitik in der Bundesrepublik
Deutschland (1949-1989/90).
Wolfgang Krieger. [I-3.6]; [III-2.5]; [V-2]; [VI-3.5]; [VIII-5.4,
5.9]; [IX-4.8]; [X-5.7, 5.8]

4 Technik für Rüstung und Krieg
4.1 Entwicklungslinien der Waffentechnik bis 1914.
Peter Zimmermann. [I-1.2]; [III-1, 2.1, 3.3];
[V-3.1]
4.2 Die Technik in der Ausbildung des deutschen
Offiziers. *Peter Zimmermann*. [III-2.1]; [V-3.2]; [IX-3.1, 4.1, 4.4,
4.6]
4.3 Die Rolle der Technik im Ersten Weltkrieg.
Peter Zimmerman. [VIII-5.9]; [IX-4.1, 4.2, 4.4, 4.6];
4.4 Wehrtechnik und Wehrwissenschaft zwischen
den Weltkriegen. *Peter Zimmermann*. [IX-3.3, 4.1, 4.2, 4.3, 4.8]
4.5 Radartechnik in Großbritannien und
in Deutschland von 1918 bis 1945.
Georg Schmucker. [III-3.7]; [IX-3.3, 4.6]

4.6 Die Rolle der Technik im Zweiten Weltkrieg.
Peter Zimmermann.[IX-3.3, 4.2, 4.3, 4.4]
4.7 Wechselwirkungen zwischen militärischer und
ziviler Forschung und Technologie.
Hans-Georg Knoche. [I-1, 2]; [VIII-5.4];
[IX-4.1, 4.3, 4.4, 4.5]; [X-5.8]
4.8 Die Strategische Verteidigungsinitiative SDI.
Michael Rühle. [IX-4.5, 4.7]

5 Technik und Staat heute und morgen.
Hans-Peter Sang. [I-2, 3.4, 3.5, 3.6]; [VI-5]; [IX-3.6, 3.7]

X TECHNIK UND GESELLSCHAFT
Herausgeber: Helmuth Albrecht, Charlotte Schönbeck

Einleitung. *Helmuth Albrecht.* [I-1.3, 3.1, 3.4, 3.6, 4.3]; [III-2.4]

1 Technik als gesellschaftliches Phänomen.
Helmuth Albrecht. [I-1.1, 2, 1.3, 3.4];
[III-2.4, 4.3]; [IX-1]

2 Technik und Gesellschaft in vorindustrieller Zeit
2.1 Technik und Gesellschaft in frühen Kulturen
der Menschheit. *Hansjörg Küster.* [II-2.1, 2.2, 3.1];[III-3.6];
[VI-1.2, 4.1]; [IX-4.1]; [X-2.2]
2.2 Technik und Techniker in der antiken Gesellschaft.
Holger Sonnabend. [I-1.2]; [II-2.2, 4.5];
[III-2.1, 3.2, 4.2]; [V-3.1]; [X-4.1]
2.3 Technik und Gesellschaft im Mittelalter.
Sönke Lorenz. [II-2.3, 3.2, 4.5]; [III-3.6];
[VI-4.3]; [VIII- 5.1]
2.4 Technik und Gesellschaft am Beginn der Neuzeit.
Herbert Aagard. [III-3.4]; [IV-5]; [VI-4.1];
[VIII-2, 2.1, 2.2, 4.4]; [IX-2.2]

3 Technik und Gesellschaft außerhalb Europas
Exkurs: Technik und Gesellschaft außerhalb Europas
am Beispiel einer Völkergruppe Afrikas südlich der Sahara.
Harald Kleinschmidt. [I-1.3]; [II-2.1]; [X-1]

4 Von der Agrar- zur Industriegesellschaft
4.1 Die industrielle Revolution. *Axel Kuhn.* [III-2.4, 3.4, 4.5];
[V-3.5, 4.1]; [VIII-2, 3.2, 5.8, 5.9]; [IX-2.3]; [X-1, 5.7]

4.2 Allgemeine gesellschaftliche Auswirkungen
der Industrialisierung.
Henning Hoffsten, Axel Kuhn. [II-Einführung zu 5];
[III- 2.4, 4.5]; [IV-8]; [VI-5]; [VII-5.2, 5.3, 5.4];
[VIII-5.8]

4.3 Unternehmer und Arbeiter: die gesellschaftliche
Realität im 19. Jahrhundert. *Axel Kuhn.* [I-1.3]; [II-4.1, 4.3];
[III-2.5]; [IV-5.1];
[V-3.4]; [IX-1, 3.2]; [X-4.1]

4.4 Der Weg in die Massengesellschaft. *Axel Kuhn.* [I-1.3, 4.3];
[III-2.6]; [IV-5.1];
[VII-5.9]; [VIII-5.3, 5.10]; [IX-3.3, 4.3, 4.6]; [X-5.2, 5.3]

5 Technik und Gesellschaft im Industriezeitalter
5.1 Technik und Arbeitswelt. *Rüdiger Seltz.* [I-1.1]
5.2 Technik und Alltagsleben – sozialer Wandel
durch Mechanisierung und technische Medien.
Werner Rammert. [I-1.1]; [II-2.2, 4.1, 4.5];
[V-2, 3.2, 4.1, 4.3]; [VI-4.6]; [VIII-5.7, 5.10, 5.11, 5.13];
[X-1, 5.5]

5.3 Technik und Mobilität. *Rainer Gömmel.*
[III-2.4, 4.5]; [VIII-5.7, 5.8, 5.9]; [IX-3.1, 5.3];
[X-4.1, 4.2, 4.4, 5.2, 5.7]

5.4 Technik und sozialer Wandel. *Hans-Dieter Ganter.*
[VIII-1]; [IX-4.2]; [X-5.1, 5.2, 6]

5.5 Technik und Geschlechterverhältnis –
zur Diskussion der Technikkompetenz von Frauen.
Margot Fuchs. [X- 5.2]

5.6 Gesellschaftliche Stellung und Bewußtsein
des Ingenieurs. *Niels Beckenbach.* [V-3.5, 6.2]; [IX-2.3];
[X-Einleitung]

5.7 Entwicklungsprozesse und gesellschaftliche
Entscheidungsspielräume in der Geschichte
großtechnischer Systeme. *Joachim Radkau.*
[III-2.4, 3.5, 4.5]; [V-4.3]; [VI-4.1, 4.3];
[VIII-3.3, 4.1, 5.3, 5.4, 5.7, 5.8, 5.10, 5.11, 5.12, 5.13];
[IX-3.3, 3.7]; [X-5.2, 5.3, 5.8]

5.8 Gesellschaftliche Entscheidungsprozesse im
Bereich technischer Großprojekte – das Beispiel Kernenergie.
Rolf-Jürgen Gleitsmann.
[I-3.6]; [IX-3.7]; [X-5.7, 6]

6   Technik – Gesellschaft – Zukunft.
        Helmuth Albrecht. [I-1.4, 3.4, 4.1, 4.3]; [II-4.5, 5.1]; [V-2, 6];
        [VI-5]; [VIII-1, 2, 6]

Sach- und Schlagwörterregister

Die römischen Ziffern verweisen auf die Band-Nr. Die Band-Zählung des Gesamtwerkes ist aus S. II gegenüber dem Innentitel eines jeden Bandes ersichtlich.

A

Aachener Beschlüsse des VDI   V: 227
Abbaudruck im Bergbau   VIII: 57
Abbaufront, stempelfreie   VIII: 77, 80
Abbaugeschwindigkeit   VIII: 78
Abbauhammer im Bergbau   VIII: 67, 68, 70
Abbauverfahren im Bergbau   VIII: 63, 71, 72
Abfall als globales Problem   VI: 523
Abfall als Wirtschaftsgut   VI: 489
Abfallbehandlung   VI: 490−502
Abfälle des produzierenden Gewerbes, Verwertung der   VI: 496
Abfälle im Gewerbe, nachweispflichtige   VI: 495−496
Abfallentsorgung   VI: 503
Abfallentsorgung im Gewerbe   VI: 491−495
Abfallentstehung, Grundlagen der   VI: 483−490
Abfallmengen   VI: 490−502
Abfallprobleme zu Beginn des 20. Jahrhunderts   VI: 60
Abfallverbringung, grenzüberschreitende   VI: 498−499
Abfallwirtschaft   VI: 483
Abfallwirtschaftsprogramm   VI: 504
Abgangswinkel eines Geschosses   IX: 283, 286
Abgaskatalysator   III: 448
Abhängigkeit, funktionale   I: 104
Ablagerung von Abfällen   VI: 502
Ablagerungsbecken für die Wasserversorgung   VIII: 513
ABM-Vertrag   IX: 448
Abonnementszeitungen   V: 398
Abrahmeffekt im Bergbau   VIII: 80
Abrüstung   I: 268, 269
Absolutismus   II: 303, IX: 3−5
Absolutismus, aufgeklärter   IX: 43
Absterbeordnungen in Berlin   IV: 233
Abstraktion   III: 220

Abstraktion und Verfremdung   VII: 116, 117
Absurdität und Technik   VII: 285−307
Abteufen im Bergbau   VIII: 78
Abwasser   VI: 395
Abwasser, komunales   VI: 399
Abwasser, Geruchsbelästigung durch   VIII: 518
Abwässer, ungeklärte   VI: 326
Abwasserbeseitigung   VIII: 518−525
Abwasserreinigung   VI: 395−403
Abwehrrakete Patriot   IX: 451, 452
Académie des Sciences   IX: 17−22, 60−76
Académie des Sciences und Kriegsgüter   IX: 63
Académie des Sciences und Lavoisier   IX: 60, 71−73
Académie des Sciences und Utilitarismus   IX: 22
Académie des Sciences vor der Französischen Revolution   IX: 60
Académie des Sciences, Aufgaben der   IX: 19
Académie des Sciences, Mitglieder der   IX: 21
Académie des Sciences, Preise der   IX: 20
Académie des Sciences, Preisverleihungen der   IX: 20
Académie des Sciences, Schließung der   IX: 70−73
Acetylenchemie   VIII: 166−169
Acetylsalicylsäure (ASS)   VIII: 173
Achtstundentag in der Stahlindustrie   VIII: 113
Ackerbau im Mittelalter   V: 78
Ackerbau und Seßhaftigkeit   X: 40, 45
Ackerbau, frühgeschichtlicher   X: 41
Ackerbaukultur in der Frühgeschichte   X: 43, 44
Aderlaß   IV: 42, 43
Aerophone (Luftklinger)   VII: 93
Agar (Agarplatte)   VI: 287
Agenda Setting (Thematisierungsfunktion)   V: 389
Agrargesellschaft   VIII: 22
Agrargesellschaft zur Industriegesellschaft, von der   X: 454
Agrargesellschaft zur Industriegesellschaft, Wandel der   IX: 22; X: 135

Agrargesellschaft, Mobilität in der   X: 183
Agrargesellschaft, vorindustrielle   X: 164, 167
Agrarhandel   VIII: 23
Agrarkultur   I: 23
Agrarreform im 19. Jahrh.   VIII: 34
Agrarrevolution   I: 124
Agrarstaat zum Industriestaat in Deutschland,
    vom   X: 158−159
Agrartechnik südlich der Sahara   X: 117−118
Agricola, Georgius: De re metallica   V: 305
AIRBAG-System   IX: 440, 441
Airbus   IX: 440
Akademeine für bildende Künste   V: 139
Akademie der Wissenschaften der DDR   IX: 214
Akademie der Wissenschaften, französische
    III: 283−284, 308; V: 62;   IX: 17−22
Akademie der Wissenschaften, preußische   III: 215,
    394; IX: 31, 32, 32
Akademie, Leopoldinische   V: 326
Akademie, Mitglieder der   IX: 62
Akademiebewegung   IX: 48, 49
Akademien in Deutschland   IX: 31−33
Akademien, europäische naturwissenschaftliche
    IX: 17
Akademien, Preisfragen der   IX: 51, 53−54,
    56, 57
Akademien, wissenschaftliche   III: 282−284, 289,
    393; IX: 49−52
Akademiker   IX: 62
Akademisierung polytechnischer Schulen   V: 216
Akkulturation   X: 53
Akropolis   X: 48, 53
Aktiengesellschaften, erste   X: 142
Akustik, musikalische   VII: 85
Alchimie   II: 139, 314, 315, 356; III: 289; IV: 18,
    20, 260
Alchimie in China   II: 85, 88, 90
Alchimie in der Renaissance   III: 263
Alchimie, arabische   II: 112
Alchimisten   IV: 19
Algeny   II: 139
Algorithmus   I: 116, 137, 141, 142; V: 359
Alhambra, Bau der   II: 124
Alizarinverfahren   VIII: 171
Alkali Act (1863)   VIII: 153
Alkaloide   IV: 265−266, 272
All-Einheit   II: 343, 344

Allegorien auf Rechnungsformularen, technische
    VII: 236−237, 238, 239
Allegorien der Elektrizität   VII: 235, 236
Alleinverantwortung   I: 239, 240
Allgemeinbildung, technische   V: 425
Allgemeiner Deutscher Gewerkschaftsbund   IX: 111
Allgemeines Heeresamt   IX: 408
Allgemeinkrankheiten   IV: 27
Allmosen-Cassa   V: 132
Alltagskonflikte durch Technisierung, soziale
    X: 290−292
Alltagskrisen durch Technisierung   X: 290−292
Alltagsleben und Technik   X: 266−292
Alltagspraxis und Technik   I: 1
Alphabet   V: 296
Alternativbewegung   I: 187, 189
Alternativen   I: 247, 248
Altersbestimmung, Methoden der   III: 83−88
Altertumsforschung   III: 78
Altmaterialien, Stabilisierungszahlungen für
    VI: 511−512
Altmenschen   II: 55
Altsteinzeit, Werkzeuge in der   X: 37
Aluminiumherstellung   VIII: 132
Folgen neuer Rationalisierungskonzepte   X: 250−261
Amalgam-Verfahren   VIII: 155
Ambivalente Ambivalenz der Technik   I: 61;
    X: 222
Ambivalenz des technischen Fortschritts   I: 156, 157,
    315−321; II: 265
Amerikanische Verfassung   IX: 6
Aminosäuren   VI: 290, 291
Ammoniak   VIII: 159
Ammoniak-Soda-Verfahren   VIII: 154
Ammoniak-Synthese-Verfahren   VIII: 159−161
Ammoniaksynthese   III: 351, 352, 442
Ampicillin   VI: 284, 285
Amputation   IV: 49, 171, 172, 174
Amt für Technik   IX: 141
Amt für technische Wissenschaften der Deutschen
    Arbeitsfront   IX: 147
Amt für Wissenschaft und Technik in Japan
    (AWT)   IX: 174, 175−176, 180
Analogie von Maschine und Organismus   VI: 134,
    136
Analogie, funktionelle und nichtfunktionelle   VI:
    210−211

Analogiebildungen in Paläontologie und Biologie
   VI: 139
Analogieforschung, Bedeutung der   VI: 105−106,
   112
Analogieprinzip zwischen Technik und Natur
   VI: 112
Analyse der elektromagnetischen Strahlung   VI: 456,
   459
Analyse der Leserschaft   V: 400, 401, 402, 403, 404
Analyse von Keramikfragmenten   III: 89
Analysen, multivariate   III: 106
Analyseverfahren der Geschichtsforschung, komplexe
   III: 105
Anästhesie   IV: 55
Anästhesie, lokale   IV: 63, 64, 65
Anatomie   IV: 13, 14, 15, 16, 17
Anatomie, mikroskopische   III: 328
Anfänge chemischer Technik   III: 299−301
Anfänge der chemischen Industrie   III: 311
Anfänge der theoretischen Chemie   III: 316−318
Angestellter als neuer Berufsstand   X: 220
Anilin   III: 312, 313
Animation von Fahrzeugen   VII: 325
Animismus   II: 50, 51, 54, 55
Anlagen zur Müllentsorgung, chemisch-
   physikalische   VI: 502
Annaberger Bergaltar   VII: 218−221
Anpassung als natürliche Selektion   VI: 143
Anpassung von Kirche an Technik   II: 137
Anpassungsfähigkeit an Umweltveränderungen
   VI: 338
Anpassungsfähigkeit von Tier- und Pflanzenarten
   VI: 530
Anrechnungsverordnung   V: 290
Ansatz für die Zukunft, kybernetischer
   VI: 263−264
Ansatz, biokybernetischer   VI: 256
Ansatz, kognitiv-erkenntnismäßiger   V: 46
Ansatz, kompensatorischer   V: 44, 45, 46
Ansätze für die Abfallwirtschaft, neue   VI: 503−504
Anteile an Schadstoffen, anthropogene (Über-
   sicht)   VI: 356
Anthrachinonfarbstoffe   VIII: 171
Anthropobionik   VI: 108
Anthropologie der Erkenntnis   III: 23
Anthropozentrismus   I: 86
Antibiotika   III: 335; IV: 284; VI: 275, 285

Antibiotika-Herstellung   VIII: 174
Antibiotiksrestistenz   VI: 276, 284, 285
Antigen   VI: 279, 280, 293
Antiinfektiva   VIII: 173
Antike   IV: 9
Antike und Frühchristentum   II: 149−150
Antikörper   VI: 279, 280, 293
Antinomie der Friedenserhaltung   I: 268
Antinomie zwischen Technik und Bildung
   V: 41
Antipädagogik   V: 26
Antisepsis   IV: 51, 66−84
Antizipation durch das Bewußtsein   I: 118
Antriebe, frühe elektrische   VIII: 333
Antriebssteuerung, teilautomatisierte   VIII: 338
Antriebstechnik, elektrische   VIII: 334
Anwohnerschutz   IV: 222
Anzeigen, gewerbliche   V: 326
Anzeiger für Kunst- und Gewerbefleiß im Kgr.
   Baiern   V: 256
Aphrodite   II: 71
Apochromate   III: 354
Apollomissionen   VI: 467
Apotheke   IV: 259, 260, 262
Apotheker   IV: 262, 263
Apparatebau in Alexandria   III: 383
Apparateindustrie für die Nachrichtenübermitt-
   lung   VIII: 471
Apparatemedizin   I: 274; IV: 310−311
Approximation   III: 68
Aquädukte   VI: 373−375
Aquädukte, antike römische   III: 390; VIII: 508; X:
   56, 66
Aquakultur, marine   VI: 406
Aquarien   III: 323, 324
Arabeske in der Frühromantik   VII: 242
Arbeit am Sabbat, landwirtschaftliche   II: 131
Arbeit der Zukunft, Frage nach der   X: 237
Arbeit durch Rationalisierung, Veränderung der
   X: 237
Arbeit in den Manufakturen   X: 171
Arbeit in der bäuerlichen Lebenswelt   X: 170
Arbeit in der griechischen Antike, Bedeutung der
   körperlichen   X: 58, 60
Arbeit und Freizeit in der Industrialisierung
   X: 169−172
Arbeit, Bedeutung der   I: 38, 39

Arbeit, geschlechtsspezifische X: 344
Arbeiter im 19. Jahrh. X: 178−203
Arbeiter in künstlerischer Darstellung VII: 262−276
Arbeiter- und Soldatenräte IX: 9
Arbeiter, Ausbeutung der X: 192
Arbeiterbewegung X: 192, 213
Arbeiterbewegung, deutsche X: 200
Arbeiterdichter VII: 470
Arbeiterfamilie X: 174−176
Arbeiterkrankheiten IV: 252
Arbeiterorganisationen X: 192
Arbeiterpartei X: 194
Arbeiterparteien, deutsche X: 200, 201, 202
Arbeiterstand, Entstehung vom X: 17
Arbeitsauffassung der Benediktiner II: 163
Arbeitsaufsicht im Bergbau VIII: 57, 59
Arbeitsbereiche, fächerübergreifende III: 441
Arbeitsethik und Technik, christliche V: 83−88
Arbeitsethos des Christentums X: 80−82
Arbeitsethos im christlichen Mittelalter V: 65;
    X: 80−81
Arbeitsethos im Mönchtum II: 298−300
Arbeitsform als strategische Variable X: 236
Arbeitsgemeinschaft Deutscher Betriebs-
    ingenieure V: 266
Arbeitsgemeinschaft: Strömungen und Ablösungen
    IX: 438
Arbeitsgemeinschaft: Rationalisierung von Rüstung
    und Industrie IX: 149
Arbeitsgestaltung, neo-tayloristische rechnergestützte
    X: 257−258
Arbeitshäuser V: 123, 125
Arbeitskraft, menschliche I: 66
Arbeitskräftetransfer zu Beginn der Neuzeit X: 101
Arbeitskraftnutzung, betriebliche X: 243
Arbeitslehre V: 161, 162
Arbeitslosigkeit III: 146, 149, 159
Arbeitslosigkeit und Mechanisierung III: 143
Arbeitsmarkt X: 332
Arbeitsmarkt in der Antike X: 63−65
Arbeitsmarkt, geschlechtsspezifischer X: 334, 335,
    340, 346
Arbeitsmedizin III: 341; IV: 225−227
Arbeitsmediziner, frühe IV: 250−253
Arbeitsmittel I: 66
Arbeitsorganisationsmodell, tayloristisch-
    fordistisches X: 251

Arbeitsproduktivität VIII: 10; X: 314, 315, 319
Arbeitsprozeßdarstellungen im 19.Jahrh.,
    künstlerische VII: 263−267
Arbeitsprozeßdarstellungen im 20. Jahrh.,
    künstlerische VII: 267
Arbeitsprozesse in künstlerischer Darstellung
    VII: 262−276
Arbeitsprozesse, Umstrukturierung der X: 238
Arbeitsrhythmus in Fabriken X: 186
Arbeitsschulen V: 128, 159
Arbeitsschutz zu Beginn der Neuzeit X: 103
Arbeitssituation der Ingenieure X: 360−364
Arbeitssituationswandel durch gesellschaftliche
    Position X: 353
Arbeitssituationswandel durch politische Position
    X: 353
Arbeitsstilpluralisierung u. Technisierung
    X: 280−281
Arbeitstechnologie III: 341
Arbeitsteilung I: 49, 51, 300; III: 153; VIII: 10
Arbeitsteilung im Haushalt und Technisierung
    X: 278−279
Arbeitsteilung im Mittelalter X: 79
Arbeitsteilung in Großbetrieben V: 280
Arbeitsteilung, fortschreitende VIII: 550
Arbeitsteilung, geschlechtsspezifische X: 340−342,
    344, 346
Arbeitsteilung, innerbetriebliche X: 325
Arbeitsteilung, Prozeß der III: 144
Arbeitsteilung, soziale X: 350
Arbeitsunfälle IV: 205, 211; X: 186
Arbeitsunterricht V: 158
Arbeitsverhältnis als strategische Variable X: 236
Arbeitswelt der Handwerker X: 170−171
Arbeitswertlehre III: 146
Arbeitswissenschaft III: 324
Arbeitszeit in den Fabriken X: 184−185
Arbeitszerlegung, Prozeß der III: 144
Arcanum IV: 20
Archaeopteryx VI: 153−156
Archäologie III: 77−79
Archäologie und Naturwissenschaften III: 79
Archäologie und Technik, moderne III: 90
Archäologie, Gliederung der III: 78
Archimedisches Prinzip III: 389
Architeken- und Ingenieurvereine V: 260, 262
Architektenstand in der Renaissance V: 104

Architektenstand in Mittelalter und Neuzeit V: 101–109
Architektenvereine V: 237
Architektur der zwanziger Jahre VII: 359–362
Architektur der dreißiger Jahre VII: 362–364
Architektur der fünfziger Jahre VII: 364–366
Architektur der sechziger Jahre VII: 366–368
Architektur der siebziger Jahre VII: 368–372
Architektur der achtziger und neunziger Jahre VII: 372–375
Architektur des sozialen Wohnungsbaus VII: 347
Architektur im Nationalsozialismus VII: 347, 363
Architektur in der Möbelkunst VII: 146–162
Architektur in der Renaissance III: 46
Architektur nach dem 2. Weltkrieg VII: 345
Architektur und Ästhetik VII: 349–352
Architektur und Biologie VI: 144, 145
Architektur und Natur VI: 140–145
Architektur und Religion II: 80
Architektur und Religion, arabische II: 106, 107
Architektur und Zeitempfinden VII: 345–352
Architektur von 1900 bis 1920 VII: 355–359
Architektur, Beginn christlicher II: 152–159
Architektur, Funktionalismus in der VI: 142, 143
Architektur, konstruktivistische VI: 137, 141, 142
Architekturbücher V: 303, 304
Archiv für Eisenhüttenwesen V: 271
Archiv für Elektrotechnik V: 273
Archivzeitschriften V: 326
Argandbrenner VIII: 529
Armbrust IX: 264, 265, 274
Armenschulen V: 123, 125, 127
Aromate VIII: 161
Ars electronica VII: 168, 184, 192
ars mechanica III: 235; VI: 35–36
Art Nouveau VII: 354, 355, 356, 360
Art–Deco VII: 141
Artefakte, technische I: 61
Artefakten I: 121; III: 79
Arten der Verantwortung I: 218–226
Artenvielfalt VI: 528–529
Artenvielfalt, Erhalt der VI: 340
artes liberales III: 15, 19, 45; V: 68–73, 74, 78, 80, 86, 96, 107
artes mechanicae II: 176, 177; III: 44–46, 236–237; V: 68–73, 73–78, 101, 107, 108
Artifici III: 251

Artillerie IX: 279, 286, 292, 297, 298, 304, 312, 358, 368
Artillerie im 1. Weltkrieg IX: 330–336
Artillerie im 2. Weltkrieg IX: 411–413
Artillerie- und Genieschulen IX: 311
Artillerie- und Ingenieurschule, vereinigte IX: 306, 307, 308, 359
Artillerie-Prüfungskommission IX: 333, 368, 369, 375
Artillerie, beobachtende IX: 412
Artillerie, leichte IX: 331
Artillerie, motorisierte IX: 412
Artillerie, schießende IX: 412
Artillerie, schwere IX: 331, 334, 335, 401, 402, 404
Artillerieakademien IX: 302, 303
Artillerieschulen IX: 297, 298, 358
Artilleristen IX: 297, 302, 306, 309
Artilleristen im Mittelalter IX: 274
Arts-and-Crafts-Bewegung VII: 354, 357
Arzeneigefäße IV: 264
Arzeneimittel IV: 259, 260, 262, 265, 272
Arzneimittelherstellung VIII: 172–174
Arzneimittelsynthese VIII: 146, 173
Asepsis IV: 51, 66–84
Askese I: 316; II: 206
Askese, innerweltliche I: 192; II: 232, 233
Asphalt als Straßenbelag VIII: 404, 408, 414
Assoziativität beim Problemlösen I: 136
Assuan-Staudamm VI: 379
Ästhetik bei Hegel VII: 16–17
Ästhetik und Architektur VII: 349–352
Ästhetik und technische Erscheinungen VII: 195–209
Ästhetik, philosophische VII: 13, 15
Ästhetisierung der Technik in der Lyrik VII: 480
Ästhetisierung technischer Objekte VII: 307
Astrolabien, jüdische Beschreibung von II: 126–130
Astrolabium, arabisches II: 112
Astronomie in der Aufklärung III: 272, 276, 277
Astronomie in China II: 86
Astronomie in der Renaissance III: 261, 262
Astronomie, arabische II: 106, 111–112
Äther IV: 52, 53
Ätherbegriff der Antike III: 225
Äthernarkose IV: 54, 55, 56
Ätherophon VII: 391, 392, 400

Atmosphäre, chemische Zusammensetzung der
    VI: 347, 351
Atmosphäre, physikalische Erscheinungen der
    VI: 346
Atmosphäre, Schichten der   VI: 349
Atmosphäre, Spurengase in der   VI: 477–479
Atmosphäre, Zusammensetzung der   VI: 348–351
Atmosphäre; Aufbau der   VI: 348–351
Atmosphärenforschung   IX: 379
Atom   III: 316
Atomgesetz der BRD   IX: 238, 239
Atomgewicht   III: 317
Atomisten der Antike   III: 222
Atomkraft als Zweite Industrielle Revolution
    X: 418
Atomkrafteuphorie   VIII: 352
Atommeiler   X: 417
Atomministerium in der BRD   IX: 240
Atomplan   X: 418
Atomprogramme   X: 374
Atomreaktortypen   VIII: 347–350
Atoms for Peace   X: 415, 416
Atomtheorie von Dalton   III: 317
Atomvorstellungen, antike   III: 221, 223, 228
Atomwaffensperrvertrag   VIII: 351; IX: 240
Atomwirtschaft, bundesdeutsche   VIII: 350–366
Atomzeitalter   X: 414, 443
Ausbildungswege durch Computer, neue   V: 382
Auerglühstrumpf   III: 312
Aufbau der Materie   III: 316, 317
Aufbereitung der Ruhrkohle   VIII: 54
Aufforstung   VI: 333
Aufkauf von Abfällen   VI: 512
Aufklärung   V: 118, 119, 130, 131; X: 144
Aufklärung und beruflich-technische Bildung
    V: 118–120
Aufklärung, französische   IX: 23
Aufklärung, technologische   I: 162–166
Aufklärung über Technik   I: 5
Aufklärungspädagogen   V: 119
Auflagenhöhe von Zeitschriften   V: 401
Aufschlagzünder   IX: 286, 290
Aufstieg als Grundwert   I: 191
Aufzeichnung von Ton und Bild   VIII: 464–466
Augenspiegel   IV: 140–142
Ausbau des Bergbaus   VIII: 80
Ausbeutung, kapitalistische   X: 200

Ausbildung   V: 21, 24, 27, 42
Ausbildung der Offiziere, waffentechnische
    IX: 297–318
Ausbildung eigener Anlagen   V: 49, 50, 51, 53
Ausbildung im Bergbau   VIII: 56, 63
Ausbildung im Mittelalter, technische   V: 83
Ausbildung in der Renaissance, künstlerisch-
    technische   V: 106
Ausbildung von Technikern in Japan   IX: 178, 179,
    180
Ausbildung von Wissenschaftlern in Japan   IX: 178,
    179–180
Ausbildung, gewerblich-technische   X: 332, 333, 334
Ausbildung, industrietypische   V: 286
Ausbildung, militärfachliche   IX: 299–302
Ausbildung, zweckfreie   V: 22, 25, 42
Ausbildungsberufe   V: 290
Ausbildungsniveau, polytechnisches   V: 215
Ausbildungsplan für Lehrlinge   V: 289
Ausbildungspläne in Werkstätten   V: 285
Ausbildungsrecht   V: 281
Ausbildungswesen, technisches   V: 62
Ausblasung (Deflation) von Böden   VI: 444–445
Ausdehnungslehre   III: 64
Auskulation   IV: 133, 134
Auskunftsstelle des VDI   V: 268
Ausnahmetarife bei den Staatsbahnen   VIII: 427
Ausrichtung der Grubenfelder   VIII: 55, 59,
    60, 65
Ausschluß von Frauen aus dem Wissenssystem
    X: 342–344
Ausschluß von Frauen aus Oganisationen
    X: 342–344
Außerhumananwendung der gentechnischen Biotech-
    nologie   I: 278–281
Aussterben von Pflanzenarten   VI: 338
Aussterben von Vogelarten   VI: 336–337
Austausch von Organismen und Umwelt   VI: 417
Austauschbarkeit von Maschinenteilen   VIII: 247,
    250
Austauschbau   VIII: 238
Austauschbau im Maschinenbau   VIII: 247–255
Auswandererwelle und Seeschiffahrtsverkehr   VIII:
    379
Auswanderungswelle im 18./19. Jahrh.   X: 154–159
Auswirkungen der Technik   I: 69
Auswirkungen von technischem Fortschritt   I: 77

Autarkiepolitik und Bergbau, nationalsozialistische   VIII: 70–73
Autarkiepolitik und Bergbau   VIII: 41
Auto   VIII: 404, 405, 406, 408, 410, 411, 412, 414, 415, 416
Auto und Mobilität   X: 303–307
Autobahn   VIII: 409, 411, 413, 414
Autobahnbau im Dritten Reich   IX: 155–159
Autobahnnetz in Deutschland   X: 378, 379
Autobiographien aus der Handwerkerwelt   V: 98–99
Autogerechte Stadt   X: 310
Automaten   VI: 48
Automaten als Literaturmotiv   VII: 417
Automaten als Naturnachbildungen   VI: 45
Automaten des Heron von Alexandria   II: 81; X: 61, 62
Automaten des Ktesibios   X: 61, 62
Automaten im Barock, mechanische   II: 305
Automaten, arabische   II: 112
Automaten, menschenähnliche   X: 145–146
Automaten, religiöse   II: 367
Automation   I: 292
Automationsdebatte (50er/60er Jahre)   X: 233–234, 237
Automationstechnologie zur Ausweitung maschineller Fähigkeiten   X: 254
Automatisierung   VIII: 336, 337, 340
Automatisierung der Arbeit   X: 234, 237
Automatisierung der Bearbeitung   VIII: 230–234
Automatisierung der Technik   I: 57
Automatisierung des Fertigungsprozesses   VIII: 223, 230
Automatisierung, flexible   X: 239
Automatismus   II: 13
Automatismus der Maschine   I: 67, 68
Automatismus der Technik   I: 62
Automobil im historischen Wandel   X: 303–307
Automobil Verkehrs- und Übungsstraße (AVUS)   IX: 156
Automobil- und Motorradausstellung, internationale   IX: 158
Automobil, Technikbewertung des   X: 470
Automobilbau bis 1914   VIII: 407
Automobilclubs   X: 304
Automobilindustrie   VIII: 120, 124, 125, 127, 226, 228, 229, 237, 261, 263, 265, 266, 271, 283, 284, 335

Automobilindustrie und Ökologie   IX: 468–469
Automobilindustrie, Fließarbeit in der   X: 399–400
Automobilindustrie, Inselfertigung in der   X: 400
Automobilindustrie, japanische   IX: 171
Automobilisierung   X: XIX
Automobilrennen   X: 304
Automobilsport   X: 215
Automobilzeitschriften   V: 398, 401
Autonomie irdischer Wirklichkeiten   II: 265
Autonomie moderner Wissenschaften   II: 244
Autonomisierung der Wissenschaft   III: 5
Autosom   VI: 296
Autoverkehr, Energieverbrauch im   VIII: 412, 415
Autoverkehr, ökologische Folgen vom   VIII: 412, 414, 416
Avogadro-Hypothese   III: 317
Äxte, frühgeschichtliche   X: 43, 45
Azo-Farbstoffe   VIII: 171

B

Bahnhofbuchhandel   X: 165
Bakelit   III: 370
Bakterien   III: 445, 458; IV: 110; VI: 271, 272, 284, 285, 287, 316, 317
Bakterien-Kolonien   VI: 287
Bakterien-Kulturen   VI: 272, 284, 285, 287
Bakteriologie   III: 356; IV: 109–111, 269, 270, 279, 280, 281
Bakteriophage   VI: 270, 271, 273
Balkenbiegetheorie   III: 402, 405
Ballistik   IX: 369, 372, 375, 434
Ballistik, äußere   IX: 281–284
Ballistik, Hauptgleichung der   IX: 282, 283
Ballistisches Problem, äußeres   IX: 284
Ballonpost   VIII: 441
Ballonschiffahrt   VIII: 438–441
Bandförderung im Bergbau   VIII: 68, 82
Bandmühlen   III: 139, 141
Baptisten und Technik   II: 233–236
Basen   VI: 278
Basenpaar   VI: 276, 278, 296
Basilika des Lateran   II: 154, 155
Basilika von Tyrus   II: 154
Basisinnovationen   III: 162, 164, 165, 167, 171, 347
Batterie   IX: 334, 335

Bau von Sextanten   II: 124
Bau- und Organisationsprinzipien der Natur
   VI: 193
Bau-Entwurfsmethoden und Natur   VI: 140
Bauakademien   V: 140, 220
Baubionik   VI: 106
Bauen, funktionelles   VII: 346
Bauen, konsumorientiertes   VII: 361, 362
Bauernbefreiung   X: 183
Bauernschulen   V: 123
Bauhaus-Epoche   VII: 141
Bauhaus, Gründung vom   VII: 359
Bauhölzer   VIII: 314
Bauhütten   VI: 323, 324
Bauhüttenorganisation   V: 105
Bauingenieurwesen   III: 400
Baukastenprinzip   VIII: 265, 275, 279, 282
Baumechanik, wissenschaftliche   III: 418
Baumwollindustrie, britische   VIII: 317
Baumwollspinnereien   VIII: 301
Baumwollspinnereien, erste mechanische   IX: 79
Bauphysik   VII: 351
Baurituale   II: 77
Bauschulen   V: 139, 140
Baustatik   III: 61, 62, 401, 418–419
Baustoffe in der Natur, faserverstärkte   VI: 93–94
Baustoffe nach dem 2. Weltkrieg, neue   VII: 346
Bautätigkeit und Umweltzerstörung   VII: 348
Bautechnik der Gotik   II: 171, 172
Bautechnik früher Hochkulturen   VI: 322
Bautechnik im Mittelalter   VI: 323–324
Bautechnik, römische   VI: 322
Bauten in der Natur, klimatisierte   VI: 94–95
Bauwerkschulen   V: 187–190
Bauwesen in Mittelalter und Neuzeit   V: 101–109
Bayerische Akademie der Wissenschaften   IX: 31,
   32, 33
Bearbeitungsfolge im Maschinenbau   VIII: 208–214
Beaux-Art-Klassizismus   VII: 361
Beckenmodell des Menschen   VI: 124
Bedeutung der Arabeske für technische Darstellungen
   VII: 242–246
Bedeutung der begrünten Landschaft, globale
   VI: 452–454
Bedeutung der körperlichen Arbeit in der griechi-
   schen Antike   X: 58, 60
Bedeutung der Meere, globale   VI: 452–454

Bedeutung der Religion für den Menschen
   II: 19–20, 21–22
Bedeutung der Röntgenstrahlen, medizinische
   IV: 117–129
Bedeutung des russ. Elektrifizierungsplans, politi-
   sche   IX: 128–132
Bedeutung des Schmiedehandwerks, religiöse   II: 60
Bedürfnisse   I: 181
Bedürfnisse des Menschen, instinktartige   I: 63
Bedürfnisse des Menschen, künstliche   I: 54
Bedürfnisse des Menschen, natürliche   I: 38, 42, 44,
   47, 80
Bedürfnisse nach technischen Erleichterungen   I: 310
Bedürfnisse, wachsende   I: 179
Bedürfnisweckung durch Technik   I: 23
Befestigungsanlagen, antike   IX: 266, 267
Befestigungstechnik im Mittelalter   IX: 271
Befindlichkeit, existentielle   I: 176
Befruchtung, extrakorporale   IV: 199–201, 307–309
Beginn christlicher Architektur   II: 152–159
Beginn der klassischen Mechanik   III: 266
Begriff „ars"   I: 28, 30; III: 12; V: 66–68; VII: 12,
   41
Begriff „Genien"   II: 20
Begriff „ratio seminalis"   I: 28
Begriff „religion"   II: 19
Begriff „Ren"   II: 95
Begriff Ästhetische Texte   VII: 452
Begriff Banause in der griechischen Antike   VII: 42;
   X: 58, 59
Begriff Beweger bei Aristoteles   III: 228
Begriff Bildung   V: 6, 7
Begriff bionics   VI: 197, 205
Begriff Bionik   VI: 100, 193
Begriff Biotechnik   VI: 100, 195
Begriff Boden   VI: 411–412
Begriff Demiourgois   VII: 42
Begriff der Allgemeinbildung, neuer   V: 434
Begriff der Form bei Aristoteles   III: 228
Begriff der Idee bei Dessauer   I: 43
Begriff der Technologie   III: 395
Begriff der Verantwortung   I: 218
Begriff des Ästhetischen   VII: 32–33
Begriff des Erhabenen   VII: 15
Begriff des Heiligen   II: 19
Begriff des Kunstwerkes   VII: 21–23
Begriff des Schönen   VII: 14–15

Begriff des Wissens im Islam   II: 104
Begriff episteme   III: 9, 12
Begriff Gesellschaft   X: 7−8
Begriff Großtechnische Systeme   X: 376
Begriff Handarbeit   X: 95
Begriff Kameralismus   IX: 41
Begriff Kunst   VII: 1
Begriff Kunstgewerbe   VII: 131
Begriff Kunsthandwerk   VII. 131
Begriff Lyrik   VII: 452
Begriff Maschine (machina) bei Aristoteles   III: 233, 234
Begriff Natur   VI: 1, 2, 3, 4
Begriff natura   III: 238; VI: 24
Begriff Nützlichkeit   V: 118, 120
Begriff physis   III: 238; VI: 24
Begriff Pneu   VI: 160
Begriff Poesie   VII: 12−13
Begriff Politik   IX: XXI
Begriff prudentia   III: 12
Begriff Rechtsstaat   IX: 10
Begriff Rüstung   IX: 432
Begriff scientia   III: 12
Begriff sophia   III: 12; VII: 41
Begriff Staatswissenschaften   IX: 42
Begriff Stofformung   VIII: 192
Begriff techné   III: 9, 12; V: 66−68; VI: 1; VII: 12, 41; X: 57−58
Begriff Technik   X: 272−273
Begriff Technik (techne)   III: 234
Begriff Technik in der griechischen Antike   X: 57−60
Begriff Technisierung   X: 273
Begriff Technitai   VII: 42
Begriff technologica   V: 72
Begriff Tropischer Regenwald   VI: 188, 189, 471−475
Begriff Waffen   IX: 261
Begriff Wirtschaft   VIII: 1, 9
Begriff Zweck bei Aristoteles   III: 228
Begriffe, abgeleitete   III: 10
Begriffsgeschichte technischer Tätigkeit   V: 66−73
Behandlung von Abfall   VI: 498−502
Behörde zur Gesamtwirtschaftsplanung (GOS-PLAN)   IX: 131
Beilagen zu technischen Zeitschriften   V: 323

Beinskelett des Menschen, Beanspruchung   VI: 128−133
Beinskelett des Menschen, Biegemomenteverringerung am   VI: 126−128
Beiträge zur Geschichte der Technik und Industrie   V: 265
Belagerungsartillerie   IX: 336
Belagerungsgeschütze   IX: 265
Belagerungsmaschinen   IX: 357
Belagerungstechnik im Mittelalter   IX: 268
Belagerungstechnik, antike   IX: 266, 267
Belebtschlammbecken   VIII: 523
Belebtschlammverfahren   VI: 399
Beleuchtung, elektrische   III: 414; VI: 56, 57; VIII: 326−328
Beleuchtungstechnik in künstlerischer Gestaltung   VII: 171−173
Bell Laboratories   III: 359
Benzinmotor   VIII: 406
Benzinverbrauch   VIII: 415
Bergbau   IX: 77−92
Bergbau, mariner   VI: 407
Berdan-Gewehr   IX: 291
Berg- und Hüttenwesen als großtechnisches System   X: 384, 385
Berg- und Hüttenwesen im Mittelalter   VI: 33−34
Berg- und Hüttenwesen in der Renaissance   VI: 41
Berg- und Hüttenwesen zu Beginn der Neuzeit   X: 99, 101−102
Bergakademien   V: 139, 140, 143, 144, 145, 146, 147, 149, 151, 209
Bergbau als kultureller Ausdruck   VII: 213−245
Bergbau als Literaturmotiv   VII: 417, 418
Bergbau im Mittelater   II: 161, 168; V: 93−94
Bergbau in der Renaissance   III: 247
Bergbau in künstlerischer Darstellung   VII: 213−230
Bergbau und Kunst, frühe Verbindung von   VII: 215
Bergbau von 1945−1957, Situation im   VIII: 74−78
Bergbau während der Weltwirtschaftskrise   VIII: 70
Bergbau während des 2. Weltkrieges   VIII: 73−74
Bergbau, Veränderungen im   VI: 532
Bergbaukrise der sechziger Jahre   VIII: 78−80
Bergbausituation in der Inflationszeit   VIII: 61−65
Bergbauverein   VIII: 49, 62, 63, 66, 71, 77
Bergfabriken   X: 99
Bergkrankheiten   IV: 206, 207

Bergmannssprache   VII: 213
Bergrecht um 1820   VIII: 45, 48
Bergschulen   V: 140, 141, 143, 144
Berieselung   VIII: 522
Berliner Elektrotechnischer Verein   V: 262, 275
Berliner Gewerbeinstitut   V: 253−257
Berliner Wasserversorgung, erste zentrale   VIII: 514
Berliner Windanlage   VI: 104
Bernardsche Zellenbildung als ästhetische Erscheinung   VII: 197
Beruf des Baumeisters   V: 103−104
Beruf des Brückenmeisters   V: 103
Berufe der Industriegesellschaft im Wandel   X: 452
Berufe, Entstehung neuer   V: 278; X: 219
Berufe, gewerblich-technische   X: 334
Berufe, technische   X: 333
Berufsakademien   V: 179
Berufsbild des Ingenieurs   X: 344
Berufsbildung   V: 420
Berufsbildung im 18. Jahrh.   V: 120−124
Berufsbildung in der Aufklärung   V: 119, 120
Berufserziehung   V: 284
Berufsethik   I: 263
Berufsfelder   V: 288; X: 336
Berufsgewerkschaften für Ingenieure   X: 365
Berufsgrundbildung   V: 288
Berufskodex   I: 227
Berufskodex, moralischer   I: 220
Berufskrankheiten   IV: 205−224; X: 102
Berufskrankheiten (Übersicht)   IV: 221
Berufskrankheiten der Goldschmiede   IV: 206, 207
Berufskrankheiten im Bergbau   X: 102
Berufsoffiziere   IX: 299, 315
Berufsschulen   V: 176
Berufssoldaten   IX: 402
Berufsspektrum   X: 333
Berufstätigkeit von Frauen   X: 328
Berufswahl   X: 328
Berufswahlunterricht   V: 162
Beschäftigungssektoren (Übersicht)   X: 315
Beschleunigung des Bearbeitungsprozesses   VIII: 222−228
Beschränkung persönlichen Konsums   VI: 518
Beschränkungen, arbeitsmethodische   I: 96
Beschreibung des Pneus   VI: 162−165
Beschwerdeheft (Cahiers de doléance)   IX: 6, 64

Bessemer Verfahren   VIII: 104, 105, 106, 109, 111, 125, 130
Bessemerstahl   VIII: 104, 105, 107, 109, 110
Bessemerwerke   VIII: 111, 112
Betrachtungsweise, teleologische   I: 103
Betriebsaufsicht im Bergbau   VIII: 51
Betriebe, deutsche feinmechanische   IX: 105
Betriebsbedingungen, naturnahe   III: 465
Betriebsforschungsinstitut des VDEh   V: 272
Betriebssicherheit von Kernkraftwerken   III: 451
Betriebszusammenfassungen im Bergbau   VIII: 71
Beuth-Schule   V: 205
Bevölkerungsaufbau in Deutschland   IV: 230, 231
Bevölkerungsentwicklung und Wirtschaft   VIII: 29−30
Bevölkerungsexplosion   I: 91, 92; X: 151, 152, 153, 154, 205
Bevölkerungsexplosion in der Industrialisierung   X: 151−159
Bevölkerungsökonomie   III: 145
Bevölkerungspolitik zu Beginn der Neuzeit   X: 99, 100
Bevölkerungswachstum   I: 91, 92; III: 445; 463; VI: 451; VIII: 3, 544; X: 151, 152, 153, 154, 205
Bevölkerungswachstum als globales Problem   VI: 523, 524−527
Bevölkerungswachstum der Entwicklungsländer   III: 446; VI: 526
Bevölkerungswachstum in den Industrieländern   VI: 526
Bevölkerungswachstum und atmosphärische Veränderungen   VI: 360−361
Bevölkerungszahl und Nahrungsmittelproduktion   VIII: 2
Bewahrung der Restnatur   VI: 530
Bewältigung der Bildungskrise   V: 382−383
Bewässerungsanlagen in der Antike   III: 381
Bewässerungslandbau; früher   X: 43, 49
Bewegungsbionik   VI: 107
Bewegungsfotografie   VII: 114
Bewegungsfotografie und Malerei   VII: 115−116
Bewegungskrieg   IX: 351, 420
Bewegungskriege im Mittelalter   IX: 268
Bewegungslehre bei Galilei   III: 265
Bewegungslehre, aristotelische   III: 225, 226−227
Bewegungslehre, Entwicklung einer   IX: 276, 277
Bewegungsphysiologie   VI: 113

Bewegungsprinzip, aristotelisches   III: 228
Beweise, mathematische   III: 9
Bewertung   I: 248
Bewertung der Handarbeit bei den Zisterzien-
   sern   II: 168
Bewertung der Handarbeit, christliche   II: 177, 295
Bewertung der Handarbeit, kirchliche   II: 177, 295
Bewertung der Handarbeit, positive   II: 149, 163
Bewertungsproblem   I: 148
Bewertungsprozeß, unreflektierter   I: 147
Bewirtschaftung, nachhaltige globale   VIII: 552
Bewußtsein bei Verantwortungskonflikten, morali-
   sches   I: 232, 233
Bewußtsein des Ingenieurs, gesellschaftliches
   X: 350–370
Bewußtsein, moralisches   I: 242
Beziehung Gott-Mensch   II: 20
Bezüge des Ingenieurhandelns, normative   X: 352
Bezüge des Ingenieurhandelns, sozialkommutative
   X: 352
Bibel, elektronische   II: 285
Bibelverständnis der Erweckungsbewegungen
   II: 247
Biberburg   VI: 86, 87
Bibliothek des VDEh   V: 271, 272
Bibliothek des VDI   V: 268
Biegemaschinen   VIII: 212
Bilderhandschrift, kriegstechnische (Belifortis)
   IX: 271, 273, 275
Bilderschriften, frühe   V: 295
Bildleseverfahren   VII: 27
Bildüberlieferung vor Gutenberg   V: 295–298
Bildung   V: 15, 420; X: 328, 330
Bildung als Identitätsfindung   V: 31, 32, 37, 43
Bildung als Vervollkommnung   V: 22, 31, 32, 37, 43
Bildung für Menschlichkeit   V: 53–54
Bildung für Technik   V: 6, 53–54
Bildung in der Aufklärung, technische   V: 118–120
Bildung in der Renaissance, technische   V: 106, 107
Bildung und Computer   V: 355–383
Bildung und elektronische Datenverarbeitung
   V: 50–53
Bildung und Fernsehen   V: 47–50
Bildung und Informationsflut   V: 47–50
Bildung und moderne Elektronik   V: 53
Bildung und Rundfunk   V: 340–350
Bildung, berufliche   X: 332

Bildung, Geschichte der   V: 63
Bildung, Grundprofil der   V: 42
Bildung, humanistisch-literarische   I: 171
Bildung, Merkmale der   V: 15
Bildung, technisch-gewerbliche   V: 205
Bildung, Wesen der technischen   V: 62
Bildung, zweckfreie   V: 27
Bildungsabschlüsse in Frankreich, technische   X: 354
Bildungsanstalten, beruflich-technische (Über-
   sicht)   V: 150
Bildungsarbeit, umfassende   V: 430
Bildungsaufgabe der französischen Enzyklopä-
   die   IX: 27
Bildungsaufgaben der Industriellen Revolution   V: 3
Bildungsbegriff bei Goethe   V: 39
Bildungsbegriff bei Spranger   V: 29–30
Bildungsbegriff der deutschen Mystik   V: 16–19
Bildungsbegriff des 19. Jahrhunderts   V: 15
Bildungsbegriff und Idealität   V: 27
Bildungsbegriff und Technik, klassischer deut-
   scher   V: 41
Bildungsbegriff, biblisch-christlicher   V: 19–21
Bildungsbegriff, Grundbedeutung vom deut-
   schen   V: 18
Bildungsbegriff, Grundprofil vom   V: 30–32
Bildungsbegriff, kulturpädagogischer   V: 28–30
Bildungsbegriff, mystisch-platonischer   V: 18
Bildungsbegriff, naturgläubig-organologischer
   V: 21–22
Bildungsbegriff, neuhumanistischer   V: 26–28
Bildungsbegriff, organologisch-anthropozentri-
   scher   V: 39
Bildungsbegriff, pädagogischer   V: 25
Bildungsbegriff, transitiver   V: 25
Bildungsbegriff, vernunftgläubig-aufklärerischer
   V: 23–26
Bildungsdefizit von Frauen   X: 330, 335
Bildungsdefizit, katholisches   II: 241, 259
Bildungsgüter   V: 28, 29
Bildungsinvestitionen für technischen Fortschritt
   III: 147
Bildungskrise   V: 357
Bildungsmonopol, männliches   X: 344
Bildungsökonomie   III: 147
Bildungspolitik in der BRD   IX: 235, 236, 246, 247
Bildungsprozeß durch Kontaktstiftung   V: 28, 31
Bildungsprozeß, lebenslanger   V: 1

Bildungsreform, neuhumanistisch-idealistische
    V: 147
Bildungsreformen   V: 1
Bildungsreportagen über Technik   V: 337
Bildungssystem   X: 332
Bildungssystem, beruflich-technisches   V: 149—151
Bildungssystem, traditionelles   V: 1
Bildungstradition, antike   V: 155
Bildungsutopien   V: 82—83
Bildungsverständnis   V: 15
Bildungsvorstellungen der Zünfte   V: 95
Bildungswert der Technik bei Litt   V: 40—42
Bildungswesen im 18. Jahrh., deutsches   V: 120—124
Bildungswesen und Berufsbildung   V: 120—124
Bildungswesen, allgemeines deutsches   V: 154
Bildungswesen, höheres technisches   V: 209
Bildungswesen, öffentliches   V: 357
Bildungswirkung, indirekte   V: 30
Bildwerdung   V: 19—20, 21, 30, 31, 37, 46, 50, 51
Bildwerke vom Bergbau   VII: 216—225
Billigbauweise in der Nachkriegsarchitektur
    VII: 345
Binnenhäfen   VIII: 383—390
Binnenhäfen, deutsche (1871—1918)   VIII: 388
Binnenschiffahrt   VIII: 382—397
Binnenschiffahrt—Eisenbahn, Verhältnis zur
    VIII: 382, 389
Binnenschiffahrt und Lastkraftwagen, Verhältnis von
    VIII: 382
Binnenschiffahrt, Betriebsmittel der   VIII: 390—395
Binnenschiffahrt, Organisation der   VIII: 395—396
Binnenschiffahrt, Reedereien für die   VIII: 395
Binnenschiffahrt, Strukturwandel der   VIII: 394
Binnenschiffahrt, Unternehmensstruktur der   VIII:
    395
Binnenschiffahrt, Verkehrsleistung der   VIII: 396—
    397
Binnenschiffahrt, Werksreedereien für die   VIII: 395
Binnenschiffahrtsflotte, deutsche   VIII: 382
Binnenschiffahrtswege, Ausbau der   VIII: 377
Binnenzölle   VIII: 383
Biochips   III: 462
Bioevolution   I: 306, 307, 308
Biogas   III: 335
Biographien, kollektive   III: 98
Biokatalysatoren, immobilisierte   III: 333
Biokonversion   III: 458

Biokybernetik   VI: 248
Biokybernetik für die Zukunft   VI: 263
Biokybernetik in der wirtschaftlichen Zukunft
    VI: 263—264
Biologie und Technik   VI: 193, 201
Biomasse   III: 338; VI: 417, 426, 452, 453, 458, 474
Biomasse, Energieversorgung durch   VI: 453
Biomasse, nachwachsende   III: 458
Biomassenproduktion, industrielle   III: 460
Biomoleküle   III: 331, 338
Bionik   III: 332, 342; VI: 6, 7, 99—104, 205, 245,
    531
Bionik als Übertragung aus der Natur   VI: 221—226
Bionik und Evolutionstechnik   VI: 202
Bionik-Forschung   VI: 197—199
Bionik-Kongreß   VI: 199
Bionik-Symposium   VI: 199
Bionik, Definition der   VI: 109
Bionik, Interdisziplinärität in der   VI: 193
Bionik, Teilgebiete der   VI: 106—109
Biopolymere   III: 461
Bioprotein   III: 460
Bioreaktoren   III: 338, 340, 341, 459
Biosensoren   III: 462—463
Biosphäre   I: 298; VI: 260, 411, 428; VIII: 543
Biosphäre als technisches Supersystem   VI: 261—263
Biosphäre, Charakteristika der   VI: 262
Biotechnik   III: 457—464
Biotechnokratie   II: 354—358
Biotechnologie   III: 333, 335, 338
Biotechnologie in der ehem. DDR   IX: 212, 213
Biotechnologie in der Forschungspolitik   IX: 249
Biotechnologie, gentechnisch verfahrende
    I: 278—281
Biotechnologieprogramm   VI: 199
Bioturbation   VI: 424, 426
Blasenstein   IV: 49
Blaufelchen im Bodensee   VI: 401
Blechbiegemaschine   VIII: 217
Blechkantenhobelmaschine   VIII: 217
Blechschere   VIII: 217
Blechteile im Automobilbau   VIII: 268, 269
Bleikammerverfahren   III: 288, 304, 305; VIII: 147,
    148, 149, 150
Bleisände, toxische   VI: 325
Bleisetzmaschinen   V: 317
Blitzableiter   III: 291; X: 145

Blitzkrieg   IX: 408, 422
Block-Making-Machinery   VIII: 208, 215
Blockbücher   V: 300
Blocksignale   VIII: 430
Blockwalzstraße   VIII: 110
Blut-und-Boden-Ideologie   VI: 69−70
Blutbewegung   IV: 23
Blutdruck   IV: 157, 158, 159
Blutkreislauf   IV: 22, 45
Bluttransfusionen   IV: 188−189
Bockwindmühlen   VIII: 293, 294
Boden−Natur−Mensch   VI: 428−430
Boden als Lebensraum   VI: 412
Boden im biogeochemischen Stoffkreislauf
   VI: 416−419
Böden in Ballungsgebieten   VI: 434
Böden in Verdichtungszonen   VI: 434
Boden und Depositionen   VI: 431−439
Boden und Emissionen   VI: 431−439
Boden und Imissionen   VI: 431−439
Boden und Mensch   VI.428−430
Boden und Natur   VI: 428−430
Böden, Denaturierung von   VI: 442−447
Böden, Geschichte der   VI: 412−413
Böden, Klassifizierung von   VI: 415−416
Bodenarten   VI: 415
Bodenbearbeitung in der Forstwirtschaft   VI: 441
Bodenbearbeitung in der Landwirtschaft   VI: 441
Bodenbelastung durch Flurbereinigung   VI: 184,
   446−447
Bodenbelastung durch Gewässerregulierung
   VI: 446−446
Bodenbelastung und Braunkohlentagebau   VI: 285,
   447, 448
Bodenbelastungen durch Tourismus   VI: 184,
   445−446
Bodenbildung, Sequenzen der   VI: 414
Bodencharta, europäische   VI: 450
Bodenentstehung   VI: 413−415
Bodenentwicklung   VI: 411
Bodenhorizont   VI: 414
Bodenkultivierung als Säkularisierung   II: 205
Bodenkulturen, künstliche   VI: 411
Bodenlüftung   VI. 426
Bodennutzung und Bodenkultivierung   VI: 439−442
Bodenorganisation des Luftverkehrs   VIII: 447,
   453−456

Bodenorganismen   VI: 419−428
Bodenorganismen (Übersicht)   VI: 420
Bodenqualität und Bodenbesiedelung   VI: 430−431
Bodenrecht der Kikuyu   II: 62
Bodenschutzkonzeption   VI: 450
Bodensee, Gewässerbelastung vom   VI: 400
Bodenseefernwasserversorgung   VI: 376−378
Bodentypen   VI: 439
Bodenverdichtung   VI: 445−446
Bodenverdichtung durch Wintersport   VI: 445−446
Bodenversalzung   X: 49
Bodenversäuerung   VI: 419
Bodenverschmutzung   VI: 327
Bogen   IX: 263, 264, 265
Bogenlicht, elektrisches   VIII: 485
Böhmische Gesellschaft   IX: 37
Bohrmaschinen   VIII: 213, 219
Bolschewiki   IX: 13, 123, 124; X: 200
Bombardier   IX: 297
Bombenflugzeuge im 1. Weltkrieg   IX: 345, 346
Bonnani-Mikroskop   IV: 103
Bordradargeräte   IX: 390, 394
Boulevardblätter   V: 398
Bourgeoisie   X: 178, 227
Brauch- und Niederschlagswasser   VIII: 519
Braune Denkschrift von Todt   IX: 156−157
Braunkohle als Energieträger   VIII: 314−318
Braunkohlentagebau in der ehem. DDR   IX: 217
Brennholz als Primärenergieträger   VIII: 305−308,
   310
Brennpunkte technischer Entwicklung, ethische
   II: 287−288
Brennstoffversorgung   VI: 33
Brennstoffzellen, elektrochemische   III: 456
Brettchenweberei   X: 53
Brille   IV: 176−177
Brillenherstellung durch die Zisterzienser   II: 169
Bronchoskop   IV: 147, 148
Bronze-Großplastiken, antike   VII: 51
Bronzestatuen des Theodoros   VII: 50−51
Bronzestatuen, ägyptische   VII: 44
Bronzestatuen, älteste   VII: 43
Bronzestatuen, monumentale   VII: 50
Bronzetechnik bei Theodoros   VII: 45
Bronzetechnik in Mesopotamien   VII: 44
Bronzetechnik, antike   VII: 41
Bronzezeit   X: 45, 49

Brückenbau   III: 400, 418, 421
Brückenbau in China   II: 94
Brückenbau, arabischer   II: 106
Bruitismus in der Musik   VII: 386, 387
Brunlandt-Report   VI: 513
Brunnenverordnungen   VIII: 507
Brünnrasse   II: 58
Brüterreaktoren   VIII: 355, 356, 357
Bruttoprimärproduktion   VI: 452, 474
Betriebsbedingungen, extreme   III: 465
Buchdruck als säkularisierende Technik   II: 209–214
Buchdruck bei Gutenberg   V: 298–300
Buchdruck im Mittelalter   II: 162
Buchdruck in China   II: 91, 93, 96; IX: 195
Buchdruck in der Renaissance   II: 182
Buchdruck und Staat   IX: XX
Bücher über Berg- und Hüttenwesen   V: 305
Bücher über Technik und Handwerk, erste   III: 244–250
Buchherstellung in Klöstern   V: 89
Buchreligion   II: 43, 45, 210–214, 351
Büchsenbücher   IX: 272
Büchsenmeister   IX: 272, 297, 357
Buddhismus   II: 19, 41, 46
Bügeleisen, erste elektrische   X: 209
Bauhütten als Ausbildungszentren   V: 101, 105
Baumwoll- und Seidenindustrie, arabische   II: 108, 112
Bund der technisch-industriellen Beamten   IX: 107
Bund der technischen Angestellten und Beamten   IX: 111
Bund technischer Berufsstände   IX: 110
Bundesbahn und Reichsbahn   VIII: 437
Bundesbahn und Privatisierung   VIII: 436
Bundesberichte für Forschung   IX: 247
Bundeskanzler, Stellung   IX: 13
Bundesministerium für Atomfragen   X: 414
Bundesministerium für wissenschaftliche Forschung   IX: 246
Bundespräsident, Stellung   IX: 12
Bundesreaktorstation   X: 413–414
Bundesverteidigungsakademie   IX: 314
Buntmetallindustrie   VIII: 130–135
Burbacher Hüttenwerk   VIII: 99
Bureau de Longitude   IX: 74
Bureau des Brevets et Inventions   IX: 67–68, 69, 70

Bureau des Consultations des Arts et des Métiers   IX: 67, 69, 70, 71
Bürgerschulen   V: 182
Büroarbeit und Mechanisierung   X: 219
Bürokratisierung, weltweite   I: 302
Butadin–Styrol-Typen   VIII: 181
Buten   VIII: 180

C

C-14-Methode   III: 87, 88
Calvinismus und moderne Technik   II: 247–248
Calziumcyanamid-Verfahren   VIII: 158
Cargokult   II: 63
Caritaswesen   II: 256
Carnot-Prozeß   III: 436
Carte-de-Visite als Malvorlage   VII: 106
Cartering-Betriebe   VIII: 454, 455
Cartesianismus   VI: 45–46
Cellulose   III: 370
Cembalo   VII: 77, 82, 101
Cembalo von Patavinus   VII: 73–77
Cembalo, Entwicklung vom   VII: 72–73
Centralverband deutscher Industrieller   V: 270
Centre Pompidou   VII: 368–370
CERN   III: 365
Certismus   III: 6
Chambres consultatives des Manufactures   X: 194
Chambres des Commerce   X: 194
Chaos, Wissenschaft vom deterministischen   VI: 466
Charterverkehr   VIII: 452
Chartismus   X: 197–198
Chassepot-Gewehr   IX: 289, 290
Chemie der Farben   III: 310–314
Chemie und Chemieberufe   III: 296–297
Chemie, Entwicklung der   III: 281, 288
Chemiefaserherstellung   VIII: 174–179
Chemiekaliengroßhändler   III: 298
Chemiekalienhandel   III: 298
Chemietechnik   III: 443
Chemiker-Kongreß, erster internationaler   III: 318
Chemische Industrie, Enstehung   VIII: 35
Chemische Industrie, Geschichte   VIII: 145–183
Chemische Industrie, Grundlagen für die   VIII: 145–147
Chemische Industrie, Systemcharakter der   X: 401

Chemische Unternehmen, Forschungsintensität
    für VIII: 144
Chemische Unternehmen, Standortstrukturen
    für VIII: 143
Chemische Unternehmen, Stromverbrauch für
    VIII: 143
Chemische Unternehmen, Wasserversorgung für
    VIII: 143
Chemotherapeutikum IV: 271, 282
Chemotherapie IV: 280
Chilesalpeter VIII: 157
Chimären-DNA VI: 277, 304
China und der Bruch mit der Sowjetunion IX: 198
Chips, Herstellung von III: 368−369
Chirurgie IV: 13, 35, 66
Chirurgie, minimal invasive IV: 154, 155
Chlor-Alkalien VIII: 145, 147, 156
Chloralkaliengewinnung, elektrochemische
    VIII: 154
Chloramphenicol VI: 276, 284, 285, 286
Chlorbleiche III: 309
Chlorelektrolyse VIII: 156
Chlorgewinnung III: 309−310
Chlorierung von Wasser VIII: 521
Chloroformnarkose IV: 56
Chlorophyll VI: 459, 460, 461
Chlorophyllfluoreszenz VI: 459
Chloropren-Kautschuk VIII: 181
Chochenillen-Färberei III: 307
Cholera VIII: 512, 513, 514, 518, 520
Choleraepidemien III: 337
Chordophone (Saitenklinger) VII: 93
Christentum und Technik, lutherisches II: 236−238
Christsein in der Moderne, evangelisches
    II: 276−278
Chromosomen VI: 296−299
Chromosomenaberration VI: 297, 302
Chronographen VII: 115
Chronologie III: 83, 85
Chronologie, absolute III: 83
Civil Engeneering in den USA X: 355
Cloaca Maxima VI: 395
Club of Rome X: XIX
CNC-Maschinen VIII: 236−237
CNC-Steuerungen VIII: 237
CO-Konverter VIII: 160
COCOL III: 175

Cocom-Liste IX: 219
Code, genetischer VI: 288, 289−293
Collegium carolinum V: 145, 146
Collegium illustre V: 122
Commitee of Imperial Defence (CID) IX: 382, 383
Computer III: 68, 71, 72, 168, 172, 440; V: 44, 51;
    VII: 176, 178, 179, 180, 182, 183, 188, 189, 190,
    191, 192, 203, 204, 398, 399, 400
Computer−Video−Animation VII: 312
Computer Aided Design (CAD) VII: 81
Computer Aided Learning (CAL) III: 107
Computer als Denkzeuge V: 365, 373
Computer als Kulturtechnik I: 260
Computer als Werkzeug des Historikers
    III: 106−107
Computer Art VII: 179
Computer im Bildungswesen V: 2
Computer in den Naturwissenschaften III: 364
Computer und Bildung V: 355−383
Computer und historische Sozialforschung
    III: 98−106
Computer und Wandel der Lernziele V: 375−381
Computer-Chip-Design VII: 206
Computer-Computer-Kommunikation V: 366−367
Computer-Philosophie V: 434
Computer-Revolution X: 400−401
Computeranimation VII: 181, 312
Computeranimation im Film VII: 183−186
Computeranimation in der Werbung VII: 183−184
Computerausführungen VIII: 478, 479
Computerbild VII: 200
Computerdrucke VII: 191
Computergedichte VII: 489
Computergraphik VII: 176−186
Computergraphik als Kunst VII: 176−186
Computergraphik, Anfänge der VII: 177−179
Computergraphik, expansive Entwicklung der
    VII: 179−181
Computergraphik, künstlerische Aspekte der
    VII: 181−183
Computerindustrie III: 168; VIII: 477−478
Computerintegrated Manufacturing (CIM)
    VIII: 257
Computerlyrik VII: 428
Computermarkt VIII: 478−480
Computermusik VII: 398
Computerprogramm und Patent III: 201

Computersoftware und Patentrecht   III: 205
Computerspiele   VII: 193
Computersprache   VII: 410
Computersystem   I: 142
Computersystem, polyagogisches   VII: 401
Computertechnik   I: 103
Computertechnik und Staat   IX: 469
Computertechnik und Verantwortung   I: 212–214
Computertechnologie   I: 269–273; VIII: 236
Computertechnologie und Menschenbild   I: 270, 271
Computertomographie   IV: 129–131
Computerwissenschaften in der BRD   IX: 244–245
Conseils de Commerce   X: 194
Conservatoire des Arts et Métier   IX: 106
Corporate Culture   VII: 341–343
Corporate Design   VII: 331–337, 343
Corporate Identity   VII: 337–341, 343
Corporate Image   VII: 337, 341, 343
Crackverfahren   VIII: 169
Crinoide, pseudoplanktonische   VI: 147
Cris du monde   VII: 381
Cromagnon   II: 58
Cuttin-Plane-Verfahren   III: 178
Cyberspace   VII: 186
Cyclopaedia or Univers. Dictonary of Art a.
   Sciences   IX: 28

D

Dadaismus   VII: 410, 468
Daguerreotypie   VII: 103, 118
Daktyloskope   III: 189
Daltonsche Atomtheorie   III: 317
Dampfhammer   VIII: 212, 217
Dampfkraftwerk   VIII: 322
Dampflokomotive   III: 432; VIII: 419, 420, 424
Dampflokomotiven, Geschwindigkeit der   VIII: 428
Dampflokomotiven, Hochdruckkessel von   VIII: 319
Dampfmaschinenkessel   VIII: 319
Dampfmaschine   III: 287, 295, 404, 406, 411, 412,
   420, 432, 435; VIII: 205, 290, 291, 301, 315, 316,
   317, 318, 319,320, 489, 490
Dampfmaschine bei der Eisenverhüttung   X: 139
Dampfmaschine im Walzwerk   X: 139
Dampfmaschine in der Schiffahrt   X: 142
Dampfmaschine zu Beginn der Neuzeit   X: 92

Dampfmaschine, Einsatz der   VIII: 315, 316
Dampfmaschine, Erfindung der   VI: 54–55; X: 136
Dampfmaschine, Leistungssteigerung der
   VIII: 318–320
Dampfmaschine, technischer Wandel durch die
   X: 92
Dampfmaschine, Verbreitung der   VIII: 315, 316
Dampfmaschinen im Bergbau   VIII: 43
Dampfmaschinen im Schiffbau   VIII: 371
Dampfmaschinen im Tiefbergbau (1851–1871)
   VIII: 48–50
Dampfmaschinen, Einheitsleistung von   VIII: 318,
   321
Dampfmaschinen, Fertigungsprobleme bei
   VIII: 205–208
Dampfmaschinen, Hochdruck und Schnelläufigkeit
   der   VIII: 318–320
Dampfmaschinen, Steuerung von   VIII: 320
Dampfmaschinenantrieb, Verbreitung vom
   VIII: 292
Dampfmaschineneinsatz in den USA   VIII: 296
Dampfmaschineneinsatz in England   VIII: 296
Dampfmaschineneinsatz in Frankreich   VIII: 296
Dampfmaschinentechnik, Verbesserung der
   VIII: 372, 373
Dampfmotorenbau   III: 400
Dampfschiffahrt   VIII: 371, 372, 373, 376, 391–392
Dampfschiffe   VIII: 315, 316
Dampfschiffe, Geschwindigkeiten der   VIII: 372
Dampfsterilisation   IV: 75, 76, 78, 82
Dampftechnik, Preisfragen über   IX: 38
Dampfturbinen   III: 421; VIII: 321
Dampfturbinen und Kolbendampfmaschinen
   VIII: 321–323
Dampfwagen   VIII: 420
Daozang   II: 95
Darstellung des Gaslichtes, künstlerische   VIII: 533
Darstellung von Flugzeugen, künstlerische   VII: 321,
   322, 323, 324
Darstellung von Fortbewegungsmitteln, künstleri-
   sche   VII: 316–330
Darstellung von Schiffen, künstlerische
   VII: 314–320
Darstellung: Animation von Maschinen
   VII: 308–316
Darstellung: Entmenschlichung des Menschen
   VII: 308–316

Darstellung: Mensch–Roboter VII: 279, 313, 314, 315, 316
Darstellung: Mensch aus technischen Elementen VII: 312–313
Darstellung: Vermenschlichung von Maschinen VII: 308–316
Darstellung: Versklavung des Menschen VII: 308–316
Darstellungen arbeitender Kinder, künstlerische VII: 240
Darstellungen auf Firmenbriefköpfen, technische VII: 246
Darstellungen der Bergwerksarbeit im 20. Jahrh., künstlerische VII: 268
Darstellungen der industriellen Arbeit, künstlerische VII: 266–267
Darstellungen der Massenproduktion, künstlerische VII: 269–272
Darstellungen der Technik in der Karrikatur VII: 256–257
Darstellungen der Technik, allegorische VII: 234–237
Darstellungen der Technik, landschaftsverbundene VII: 237–242
Darstellungen der Technik, phantastische VII: 256–257
Darstellungen des Autorennsports, künstlerische VII: 257–259
Darstellungen der Technik im Expressionismus VII: 268–269
Darstellungen in der Arabeske, technische VII: 242–246
Darstellungen in der Medizin, graphische IV: 156–168
Darstellungen technischer Geräte, drucktechnische V: 315
Darstellungen v. Arbeitsprozeß i. 19. Jahrh., künstlerische VII: 263–267
Darstellungen vom Arbeitsprozeß im 20. Jahrh., künstlerische VII: 267
Darstellungen v. technischen Arbeitsprozessen, künstlerische VII: 250–255
Darstellungen von Arbeitern, künstlerische VII: 252–256, 262–276
Darstellungen von Arbeitsprozessen, künstlerische VII: 262–276
Darstellungen von Autos, künstlerische VII: 320–321, 322–328
Darstellungen von Fabrikanlagen, künstlerische VII: 240–241
Darstellungen von Fabriken im 19. Jahrh., künstlerische VII: 263–267
Darstellungen von Produktionsstätten, künstlerische VII: 267
Darstellungen von Technik und Gefahr, künstlerische VII: 282–283
Darstellungen von Technik und Realität, künstlerische VII: 281–282
Darstellungen von Technik und Umwelt, künstlerische VII: 279–281
Darstellungen von Technikangst, künstlerische VII: 278–330
Darstellungen von Technikbegeisterung, künstlerische VII: 278–330
Darstellungen von Unfällen durch Fahrzeuge, künstlerische VII: 327–330
Darstellungen von Unternehmern, künstlerische VII: 247–249
Datenanalyse III: 90
Datenanalyse, exploratorische III: 99
Datenanalyse, konfirmatorische III: 99
Datenbank, historische III: 107
Datenbasis für die Technikbewertung I: 250
Datenerfassungssystem III: 105
Datenschutz und Staat IX: 469
Datenschutz, Problematik von I: 197
Datenverarbeitung (EDV) III: 71–73, 96–106
Datenverarbeitung in der BRD IX: 244–245
Datenverarbeitung, elektronische (EDV) III: 186, 193–196, 201; V: 50–53
Datenverarbeitung, quellenorientierte III: 107–108
Datierungsmethoden III: 85, 86–88
Datierungsmöglichkeiten, archäologische III: 85, 86
Datierungsverfahren, dendrochronologische III: 87
De-Industrialisierung VIII: 4, 5, 7
Deduktion III: 22
Definition des Lebens, medizinische I: 275
Definition des Todes, medizinische I: 275
Definition eines technischen Problems I: 148
Definition von Großtechnischen Systemen X: 376–380
Definition von Religion II: 19
Defizite im Bergbau, technologische VIII: 61
Deichbaumaßnahmen VI: 388, 389

Deiche   VI: 388
Deklaration von Helsinki   I: 274
Deklaration von Tokio   IV: 302
Dekompositionsgeschehen   VI: 426
Dekor- und Ornamentästhetik   VII: 140
Delphi-Methode   IX: 181
Delphine   VI: 144
Demarkationsabkommen   VIII: 495, 499
Demographie, historische   III: 101
Demokratie und Informationstechnik   V: 370
Demokratie, direkte   I: 191
Demokratie, parlamentarische   IX: 10
Demokratie, repräsentative   I: 191
Demontage von Industrieanlagen der ehem.
    DDR   IX: 207–208
Denaturierung von Böden   VI: 442–447
Dendrochronologie   III: 93
Denkart, kapitalistische   I: 84
Denken im Islam, wissenschaftlich-technisches
    II: 104–110
Denken, funktionales   II: 33
Deposition, trockne   VI: 435
Depression im Bergbau   VIII: 51
Depsoition, nasse   VI: 435
Dequalifizierung   X: 322, 323, 324
Deregulierung des Luftverkehrs   VIII: 453
Déscriptions des Arts et Métiers   IX: 28, 29
Design   VII: 141
Design von Geschäftsdrucksachen   VII: 336–337
Design-Profil   VII: 331
Design, biologisches   VI: 263
Desinfektion   IV: 73, 80
Desinteressiertheit   III: 25
Desoxyribonukleinsäure   VI: 271, 278, 279, 295
Desoxyribose   VI: 279
Detection and Location of Aircraft by Radio Me-
    thods   IX: 382
Determinismus   I: 52
Determinismus, technischer   I: 155
Determinismus, technologischer   I: 159, 180
Deutsch-deutsche Verträge für technische Zusammen-
    arbeit   IX: 219
Deutsche Arbeitsfront (DAF)   IX: 138, 140; V: 287
Deutsche Forschungseinrichtungen der Luft- und
    Raumfahrt   IX: 244
Deutsche Forschungsgemeinschaft   IX: 239; X: 419
Deutsche Gemeindeordnung   VIII: 497

Deutsche Gesellschaft für Metallkunde   V: 267
Deutsche Gewehrprüfungskommission   IX: 367
Deutsche Kommission für Weltraumforschung
    IX: 243
Deutsche Lufthansa AG   VIII: 450, 451
Deutsche Reichsbahn   VIII: 432, 433
Deutsche Reichsbahngesellschaft   VIII: 432, 435
Deutsche-Continental-Gasgesellschaft   VIII: 535
Deutscher Ausschuß für das technische Schulwesen
    V: 265, 268, 287
Deutscher Ausschuß für Erziehungs- und Bildungs-
    wesen   V: 161
Deutscher Flottenverein   X: 213
Deutscher Kriegerbund   X: 213
Deutscher Straßenbauverband   VIII: 408
Deutscher Verband technisch-wissenschaftlicher
    Vereine   V: 268
Deutscher Werkbund   VII: 357–359
Deutsches Gewerbemuseum   VII: 136–138
Deutsches Institut für technische Arbeitsschulung
    IX: 138
Deutsches Kaiserreich   IX: 8–9
Deutsches Museum   V: 252
Deutsches Museum und Technikgeschichte   III: 114
Deutung des Vogelfluges, historische   VI: 206–209
Dezentralisierung   I: 191
Dezentralisierung der Organisationsstrukturen
    X: 455
Dezentralisierung der Produktionsstrukturen   X: 455
Dezentralisierung in China   IX: 201
Dezisionismus   I: 185
Diabetes   VI: 311
Diagnostik   IV: 291
Diagnostik durch Remote Sensing   VI: 458–459
Diagnostik, vorgeburtliche   IV: 199
Dialektik   III: 19
Dialog zwischen Technik und Theologie
    II: 333–334
Dialog zwischen Technikern und Religion
    II: 326–327
Dialogmodell   VII: 410
Dialogstil   VII: 409
Diamantwerkzeuge in der Kraftfahrzeugindu-
    strie   VIII: 226
Diaphragma-Zelle   VIII: 155
Diätetik   IV: 13
Diatomeen   VI: 87

Dichotomie: natürlich-unnatürlich   II: 191
Dichtestreß   VI: 261
Didaktik der Technik   V: 164−167
Dienstleistungen   VIII: 9
Dienstleistungsgesellschaft   VIII: 4, 6; X: 454
Dienstleistungssektor   VIII: 543, 549, 550, 551
Diesellokomotiven   VIII: 428
Dieselmotor   III: 437
Dieselmotoren   VIII: 299, 300, 302
Dieselmotoren in der Schiffahrt   VIII: 373, 374
Differenzkaliber   VIII: 251
Diffusion technischer Lösungen   I: 128, 129
Diffusionsgeschwindigkeit technischer Neuerungen   III: 171
DIN-Deutsche Industrie Norm-Ausschuß   V: 333
Dinggedichte   VII: 474
Dingsymbole, technische   VII: 458
Diphterie   IV: 280
Direktorialverfassung   IX: 8
Diskriminierung, geschlechtsspezifische   X: 338
Diskurs, herrschaftsfreier   I: 254
Distanz zwischen Technik und Glauben   II: 331−333
Distanzwaffen in der Antike   IX: 263
Divisionsschulen   IX: 304, 305, 307
DNA (DNA-Faden)   VI: 269, 271−275, 277−279
DNA-Einzelstrang   VI: 278, 279, 290
DNA-Fragmente   VI: 275−277, 283−284, 304
DNA-Fragmente, Synthese der   VI: 280−281
DNA-Polymerase   VI: 281, 282, 283
DNA-Synthese   VI: 281−284
DNA; rekombinierte   VI: 277, 303
DNA; Sequenzierung der   VI: 280
DNA; Struktur der   VI: 277−279
Dnjepr-Kraftwerk   IX: 132
documenta   VII: 195, 203, 209
documenta 6   VII: 171, 172
documenta 8   VII: 269, 270, 321, 343
DOCUMENTA IX   VII: 169−170, 171, 173, 206, 207, 208
Dom-Ino-Prinzip   VII: 356
Dombau in Florenz   III: 252−253; VI: 40−41
Dombauhütten   V: 92
Dominium terrae   II: 296, 303, 304, 307, 308
Domschulen   V: 92
Doppelaufgabe der Naturwissenschaften   III: 347
Doppeldecker im 1. Weltkrieg   IX: 343
Doppelkontaktverfahren   VIII: 151

Doppelstrang (Doppelhelix) der DNA   VI: 278, 279, 281, 290
Doppelwalzschrämlader   VIII: 81
Dornbuschwald   VI: 473
Drahtwaagen   VII: 54
Drehautomaten   VIII: 231
Drehautomaten im Fertigungsprozeß   VIII: 223
Drehbank   VIII: 202
Dreherei   VIII: 207, 213
Drehkreuze (turn pikes)   VIII: 401, 402,
Drehmaschinen   VIII: 213, 219, 226, 231
Drehstrom   VIII: 484
Drehstrom-Asynchronmotor   VIII: 489
Drehstrommotore   VIII: 334−336
Drehstrommotore, Anwendung der   VIII: 334, 335, 336, 337
Drehstromübertragung   VIII: 487
Drei-Erde-Lehre   III: 300
Drei-Schrauben-Dampfer   VIII: 372
Dreidecker im 1. Weltkrieg   IX: 345
Dreifelderwirtschaft   X: 75, 76−77
Dreifußkessel, bronzene   VII: 45−48
Dreistufigkeit der mittelalterlichen Gesellschaft   V: 80
Dritten Welt, Wirtschaft in der   VIII: 543, 545, 548
Druck-Wasserstoff-Dehydrierung   VIII: 166
Druckerpresse   V: 300
Druckgewerbe und Industrialisierung   V: 311−317
Druckindustrie, Wandel in der   V: 317
Druckluft im Bergbau   VIII: 58, 59, 60, 65, 69
Druckstöcke   V: 300
Drucktechnik in China   II: 93
Druckverteilung   VI: 224
Dualsystem   III: 69
Düngemittel   VIII: 139
Düngemittelfabrik   III: 316
Düngesalze   III: 316
Dünndarmtransplantation   IV: 194
Durchdringung der Technik, pädagogisch-ethische   V: 436
Durchdringungen der Technologie, ethische   V: 440
Dynamik   III: 266, 272, 276
Dynamik   III: 49
Dynamo   III: 439
Dynamo-Motor   VIII: 325−326

Dynamomaschinen   III: 413, 414
Dynamophon   VII: 391
Dyskrasie   IV: 11, 12

E

E-Musik   VII: 376, 379, 400
Echolot   IX: 386
École des Arts et Métiers   V: 190−192
École des Mines   IX: 74
École Polytechnique   I: 172; III: 155, 404, 406, 407;
   V: 147, 148, 149, 206, 207−209, 211; IX: 30, 74
Edaphon und Humustyp   VI: 427
Edelgase   VI: 346
Edikt von Nantes   IX: 19
Effizienz, technische   I: 151
Effizienzstreben   I: 292
Eidersperrwerk   VI: 388
Eigenbaureaktor für Kernforschungszentrum Karls-
   ruhe   X: 441
Eigendynamik der Technik   I: 52
Eigengesetzlichkeit der Technik   I: 79
Eigengesetzlichkeit der technisierten Welt   I: 51
Eigenschaften der Flugsaurier, aerodynamische
   VI: 154
Eigenstromerzeugung   VIII: 490, 495
Ein- und Mehrfarbscanner   V: 317
Einarm in der römischen Armee   IX: 264
Einbilden eines Vor-Bildes   V: 19, 20
Einblattdruck   V: 300
Eindecker im 1.Weltkrieg   IX: 343
Eine Welt   II: 7−9, 40
Einfache Maschinen   III: 40, 232, 263, 265, 385
Eingriff- und Verfügungsmacht; technische
   I: 212
Einheitshegewald   VI: 529, 530
Einheitsteile in der Automobilherstellung   VIII: 272
Einheitswissenschaft   III: 7, 17, 18
Einkorn   X: 49
Einordnung im kognitiven Bereich, relativierende
   V: 45
Einrichtungen, elektrodiagnostische   IV: 250
Einrichtungen, elektrotherapeutische   IV: 250
Einschätzung der Technik, negative   V: 37
Einspindeldrehautomat   VIII: 233
Einstellung zur Arbeit, gegenwärtige   I: 98

Einteilung der Wissenschaften nach Aristoteles
   III: 19
Einteilung der Wissenschaften nach Platon   III: 19
Einwände gegen das Technikbewertungskonzept
   I: 255−257
Einzelantrieb, elektrischer   VIII: 226
Einzelfertigung   VIII: 247, 248
Einzeller   VI: 139
Einzweck-Werkzeugmaschinen   VIII: 205, 207
Einzweckmaschinen   VIII: 229
Eis-minus-Bakterien   VI: 317
Eisen am Beginn der Industriellen Revolution
   VIII: 97−103
Eisen im militärischen Bereich   VIII: 97
Eisen in der Geschichte der Plastik   VII: 53−54
Eisen in der modernen Plastik   VII: 54−58
Eisen- und Stahlwerke in Yawata   IX: 168
Eisenbahn   III: 414, 432; VI: 55−56
Eisenbahn als Literaturmotiv   VII: 429, 430
Eisenbahn als musikalisches Motiv   VII: 380, 381
Eisenbahn und Binnenschiffahrt   VIII: 431, 435
Eisenbahn und Inflationszeit   VIII: 432
Eisenbahn und Kraftfahrzeugverkehr   VIII: 431, 434
Eisenbahn und Straßenverkehr   VIII: 435
Eisenbahn und Weltwirtschaftskrise   VIII: 433, 435
Eisenbahn, Auswirkungen der   X: 165−166
Eisenbahn, Demontage der   VIII: 433
Eisenbahn, Einführung der   X: 139−141
Eisenbahn, Geschwindigkeit der   VIII: 427−431
Eisenbahn, Sicherheitstechnik der   VIII: 430
Eisenbahn, zukünftige Entwicklung der
   VIII: 435−437
Eisenbahnbau   III: 400, 418, 419, 420, 422
Eisenbahnbau in den USA   X: 157
Eisenbahnbau in Deutschland   VIII: 33
Eisenbahnbau in England   VIII: 421
Eisenbahnbrücken   III: 62
Eisenbahnen   VIII: 97, 98, 101, 103, 105, 112, 120,
   121, 418−437
Eisenbahnen als vernetztes System   X: 387−389
Eisenbahnen im Bergbau   VIII: 419
Eisenbahnen im Deutschland der Industralisierungs-
   phase   VIII: 421−425
Eisenbahnen in England   VIII: 418−421
Eisenbahnen mit Drehstrommotorantrieb   VIII: 336
Eisenbahnen, Verstaatlichung der   VIII: 425−427
Eisenbahnentwicklung, gegenwärtige   VIII: 431−435

Eisenbahngeschütze   IX: 413
Eisenbahngesetze   VIII: 436, 437
Eisenbahngesetze, deutsche   VIII: 423
Eisenbahninvestitionen   VIII: 422
Eisenbahnnetz   VIII: 318, 423; X: 295–296
Eisenbahnnetz als großtechnisches System
   X: 388–389
Eisenbahnpolitik, deutsche   VIII: 423
Eisenbahnrennen von Rainhill   VIII: 420
Eisenbahnschienen, gewalzte   VIII: 419, 424
Eisenbahnschienen, gußeiserne   VIII: 418
Eisenbahntruppen im 1. Weltkrieg   IX: 339
Eisenbahnunfälle   VIII: 427–431
Eisenbahnunfälle, spektakuläre   X: 223–224
Eisenbahnunglücke, frühe   VIII: 429–430
Eisenbahnverbände   VIII: 422
Eisenbahnverkehr   VIII: 399, 403, 404, 405, 406,
   411
Eisenbetonbau   III: 425
Eisengießereien   VIII: 307
Eisengußtechnik in China   IX: 192–194
Eisenhütten   VIII: 315, 316, 317
Eisenhütten in Deutschland um 1818   VIII: 98, 99,
   103
Eisenindustrie in islamischen Ländern   VIII: 20
Eisenindustrie, deutsche   VIII: 424
Eisenindustrie, frühe   VIII: 103
Eisenkonstruktionswerkstätten   VIII: 212–213
Eisenplastik als Materialmontage   VII: 54
Eisenschienen   VIII: 420
Eisenverhüttung zu Beginn der Industrialisierung
   X: 137–140
Eisenverwendung im Mittelalter   X: 77
Eisenverwendung in Ägypten   II: 68
Eisenvitriol   III: 303
Eisenwagenbau   VIII: 272–273
Eisenwerkstoffe, technische   VIII: 208
Eisenwerkzeuge in China   IX: 193
Eisenzeit   X: 45, 49, 53
Eisenzeit in den Mittelmeerländern   X: 53
Eiserne Lunge   IV: 90–92
Eiszeit, kleine   VI: 470
Eiszeiten   VI: 468, 469,470
Eiweiß   VI: 270, 289, 290–293
Eizellen   VI: 305, 306, 318
Elastizität in der Wirtschaftstheorie   III: 156
Elastizitätslehre   III: 400, 423

Elektrifizierung   III: 440; VIII: 133, 292, 301, 302,
   328, 330, 335; IX: 120–135
Elektrifizierung als Unternehmergeschäft   VIII: 328,
   329, 331, 332
Elektrifizierung im vorrevolutionären Rußland
   IX: 121–122
Elektrifizierungsplan, russische Erfolge vom
   IX: 132–133
Elektrizität   III: 278, 279, 291, 292; VIII: 325, 328,
   459, 483
Elektrizität in der Medizin   III: 291
Elektrizität und Medizin   IV: 243–255
Elektrizität, Theorie der   X: 145
Elektrizitäts Gesellschaft, allgemeine (AEG)
   VIII: 3281–334
Elektrizitätsausstellung 1881 in Paris   VIII: 327, 328
Elektrizitätsausstellung in Frankfurt 1891   VIII: 484
Elektrizitätslehre   III: 413; VIII: 325
Elektrizitätsversorgung   VIII: 289, 290
Elektrizitätswerke   III: 440; VIII: 328, 330, 342, 483;
   X: 390
Elektrizitätswirtschaft   VIII: 333–334
Elektrizitätswirtschaft, bundesdeutsche   VIII: 498
Elektroausstellung in Wien   IV: 246
Elektrochemie   VIII: 155, 329, 331
Elektrodynamisches Prinzip   VIII: 325
Elektroenzephalographie (EEG)   IV: 164, 165, 166,
   167
Elektrofrieden 1927   VIII: 493
Elektroindustrie   IV: 250, 251, 252; VIII: 134, 326,
   329, 333, 340, 341, 353
Elektroindustrie als Unternehmergeschäft   VIII: 485
Elektroindustrie, japanische   IX: 168
Elektroingenieurwesen   III: 400
Elektrokardiogramm (EKG)   IV: 157–165
Elektrokonversion, direkte   III: 457
Elektrolokomotiven   VIII: 428
Elektrolyse, Gewinnung von Buntmetallen
   durch   VIII: 132–133
Elektromagnetismus   III: 348, 413
Elektromechanik   VIII: 235
Elektromotor   III: 348, 349, 439; VIII: 299, 300, 489
Elektromotore in der Textilindustrie   VIII: 338–339,
   341
Elektronenmikroskop   III: 330, 331, 458;
   IV: 112–115
Elektronenrechner   VIII: 475–477

Elektronenröhren   III: 358
Elektronentheorie der Metalle   III: 360
Elektronik   III: 440
Elektronik für militärische Zwecke   VIII: 476, 477
Elektronik in der NC-Technik   VIII: 235
Elektronik, Systemcharakter der   X: 400–401
Elektronische Datenverarbeitung (EDV)
   VIII: 343–344
Elektroorgel   VII: 83
Elektropathologie   IV: 253, 255
Elektrostatik   III: 279
Elektrotechnik   III: 357, 400, 413–414, 439–440;
   VIII: 271
Elektrotechnik in der Sowjetunion, Anfänge
   der   IX: 120–135
Elektrotechnik, Entstehung   VIII: 35
Elektrotechnische Zeitschrift   V: 273
Elektrotherapie   IV: 243–245, 247, 248, 249, 255
Elementarisierung der Technik, pädagogische
   V: 425
Elementarschulen   V: 135, 136, 149
Elementenlehre, aristotelische   III: 224, 225
Elite, professionelle   X: 353
Emanationsstufe   V: 18
Embryonen   IV: 308
Emissionen   VI: 352
Emissionen bei der Energiegewinnung   VI: 356
Emissionen, anthropogene   VI: 361
Emmer   X: 49
Empirie und technische Erfindungen, biologische
   III: 342–342
Empirismus, logischer   III: 23
Encyklopädie der mathematischen Wissenschaften
   III: 65–66
Encyklopädie, oeconomisch-technologische   V: 310
Endlagerung von Atommüll   VIII: 357
Endlagerungsqualität von Abfall   VI: 498
Endmaßnormale in der Paßarbeit   VIII: 222
Endmontage   VIII: 258, 259, 260
Endmontage im Schiffbau   VIII: 278
Endoprothesen   IV: 178
Endoskop   IV: 144, 145, 153
Endoskopie   IV: 146, 148, 151, 152
Endzeiterwartung   II: 41, 349–350, 361
Energie   III: 406, 412, 413
Energiedienstleistung   VIII: 502
Energieformen   III: 412, 413

Energiegewinnung aus Wasserkraft   VI: 389–392
Energiegewinnung, biotechnologische   III: 333
Energiepreiskrisen   VIII: 490, 500
Energieproblematik der Zukunft   VIII: 545, 546
Energiequellen im Mittelalter   II: 162
Energiequellen, regenerative   VI: 55
Energietechnik in der ehem. DDR   IX: 212
Energietechnik in künstlerischer Gestaltung
   VII: 170
Energietechnik und Politik   IX: 442
Energieträger, vorindustrielle   X: 87
Energietransport   III: 415
Energieübertragung, elektrische   III: 349
Energieverbrauch   VIII: 117, 118
Energieverbrauch durch Massenmotorisierung
   VIII: 308
Energieverfahrenstechnik   III: 450
Energieversorgung durch Biomasse   VI: 453
Energieversorgung, dezentrale   VIII: 502
Energieversorgung, elektrische   X: 395–396
Energieversorgungskonzept   VIII: 487
Energieversorgungsproblematik in der Kernenergie-
   nutzung   I: 265, 266
Energiewirtschaft als politischer Interventionsbe-
   reich   VIII: 13
Energiewirtschaftsgesetz   VIII: 496–498
Energiezellen, biochemische   III: 340
Energy Farming   III: 335
Enstehung und Entsorgung von Müll   VI: 483–519
Entdeckung der Perspektive   III: 252, 254
Entente cordiale   IX: 321
Entfremdung   I: 51; III: 153
Entfremdung durch die Technik, religiöse   II: 1–3
Entfremdung, kollektive   I: 312
Entfremdungstheorie   I: 52
Enthärtung des Wassers   VIII: 516, 517
Entheiligung der Natur   I: 100
Entheiligung der Natur, jüdisch–christliche
   VI: 27–29
Enthistorisierung   I: 302
Entindividualisierung   I: 302
Entkeimung durch Filtration   VIII: 516
Entlastungsfunktion der Technik   I: 63
Entmaterialisierung als Ziel des Wirtschaftens
   VI: 512
Entmetaphysierung der Wissenschaft   III: 5, 7
Entmythologisierung bei Barth   II: 281–282

Entmythologisierung bei Bultmann   II: 280—281
Entmythologisierung und Technik   II: 279—282
Entomologie, angewandte   VI: 331
Entsakralisierung durch die Technik   I: 86
Entscheidung im technischen Großprojekt Kernenergie   X: 439—444
Entscheidungen in der Geschichte großtechnischer Systeme   X: 373—406
Entscheidungen in der Kernforschungs-Standortfrage   X: 428—439
Entscheidungen in der Medizin, ethische   IV: 304—314
Entscheidungsfindung in der Kernforschungs-Standort-Frage   X: 418—439
Entsorgung von Abfall, umweltverträgliche   VI: 487
Entsorgung von Atommüll   VIII: 357
Entsorgung, Risiken der atomaren   IX: 241
Entsorgungskosten für Abfall   VI. 510—511
Entstehung der chemischen Industrie   VIII: 35
Entstehung der Elektrotechnik   VIII: 35
Entstehung der modernen Naturwissenschaften   III: 241, 263—267
Entstehung der pharmazeutischen Industrie   IV: 271—275
Entstehung moderner Technik im Abendland   V: 59—63
Entstofflichung der Produktion   VIII: 548—552
Entwässerung nach dem Mischprinzip   VIII: 519
Entwässerungstechnik im Bergbau   X: 385
Entwicklung der Chemie   III: 281, 288
Entwicklung der chemischen Industrie, wirtschaftliche   VIII: 139—145
Entwicklung des Handels im Mittelalter   VIII: 23—25
Entwicklung im Mittelalter, wirtschaftliche   VIII: 18—19
Entwicklung in China, wirtschaftliche   VIII: 19—20, 21
Entwicklung in der Geschichte großtechnischer Systeme   X: 373—406
Entwicklung in Europa, wirtschaftliche   VIII: 21
Entwicklung in islamischen Ländern, wirtschaftliche   VIII: 20—21
Entwicklung kybernetischer Methoden   VI: 248
Entwicklung neuer Technikwissenschaften   III: 435—444

Entwicklung neuer Werkstoffe in der ehem. DDR   IX: 212
Entwicklung und humane Bildung, technische   V: 2, 3
Entwicklung, technische   I: 127
Entwicklungsarbeit und Technik, katholische   II: 257-258
Entwicklungsenzyklika   II: 264
Entwicklungserfindung   I: 44
Entwicklungshilfe und Staat   IX: 470
Entwicklungsländer   II: 271
Entwicklungsphasen technischer Lösungen   I: 128
Entwicklungsvorgänge der Organismen   III: 328
Entwurfsprobleme technischer Lösungen   I: 126
Entwurzelung   II: 261
Enzyklopädie   III: 15, 17, 394
Enzyklopädie, Bildungsaufgabe der französischen   IX: 27
Enzyklopädie, französische   III: 112; V: 309, 310; IX: 22—30; X: 145
Enzyklopädie, offene   III: 17
Enzyklopädie, Ziele der französischen   IX: 30
Enzyklopädien in China, technische   IX: 195
Enzyklopädien, große   V: 308—311
Enzyklopädien, technische   V: 315
Enzyklopädisten   IX: 23
Enzyklopädisten, französische   V: 109
Enzym   VI: 270, 271, 295
Enzyme   III: 332, 333, 337, 341
Enzyme, Entdeckung der   III: 334
Enzyme, Wirkung der   III: 334
Epidemien durch verseuchtes Trinkwasser   VIII: 512
Erbfolgekrieg, pfälzischer   IX: 18
Erdgas   VIII: 306, 537, 538
Erdgasboom   VIII: 351
Erdöl   VIII: 306, 307
Erdölindustrie   VIII: 141
Ereignisse in komplexen Systemen   VI: 252—255
Erfahrung bei Galilei, praktische   III: 265
Erfahrungsdimensionen der Kernkraftwerkstechnik   VIII: 358—363
Erfahrungsraum historischer   III: 235
Erfahrungstechnik   II: 231
Erfinder   I: 41
Erfindung   I: 42, 43, 45, 46, 114, 116, 117, 124, 125, 130, 132, 133, 137
Erfindung des Pflugs   III: 322

Erfindung des Rades   II: 61, 62, 204
Erfindung früher Flugapparate   V: 76
Erfindung und Natur   I: 120−126
Erfindung und Wissen   I: 135
Erfindung von Goldrubinglas   III: 299, 300
Erfindung zweckfreier technischer Geräte, künstlerische   VII: 303−307
Erfindung, patentfähige   I: 128
Erfindungen   III: 166
Erfindungen durch wissenschaftliche Entdeckungen   III: 289−294
Erfindungen Leonardo da Vincis, technische   III: 255−258
Erfindungen, Gleichzeitigkeit von   I: 129
Erfindungen, technische   I: 17, 306
Erfindungsgeschichtsschreibung   III: 113
Erfindungsrate   I: 135
Ergebniskritik der Technik   VI: 64
Erhaltung der Materie   III: 222
Erhaltungssatz der Energie   III: 406, 419
Erkrankungen durch verseuchtes Trinkwasser   VIII: 512
Ermächtigungsgesetz   IX: 11
Erneuerungsbewegung   II: 40, 42
Erntemaschine, römische   X: 63
Erosion und Abtragung   VI: 442−445
Erosionsformen   VI: 442
Errungenschaften des Mittelalters, technische   V: 60
Ersatz für Naturstoffe   VI: 59
Ersatzglieder   IV: 49
Erscheinungen ohne Kunstanalogie, technische   VII: 196−198
Erscheinungsbild eines Unternehmens, visuelles   VII: 331
Erschließung künstlicher Energiequellen   II: 152
Erwachsenenbildung   V: 250
Erwärmung, globale   VI: 535
Erweckungsbewegungen   II: 233, 247, 277
Erweiterungsinvestitionen   III: 181
Erwerbsarbeit, weibliche   X: 341
Erwerbsschulen   V: 125, 127
Erzählung von den vier Weltzeitaltern   II: 79
Erzbergbau   VIII: 41, 42
Erzgewinnung im Mittelalter   II: 169
Erziehung im Mittelalter   V: 97
Erziehung zur Arbeit   V: 118

Erziehung zur Brauchbarkeit   V: 25
Erziehung zur Industrie   V: 119
Erziehung, öffentliche   V: 20
Erziehungswissenschaften   V: 424
Erzverhüttung in der frühen Metallzeit   X: 46
Erzwaschwerk   X: 89
Escherichia coli (E. coli)   VI: 271, 272, 284, 285, 287, 404
Esoterik   I: 2, 4; II: 315
Ethik   I: 196−210, 235, 236; III: 18
Ethik als Ehrfurcht vor dem Leben   I: 204−206
Ethik der erweiterten Zukunftsverantwortung   I: 204−210
Ethik der Verantwortung   I: 201
Ethik der Wissenschaften   III: 26
Ethik der Zukunftsverantwortung   I: 201
Ethik in der Medizin   IV: 299−314
Ethik und neue Ethik, traditionelle   I: 196−210
Ethik-Kodex für Ingenieurberufe in den USA   X: 355
Ethik-Kodex für Ingenieurberufe in Deutschland   X: 360
Ethik, neue erweiterte   I: 198
Ethik, praxisnahe   I: 209
Ethik, prinzipienorientierte   I: 259
Ethik, problemorientierte   I: 259−264, 273, 280, 285
Ethik, protestantische   I: 99, 273
Ethikcode für Ingenieure   V: 442
Ethikkodex   I: 229−234, 237
Ethikkodex der Ingenieurvereinigungen   I: 220
Ethikkodizes für Naturwissenschaftler   I: 226−238
Ethikverständnis bei Jonas   I: 198−202
Ethikverständnis bei Kant   I: 199, 200
Ethikverständnis bei Schweitzer   I: 204−206
Ethylen   VIII: 164, 180, 182
Eugenik, negative   VI: 306
Eugenik, positive   VI: 306
Eukrasie   IV: 11, 12
European Space Agency (ESA)   IX: 244
Eutrophierung   VI: 400−403, 404, 406
Evolution   II: 338; III: 445; VI: 301, 302, 524
Evolution der Augenlinse   VI: 229−232
Evolution der Evolution   VI: 227−238
Evolution des Fliegens   VI: 153
Evolution einer Zweiphasendüse   VI: 237−238
Evolution eines Rohrkrümmers   VI: 236−237
Evolution eines Steinwurfes   VI: 232−234

Evolution und Strategie   VI: 243–244
Evolutionsbiologen   VI: 143
Evolutionsbionik   VI: 109
Evolutionsprozesse   VI: 193
Evolutionsstrategie   VI: 200, 202, 227–244
Evolutionsstrategie, Zielsetzung der   VI: 240–241
Evolutionstechnik und Bionik   VI: 202
Evolutionstheorie   I: 303; III: 327, 328
Exaktheit, quantitative   I: 104
Experiment in der Antike   III: 231
Experiment, naturwissenschaftliches   I: 106; III: 377, 379
Experiment, systematisches   III: 401, 404
Experiment, technologisches   III: 416
Experimentalberichte   V: 328, 329
Experimente, Bedeutung der   I: 31, 32
Experimente, medizinische   IV: 267, 268
Experimente, systematische   I: 104
Expertensysteme   V: 361
Export gebrauchter Güter   VI: 513–514
Expressionismus   VII: 20
Extrapolation der Gegenwart in der Literatur   VII: 440
Extraterrestrisches als Motiv von Science Fiction   VII: 441, 442, 446

F

Fabrik   III: 137, 152
Fabrik als großtechnisches System   X: 386–387
Fabrik als Literaturmotiv   VII: 428, 429
Fabrik Friedrich Harkort   X: 179–180
Fabrik, automatische   III: 147, 148
Fabrik, chemische   III: 296, 297, 303, 304, 305, 308, 309; IV: 265
Fabrikalltag   X: 184–190
Fabrikanlagen, künstlerische Darstellungen von   VII: 240–241
Fabrikarbeit   X: 171
Fabrikarbeiter   V: 281
Fabrikdarstellungen im 19. Jahrh., künstlerische   VII: 263–267
Fabrikdesign als Symbol   VII: 358
Fabriken zu Beginn der Neuzeit   X: 94–95
Fabriken, pharmazeutische   IV: 276–285
Fabrikensystem, integriertes   X: 386

Fabrikfürsorge   X: 186
Fabriklehre   V: 286
Fabriknormal   VIII: 251
Fachsprache   III: 396
Fach-Arbeit, industrielle   X: 359
Facharbeiter   V: 281, 286
Facharbeiter im Werkzeugmaschinenbau, qualifizierte   VIII: 234, 235, 237
Fächerpräferenzen   X: 336
Fachgebiete, interdisziplinäre   III: 441
Fachhochschulen   V: 176, 177
Fachkompetenz   I: 176
Fachliteratur im Mittelalter, technische   II: 166, 172
Fachmagazine   V: 334–335
Fachpresse   V: 392
Fachschulbegriff im Wandel   V: 175–178
Fachschulbildung   V: 178–179
Fachschule, Bezeichnung   V: 176, 177
Fachschulen   V: 123, 124, 136, 138, 139, 140, 147, 149, 209
Fachschulen in Japan   IX: 166
Fachschulen, Aufgliederung der   V: 175–176
Fachschulen, Entwicklung der   V: 140–149
Fachschulen, private   V: 196
Fachschulen, Vereinheitlichung der   V: 196–199
Fachschulwesen   V: 131–140
Fachschulwesen nach 1945   V: 199–201
Fachsprache des Ingenieurs   I: 145
Fachsprache durch Zeitschriften, Entwicklung der   V: 322
Fachsprache, Präzision der technischen   I: 146
Fachwerkbrücke   VI: 211
Fachwerkknoten   VI: 138
Fachwerkkonstruktion   III: 418, 419
Fachwissenschaften und Philosophie   I: 2
Fachzeitschriften   V: 391, 393, 400
Fachzeitschriften, technisch-wirtschaftliche   V: 331
Fachzeitschriften, technische   VIII: 35
Fackeltelegraph, griechischer   VIII: 458, 460
Fahradherstellung   VIII: 228
Fahrrad   VIII: 404, 406, 408, 409
Fahrrad als Massenverkehrsmittel   X: 302–303
Fahrradfahren als Volkssport   X: 301
Fahrradindustrie   VIII: 232–233; X: 302
Fährverkehr   VIII: 370, 380
Fahrzeugbau   VIII: 257, 315
Fäkalienabfuhr   VIII: 521

Faksimile   III: 96
Fallgesetze   III: 212, 265
Fallibilismus   III: 6
Familie in der Industrialisierung, Funktionsverlust
    der   X: 176
Familie in der Industrialisierung, Wandel der
    X: 172−176
Familienideal, bürgerliches   X: 174
Familienrekonstruktionen   III: 106
Familienzeitschriften   V: 394
Farben, synthetische   III: 313
Farbenlehre von Johann Wolfgang von Goethe
    VII: 263, 264
Farbfernsehen   V: 352
Farbstoffe, organische   VIII: 171
Farbstoffherstellung   VIII: 170−172
Farbstoffindustrie   VIII: 163, 164
Farbstoffsynthese   VIII: 146, 170
Farbstoffunternehmen   VIII: 141, 142
Farm Security Administration   VII: 124
Faschismus   X: 221
Faschismus und Industrialisierung   X: 217
Faserchemie   VIII: 139
Faserkreisel   IX: 441
Faserpflanzen, Züchtung kultivierter   X: 42
Fatalismus und Fortschritt im Islam   II: 104
Faultürme   VIII: 523
Faustkeil   II: 55, 56
Feedback auf die moderne Technik   VI: 246−247
Fehlschluß, naturalistischer   I: 307
Feiertagsschulen   V: 243, 244
Feinmechanik, Robotereinsatz in der   VIII: 263
Feinmeßmittel, betriebliche   VIII: 221
Feinwerktechnik   III: 271
Feldartillerie   IX: 286, 331, 333, 334, 349
Feldartilleriestärke   IX: 325
Feldfernkabel   IX: 421, 422
Feldfernsprecher im 1. Weltkrieg   IX: 340
Feldhaubitzen   IX: 412
Feldkanonen   IX: 332, 333
Fermentation   III: 340
Fermentationstechnologie   III: 332
Ferngas   VIII: 535−538
Ferngasversorgung   VIII: 538
Ferngeschütze   IX: 360
Fernhandel, früher   X: 52
Fernrohr   III: 271

Fernschreiber   IX: 421
Fernsehen   V: 47, 48, 388, 389, 404, 405, 406, 407,
    408
Fernsehen als Sozialfaktor   V: 427
Fernsehen als Werbeträger   VIII: 473
Fernsehen bei den Olympischen Spielen 1936
    VIII: 471
Fernsehen im Dritten Reich   IX: 154
Fernsehen und Kommunikationswandel   X: 283
Fernsehen und Olympische Spiele 1936   IX: 154
Fernsehen und technische Bildung   V: 341
Fernsehen zur Nachrichtenübermittlung
    VIII: 471−473
Fernsehen, historische Entwicklung vom
    V: 351−354
Fernsehen, Systemcharakter vom   X: 398
Fernsehprogramme, erste reguläre   V: 351
Fernsehwerbung   VIII: 472−473
Fernübertragung elektrischer Energie   III: 414;
    VIII: 492
Fernversorgungsnetz für Wasser   VIII: 515
Fernwärme   III: 449
Fernwasserleitungen im Mittelalter   VIII: 509
Fernwirkung technischen Handelns   I: 215
Fertigbearbeitung durch Feilen   VIII: 219
Fertigbearbeitung durch Reiben   VIII: 220
Fertigbearbeitung durch Schaben   VIII: 219
Fertigbearbeitung durch Schmirgeln   VIII: 219
Fertigteilherstellung   VIII: 209
Fertigung, künstlerisch serielle   VII: 275−276
Fertigungscomputer in der ehem. DDR;
    gesteuerte   IX: 212
Fertigungsorganisation   VIII: 242
Fertigungsplätze   VIII: 243
Fertigungssysteme, flexible   VIII: 236
Fertigungstechnik   III: 416; VIII: 475
Fertigungstechnik im Maschinenbau seit 1895
    VIII: 220−222
Fertigungstechnik, Beginn industrieller
    VIII: 195−205, 208
Fertigungstechnik, Institute   VIII: 227
Fertigungstechnik, Systemcharakter von der
    X: 398−400
Fertigungstiefe   VIII: 282
Fertilisation, extrakorporale   IV: 199−201, 307−309
Fesselballon   IX: 341
Festigkeitslehre   III: 266, 400, 401, 405, 423

Festkörperphysik   III: 360
Festungsausbau vor 1914   IX: 322
Festungsbau als großtechnisches System   X: 385
Festungsbau in Alt−Israel   II: 120
Festungskrieg im 1. Weltkrieg   IX: 337, 338
Fette, tierische   III: 320
Feudalgesellschaft   VIII: 25
Feuer in der Altsteinzeit, Besitz vom   X: 38
Feuergeschwindigkeit   IX: 291, 293, 334
Feuerleitradar   IX: 390
Feuersteinmesser   II: 78
Feuerverschweißen   VIII: 212
Feuerwaffen im Mittelalter   IX: 269
Feuerzeug   III: 293
Film im Dritten Reich   IX: 151
Film und Kommunikationswandel   X: 283
Filmindustrie   VIII: 465−466
Filmproduktion   VIII: 466
Finalisierung von Technik   I: 79
Finalprinzip in der Technik   V: 172
Fingerabdruck, genetischer   VI: 315
Finitismus   III: 5
Firma AEG   IX: 121
Firma BASF   VIII: 170, 171
Firma Bayer   III: 372; IV: 282−284; VIII: 170, 171,
    172, 173, 174, 182
Firma Ciba-Geigy   VIII: 170
Firma DuPont   III: 370, 371
Firma Eli Lilly   IV: 284; VIII: 174
Firma Hoechst   IV: 279−282; VIII: 170, 171, 172
Firma Hoffmann-La Roche   IV: 284−285
Firma IG Farben   VIII: 178, 179, 181, 182
Firma MBB   IX: 440
Firma Meister, Lucius & Co   IV: 279
Firma Merck   IV: 277−278; VIII: 173
Firma Schering   IV: 276−277; VIII: 173
Firma Siemens & Halske   III: 352, 367; IX: 121
Firma Standard Elektrik Lorenz (SEL)   IX: 441
Firmenforschung, medizinische   IV: 286−287
Firmenzeichen als visuelles Erscheinungsbild
    VII: 332
Fischer-Tropsch-Verfahren   VIII: 166, 167
Flachdruck   V: 312, 315
Flächenstrukturen, regelmäßige biologische
    VI: 87−89
Flächentragwerke, leichte   VII: 367
Flächenverbrauch und Massenmobilität   X: 311−312

Flak-Funkmeßgeräte   IX: 388
Flakartillerie   IX: 401
Flammenwerfer   IX: 338
Flammrohrkessel   VIII: 319,322
Flaschenzug   III: 40, 232
Fledermäuse   VI: 153
Flexibilität bei Industrierobotern   VIII: 263
Flexibilität der Arbeitszeit   II: 260
Fliegen, Evolution im   VI: 153
Fliegen, physikalische Kenntnisse vom   VI: 156
Fliegeneier   VI: 219
Fliegertruppe   IX: 401
Fliegertruppen im 1.Weltkrieg   IX: 343−347
Fliehkraftregler   III: 378
Fließarbeit   VIII: 265, 266
Fließband   VIII: 260
Fließband von Ford   X: 399
Fließbandarbeit   X: 206, 207
Fließbänder in der Montage   VIII: 265−271
Fließbandproduktion in der Automobilindustrie
    X: 297
Fließbetrieb mit Zwischenlagern, partieller
    VIII: 254, 255
Fließbetrieb   VIII: 242
Fließfertigung   VIII: 244, 245, 246
Fließfertigung im Maschinenbau   VIII: 247−255
Fließfertigung, vernetzte   X: 399
Flinte, fotografische   VI: 115
Flinten   IX: 280
Florenzonen (Gliederung)   VI: 454
Flösserei   VIII: 385, 391; X: 382, 383
Flöte   VII: 69, 85−86
Flottenausbauprogramm vor 1914   IX: 322
FLOW-MATIC   III: 175
Flöze   VIII: 43
Flug-Staubkammern   VIII: 149
Flugabwehrgeschütze   IX: 347
Flugabwehrkanonen   IX: 368
Flugdynamik   VI: 196, 197
Flügel   VII: 79−81, 82
Flügelabschlag der Taube   VI: 209
Flügelapparat von Berblinger   VIII: 444
Flugexperimente von Berblinger   VIII: 444
Flugexperimente von Lilienthal   VIII: 444−445
Fluggesellschaften   VIII: 452
Flughafen Rhein-Main   VIII: 448, 449, 455
Flugkonstruktionen   VI: 200

Flugmaschinen der Brüder Wright   VIII: 445
Flugmelde—Funkmeßgeräte   IX: 388
Flugpioniere   VII: 257
Flugsaurier   VI: 144
Flugsaurier (Pterosauria)   VI: 153, 154, 155, 156
Flugtechnik von Lilienthal   VIII: 445
Flugtechnik, Entwicklung moderner   VIII: 454
Flugterminals   VIII: 453
Flugzeugbau   VIII: 275
Flugzeugbau im 1. Weltkrieg   VIII: 446
Flugzeugbeladung   VIII: 454
Flugzeugindustrie   VIII: 228
Flugzeugrümpfe   VI: 221
Flugzeugversorgung   VIII: 454
Fluorchlorkohlenwasserstoffe (FCKW)   VI: 354—355
Fluoreszenzanalyse   VI: 459, 460, 461
Fluoreszenzemission, laserinduzierte   VI: 462, 463
Fluorreszenzkohlenwasserstoffe   VI: 531, 534
Flußbaumaßnahmen   VI: 383—385
Flußbautechnik   VI: 387
Flußbauten   VIII: 383, 384
Flußkraftwerke   VI: 391
Flußpumpwerke   VIII: 511—512
Flußregulierungen   VIII: 387
Flußstahl   VIII: 209
Flußwasserwerke   VIII: 514
Folgen des technischen Fortschrittes, ökologische   I: 282
Folgen technisierter Medizin, individuelle   IV: 291—296
Folgen technisierter Medizin, soziale   IV: 291—296
Folter   III: 187
Förderalismus im Nationalsozialismus, Abschaffung des   IX: 12
Fördergaratie im Bergbau   VIII: 79, 80
Förderung v. Wissenschaft u. Technik, staatl. japanische   IX: 178—180
Fordismus in Japan   IX: 171
Formanalyse bei Kunstwerken   VII: 27
Formänderungsarbeit   III: 419
Formelsprache   I: 144
Formen für den Gießvorgang   VIII: 211
Formmaschinen   VIII: 211
Formveränderungen von Stoffen   VIII: 191—194
Forschung für militärische Zwecke   IX: 432—435
Forschung u. Entwicklung in der ehem. DDR   IX: 211, 214—216, 225—227

Forschung u. Entwicklung, japan.   IX: 172, 174, 177, 180—183, 186, 188
Forschung und Lehre an Technischen Hochschulen   V: 227, 228
Forschung und Ökonomie in der BRD   IX: 235—237
Forschungs- und Entwicklungsförderg. in der BRD   IX: 239, 247, 249, 251
Forschung, angewandte miltiärische   IX: 434—435
Forschung, militärische und zivile   IX: 431—446
Forschung, radikale   I: 292
Forschungs- und Entwicklungskosten   III: 170, 171
Forschungs- und Technologiepolitik in der BRD (Übersicht)   IX: 254—257
Forschungsakademien   V: 208
Forschungsberichte   V: 329
Forschungseinrichtungen in Japan, Gründung von   IX: 179
Forschungseinrichtungen in Japan, staatliche   IX: 174, 177, 184—188
Forschungsförderung in der BRD   IX: 231—232
Forschungsförderung und VDEh   V: 272
Forschungsförderung, staatliche Steuerung der   IX: 234, 235
Forschungsfortschritt und wissenschaftliche Förderung   IX: 232—233
Forschungshefte des VDI   V: 265
Forschungsinstitut Manfred von Ardenne   IX: 211
Forschungsintensität   III: 171
Forschungsintensität chemischer Unternehmen   VIII: 144
Forschungslabor von Siemens   III: 366
Forschungslaboratorien, biologische   III: 325
Forschungslaboratorien, erste   V: 225
Forschungspolitik in der BRD   IX: 235
Forschungspolitik in der BRD; Änderung der   IX: 249—254
Forschungspolitik in der BRD; Stufen der   IX: 237—245, 246, 247
Forschungspolitik, Europäisierung der   IX: 252
Forschungsreportagen über Technik   V: 337
Forschungstechnik in der ehem. DDR   IX: 215
Forstakademien   V: 146
Forstreform um 1800   X: 384
Forstwirtschaft   VIII: 544
Fortifikationsschulen   V: 179
Fortifikationslehre   IX: 304

Fortifikationswesen   IX: 298
Fortschritt   I: 58
Fortschritt und Humanismus   I: 73
Fortschritt und Tradition, technischer   I: 301
Fortschritt, arbeitssparender technischer   III: 166, 171
Fortschritt, Auswirkungen von technischem   I: 77
Fortschritt, autonomer technischer   III: 165
Fortschritt, gesellschaftlicher   I: 162, 163
Fortschritt, gesellschaftlicher und technischer   X: 462
Fortschritt, induzierter technischer   III: 165
Fortschritt, kapitalspendender technischer   III: 166, 171
Fortschritt, medizinisch-technischer   I: 315
Fortschritt, technischer   I: 71, 162, 172,192, 198; II: 252, 253, 262, 264, 304, 306, 307
Fortschritt, technischer und wissenschaftlicher   I: 189
Fortschrittsbegriff   X: 460, 461
Fortschrittsberichte   V: 326
Fortschrittsdenken   I: 57, 182
Fortschrittsfeindlichkeit   VI: 63
Fortschrittsgedanke   X: 459, 460
Fortschrittsgedanken, Geschichte vom   X: 459−465
Fortschrittsglaube   II: 289
Fortschrittsgläubigkeit   III: 346, 347
Fortschrittsidee   I: 162, 163
Fortschrittsoptimismus   I: 316
Fortschrittspartei   X: 462
Fortschrittspathos in der Literatur   VII: 423
Fortschrittsprinzip   X: 461
Fortschrittsstufen der afrikanisch-eurasischen Jung-paläolithiker   II: 58
Fossa Carolina   VI: 383
Foto als Malvorlage   VII: 104, 105−110
Fotocollagen   VII: 126
Fotografie für die breite Öffentlichkeit   VIII: 465
Fotografie und impressionistische Malerei   VII: 112−114
Fotografie und Malerei, verfremdete   VII: 116−119
Fotografie und Popkünstler   VII: 125, 126
Fotografie, gemäldehafte   VII: 110−112
Fotografie, stroboskopische   VII: 114
Fotogramme   119
Fotomontage und Fotocollage   VII: 119−122
Fotomontagen und moderne Malerei, surrealisti-sche   VII: 125−126
Fotorealismus   VII: 126−127
Fotosatz   V: 317

Fotoserien und Bewegungsabläufe   VII: 115
Fourier-Transform-Infrarotspektrometer (FTIR)   VI: 463
Fourneyron-Turbinen   VIII: 296, 297
Frachtschiffe, Spezialisierung der   VIII: 374
Fragment-DNA   VI: 277, 278, 283−284, 304
Fraktals   VII: 185−186, 202−204
Franckesche Anstalten   II: 237
Frank-Caro-Verfahren   VIII: 158
Französische Revolution   IX: 60
Französische Revolution und Naturwissenschaften   IX: 60, 62
Französische Revolution und Technik   IX: 60, 62
Fräsmaschine   VIII: 204, 205
Fräsmaschinen   VIII: 213, 219, 230
Frau in der Arbeiterfamilie, Rolle der   X: 175
Frauen   X: 330, 331, 346, 348
Frauen in naturwissenschaftlich-technischen Studien-gängen   X: 330−331
Frauen in naturwissenschaftlicher Forschung   X: 339
Frauen- und Kinderarbeit   X: 183
Frauen- und Kinderarbeit zu Beginn der Neu-zeit   X: 102
Frauenarbeit   IV: 216−217; X: 346
Frauenberufe, ausschließliche   X: 334
Frauenemanzipation und Technisierung des All-tags   X: 280
Fraunhofer-Gesellschaft   IX: 239
Freiballon-Flugdienst   IX: 341
Freiberger Bergakademie   IX: 83
Freiberger Bergbau   VII: 215, 216
Freie Gewerkschaften   X: 213
Freiheit und Individualität   I: 254
Freikirchen und Technik   II: 275−295
Freizeitgesellschaft   X: 454
Freizeitproblem   I: 100
Freizeitverhalten und Mobilität   X: 310−311
Freizügigkeitsgesetz   VIII: 55
Fremdbestimmung   I: 297
Fremdstrombezug   VIII: 495
Freya-Geräte   IX: 385, 387
Friedensarmeestärke   IX: 323, 324
Friedensbewegung   X: 225
Friedensheer   IX: 403, 404
Frischen von Roheisen   VIII: 101, 105, 107
Frömmigkeit, freikirchliche   II: 275

Fruchtwechselwirtschaft   X: 152
Frühchristentum   II: 3
Frühe Kulturen im Mittelmeergebiet   X: 49
Frühe Kulturen im Vorderen Orient   X: 49
Frühkapitalismus   VIII: 25, 27
Frühwarnsystem   I: 249
Frühzeit des Rundfunks   V: 340–346
Fügen in der Stofformung   VIII: 192, 209
Führerprinzip im Nationalsozialismus   IX: 11
Führungsakademie der Bundeswehr   IX: 314
Fundamentalgeschichte   II: 22
Fundamentalismus und Technik, islamischer
   II: 114
Fundamentalkritik an der Technik in Deutsch-
   land   X: 357–358
Fünfjahresplan der SED 1986   IX: 212
Funkausstellung, Große Deutsche   IX: 151
Funkausstellungen   V: 352
Funkhäuser   V: 344
Funkmeßkrieg   IX: 394
Funkmeßtechnik   IX: 393, 394, 397
Funkpeilverfahren   IX: 379
Funkstationen im 1. Weltkrieg   IX: 340
Funktechnik   VIII: 467
Funktechnik für miliärische Zwecke   VIII: 467–468,
   469
Funktechnik, Aufbau der deutschen   IX: 386
Funktion der literarischen Technik, genuine
   434–435
Funktion der Literatur, technische   VII: 434
Funktion der Technik, literarische   VII: 434
Funktion von Möbeln   VII. 146–162
Funktionalismus in der Architektur   VI: 142, 143
Funktionen technischer Vorrichtungen, religiöse
   V: 86
Funktionserfindungen   I: 130, 131
Funktionserfüllung, ingenieurtechnische   I: 246
Funktionsfähigkeit, Randbedingungen der   I: 303
Funktionsmorphologie   VI: 135–136, 139
Funktionsprinzipien, technische   I: 311
Funktionsschema des Wissenschaftsbetriebes
   III: 24
Funktionssysteme, soziale   I: 256
Fußartillerie   IX: 286, 331, 335, 349
Fußballsport   X: 216
Fußgängerzonen, Einrichtung von   X: 311
Futurismus   VII: 363, 471

Futuristen in der Architektur   VII: 359
Futuristen in der Musik   VII: 382, 386, 387, 390,
   395, 400

G

Galeerenofen   III: 304, 307
Galileische Wende   III: 431
Galmeiflora   VI: 325
Galoistheorie   III: 73
Ganzheitskriterium der Bildung   V: 43–47
Ganzmetallflugzeuge   VIII: 447
Ganzstahlkarosserie   VIII: 269
Gärten in der Renaissance   VI: 47–50
Gartenanlagen   III: 323
Gartenbau in China   VI: 38
Gartenkunst   VI: 47
Gärung   III: 332
Gasanalyse bei Pflanzen   VI: 461
Gasanstalten   III: 312
Gasbeleuchtung   VIII: 528, 529, 530, 531, 532
Gase, infrarot aktive   VI: 461, 462, 463, 477
Gasglühlicht   VIII: 484
Gaslampen   VIII: 531
Gaslaternen   VIII: 530, 531
Gasmaschinen   III: 435
Gasmotoren   III: 435; VIII. 489
Gasmotorenbau   III: 400
Gasreinigung   VIII: 530
Gasröhren und -leuchten   VIII: 532
Gastroskop   IV: 147
Gastroskopie   IV: 146, 147, 148
Gasversorgung   VIII: 528–538; X: 396
Gaswerke   VIII: 484, 489; 531, 534, 536
Gauämter für Technik   IX: 144, 145
Gay-Lussac-Turm   VIII: 150
Gebäude- und Firmenkennzeichen   VII: 334
Gebirgsdivisionen   IX: 406, 412
Gebläse   VIII: 295
Gebläsemaschinen   VIII: 301
Gebrauch kunstgewerblicher Gegenstände
   VII: 132–134
Gebrauch von Kunsthandwerk   VII: 138
Gebrauchsgraphik, Technik in der   VII: 242
Gebrauchsgüter im Haushalt, langlebige
   (Übersicht)   X: 277

Gebrauchsmuster   III: 204
Gebrauchsmustergesetz   III: 199
Geburtshilfe   IV: 50, 66
Geburtszange   IV: 50
Gefällstufen   VIII: 291
Gefäßchirurgie   IV: 179
Gefechtsordnung, linienförmige   IX: 280, 281
Gegensatz von Technik und Glauben   II: 329–331
Gegenstände, kunstgewerbliche   VII: 132
Gegenwarts- und Zukunftsreaktoren   X: 374
Gehäuseform von Schildseeigeln   VI: 137
Geheimmittel, medizinische   IV: 263
Geige, Entwicklung der   VII: 88–90
Geigenbau   VII: 95
Geist-Natur   II: 314, 315
Geistes- und Sozialwissenschaften   III: XXI–XXII
Geisteswissenschaften   III: 19
Geisteswissenschaften, Ursprung der   III: 18, 19, 20
Geistigkeit, objektivierte   I: 85
Gel   VI: 280, 281
Gelehrten-Zeitschriften   V: 390, 391
Gelehrtenbriefwechsel   V: 319
Gelehrtenkommunikation, internationale
   V: 319–320
Gelehrtensatiren   III: 56
Gelehrtenschulen   V: 182
Gemeinde-Bezugsverbände   VIII: 486
Gemeindeverkehrsfinanzierungsgesetz   VIII: 414
Gemeingüter, Tragödie der   I: 212
Gen   VI: 270–271, 295
gen targeting   VI: 305
Gen-Mutation   VI: 227
Gendosis   VI: 303, 305
Gene, Isolierung der   VI: 277–279
General Electric   III: 366
Generalinspektor für das Deutsche Straßen-
   wesen   IX: 156
Generalstab   IX: 408
Generalstände   IX: 4, 6
Generationswechsel   III: 328
Generator   III: 348, 349, 439
Generatoren, elektrische   III: 421
Genesis   I: 28; II: 308
genetic imprinting   VI: 301
Genetik   III: 338
Genetik, molekulare   VI: 269–270
Genexpression   VI: 178, 289–293

Genfer Gelöbnis   IV: 302
Genkarte   VI: 274
Genom   VI: 270, 271, 274, 276
Genremalerei und Fotografie   VII: 111
Gentechnik (Gentechnologie)   II: 337; VI: 269,
   272–274, 286, 303, 308, 315, 318
Gentechnik und künstlerische Gestaltung   VII: 174
Gentechnik, Bedenken gegen die   IX: 235
Gentechnik, Methoden der   VI: 286–287
Gentechnik, politische Problematik   IX: 468
Gentechniker   VI: 275, 277, 304
Gentechnikgesetz   VI: 314
Gentechnologie   I: 278–280; IV: 196–199, 305–307
Gentechnologie und Schöpfungsbericht   II: 264
Gentechnologie, Risiken der   X: XX; XXII
Gentherapie   VI: 308–315, 311
Gentransfer in Keimbahnzellen   I: 279, 281
Geologisches Landeamt Baden-Württemberg
   X: 421
Geometrie und Maschinenwesen, beschreibende   III:
   59
Geometrie, darstellende   III: 60, 398, 407, 419
Geometrie, fraktale   III: 71
Geometrie, griechische   III: 383
Geometrie, projektive   III: 60, 61, 62
Georg-Agricola-Gesellschaft   III: 114
Geräte, elektronische   VIII: 471
Geräte, frühe technische   X: 35, 36
Geräte, landwirtschaftliche   III: 321
Gerätebionik   VI: 108
Geräuschmusik   VII: 386–391
Germanium   III: 368
Gerste, früher Anbau von   X: 49
Gesamtkontrolle der Staatsbürger, technokratische
   I: 197
Geschichte der Architektur im 20. Jahrh.
   VII: 354–375
Geschichte der naturwissenschaftlichen Archäolo-
   gie   III: 79–81
Geschichte der technischen Bildung   V: 63
Geschichte des Fernsehens   V: 351–354
Geschichte des Mikroskops   IV: 101–115
Geschichte des Rundfunks   V: 340–344
Geschichte technischer Bildung   V: 155–160,
   160–162
Geschichtsdeutung, historisch-materialistische   I: 304
Geschichtsforschung, quantitative   III: 98

Geschichtsphilosophie   I: 250; II: 349–350
Geschichtsstrukturalismus   III: 100
Geschichtswissenschaft   III: 111
Geschichtswissenschaft, Methodik der   III: 117
Geschichtswissenschaft, moderne   III: 125
Geschichtswissenschaften, allgemeine   III: 21
Geschichtswissenschaften, Wandel der   III: 92–97
Geschlechterverhältnis   X: 336, 338, 339
Geschlechtschromosom   VI: 297
Geschmackswandel   VII: 15
Geschoßbahn   IX: 277
Geschütze   IX: 270
Geschützguß   IX: 273
Geschützverschluß   IX: 290
Gesellenausbildung im Mittelalter   V: 95, 96
Gesellenbünde   V: 97
Gesellenwanderschaft   X: 294
Gesellschaft brauchbarer Bürger   V: 27
Gesellschaft für elektroakustische und mechanische
    Apparate   IX: 387
Gesellschaft im Mittelalter, städtische   X: 73, 80
Gesellschaft zur Beförderung vaterländischer Indu-
    strie   V: 242
Gesellschaft, automatisierte   I: 77
Gesellschaft, bürgerliche   X: 12
Gesellschaft, Dreistufigkeit der mittelalterlichen
    V: 80
Gesellschaft, dynamische   I: 260
Gesellschaft, Entstehung der mobilen   X: 299–303
Gesellschaft, human-alternative   V: 368
Gesellschaft, human-computerisierte   V: 368
Gesellschaft, industrielle   X: 146, 151, 190, 195, 218
Gesellschaft, pluralistische   I: 263, 264
Gesellschaft, statische   I: 260
Gesellschaft, technische Formation der   X: 5, 7
Gesellschaft, technischer Charakter der   X: 5–7
Gesellschaft, traditionelle   I: 184
Gesellschaften, ökonomische   V: 123
Gesellschaften, wissenschaftliche   V: 319
Gesellschaftliche Aufgaben der Naturwissenschaf-
    ten   III: 214–218
Gesellschaftliche Entscheidungsprozesse bei Großpro-
    jekten   X: 411–444
Gesellschaftsbegriff der Aufklärung   X: 10
Gesellschaftsbegriff im historischen Wandel
    X: 7–20
Gesellschaftsbegriff in aristotelischer Tradition   X: 9

Gesellschaftsbegriff, marxistischer   X: 13, 14
Gesellschaftsbegriff, soziologischer   X: 16, 17
Gesellschaftsbegriff, sprachliche Wurzeln vom   X: 8
Gesellschaftskritik von Rousseau   X: 146
Gesellschaftslehre, antike   X: 9
Gesellschaftslehre, mittelalterliche   X: 9, 10
Gesellschaftslehre, naturrechtliche   X: 11
Gesellschaftsqualität   I: 159
Gesellschaftsqualität der Technik   I: 156–166
Gesellschaftsstrukturen in Mesopotamien   X: 51
Gesellschaftsvertrag   X: 10
Gesetz gegen Wettbewerbsbeschränkungen
    VIII: 499
Gesetze aus der Biosphäre, ökologische
    VI: 260–261
Gesetzes- und Ergebniswissenschaften   III: 21
Gesinnungsethik   III: 26
Gespaltenheit und Einheit der Sinneswelt
    II: 342–344
Gestaltung der Wirklichkeit, konstruktive   I: 35
Gestaltung und Technik   VII: 153
Gestaltung von Arbeit, humanorientierte   X: 369
Gestaltung von Möbeln   VII: 146–162
Gestaltung von Technik, humanorientierte   X: 369
Gesteinsstrecken   VIII: 50
Gesundheitsforschung in der ehem. DDR   IX: 212
Gesundheitstechnik in der ehem. DDR   IX: 212
Gesundheitswesen, Großgeräte im   IV: 295
Gesundheitswesen, Kosten im   IV: 295
Getreidemüllerei   VIII: 291, 293, 294, 295
Getriebe für Streckwerke   VIII: 199
Getriebelehre   III: 420
Gewächshäuser   III: 323
Gewaltenteilung   I: 191
Gewässerbelastung   VI. 395–403
Gewässernaturierung   VI: 385
Gewässerschutz   VI: 392
Gewehrkugeln   IX: 287
Gewehrprüfungskommission   IX: 329
Gewehrzüge   IX: 289
Gewerbe in der Kirchenlehre, mechanische   II: 174
Gewerbe und Wissenschaft   V: 178
Gewerbeabfall   VI: 490
Gewerbeakademien   V: 184, 220
Gewerbearzt   IV: 219
Gewerbeausstellung   V: 256
Gewerbefördermaßnahmen   V: 205

Gewerbeförderung   V: 237
Gewerbefreiheit   V: 179, 282; X: 184
Gewerbehygiene   IV: 217, 218, 220, 222, 223, 224
Gewerbeinstitut   V: 262
Gewerbekrankheiten   IV: 211
Gewerbekunde   I: 172; III: 395
Gewerbemuseen   VIII: 34
Gewerbeordnung   V: 282
Gewerbepathologie   IV: 210, 218, 220, 221
Gewerbepolitik   V: 204
Gewerbeschulen   V: 183, 184, 185
Gewerbeschulen und polytechnische Vereine
    V: 242–249
Gewerbevereine   V: 237, 252
Gewerbevereinsblätter   V: 392
Gewerkschaft im Ilmenauer Bergbau   IX: 84, 86
Gewerkschaften   V: 288
Gewerkschaftsbewegung, englische   X: 196–197
Gewindespindeln   VIII: 208
Gewinnung im Bergbau, vollmechanische   VIII: 80
Gewinnung von Buntmetallen durch Elektroly-
    se   VIII: 132–133
Gewinnungsmaschinen im Bergbau   VIII: 77
Gewölbetheorie   III: 405
Gezeitenkraftwerk   VI. 393
Gießen   VIII: 224
Gießerei   VIII: 207, 211–212
Gießereiflammofen   VIII: 211
Giftgas, Einsatz von   IX: 356
Giganten   II: 21
Gilden   V: 95, 98
Girondisten   IX: 62
Glas- und Spiegelmanufakturen   X: 95, 96
Glasbereitung   III: 299
Glasfaserendoskop   IV: 149, 150
Glasfaseroptik   IV: 152
Glasherstellung im Mittelalter   II: 166, 172
Glasherstellung, ägyptische   II: 68
Glasherstellung, babylonische   II: 77
Glasschmelze   III: 382
Glaube und Tod   II: 355
Glauben und Technik im Wandel   II: 295–315
Glaubersalz   III: 308
Gleichgewicht in der Natur   III: 459–461
Gleichgewicht in der Wirtschaftstheorie   III: 156
Gleichheitsideal, demokratisches   I: 316
Gleichstrom   VIII: 484

Gleichungen, algebraische   III: 61
Gleichungssysteme, lineare   III: 176
Gleitflugapparat   VIII: 445
Gliederung der Erde, großräumige   VI: 454–459
Glockenguß im Mittelalter   II: 166
Glover-Turm   VIII: 149
Glühlampen, elektrische   VIII: 326–328
Glühlampenindustrie   III: 357
Glykoside   IV: 265–266, 272
Goethe und Agricolas De Re Metallica   IX: 79
Goethes Verhältnis zur Technik   V: 38, 39
Goldene Reihen   VII: 75–77, 84, 85
Golem als Motiv in Science Ficition   VII: 445
Gondwana   VI: 466
Göpel   III: 320, 391
Göpelwerke   VIII: 295
Gorleben-Projekt   VIII: 357, 358
Goslaer Bergkanne   VII: 226, 227, 228
Götter des Homer   II: 69, 74, 75, 77
Götter und Handwerker in Griechenland   II: 69–73
Göttergeschichte, Epochen der   II: 21
Gottesbildlichkeit   V: 16, 18
Gottesgnadentum   IX: 4
Göttinger Akademie   IX: 53
Göttinger Societät   IX: 36
Göttinger Vereinigung   III: 68, 355
Gradierwerke   X: 384
Grammatik   III: 19
Grammophon   VIII: 464
Granaten   IX: 286, 290
Grandes Écoles   X: 354, 363
Graphentheorie   III: 178, 179
Grauer Star   IV: 179
Grenzen des deutschen Bildungsbegriffes   V: 53
Grenzen des Wachstums   I: 186; X: XIX
Grenzen des wirtschaftlichen Wachstums, ökologi-
    sche   VIII: 544–548
Grenzlehren in der Paßarbeit   VIII: 221
Grenzschicht   VI: 155, 156
Grenzschicht, planetarische   VI: 349
Großbedrohung durch Technik   II: 340
Größenklassen der Bodenfauna   VI: 423
Großfamilie, vorindustrielle   X: 173
Großflugzeuge im 1. Weltkrieg   IX: 346
Großforschungsanlagen   III: 365, 366
Großforschungseinrichtungen in der BRD   IX: 239
Großgeräte im Gesundheitswesen   IV: 295

Großmächte und Kolonien   X: 227–229
Großprojekt Kernenergie und gesellschaftliche Entscheidungen   X: 411–444
Großprojekt Kernenergie, Entscheidung im technischen   X: 439–444
Großprojekt Kernenergie, technisches   X: 413–414
Großprojekte und gesellschaftliche Entscheidungen, technische   X: 411–444
Großprojekte, internationale technologische   IX: 237
Großprojekte, technische   X: 5
Großprojekte; technologische   IX: 253
Großraumflugzeuge   VIII: 453
Großrevolverdrehmaschine   VIII: 221
Großschiffahrtswege   VIII: 387. 388
Großsegelschiffahrt   VIII: 373
Großstädte, Enstehung der   VI: 56–60
Großstadtgedichte des Expressionismus
   VII: 475–477
Großstadtmilieu durch Hochhäuser, charakteristisches   VII: 350
Großstadtverkehr   VIII: 407, 408, 410, 413
Großtechnische Systeme und Expertentum
   X: 404–405
Großtechnische Systeme und Geschichte
   X: 403–404
Großtechnische Systeme und öffentliche Diskussion   X: 405
Großtechnischen Systemen, Theorie von
   X: 373–380
Großtechnischer Projekte, Steuerung   X: 375, 376
Großtechnischer Systeme, Kontrolle   X: 376
Großtechnologie in China   IX: 198
Großtechnologie in Japan   IX: 179
Grßtechnische Systeme, Entscheidungen für   X: 404
Grubenbahnen   VIII: 46, 69
Grubenbaue   VIII: 51, 52, 56, 60
Grubenbetriebe um 1820   VIII: 43, 50, 66, 68, 69, 77
Grubenfelder   VIII: 45, 70
Grubenholz   VIII: 313
Grubenhunde im Bergbau   VIII: 419
Grubenlokomotiven   VIII: 58, 68
Grund-, Mittel- und Spitzenlastbereich   VIII: 495
Grundbedeutung des Bildungsbegriffes, mystisch-spirituelle   V: 18
Grundbedeutung des deutschen Bildungsbegriffes
   V: 18
Grundbegriffe   III: 10

Grundbegriffe, chemische   III: 318
Grundbildung in der Sekundarstufe I, informationstechnische   V: 376–377
Grunderfahrung und Erfahrung   II: 23–24
Grundformen des Technikverständnisses
   V: 420–422
Grundfunktionen des Technik–Literatur–Verhältnisses   VII: 433–436
Grundgesetz der Bundesrepublik Deutschland
   IX: 12
Grundgesetz, ökologisches   VI: 340
Grundkategorien der Technik   V: 165
Grundlagen der chemischen Industrie   VIII: 145–147
Grundlagen der Geometrie   III: 9, 67
Grundlagen der Technik, naturwissenschaftliche
   III: 377
Grundlagenforschung   I: 252; III: 363
Grundlagenforschung in der BRD   IX: 251
Grundlagenforschung, biologische   VI: 531
Grundlagenforschung, militärische   IX: 432–433
Grundprodukte, anorganische   VIII: 147–161
Grundprodukte, organische   VIII: 161–170
Grundprofil der Bildung   V: 42
Grundprofil der Technik   V: 42
Grundprofil des Bildungsbegriffes   V: 30-32
Grundregeln eines kybernetischen Ansatzes (Übersicht)   VI: 264
Grundsätze   III: 10
Grundstruktur der Bildung   V: 42, 47, 50, 54
Gründung des Deutschen Museums   III: 114
Gründüngung von Böden   VI: 440
Grundverfahren der Verfahrenstechnik   III: 444
Grundwasser, natürliches   VI: 375
Grundwasserabsenkung   VI: 430
Grundwasseranreicherung   VI: 376
Grundwasserbelastung   VI: 419
Grundwasservorräte   VIII: 513, 521
Gruppe Team X   VII: 365, 366
Gruppenverantwortung   I: 216, 217, 220, 222, 223
Guggenheim-Museum   VII: 364
Guren   II: 89
Gußeisen   VIII: 208, 318
Gußstahl   VIII: 104
Güterfernverkehr   VIII: 409
Gütermotorschiffahrt   VIII: 394
Güterumschlag in deutschen Seehäfen
   VIII: 378–379

Güterverkehr per Schiff   VIII: 377–379
Güterwerte   I: 187
Gewerbehygiene   IV: 211, 213, 214
Gynäko-Elektrotherapie   IV: 249

H

Haben-Werte   I: 192
Haber-Bosch-Verfahren   VIII: 159–161
Hagia Sophia   II: 156
Haken-Ösen-Kupplung   VI: 216
Hakenbüchse   IX: 274, 279
Hakenpflug   X: 46
Halbformen beim Gießen   VII: 49
Halbleiter   III: 360–362, 366
Halbleiterindustrie   VIII: 476
Halbleiterschutzgesetz   III: 205
Halbleitertechnik   VIII: 473–478
Halbtonverfahren   V: 315, 316
Halslinge, Evolution der   VI: 228–229
Hamburg. Ges. z. Förd. d. Künste u. nützlichen Gewerbe   V: 235, 236, 242
Hammerflügel   VII: 67, 70, 77, 95
Hammerflügel, Entwicklung vom   VII: 70–71
Hammerwerke   VIII: 295
Hammurabi   II: 28
Hämodialyse   IV. 85–87
Hämoglobin   VI: 306, 308, 310
Hand als Werkzeug   I: 26
Hand- und Maschinenarbeit in der Montage   VIII: 214
Hand-Revolverdrehmaschine   VIII: 218
Hand-Werkzeug-Technik   VIII: 189, 193, 198
Hand, passiv bewegliche künstliche   IV: 173
Hand, willkürlich bewegliche künstliche   IV: 173, 176
Handarbeit des Puddelns   VIII: 102–103, 104, 105–106, 109
Handarbeit in der Antike   II: 173
Handarbeit in der Bibel   II: 173, 174
Handarbeit und neutestamentliches Christentum   V: 84
Handarbeit, antike Wertung der   V: 79
Handarbeit, mittelalterliche Wertung der   V: 80
Handarbeit, renaissancezeitliche Wertung der   V: 82
Handarbeit, römische Wertung der   V: 79

Handdrehbänke   VIII: 206
Handel   VIII: 23–24, 25–26, 27
Handel im Mittelalter   III: 47
Handel im Neolithikum   X: 45
Handeln und individuelle Verantwortung, kollektives   I: 211–217
Handeln, kollektives   I: 203, 241
Handeln, technisches   X: 353
Handeln, zweckorientiertes   I: 20
Handels- und Gewerbevereine   X: 195
Handelsflotte der ehemaligen DDR   VIII: 375, 376
Handelsflotte, deutsche   VIII: 375
Handelsflotte, Größe der   VIII: 374–376, 377
Handelsschulen   V: 139, 140
Handfertigkeitsunterricht   V: 158
Handfeuerwaffen   IX: 329
Handfeuerwaffen im 1.Weltkrieg   IX: 349
Handgranaten   IX: 338
Handlungen, inkontinente   I: 271, 272, 273
Handlungen, kontinente   I: 271
Handlungskompetenz bei Umgang mit Technik   V: 170
Handlungssituation und ihre Alternativen   I: 247
Handlungsverantwortung   I: 219
Handpresse, eiserne   V: 313
Handwerk bei Hugo von St. Viktor   II: 176
Handwerk für Frauen   X: 342
Handwerk im Mittelalter   III: 47
Handwerk und Maschinisierung   VIII: 33
Handwerk und Naturwissenschaft im Mittelalter   V: 75
Handwerk und technische Bildung, Urbanisierung vom   V: 92–101
Handwerk zu Beginn der Neuzeit   X: 92, 93, 97
Handwerke südlich der Sahara   X: 121–127
Handwerker   V: 278
Handwerker im Neuen Testament   II: 143–144
Handwerker in der griechischen Antike, Stellung der   X: 58, 59
Handwerker-Verbände   V: 95
Handwerker-Götter   V: 64
Handwerkergott   VI: 45
Handwerkergötter der Sumerer   II: 74
Handwerkergötter, bronzezeitliche   II: 73–76
Handwerkerkultur im Mittelalter   V: 94
Handwerkerschulen   V: 139, 140
Handwerkerschulen, mathematische   V: 131

Handwerkertechnik   I: 247
Handwerksbetriebe, mittelalterliche   X: 73
Handwerkstechnik in Fürstbistümern   II: 239
Handwerkstechnik in Klöstern   II: 239
Hangendbeherrschung im Bergbau   VIII: 77, 80
Harfe   VII: 67, 69, 96
Harkort-Fabrik auf Burg Wetter   X: 136–137
Hartlot   VII: 51
Hartmetalle   VIII: 225
Haubitzen   IX: 279, 286, 331, 334, 335
Hauptsätze der Wärmetheorie   III: 412
Haus der Deutschen Technik   IX: 147
Haus des Rundfunks   IX: 154
Haus- und Berufsarbeit   X: 342
Hausarbeit   X: 340, 345
Hausfarbe eines Unternehmens als charakteristisches
    Design   VII: 333
Haushaltsgeräte für Gas   X: 276
Haushaltsgeräte, erste technische   X: 209–211
Haushaltstätigkeiten im historischen Wandel
    X: 274–275
Haushaltstätigkeiten, Mechanisierung der
    X: 274–281
Haushaltstechnik   X: 340
Hausindustrie, Verlag als organisierte   VIII: 30
Hausmüll   VI: 490
Haustiere, frühe Haltung der   X: 45
Hebel   III: 40
Hebel, Prinzip vom   X: 61
Hebelgesetz   III: 382
Heeresartillerie   IX: 413
Heeresfliegerverbände   IX: 347
Heeresvergrößerung   IX: 359, 401, 402, 421
Heeresverstärkung vor 1914   IX: 322, 324, 325
Heereswaffenamt   IX: 146, 369, 370, 373, 373–376,
    400, 408–411, 416, 422, 424
Heereswaffenamt, Gliederung vom   IX: 410
Hefen   III: 445, 458
Hegerverantwortung   I: 201, 202, 240
Heilige in technischen Darstellungen   VII: 247, 248
Heilserwartungen von der Technik, religiöse   I: 291,
    294
Heilsgeschichte   II: 27
Heimcomputer   VIII: 468
Heimgewerbe   X: 103
Heisenberg-Ultimatum in der Kernforschungs-Stand-
    ortfrage   X: 437

Heißluftballon   III: 292; IX: 341
Heißluftballon (Montgolfiere)   VIII: 438, 439, 440
Heiztechnik im Haushalt, Wandel der   X: 267
Heizung, elektrische   III: 414
Heizwert der Steinkohle   VIII: 306
Heizwert des Brennholzes   VIII: 306
Helikase   VI: 281, 283
Henri-Martini-Gewehr   IX: 291
Hephaistos   II: 69, 70, 72, 75
Herausforderung durch die Technik   I: 90
Herbizidresistenz   VI: 316
Herkunfsbestimmung von Bodenfunden   III: 88–90
Herkunftsbestimmung von Metallen   III: 89
Herrschaft über die Natur   VI: 28–29, 42
Herrschaftsauftrag des Menschen   II: 287
Herschaftsauftrag, christlicher   II: 6, 7
Herstellung organischer Naturfarben   III: 310
Herstellungstechnik und künstlerischer Gestal-
    tung   VII: 173
Herz-Lungen-Maschine   IV: 87–90
Herz, künstliches   IV: 184, 185
Herzchirurgie   IV: 59
Herzkatheterismus   IV: 179
Herzklappenchirurgie   IV: 183, 184
Herzschrittmacher   IV: 180–182
Hethiter   II: 73
Hexagonalverspannungen in der Natur, räumli-
    che   VI: 88–89
Hierarchie des Seienden   V: 17
Hierophanie   II: 21, 28
High-Technology in Israel   II: 128–130
Hightech-Medizin   II: 11
Hilfmittel in der Rechtswissenschaft, technische
    III: 187–196
Hilfsmittel für praktische Probleme, mathemati-
    sche   III: 67
Hilfswissenschaften, historische   III: 93
Himmelsglobus, arabischer   II: 107
Himmelsmechanik   III: 276
Hinduismus   I:: 20 ; II: 43, 46
Hinterladergewehr   IX: 286, 287–290, 327
Hippokratischer Eid   I: 228, 274; IV: 9, 299–303
Hirntod   IV: 309
Hirten- und Ackerbaugesellschaft   I: 124
Histologie   III: 330
Histone   VI: 295
Historie   III: 19

Historismus   VII: 141, 354; X: 21
Hitlerjugend   V: 287
Hitzeinfektion   IV: 73
Handlungsspielräume im Abfallproblem, persönliche   VI: 515−519
Handwerkerriten   II: 77
Hobelmaschinen   VIII: 213, 219
Hobelstreben im Bergbau   VIII: 73
Hochdruck   V: 312, 316
Hochdruckhydrierung   VIII: 164
Hochdruckreaktor   VIII: 160
Hochdruckturbinen   VIII: 297
Hochgottreligion   II: 22
Hochindustrialisierung   X: 206
Hochindustrialisierung, Verstädterung in der   X: 301
Hochkultur   II: 26
Hochkulturen, frühe   X: 49
Hochreligionen   II: 43, 45
Hochrheinschiffahrt   VI: 401
Hochschulen der Bundeswehr   IX: 314
Hochschulen für Technik, Entwicklung der   V: 140−149
Hochschulstatus für polytechnische Schulen   V: 219−221
Hochspannungsübertragung   VIII: 488
Höchstgeschwindigkeit der Eisenbahnen   VIII: 428, 435
Hochwasserschutz an der Küste   VI: 387−389
Hochwasserschutz an Flüssen   VI: 382−387
Höhere Maschinenbauschulen, preußische   V: 194−195
Höherqualifizierung   X: 323, 324
Höhlen von Lascaux   X: 39
Höhlensiedlungen   X: 46, 48
Hohlziegelsystem   III: 390
Holländerwindmühlen   VIII: 293, 294
Holz als Energieträger   VIII: 313−314
Holz als natürliche Ressource   VI: 31−33
Holz für Eisenbahnschwellen   VIII: 314
Holz für Hausbrand   VIII: 314
Holz für Holzschliff   VIII: 314
Holz für Telegraphenleitungen   VIII: 313
Holz für Zellulosefabriken   VIII: 314
Holz im Bergbau   VIII: 313
Holz in der Roheisenerzeugung   VIII. 306
Holzgas   VIII: 529
Holzkohle   VIII: 306
Holzkohlenverhüttung   VIII: 43
Holzmangel im Bergbau   VIII: 47
Holzmangel im Mittelalter   VI: 31
Holzschnitte im Buchdruck   V: 300
Holzstich   V: 311−313
Holzteile in der Montage   VIII: 267, 268, 274, 275
Holztransport als großtechnisches System   X: 382−384
Holzverkohlung   VIII: 164
Holzwirtschaft   VI: 33
Holzwirtschaft im Mittelalter   X: 82−83
Holzwirtschaft, umweltverträgliche neue   VI: 532−533
Homo faber   I: 22, 52 ; II: 1; V: 64 ; VI: 13; X: 5, 13
Homo sapiens   X: 35, 36, 39
Homunkulus als Motiv in Science Fiction   VII: 445
Homuter-Gesellschaft   V: 435
Hooke-Mikroskop   IV: 102
Hoplitenrüstungen, bronzene   VII: 49
Hörfunk   V: 388, 389, 404, 405, 406, 407, 408
Hörfunk und technische Bildung   V: 341
Hornhauttransplantation   IV: 189
Hörrohr   IV: 173, 175
Hugenotten und Technik   II: 233, 234
Humananwendung der gentechnischen Biotechnologie   I: 278, 279, 281
Humanethologie   III: 342
Humangenetik   II: 358
Humanisierung der Arbeit   X: 236−237
Humanisierung der Arbeitswelt   V: 43
Humanisierung der Technik   V: 54, 434, 435−437 ; VII: 278, 308−316
Humanisierung der technischen Gesellschaft   I: 81
Humanisierung der Umwelt   II: 1
Humanisierung des Arbeitslebens   I: 301
Humanisierung des technischen Fortschritts   II: 266
Humanisierung durch Technik   I: 63
Humanisierung von Kultur   V: 54
Humanisierungsziele für die Fabrik der Zukunft   X: 368
Humanismus   V: 107, 108, 303
Humanismus, christlicher   V: 120
Humanität   V: 26, 27, 43
Humanität und Effektivität   I: 73
Humoralpathologie   IV: 10, 12, 13, 43
Humusbildung   VI: 425

Humustyp und Edaphon   VI: 427
„Hundert Schulen"   II: 89
Hüttenbuch von Honnecourt   V: 105, 106
Hüttenbücher   V: 105, 106
Hüttenindustrie, japanische   IX: 168
Hüttenkunde   III: 288
Hüttenrauch   VI: 33
Hüttenwerke, integrierte   VIII: 126
Hüttenwesen im Mittelalter   93
Hybridisation   VI: 279, 282, 283, 284
Hydraulik   III: 385, 405, 407, 408
Hydrodynamik   III: 285, 294
Hydrostatik   III: 285
Hydrostatik bei Archimedes   III: 40
Hygiene   III: 337
Hygiene im 19. Jahrhundert, fehlende   VI: 326−327
Hygieneausstellung in Dresden   IV: 223
Hygienestandard durch Technisierung, gestiegener
   X: 278
Hygienisierung   IV: 292
Hygieneverhältnisse vorindustrieller Großstädte
   VIII: 506, 507
Hyperbel als Stilfigur   VII: 409
Hypnose   IV: 247
Hypokaustenheizung   III: 390
Hypothese von Avogadro   III: 317
Hypothetisierung der Wissenschaft   III: 5

I

Iatrochemie   IV: 20
Iatrophysik   IV: 20, 21, 23, 24, 25
Iatrotechnik   IV: 294
IBM-Forschungslabor Rüschlikon   III: 367
Ideal- und Realfaktoren   I: 97
Idealitätskriterium der Bildung   V: 43−47
Idee des Fortschritts   X: 462, 463, 471
Ideen und Erfindungen   I: 117
Ideenlehre Platons   III: 227
Identifikation als Ingenieur, berufliche   X: 368
Identität, kollektive   I: 79
Identitätsfindung durch Bildung   V: 32, 37
Identitätsfindung   V: 49
Ideologie   I: 147, 154, 156
Ideologie der Wertneutralität   I: 164
Idiophone (Selbstklinger)   VII: 93

Idylle, romantische   I: 319
Ikonographie des Autos   VII: 257−259
Ikonographie des Flugzeugs   VII: 257−259
Illustrationen in Bergbaubüchern, künstlerische
   III: 251
Illustrationen in frühen Bergbaubüchern
   VII: 216−218
Ilmenau, Straßennetz um   IX: 83
Ilmenauer Bergbau in Goethes Schriften   IX: 77, 78,
   81, 87, 91, 92
Ilmenauer Bergamt   IX: 86
Ilmenauer Bergbau   IX: XXIII, 77−92
Ilmenauer Bergbau zur Zeit Goethes   IX: 81
Ilmenauer Bergbau, Arbeiterzahlen im   IX: 86
Ilmenauer Bergbau, Arbeitsbeschaffung durch den
   IX: 82
Ilmenauer Bergbau, Geschichte   IX: 79−80
Ilmenauer Bergbau, Gewerke im   IX: 80, 86, 87
Ilmenauer Bergbau, Kupferschieferflöz im   IX: 87,
   89, 90
Ilmenauer Bergbau, Lage in den napoleonischen Krie-
   gen   IX: 90
Ilmenauer Bergbau, Luttengerinne im   IX: 88
Ilmenauer Bergbau, Wettermaschinen im   IX: 90
Ilmenauer Bergwerkskommission   IX: 84, 86
Immaterialgüterrecht   III: 200
Immissionsgase, Bedeutung der   VI: 463
Immunsystem   VI: 279, 280, 293, 307, 309, 312
Imperativ, moralischer   I: 37
Imperativ, pragmatischer   I: 37, 38
Imperativ, technologischer   I: 37, 150, 241
Imperial Continental Gas Association (IGGA)
   VIII: 530, 532, 533, 538
Imperialismus   X: 227
Impetustheorie   III: 230
Importkohle   VIII: 83
Impressionismus   VII: 112
Impulse der Technik, religiöse   II: 1−3
In-Vitro-Fertilisation   I: 276
Indigo   III: 302
Indikatoren   III: 97, 101
Indikatoren, indirekte   III: 105
Individualisierung durch neue Medien   X: 284, 287
Individualisierung durch Technisierung des All-
   tags   X: 269
Individualisierung und Modernisierung   X: 279
Individualismus, historischer   III: 97

Individualität in der Renaissance   III: 242
Individualität, geschichtliche   I: 321
Individualität, menschliche   I: 296
Individualstil   VII: 144
Individualverkehr   VIII: 406, 411, 413, 415, 416
Induktion   III: 22, 277
Industrialisierte Gesellschaft für die Dritte Welt
   X: 457
Industrialisierung   III: 434; X: 135, 137, 153, 156,
   159, 171, 172, 179, 180, 181, 196, 205
Industrialisierung der Nahrungsherstellung   X: 266
Industrialisierung des Alltags   X: 271
Industrialisierung in Deutschland   X: 142
Industrialisierung in Japan   IX: 161–169
Industrialisierung und Druckgewerbe   V: 311–317
Industrialisierung und Kohleverbrauch   VIII: 424,
   425
Industrialisierung und technische Bildung
   V: 202–210
Industrialisierung und technische Kommunika-
   tion   V: 311–317
Industrialisierung, Anfangsphase der   X: 171–172
Industrialisierung, dezentrale   X: 87
Industrialisierung, gesellschaftliche Auswirkungen
   der   X: 150–176
Industrialisierung, sozialer Wandel durch die   X: 172
Industrie als Literaturmotiv   VII: 421, 422, 423
Industrie als Musikthema der Jahrhundertwen-
   de   VII: 379–385
Industrie- und Culturverein   V: 283
Industrie, Entstehung der pharmazeutischen
   IV: 271–285
Industrie, pharmazeutische   IV: 269
Industrie, umweltverträgliche neue chemische
   VI: 533–534
Industrieanlagen in China, moderne   IX: 203
Industrieanlagen- und Betriebsgesellschaft   IX: 438
Industriearbeit   X: 352
Industriearbeit, Wandel der   X: 259–261
Industriearbeit, Zukunft von   X: 242–243
Industriearbeiter, Jahreseinkommen von einem
   X: 297
Industriearbeiterinnen   IV: 215–217
Industriearchäologie   VII: 246
Industrieattribute in der Malerei   VII: 239
Industrieaufnahmen, fotografische   VII: 123
Industrieausstellung, erste deutsche   X: 195

Industriedarstellungen im 20. Jahrh., künstleri-
   sche   VII: 267
Industriedesign   VII: 339–341
Industriedichtung   VII: 477–479
Industrieforschung   III: 367
Industrieforschung in der ehem. DDR   IX: 214
Industrieforschung und Chip   III: 364–369
Industrieforschung, anwendungsorientierte   III: 363
Industriefotografien   VII: 202
Industriegärten   V: 125
Industriegesellschaft   X: 141, 164, 169, 452, 454, 457,
   458, 462, 463, 466, 471
Industriegesellschaft und Staat   IX: 97
Industriegesellschaft, arbeitsteilige   I: 176
Industriegesellschaft, Humanisierung der   X: 370
Industriegesellschaft, moderne   X: 16
Industriegesellschaft, ökologischer Umbau der
   X: 370
Industriegesellschaft, Zukunftsutopien für die
   X: 457, 458
Industriegewerkschaften für Ingenieure   X: 365
Industriekultur   X: 462
Industrielle Revolution   I: 67, 69, 304; II: 231, 298 ;
   III: 269, 311, 401; V: 283 ; VII: 1; VIII: 1, 4, 6,
   17, 20, 97, 104; IX: 16; X: 3, 22, 87, 135–148,
   152, 174, 178, 181, 183, 184, 187, 189, 190, 205,
   218, 227, 266, 267
Industrielle Revolution im zeitgenössischen Urteil
   X:144–148
Industrielle Revolution und Maschinisierung
   VIII: 32–34
Industrielle Revolution, Bildungsaufgaben der
   V: 3
Industriellen Revolution, Charakterisierung der
   X: 150–151
Industriellen Revolution, Hauptmerkmale der
   X: 135–144, 146
Industriemaler   VII: 123–124
Industriemessen   V: 242
Industrieroboter   VIII: 236, 258–265
Industrieroboter in der ehem. DDR   IX: 212
Industrieroboter, Flexibilität der   VIII: 263
Industrieschulen   V: 119, 123, 124, 125, 126, 127,
   128, 130, 131, 135, 142, 149, 155
Industrieschulen, bayerische   V: 186
Industrieschulkonzept   V: 124–130
Industrieschulpädagogik   V: 130

Industriezeitalter   III: 432
Industriezivilisation   I: 31, 23, 64
Industrioesität   V: 119, 120, 124, 151
Individualverkehr, auto-mobiler   VIII: 399
Infanterie im 1. Weltkrieg   IX: 329−330, 333
Infanteriedivisionen   IX: 405−406, 412
Infanteriedivisionen, motorisierte   IX: 406
Infanteriestärke   IX: 325
Infektion   VI: 273
Infektionskrankheiten durch Bakterien   IV: 110
Infinitesimalrechnung   III: 276, 407, 418
Infinitismus   III: 5
Inflationszeit und Schiffahrt   VIII: 376
Informatik   III: 70
Information durch Fernsehen   I: 299
Information Retrieval System   III: 107
Information, genetische   VI: 270−271
Informationatechnik in der Rechtswissenschaft
    III: 192
Informations- und Kontrolltechnologien   X: 254
Informationsbedürfnis über Rundfunk   V: 348
Informationsbionik   VI: 109
Informationsflut   I: 298 ; X: 456, 457
Informationsgesellschaft   II: 8, 336; X: 454−458
Informationsindustrie und staatliches Monopol
    VIII: 479−480
Informationskonsum   V: 49
Informationsmanagement   VIII: 461
Informationspolitik   V: 332
Informationssystem, persönliches   V: 373−374
Informationstechnik   I: 24; V: 355, 356, 358−365;
    X: 455
Informationstechnik der Eisenbahn   VIII: 436
Informationstechnik in der Altengesellschaft   V: 383
Informationstechnik und Religion   II: 364−366
Informationstechnikmarkt, europäischer   VIII: 479
Informationstechnologie   X: XXII
Informationstechnologie, datenprozessierende   I: 269,
    271
Informationstechnologien   X: 319, 322, 323, 324,
    325
Informationsträger in künstlerischer Gestaltung
    VII: 166−167
Informationsübermittlung   VIII: 458−480
Informationsübertragung, elektrische   VIII: 337
Informationsverarbeitung   VIII: 458−480
Informationsverarbeitung und EDV; mensch-
liche   V: 50−53
Informationsverarbeitung, Bedarf an   VIII: 550, 551
Informationsverarbeitung, menschliche und techni-
    sche   V: 374−375
Informationsvermittlung   V: 47
Informationszeitalter   VIII: 552; X: 453, 455−456
Infrarotanalyse (IRGA)   VI: 463
Infrastruktur, industrielle   VIII: 6
Infrastrukturabfall   VI: 484
Ingenieur- und Pionierkorps im 1. Weltkrieg
    IX: 336−338, 339
Ingenieurakademien   IX: 302, 303
Ingenieurberuf in den USA   X: 353−358
Ingenieurinstitute in Japan   IX: 166
Ingenieurschulen der ehemaligen DDR   IX: 209
Ingenieurtechnik im Mittelalter   II: 177, 178
Ingenieurberufe in Deutschland   X: 359−360
Ingenieur- und Pionierkorps   IX: 310
Ingenieur-Haus des VDI   IX: 142
Ingenieurakademien   V: 138
Ingenieurarbeit als Entwurf technischer Systeme
    X: 364
Ingenieurarbeit als Planung technischer Systeme
    X: 364
Ingenieurarbeit, Applikationsprobleme der   X: 364
Ingenieurarbeit, Arbeitsregeln der   X: 364
Ingenieurarbeit, Diskussion über   X: 350−353
Ingenieurarbeit, empirische Forschungen zur   X: 365
Ingenieurarbeit, Identitätsprobleme der   X: 364
Ingenieurarbeit, Konstitutionsprobleme der   X: 364
Ingenieurarbeit, Kontingenzprobleme der   X: 364
Ingenieurarbeit, zukünftige Forschung über
    X: 364−370
Ingenieurausbildung   I: 134, 165; V: 224−228
Ingenieurausbildung in der ehem. DDR   IX: 215
Ingenieurberuf   I: 120; X: 334
Ingenieurberuf in Frankreich   X: 353−354
Ingenieure   X; 331
Ingenieure als Wirtschaftswissenschaftler
    III: 155−157
Ingenieure bis 1918, Stellung der   IX: 106−109
Ingenieure und Natur   VI: 60−61
Ingenieure, Arbeitssituation der   X: 360−364
Ingenieure, betriebliche Situation der   X: 360−364
Ingenieure, Ethikcode für   V: 442
Ingenieure, Interessensorientierung der   X: 360
Ingenieurethik   I: 236

Ingenieurhaus des VDI   V: 268
Ingenieurinnen   X: 331
Ingenieurlaboratorien   III: 422–423; V: 226, 227
Ingenieurökonomen   III: 154, 155
Ingenieurschulen   V: 176, 177
Ingenieurstudium, fächerübergreifendes (VDI)
   X: 366–367
Ingenieurvereine   V: 237
Ingenieurwissenschaft   I: 125
Inhalationsmaske   IV: 57
Inhaltsanalyse   V: 390, 398, 399
Inhaltsanalyse, systematische   III: 103
Injektion   IV: 47
Injektion, intravenöse   IV: 45, 46
Inkarnation   II: 147, 148
Innendruck von Pneus   VI: 172
Innenleitung   I: 192
Innere Mission   II: 246
Innerlichkeit   I: 296
Innovation und Invention   III: 167
Innovationen   III: 166, 167, 170, 171
Innovationen des Mittelalters, technische
   II: 161–162; III: 242; V: 84
Innovationen, technische   I: 24, 73, 128, 131, 245;
   246, 257
Innovationshäufigkeit   III: 170
Innovationsprozeß   III: 166
Innovationstransfer   III: 169
Inquisition als technische Motivation   II: 125–126
Installationsarbeiten   VII: 191
Institut National   IX: 74–76
Institut, anatomisch-chirurgisches   V: 146
Institute für Fertigungstechnik   VIII: 227
Institute für Werkzeugmaschinen   VIII: 227
Institutionen der staatlichen Technikpolitik der ehem.
   DDR   IX: 214–217
Instrumentarium, Änderung vom   VII: 100
Instrumentarium, antikes   VII: 97
Instrumente (17./18. Jahrh.)   III: 271
Instrumente durch neue Techniken, neue
   VII: 391–396
Instrumente im Glaubensbereich, mechanische   V: 85
Instrumente im Mittelalter, astronomische   169, 170
Instrumente, chirurgische   IV: 35, 40, 41
Instrumentenbau in der Renaissance   III: 47
Instrumentenmacher   VII: 93, 100
Insulin   VI: 292,293, 306, 311, 312

Integrität, menschliche   I: 280, 281
Intelligenz, künstliche   I: 270, 271; III: 108; VI: 202
Intelligenz, praktisch-technische   I: 83, 84
Intelligenz, technisch-wissenschaftliche   X: 352
Intelligenz, technische   I: 145
Intelligenzblätter   V: 334
Interaktion: Technik–Mensch, künstlerische
   VII: 312–313
Intercity-Netz der Bundesbahn   VIII: 429, 434
Interdependenz-System bei Möbeln   VII: 146–162
Interessen der Ingenieure, politische   V: 261
Interessenskonflikte   I;: 253
Interessensorientierung der Ingenieure   X: 360–364
Interessensverbände für Ingenieure, berufsständi-
   sche   X: 365
Interferonen   III: 335
Interkontinentalverkehr   VIII: 449, 450
Internationale Luftschiffahrt-Ausstellung   VIII: 446
Internationalisierung der Technik   I: 50
Interstitial, hyporheisches   VI: 387, 391
Intersubjektivierung der Wissenschaft   III: 5
Intuition   I: 136, 137; III: 21
Inturbanationsnarkose   IV: 61, 63
Inversionsschicht   VI: 349
Ionosphärenforschung   IX: 379
Ionospheric Research Station   IX: 383, 384
Islam   II: 40, 46, 359
Islam und Technik   II: 102–114
Isolierung von Prozessen   I: 104
Isotope im Boden, radioaktive   VI: 438–439
Isotopenverhältnisse von Blei   III: 89
Ituri-Pygmäen, Kultur der   II: 54, 61
Ituri-Pygmäen, Religion der   II: 51–54

J

Jagd- und Wildbeutergesellschaft   I: 23
Jagd, kollektive   X: 37–38
Jagdgeräte   III: 321
Jagdtechniken in der Altsteinzeit, neue   X: 38
Jäger- und Sammlergesellschaft   I: 124; X: 44
Jahresringendicke von Bäumen, klimabedingte
   VI: 468
Jahrhundertvertrag   VIII: 500
Jahrhundertvertrag im Bergbau   VIII: 82
Jahve   II: 22

Jakobiner   IX: 62
Jalousieflügel   VIII: 298
Japan als Spitzenindustrieland   IX: 173–174
Japan als Technologiestaat   IX: 189
Japanisch-Chinesischer-Krieg   IX: 167, 173
Jazz   VII: 377
Jeep als Militärfahrzeug   VIII: 410
Jiu-Jitsu-Prinzip   VI: 263
Jom-Kippur-Krieg   II: 129
Jonglei-Kanal   VI: 379
Journalisten   V: 397, 410, 411, 412
Judentum   II: 46
Judentum und Technik   II: 117–133
Jugendarbeitsschutz   V: 284
Juglar-Zyklen   III: 160
Jülicher Börde   VI: 447, 448
Jungpaläolithiker   II: 57

K

Kadettenanstalten   IX: 312
Kadettenhaus   IX: 299, 302, 304
Kadettenkorps   IX: 307, 311
Kaiser-Wilhelm-Gesellschaft   III: 66
Kaiser-Wilhelm-Institut für Eisenforschung   V: 272
Kaiserliches Gesundheitsamt (Berlin)   IV: 71
Kaiserreich, deutsches   IX: 8–9
Kalender, arabischer   II: 106
Kalenderberechnung in China   II: 86
Kältemaschinen   III: 412–413
Kameralismus   X: 89
Kameralismus in Preußen, akademischer   IX: 44–48
Kameralismus und die Preußische Akademie
    IX: 53–57
Kameralisten   III: 138, 140, 141, 181
Kameralistik   IX: 42, 44, 47, 55
Kameralistik und Merkantilismus   III: 137–143
Kameralwissenschaften   III: 141, 397, 398 ; IX: 41,
    42, 44, 45, 47, 48, 82
Kammer der Technik   IX: 215
Kampfbund Deutscher Architekten und In-
    genieure   IX: 116, 140, 141
Kampfflugzeug Tornado   IX: 440
Kampftruppenstärke   IX: 325
Kanalbau in China   II: 94
Kanalbauten, deutsche   VIII: 385, 387

Kanalisation   VIII: 519, 522
Kanalisation als großtechnisches System
    X: 392–394
Kanalisation von Abwasser   VI: 396, 397
Kanalisation, Entwicklung der   VI: 327, 328, 329
Kanalisation, Mischsystem bei der   VIII: 523
Kanalnetz, deutsches   VIII: 383
Kanonen   IX: 286
Kanonen aus Gußstahl   VIII: 104
Kapital und Arbeit, Sozialpartnerschaft von   X: 206
Kapitalismus   VIII: 22; X: 189
Kapitalproduktivität   VIII: 10
Kapitalwirtschaft während der Industrialisierung
    X: 142–143
Karbol   IV: 70, 71, 72
Karbolsäure   IV: 69
Kardierbeschläge   VIII: 201, 202, 203
Kardiermaschinen   VIII: 198, 199
Karmel-Deklaration   V: 440
Karosseriebau   VIII: 266, 267
Karosseriemontage   VIII: 264, 268
Karosserierohbau   VIII: 262
Kartätschen   IX: 286
Kartelle   VIII: 115, 116, 117, 122, 128; X: 206
Kartellierung in der Stahlindustrie   VIII: 114–116
Kartographie, arabische   II: 110, 111
Karusselldrehmaschine   VIII: 217
Kastenbauweise bei Brückenträgern   VIII: 272
Kasuistik   II: 251
Kathedersozialisten   X: 190–191
Kathedrale Zweti Zchoweli   II: 158
Kathedralenbau im Mittelalter   V: 105
Kathodenstrahlen   III: 358
Katholizismus und Technik heute   II: 258–260
Kauterisation   IV: 42
Kautschuk   III: 370
Kautschuksynthese   VIII: 168
Kavaliersbildung   V: 121
Kavallerie im 1. Weltkrieg   IX: 329, 330, 331
Kavallerie-Telegraphenschulen   IX: 330
Kavalleriedivision   IX: 404, 406
Kavalleriesprengbüchsen   IX: 338
Kavalleriestärke   IX: 325
Kehlkopfspiegel   IV: 140
Keimbahnzellen   VI: 305, 306, 318
Kennzifferzeitschriften   V: 334–335
Keplerbund   II: 322

Keramik, Erfindung der   X: 42, 45
Kernenergie   I: 46; III: 447; VIII: 346–366
Kernenergie als langfristige wirtschaftliche Perspekti-
   ve   VIII: 354–358
Kernenergie als System   VIII: 354–358
Kernenergie und elektrische Energie   VIII: 353
Kernenergie-Entwicklung, nicht ökonomische Motive
   der   VIII: 350–354
Kernenergie-Entwicklung, ökonomische Motive
   der   VIII: 350–354
Kernenergie, friedliche Nutzung der   IX: 468 ;
   X: XIX, XXII
Kernenergie, Nutzung der   I: 264–267;
   III: 451–454; VIII: 346–350
Kernenergie, Risiken der   I: 264, 265
Kernenergieindustrie   X: 413
Kernenergienutzung und politische Rahmenbedingun-
   gen   X: 414–418
Kernergie und öffentliche Meinung   VIII: 353
Kernergie, zivile Nutzung der   IX: 230
Kernforschungs-Standort-Vorschlag Karlsruhe
   X: 420–428
Kernforschungsstation Karlsruhe 1959   X: 444
Kernforschungszentrum Karlsruhe   VIII: 357
Kernforschungszentrum Karlsruhe in der öffentlichen
   Disskussion   X:439
Kernforschungszentren in der BRD   IX: 240
Kernfusion   III: 455
Kernkräfte, schwache   II: 343
Kernkräfte, starke   II: 343
Kernkraftwerke   III: 437; VIII: 346, 347, 352, 355,
   349, 357; X: 402
Kernkraftwerke (Übersicht)   VIII: 364
Kernkraftwerke, Erzeugung von Strom durch (Über-
   sicht)   VIII: 365
Kernkraftwerkstechnik, Erfahrungsdimensionen
   der   VIII: 358–363
Kernkraftwerkstechnik, Risiken der   VIII: 358–363
Kernschmelzrisiko   I: 266
Kernspaltung   VIII: 346
Kernspinresonanztomographie   IV: 131–132
Kerntechnik   VIII: 350
Kerntechnik und Öffentlichkeit, Entwicklung
   der   VIII: 355, 358–360
Kerntechnik, staatliche Förderung der   IX: XXI
Kerntechnik, Systemcharakter der   X: 402
Kerntechnik, zivile   VIII: 350

Kerntechnik, militärische   VIII: 350
Kernwaffen   I: 267
Kessel, argolische   VII: 52
Kesselschmiede   VIII: 212–213
Kesseltechnik im Bergbau   VIII: 65
Kettenreaktionen   VIII: 346, 347
Kettenschiffahrt   VIII: 393–394
Keybord   VII: 401
Kieselalgen   VI: 87
Kieselschwamm, Skelett vom   VI: 138
Kikuyu   II: 62
Kindbettfieber   IV: 66, 67, 68
Kinder, künstlerische Darstellungen arbeitender
   VII: 240
Kinderarbeit   IV: 210, 211; V: 126, 284
Kinderlähmung   IV: 90
Kindersterblichkeit   IV: 228, 292
Kinematik   III: 49, 63, 400, 419, 420, 424
Kinematik und Machinendynamik   III: 419–422
Kinematik, theoretische   III: 63
Kirche   II: 24–27
Kirche als christliches Phänomen   II: 27
Kirche in Byzanz   II: 1
Kirche und Geburtenregelung, katholische   II: 266
Kirche und Gentechnologie, katholische   II: 268
Kirche und Kernkraftnutzung, katholische   II: 270
Kirche und Kriegstechnik, katholische   II: 269
Kirche und künstliche Befruchtung, katholische
   II: 267
Kirche und Massenmedien, katholische   II: 253–255
Kirche und moderne Bautechnik, katholische
   II: 255
Kirche und moderne Technik, katholische
   II: 242–245, 251–271
Kirche und Naturwissenschaften, katholische   II: 191
Kirche und Schwangerschaftsabbruch, katholi-
   sche   II: 268
Kirche und Selbsttötung   II: 267
Kirche und Sterbehilfe, katholische   II: 267, 268
Kirche und Technik, katholische   II: 190
Kirche und Tempel   II: 27
Kirche und Umweltbedrohung, katholische   II: 259
Kirchen als Museen   II: 207
Kirchen, orthodoxe   II: 141
Kirchenbau als göttliche Offenbarung   II: 156
Kirchenbau im Mittelalter   II: 169; X: 78, 79
Kirchenbautechnik, gotische   V: 90

Kirchengemeinschaften und Technik, calvinisti-
  sche   II: 232–236
Kirchengeschichte   II: 137
Kirchentage, evangelische   II: 290
Kirchenverwaltung und EDV, katholische
  II: 255–256
Kitchin-Wellen   III: 159
Klangcharakter   VII: 93
Klangempfinden, Änderungen im   VII: 95
Klangfarbe   VII: 100
Klangideal, Änderungen vom   VII: 96, 100
Klanginstallationen, elektronisch gesteuerte
  VII: 188–190
Kläranlage   VI: 399
Kläranlagen   III: 338, 339; VIII: 523
Klärschlamm   VIII: 523
Klärwerke   VIII: 523, 524
Klarschriftleser   III: 105
Klassenbewußtsein der Arbeiterschaft   X: 189
Klassengesellschaft, technokratische   X: 456, 457
Klassenkampf   I: 67, 68, 70
Klassifizierung der Wissenschaften im Mittelalter
  V: 72
Klavier   VII: 67, 69, 70, 71, 81, 82, 86, 93
Kleidung, soziale Bedeutung der   X: 115–117
Kleinfamilie   X: 173, 188, 189
Kleinkunst mit Motiven aus dem Bergbau
  VII: 225–230
Klett-Reißverschluß   VI: 215
Klettsche Maschinenfabrik   VII: 244–245
Klima   VI: 351
Klima und Pflanzengesellschaften   VI: 464
Klimaänderungen   VI: 468, 469
Klimaänderungen und Sonneneinstrahlung   VI: 468
Klimabionik   VI: 107
Klimadiagramm nach Walter   VI: 454, 455
Klimageschichte   VI: 468
Klimamodelle   VI: 479
Klimaschwankungen   VI: 470
Klimaschwankungen und Sonnenfleckentätig-
  keit   VI: 468
Klimate, humide   VI: 436
Klimaveränderungen   VI: 362, 365
Klimaxgesellschaften   VI: 464, 465
Klimaxtheorie   VI: 464
Klimazonen der Erde   VI: 186, 454
Klinik, chirurgische   IV: 78

Klistier   IV: 44, 45
Klonieren   VI: 284–286, 304, 306, 307, 315
Klonierung   IV: 198, 199
Klosterbibliotheken   II: 164
Klystron   IX: 393
Knochenmarkzellen, Transplantation von   IV: 191
Knochennadeln   X: 42
Knotenpunktkonkurrenz bei den Eisenbahnen
  VIII: 425
Know-how und rechtlicher Schutz   III: 206
Kosten- Nutzenanalyse   III: 155
Kohle als Primärenergieträger   VIII: 305–308
Kohlebergbau, deutscher   VIII: 424
Kohlechemie   VIII: 161–166
Kohleförderung in Deutschland, Belgien und Frank-
  reich   VIII: 307
Kohleförderung in Europa   VIII: 311
Kohleförderung in Großbritannien   VIII: 307, 308,
  309, 312, 313
Kohlehydrierung   VIII: 165
Kohlendioxidkonzentration, wachsende   VI: 451
Kohlendioxidkonzentrationen der Atmosphäre
  VI: 464, 477, 478, 479, 480
Kohlenhandel um 1820   VIII: 44–45
Kohlenot in der Nachkriegszeit   VIII: 61, 62, 64, 65
Kohlenstoffstähle   VIII: 225
Kohlenwasserstoffverbindungen   VIII: 161
Kohlenzölle   VIII: 46
Kohlepfennig   VIII: 83
Kohletransport per Eisenbahn   VIII: 307
Kohletransport per Schiff   VIII: 307
Kohlevergasung   VIII: 160
Kohleversorgung in Großbritannien   VIII: 312
Kohlevorkommen   VIII: 490, 492, 493, 495, 500
Kohlevorkommen in Großbritannien   VIII: 309, 310
Kokerei   VIII: 54, 69
Koks   III: 312; VIII: 127
Koksgase   VIII: 127, 52, 54
Kokshochöfen   VIII: 100, 101 ; X: 138
Koksverhüttung   X: 138
Kolbendampfmaschinen und Dampfturbinen
  VIII: 321–323
Kolbenhirse als frühe Kulturpflanze   X: 53
Kölioskopie   IV: 148
Kollaps, ökologischer   VI: 73
Kollektivierung der Landwirtschaft in der ehem.
  DDR   IX: 210

Kollektivierung der Landwirtschaft, stalinistische   IX: 133

Kolonien und Großmächte   X: 227−229

Kombinate in der ehemaligen DDR   IX: 214

Kommission für Atomphysik   X: 419

Kommunalversorgung mit Strom   VIII: 498

Kommunikation öffentliche   V: 387, 389

Kommunikation und Medien, öffentliche   X: 281−292

Kommunikation und Medien, private   X: 281−292

Kommunikation und Medien, schriftliche   X: 281−283

Kommunikation, wissenschaftliche   V: 391, 400

Kommunikationsdesign   VII: 338

Kommunikationssysteme   X: 394

Kommunikationssysteme, weltumspannende   X: 453

Kommunikationstechnik und zeitgenössische Kunst   VII: 165−170

Kommunikationstechnik, elektrisch-mechanische   VIII: 460−464

Kommunikationstechnik, elektronische   VIII: 466−473

Kommunikationstechnik, optisch-mechanische   VIII: 458−460

Kommunikationstechnologie   VII: 407

Kommunikationswandel und Fernsehen   X: 283

Kommunikationswandel und Film   X: 283

Kommunikationswandel und Rundfunk   X: 283

Kommunikationswandel und Telefon   X: 284−287

Kommunismus   I: 70; III: 25, 153

Kommunistische Partei   X: 218

Kommunistisches Manifest   X: 191, 193, 227

Kompagnieausbau   IX: 322

Kompaß in China, Erfindung vom   IX: 195

Kompatibilitätstheorie, militärsoziologische   IX: 318, 428

Kompetenz von Ingenieuren, berufliche   X: 350

Komplementarität   VI: 278, 279

Komplexitätssteigerung der Arbeit   X: 362

Komponenten der trocknen Luft   VI: 350−351

Konditionalisierung der Wissenschaft   III: 5

Kondratjew-Wellen   III: 160

Konflikte durch Technisierung, kulturelle   X: 290−292

Konfuzianismus   II: 88

Kongregation für Glaubenslehre 1987   II: 266

Kongreß, evangelisch-sozialer   II: 246

König-Ludwig I.-Kanal   VI: 383

Konjunkturzyklen   III: 163

Konkrete Poesie   VII: 410, 468, 488, 490

Konkurrenz   I: 190

Konkurrenz, freie   X: 189

Konkurrenzfähigkeit der Binnenschiffahrt   VIII: 382

Konservatismus, organisatorischer   X: 326

Konsolidierung des Bergbaus (1871−1905)   VIII: 51−55

Konstruieren   I: 43, 85

Konstruieren, biologisches   VI: 111

Konstrukteur   I: 41

Konstruktion   I: 44

Konstruktion von Möbeln   VII: 146−162

Konstruktion, technische   I: 106

Konstruktionen, ausgestorbene natürliche   VI: 145−156

Konstruktionen, biologische   VI: 85−95

Konstruktionen, montagegerechte   VIII: 267

Konstruktionen, natürliche   VII: 367

Konstruktionen, technische   VI: 193

Konstruktionsbiologie   VI: 200−201

Konstruktionsbionik   VI: 107, 109, 205−226

Konstruktionsmorphologie   VI: 137, 145

Konstruktionssysteme, computergestützte   I: 141

Konstruktionstypen in der Natur   VI: 144

Konstruktionswissenschaft   I: 137, 138, 148

Konsularkommision   IX: 8

Konsumgesellschaft   X: 209

Konsumrausch   II: 261

Konsumverzicht   VI: 518

Kontaktlinsen   IV: 177

Kontaktverfahren   VIII: 150, 151

Kontemplationsbezogenheit   V: 18

Kontinentalverschiebung   VI: 466, 467

Kontrastmittel   IV: 125, 126, 127, 128

Konverter in der Stahlerzeugung   VIII: 106−107, 109, 111−115, 118, 125, 129

Konverterstahl   VIII: 107

Konvivialität als Grundwert   I: 192

Konzentration der chemischen Industrie   VIII: 140

Konzept der Neuen Stadt   VIII: 407, 410, 412

Konzept, iatromechanisches   IV: 24

Konzept, iatromorphologisches   IV: 26

Konzept, iatrotechnisches   IV: 29

Konzepte in der Medizin, magische   IV: 296

Konzepte in der Medizin, theurgische   IV: 296

Konzertflügel   VII: 81, 90, 96
Konzessionsverträge   VIII: 486, 499
Kooperation, fachübergreifende   III: 466
Kopernikanische Wende   III: 261
Kopierfräsmaschine   VIII: 268
Kopiersteuerungen   VIII: 234
Koran   II: 105
Körper als Mechanismus   IV: 24
Körper bei Aristoteles, künstliche   III: 227
Körper bei Aristoteles, natürliche   III: 226
Körper, regelmäßige geometrische   III: 223
Körperelektrizität   IV: 246
Körperschmuck   X: 113—114
Korpsartillerie   IX: 413
Korrosionserscheinungen   VI: 414
Kosmogonie   III: 222
Kosmogonie, aristotelische   III: 225
Kosmologie   II: 353
Kosten im Gesundheitswesen   IV: 295
Kosten-Nutzen-Relation in der Medizin   IV: 295
Kostenkrise im Bergbau (1871—1905)   VIII: 51—55
Kradschützen   IX: 413
Kräfteverhältnisse im 1. Weltkrieg, militärische
   IX: 322—328
Kraftfahrtruppe der Panzerwaffe   IX: 414
Kraftfahrtruppen im 1. Weltkrieg   IX: 347—348
Kraftfahrzeuge   III: 436
Kraftfahrzeuge im 1. Weltkrieg   IX: 338, 347, 348
Kraftfahrzeugsteuer   VIII: 408
Kraftmaschinen   III: 435
Kraftstromübertragung   VIII: 337
Kraftübertragung im Mittelalter   II: 161, 164, 168
Kraftübertragung, elektrische   III: 349; VIII: 326
Kraftwerk Kasira   IX: 132
Kraftwerk Schatura   IX: 132
Kraftwerke   VIII: 483, 484
Kraftwerke, Auslastung der   VIII: 489
Kraftwerkskapazitäten   VIII: 488
Kraftzug   IX: 335
Kran, Biegemomenteverringerung am   VI: 126—128
Krankenhaus   IV: 292—296
Krankenhausabfall, Verwertung   VI: 496
Krankheiten durch Blei   IV: 212—213
Krankheiten durch Quecksilber   IV: 206, 207, 208
Krankheiten durch Staubentwicklung   IV: 208, 213
Krankheiten in der Arbeiterschaft   X: 188—189
Krankheitsspektrum, Wandel im   IV: 228—237

Kreativität   I: 119, 132—142, 133, 136, 154
Kreativität in der Denkpsychologie   I: 133
Kreativität, technische   I: 132
Kreativitätsforschung   I: 135
Krebs bei Schornsteinfegern   IV: 209
Kreisläufe, anthropogene Beinflussung der biogeoche-
   mischen   VI: 355—361
Kreisläufe, atmosphärische   VI: 353—354
Kreisläufe, globale   VI: 452
Kreisläufe, natürliche   I: 192
Kreislaufwirtschaft für Abfall   VI: 503
Kreuzkuppelkirchen, georgische   II: 154, 155, 158,
   159
Kreuzrippengewölbe   V: 105
Kreuzzüge   IX: 268, 269
Kriegsakademie   IX: 307, 308, 309, 310, 313
Kriegsarmeestärke   IX: 324
Kriegsbauschulen   V: 138
Kriegskommunismus   IX: 123
Kriegsschulen   IX: 298, 299, 302, 303, 304, 305, 306,
   312
Kriegstechnik   II: 350—351
Kriegstechnik im Mittelalter   II: 162
Kriegstechnik in der Bibel   II: 202
Kriegstechnik in der Renaissance   II: 182
Kriegstechnik und Religion   II: 360—363
Kriegstechnik, islamische   II: 109—110, 112
Kriegswagen, zweirädriger   II: 68
Kriegswirtschaft im 2. Weltkrieg   IX: 408
Kriegswissenschaften   IX: 300, 301, 303, 307, 311
Kriegtechnik, Wissen über antike   IX: 268
Kriminalistik, Verwissenschaftlichung der   X: 223
Kriminaltechnik   III: 187, 189
Krise, ökologische   I: 123
Krisen, frühe ökologische   X: 50, 51
Kristallbildung als Naturvorbild   VI: 140—141
Kristalle, anorganische   VI: 142
Kritischer Realismus und Massenproduktion   VII:
   270, 272
Kugelhaufen-Reaktor   VIII: 347
Kult   II: 25
Kultivierung neuer Medien im Alltagsleben   X: 284,
   287—290
Kultur in der Architektur, proletarische   VII: 361
Kultur, bäuerliche neolithische   X: 45
Kultur, industrielle   I: 75
Kultur, technische   I: 54, 60

Kulturauftrag des Menschen   V: 65
Kulturen   II: 39–42, 205, 207
Kulturen und ihre Religion   II: 5
Kulturen, die Zwei   I: 171
Kulturen, Differenzierung der   I: 307
Kulturen, pontamisch   II: 43
Kulturfunktion der Technik   I: 47
Kulturgüter   V: 29, 30
Kulturkampf   X: 191
Kulturkontaktmethode   III: 83
Kulturkreise, isolierte   II: 39
Kulturkritik   I: 50, 52, 53
Kulturkritik, antitechnische   III: 126
Kulturlandschaft   III: XIX
Kulturpessimismus in der Literatur   VII: 423
Kulturpflanzen   X: 45
Kulturpflanzen aus der Wildpflanzenzüchtung
   X: 40–41
Kulturpflanzen, frühe mediterane   X: 53
Kulturrevolution in China   IX: 198
Kultursponsoring durch Unternehmen
   VII: 342–343
Kultursynthese   III: 467
Kulturtransfer durch Techniktransfer   I: 311
Kummetgeschirr   III: 391 ; X: 75,76
Kummetgeschirr, Einführung vom   VI: 30
Kunst und Natur in der Antike   III: 228–229, 231,
   235
Kunst und Produktionsverhältnisse   VII: 63–66
Kunst und Technik   III: 252
Kunst- und Gewerbeblatt   V: 254
Kunst- und Werkerziehung   V: 158, 159
Kunst- und Werkhaus   III: 138–140
Kunst-Industrie-Schule   VII: 136
Kunst, materialbezogene   VII: 144
Kunstakademien   V: 138, 139
Kunstauffassung der Romantik   VII: 11
Kunstbegriff   VII: 1
Kunstbegriff im Wandel   VII: 9–26
Kunstdünger, Anwendung von   III: 315
Kunstdüngerherstellung   III: 314–316
Künste im Mittelalter, mechanische   V: 73–78
Künste, mechanische   V: 132 ; VII: 11
Künste, schöne   VII: 11
Kunstfaserindustrie in Japan   IX: 177
Kunstgewerbe mit Motiven aus dem Bergbau
   VII: 225–230
Kunstgewerbe und Kunsthandwerk, Abgrenzung
   von   VII: 134–135, 141
Kunstgewerbemuseum   VII: 136
Kunstgezeuge im Ilmenauer Bergbau   IX: 80,88
Kunsthandwerk–Kunstgewerbe   VII: 131, 132
Kunsthandwerk und Ästhetik   VII: 140
Kunsthandwerk und Technik   VII: 3
Kunstherz   IV: 186
Kunstkriterien der Unterscheidung   VII: 37
Künstler in der griechischen Antike, Stellung
   der   X: 58
Künstler und Computer im Dialog   VII: 188–194
Künstler-Ingenieure   II: 189; III: 379, 431 ; V: 107,
   108 ; IX: XX, XXI
Künstler-Ingenieure der Renaissance   III: 251–259 ;
   VII: 458
Künstliche Intelligenz als Motiv in Science Fic-
   tion   VII: 446
Kunstoffe und ihre Verwendung, vollsyntheti-
   sche   VIII: 177
Kunstschulen   V: 139
Kunstseide   III: 370 ; VIII: 175
Kunstseidenindustrie   VIII: 152
Kunststoffchemie   VIII: 139
Kunststoffe   III: 370–372 ; VIII: 130, 134
Kunststofftechnik   VIII: 179–183
Kunsttheoretiker, futuristische   VII: 377
Kunstvermittlung   VII: 34–37
Kunstverständnis bei Platon   VII: 12
Kunstverständnis bei Schelling   VII: 17
Kunstwerk als Ventil der Angst   VII: 316–330
Kunstwerk als Ventil der Begeisterung
   VII: 316–330
Kunstwerke, zufällig entstandene   VII: 200
Kupferraffination   VIII: 132
Kupferzeit   X: 45, 49
Kupolofen   VIII: 211
Kuppelschalen in der Architektur und in der
   Natur   VI: 137
Kupplungsmechanismen im Tierreich   VI: 217
Kurvenscheiben als mechanische Speicher   VIII: 271
Küstenschiffahrt   VIII: 376
Küstenschutz   VI: 382, 387–389
Küstenverschmutzung durch Fäkalbakterien   VI: 404
Küstzenverschmutzung   VI: 403
Kuttenberger Kanzionale   VII: 217
Kuxen   IX: 80, 84, 85, 86

Kybernetik VI: 246
Kyklopen II: 74
Kymographion IV: 156, 157

L

Labor Schott & Genossen, glastechnisches III: 353,
354
Laboratorien der Farwerke Hoechst III: 369
Laboratorium, alchimistisches IV: 262
Laboratoriumstechnik bei Glauber III: 299
Lachgas IV: 52, 53, 58, 59
Lachgasnarkose IV: 54
Lafette IX: 274, 293, 294, 335, 336, 360
Lafette, Rohrrücklauf der IX: 294
Lagerhaltung III: 176
Lagerstätten im Bergbau VIII: 49, 51
Laienerwartung von der modernen Kunst
VII: 27−32
Lanchester-Kampfmodell III: 172
Länder der Dritten Welt I: 174
Landesversorgung mit Strom VIII: 490−494
Landesversorgungsunternehmen VIII: 486
Landesversorgungsunternehmen für Strom
VIII: 492, 493
Landgewinnung an der Küste VI: 387−389
Landgewinnung an Flüssen VI: 382−387
Landreptilien VI: 152
Landschaftsmalerei der Romantik VI: 65
Landschaftsmalerei in China VI: 38
Landschaftsmalerei mit Industrieanlagen VII: 237,
238, 239
Landschaftsschutzgebiete VI: 337
Landschulbewegung V: 138
Landstraßen VIII: 400−403, 404, 408
Landverbrauch und Bodenverbrauch VI: 430−431
Landvermessungen in der Antike III: 382
Landwirtschaft VIII: 544
Landwirtschaft durch die Industrialisierung, Wandel
der X: 183
Landwirtschaft im historischen Wandel VIII: 1, 2, 3
Landwirtschaft im Mittelalter II: 161, 163, 168;
X: 75, 79
Landwirtschaft in der Antike X: 64
Landwirtschaft und Maschinisierung VIII: 33
Landwirtschaft, Entwicklung der VIII: 30

Landwirtschaft, Fäkalienverwertung in der VIII: 522
Landwirtschaft, Mechnisierung der X: 275
Landwirtschaft, Modernisierung der X: 183
Landwirtschaft, Monetarisierung der VIII: 27
Landwirtschaft, umweltverträgliche neue VI: 534
Landwirtschaft, Veränderungen in der VIII: 18
Landwirtschaft, Wandel der englischen VIII: 28
Langdrehautomat VIII: 232
Langfrontstrebbau VIII: 56
Langfrontstrebbau im Bergbau VIII: 70
Langgeschosse eines Gewehrs IX: 287
Langlochbohrmaschine VIII: 217
Langstreckenflüge VIII: 446
Lanzen IX: 263, 265, 271
Laparoskopie IV: 149
Lapidarstil VII: 410
Lärmbelästigung und Massenmobilität X: 311−312
Laser-Sensoren VI: 463
Laser, medizinischer IX: 438
Lastpaket, ökologisches VI: 487
Lastspitzen VIII: 489, 495
Lateinschulen V: 120, 121, 135, 138, 145, 146, 149,
182
Launhardtscher Trichter III: 156
LD-Verfahren VIII: 125, 126, 127
Lebel-Gewehr IX: 291, 292
Lebendspende IV: 310
Lebensauffassung, frühneuzeitliche-bürgerliche
II: 183−184
Lebensauffassung, kontemplative I: 99
Lebensbedingungen der Arbeiter X: 187−188
Lebensbereich der Familie X: 345
Lebenserwartung III: XIX; IV: 228, 229, 233
Lebensform durch die Industrialisierung, Wandel
der X: 168−169
Lebensgefühl im Buddhismus II: 6
Lebensraum und Bevölkerungszahl VI: 428
Lebensräume der Erde VI: 453−454
Lebensreformbewegung VI: 66−68
Lebenssituationen und Qualifikationen V: 167−170
Lebensstandard I: 183
Lebensstandard durch Technik, hoher I: 315
Lebensstandards durch Technisierung, neue
X: 269−271
Lebensstil, individueller I: 298
Lebensstil, sozialer I: 298
Lebensstil, technikorientierter I: 312

Lebenswelt, technisch bestimmte   I: 4
Lebenszusammenhang, ganzheitlicher   V: 45
Lebertransplantation   IV: 193
Leblanc-Verfahren   VIII: 153, 154, 155
Leewenhoek-Mikroskop   IV: 104
Lehnswesen im Mittelalter   X: 78
Lehrabschlußprüfungen   V: 287
Lehre vom Fortschritt, Geschichte der   X: 461
Lehren im Maschinenbau, Verwendung von einfachen   VIII: 250
Lehrgänge   V: 287
Lehrgangsprinzip   V: 290
Lehrinstitute, israelitische   II: 128
Lehrlingsausbildung im Mittelalter   V: 95, 96
Lehrlingsausbildung und VDI   V: 268
Lehrlingsausbildung, fabrikinterne   X: 186–187
Lehrlingsausbildung, Nivellierung der   X: 187
Lehrlingsparagraphen in Fabriken   V: 281
Lehrmeinungen der katholischen Kirche   II: 269
Lehrplan des Abendlandes bei Capella   III: 15
Lehrplan, heimlicher   X: 336
Lehrsätze   III: 10
Lehrverhältnis in Fabriken   V: 281
Lehrverträge   V: 284
Lehrzeit Japans, industrielle (1850–1868)   IX: 162
Leichtmetalle   VIII: 226
Leichtwasserreaktoren (LWR)   VIII: 347, 348, 349
Leihmutter   I: 276
Leistungsgesellschaft   X: 452
Leistungsprinzip   I: 79, 80, 190
Leit-Bild   V: 20
Leitbild der reinen Technik   X: 359
Leitbild des brauchbaren Bürgers   V: 25, 27
Leitbilder der vernetzten Wirklichkeit, neue   VI: 256–260
Leitbilder für Technik   X: 344, 345
Leitermodell der Wissenschaftsentwicklung   III: 22
Lenkung der Technik in Japan, staatliche   IX: 180–183
Lernen, organisationales   X: 326
Lernziele und Computer, neue   V: 375–381
Lesegesellschaften   V: 320
Lesezirkel   V: 320
Leuchtgas   VIII: 528
Liberalismus   I: 190; III: 141
Liberalismus, theologischer   II: 277
Lichtbogenofen   VIII: 158

Lichtleiter   IV: 142–155
Lichtmikroskop   IV: 108–112
Lichtsetzmaschinen   V: 317
Lichtstromspitze   VIII: 489
Linien des Design, eigenständige   VII: 337–341
Linienfertigung   VIII: 245, 246
Linienschiffahrt   VIII: 377
Linsen   III: 271
Linsenwicke als frühe Kulturpflanze   X: 53
Literatur, esoterische   II: 2
Literatur, technisch-wissenschaftliche   III: 245
Lithographien, erste   V: 311, 312, 313
Lizenz   III: 204, 206
Lizenzvertrag   III: 200
LKW-Fernverkehr   VIII: 409, 411, 413
Lobolith   VI: 148
Lochkarten-Steuerungssystem   VIII: 235
Lochstreifen   VIII: 271, 278, 279
Logik   III: 19
Logik, Formalisierung der   III: 69
Logistik   VIII: 276
Lohnarbeiter, technisch–wissenschaftliche   X: 360
Lohnfond   III: 148, 149
Lokalpathologie   IV: 29
Lokomotive als musikalisches Motiv   VII: 380, 381, 385
Lokomotivenbau   III: 420, 421; VIII: 272–274 ; X: 141
Lokomotivfabriken   VIII: 424
Lokomotivförderung im Bergbau   VIII: 82
Los Alamos Scientific Laboratories   III: 365
Loseisen für die Steinbüchse   IX: 275, 279
Lösung, ideale   I: 118
Lösungsmöglichkeiten durch Naturvielfalt   VI: 215–219
Lösungsstrategien für das Abfallproblem   VI: 502–514
Lotbüchse, mittelalterliche   IX: 273
Luffahrt   VIII: 438–456
Luft- und Raumfahrt   III: 439
Luft- und Raumfahrtzentren in der BRD   IX: 243
Luftbildphotographie   III: 81
Luftchemie   VI: 346
Luftfahrt und Mobilität, zivile   X: 298–299, 300
Luftfahrt-Flugsicherung   VIII: 453
Luftfahrt-Frachtbeförderung (Cargo)   VIII: 453
Luftfahrt-Passagierbeförderung   VIII: 453

Luftfahrt, Anfänge der   VIII: 438–445
Luftfahrt, militärische   X: 298
Luftfahrtindustrie, deutsche   IX: 241–242
Luftfahrtpostbeförderung   VIII: 453
Luftfahrttechnologie   IX: 439
Luftfotografie als ästhetische Erscheinung   VII: 198
Luftfrachtverkehr   VIII: 452
Lufthansa-Streckennetz   VIII: 450
Luftkriegakademie   IX: 313
Luftpostlinien   VIII: 447, 448
Luftreinerhaltungsmaßnahmen   VI: 357
Luftschiffe, lenkbare   IX: 341–343
Luftschiffer   VIII: 441
Luftschiffertruppen im 1. Weltkrieg   IX: 341–343
Lufttechnische Akademie   IX: 313
Luftverkehr, regelmäßiger   VIII: 446, 447, 448
Luftverkehrsgesellschaften   VIII: 448, 449
Luftverschmutzung und Korrosion   VI: 365
Luftverschmutzungen, Auswirkungen der
    VI: 361–367
Luftverschmutzungsauswirkungen auf Men-
    schen   VI: 362
Luftwiderstand   IX: 277
Luftzerlegung   VIII: 158
Luftzirkulation, globale   VI: 346
Lungentransplantation   IV: 194
Luntenschloß   IX: 279, 280
Luren   VII: 94
Lustprinzip   I: 79, 80
Lycée   IX: 67
Lyra   VII: 96
Lyrik, hermetische   VII: 481, 484
Lyrik, politische   VII: 468
Lyrikanthologien   VII: 450

M

Massenstahlverfahren   VIII: 103–109
Machbarkeit der Bildung, pädagogische   V: 28
Machbarkeit der Geschichte   I: 82, 252
Machbarkeit durch Technik   I: 2
Machbarkeitsvorstellung in der Bildung   V: 26
Machtstreben des Menschen   I: 83
Magazin-Gewehr   IX: 291
Magie in der Renaissance   III: 262, 263
Magie und Technik   I: 63

Magnesiumgewinnung   VIII: 134, 135
Magnetismus   III: 279
Magnetkompaß in Israel   II: 124
Magnetkompaß, arabischer   II: 110
Magnetometer   III: 83
Magnetron mit Hohlraumsonator   IX: 390, 397
Magnetschwebebahn   VIII: 435
Mahlzwang, Aufhebung vom   VIII: 293
Makrochemie   III: 370, 371
Mandelbrot-Menge   III: 71, 72
Manipulation der physischen Welt   I: 53, 106
Manipulation höherer Organismen   VI: 303–305
Manipulation, gentechnische   VI: 303–305, 306, 308,
    315
Manipulation, technische   I: 295
Mann/Schichtleistung im Ruhrbergbau   VIII:75, 82
Männer   X: 330, 346, 348
Männerarbeit   X: 346
Männerberufe   X: 334, 336
Mannheimer Akademie   IX: 36
Mansfelder Kupferschieferbergbau   VII: 215
Manual des Design   VII: 331
Manufakturarbeiter   X: 96, 97
Manufakturen   II: 304; III: 137, 138, 140 ; V: 93,
    126, 284; IX: 54, 55; X: 89, 92, 94, 95, 98, 99,
    102, 103
Manufakturen der Frühen Neuzeit   VIII: 30, 31
Manufakturen, dezentrale   X: 97, 98
Manufakturen, zentrale   X: 97, 98
Manufakturunternehmer   X: 97
Manuskriptstil   VII: 410
Maoismus   II: 98
Market Pull   IX: 433, 434
Markt und staatliche Intervention   VIII: 12
Marktinformation durch Offertenblätter
    V: 334–335
Marktwirtschaft, ökologische   VI: 508
Marktwirtschaft, staatlich subventionierte   VIII: 543
Marokkokrisen   IX: 322
Marrannen   II: 124, 125, 126
Martenotsche Wellen   VII: 378, 393
Martinstahl   VIII: 109
Marxismus   X: 14, 202
Maschengitter beim Glasschwamm   VI: 138
Maschinensturm der Ludditen   III: 146
Maschine als Literaturmotiv   VII: 430
Maschinenlehre   III: 407, 408, 410

Maschinen der Formveränderung   VIII: 194
Maschinen-Werkzeug-Technik   VIII: 189, 193
Maschinen, fühlergesteuerte   VIII: 234
Maschinenbau   VIII: 257, 283, 284, 296, 315, 335
Maschinenbau im Industrialisierungsprozeß
   VIII: 189–191
Maschinenbau, Bearbeitungsfolge im   VIII: 208–214
Maschinenbau, wissenschaftlicher   III: 408, 411
Maschinenbauanstalt   VIII: 207
Maschinenbauindustrie in Japan   IX: 177
Maschinenbauindustrie, deutsche   VIII: 424
Maschinenbauingenieurwesen   III: 400
Maschinenbücher   II: 303
Maschinenbücher, frühe   V: 108
Maschinendynamik   III: 420, 421
Maschinenelemente   III: 400
Maschinenelemente, Darstellung der   III: 402
Maschinengewehr   IX: 291, 329, 331, 351
Maschinengewehre im 1. Weltkrieg   IX: 349
Maschinengewehrtruppen im 1. Weltkrieg
   IX: 329–330
Maschinenkonstruktionen bei Leonardo da Vinci
   III: 255–256
Maschinenkunde in Alexandria   V: 68
Maschinenlehre im 18. Jahrhundert   III: 61
Maschinenmusik   VII: 376, 379, 387
Maschinenproblem   III: 140, 142
Maschinenspinnerei   VIII: 195
Maschinenstürmer   I: 171
Maschinenstürmerei   X: 195–196, 198, 203
Maschinentechnik   III: 407, 408
Maschinentechnik und frühes Christentum   II: 152
Maschinenwesen als Literaturmotiv   VII: 418, 419,
   426, 430, 432–433, 433
Maschinenzeichnung   I: 144
Maschinenzeitalter zum Informationszeitalter,
   vom   X: 453
Maschinisierung der Arbeit   X: 171
Maschinisierung und Handwerk   VIII: 33
Maschinisierung, beginnende   VIII: 32–34
Maße und Gewichte in den USA   IX: 65
Maße und Gewichte in England   IX: 64
Maße und Gewichte, Festlegung einheitlicher
   IX: 64
Massenanfertigung als Kunstwerk   VII: 276
Massenanfertigung und künstlerische Reaktion
   VII: 271–272

Massenanfertigung von Maschinenteilen   VIII: 214,
   218
Massenanfertigung von Normteilen   VIII: 248
Massenarbeitslosigkeit   III: 159, 163
Massenbeeinflussung   X: 217
Massendemonstrationen, erste politische deutsche
   X: 212
Massengesellschaft   X: 205–229
Massengesellschaft und Imperialismus   X: 226–227,
   229
Massengesellschaft und Nationalsozialismus
   X: 226–227, 228
Massengesellschaft, Herausbildung der   X: 216–217
Massengesellschaft, Kritik an der   X: 216–217
Massengütertransport   VIII: 115
Massenkommunikation   I: 55–57
Massenmarkt elektronische Rechner   VIII: 475
Massenmarkt Fernsehen   VIII: 472
Massenmarkt Mikroelektronik   VIII: 476
Massenmarkt Radio   VIII: 469
Massenmarkt Transistor   VIII: 474
Massenmobilität und Straßennetz   X: 309
Massenmobilität, Grenzen der   X: 311–312
Massenmobilität, moderne   X: 307–311
Massenmobilität, Ursachen der   X: 307–311
Massenmotorisierung   VIII: 408, 412, 415
Massenmotorisierung und Wirtschaftsauf-
   schwung   X: 308
Massenmotorisierung, Beginn der   X: 307–308
Massennachfrage nach Automobilen   X: 309
Massenpresse   V: 392, 393
Massenprodukte   VIII: 550
Massenproduktion elektrischer Geräte   VIII: 343
Massenproduktion im Maschinenbau   VIII: 228,
   247–255
Massenproduktion in China, frühe   VIII: 19
Massenproduktion in der künstlerischen Darstel-
   lung   VII: 269–272
Massenproduktion in Japan   IX: 172
Massenproduktion nach dem Fließprinzip   VIII: 272
Massenproduktion und kritischer Realismus
   VII: 270, 272
Massenproduktion von Schallplatten   VIII: 466
Massenproduktion von Textilmaschinenteilen
   VIII: 195–205
Massenproduktion, Flexibilität der   X: 238
Massensport   X: 213–216

Massenstahl   VIII: 318
Massenstahlindustrie   VIII: 111, 113, 116
Massenverkehr, Verlagerungen im   VIII: 399,
   406
Massenversammlungen   X: 212–213
Massenversammlungen im Nationalsozialismus
   X: 212, 213
Maßgenauigkeit bei Maschinenteilen   VIII: 206
Maßhaltigkeit im Karosseriebau   VIII: 265
Massivbauten in der Natur   VI: 91–93
Maßnahmen des Talmud, ökologische   II: 118
Material und Kunsthandwerk   VII: 138–140
Material von Möbeln   VII: 149
Materialausrichtung beim Leichtbau, trajektorielle
   VI: 219–220
Materialermüdung als Unfallursache   X: 224
Materialersparnis bei Organismen   VI: 139
Materialersparnis fossiler Konstruktionen   VI: 149
Materialfluß   VIII: 250, 281
Materialfluß in der vollautomatischen Fabrik
   VIII: 257
Materialismus   II: 266, 313
Materialismus, historisch–dialektischer   X: 14
Materialprüfung, technische   III: 330
Materialprüfungen   III: 422–423
Materialprüfungsanstalten   III: 424
Materialschlachten im 1. Weltkrieg   IX: 351–352
Materie   III: 224, 228
Mathematik bei Archimedes   III: 40
Mathematik bei Heron von Alexandria   III: 41
Mathematik im Barock   III: 48–55
Mathematik im Barock, praktische   III: 52–55
Mathematik im hellenistischen Griechenland
   III: 38–42
Mathematik im Militärwesen   III: 52
Mathematik im Mittelalter   III: 44–46
Mathematik in Ägypten   III: 32–34
Mathematik in der Aufklärung   III: 55–60
Mathematik in der Induskultur   III: 32
Mathematik in der Renaissance   III: 46–48
Mathematik in klassischen Griechenland   III: 36–38
Mathematik in Mesopotamien   III: 35–36
Mathematik und École Polytechnique   III: 60–61
Mathematik und Geodäsie   III: 59
Mathematik und Kartographie   III: 59
Mathematik und Kunst   III: 252; VII: 209
Mathematik und Militärwesen, technische   III: 58

Mathematik und Teilgebiete der Ingenieurausbil-
   dung   III: 54
Mathematik, angewandte   III: 67
Mathematik, arabische   II: 112, 113
Mathematik, römische   III: 42–44
Mathematisierung der Natur   I: 103
Mathematisierung der Physik   III: 272–276
Matrizenrechnung   III: 177
Mauersalpeter   III: 306
Mauser-Gewehr   IX: 289, 291, 292
Max-Planck-Gesellschaft   IX: 239
Maxwellsche Elektrodynamik   III: 414
Maxwellsche Theorie   III: 350
Mechanik   III: 14, 154, 238, 270–272, 276, 277, 279,
   285, 294, 402, 407, 408
Mechanik als ars mechanica   III: 14
Mechanik als mechanike techne   III: 14
Mechanik als Überlistung der Natur   III: 235, 238
Mechanik bei Archimedes   III: 40, 387–390
Mechanik bei Aristoteles   III: 232–233 ; V: 68
Mechanik bei Heron   III: 385–387
Mechanik bei Ktesibios   III: 384–385
Mechanik in Alexandria, wissenschaftliche   III: 386,
   387
Mechanik in Frankreich, technische   III: 405–407,
   420
Mechanik, Beginn der klassischen   III: 266
Mechanik, technische   III: 56–57, 61, 62, 67, 266,
   383, 400, 402, 405, 406
Mechanik, theoretische   III: 56
Mechanisierung   I: 55; III: 150, 151; V: 44
Mechanisierung der Haushaltstätigkeiten
   X: 274–281
Mechanisierung des Haushaltes   X: 209
Mechanisierung des Weltbildes   I: 101
Mechanisierung im Ruhrkohlebergbau   VIII: 56–59
Mechanisierung und Arbeitslosigkeit   III: 143
Mechanisierung und Büroarbeit   X: 219
Mechanisierung von Arbeitsbereichen   X: 141
Mechanismus, Körper als   IV: 24
Mediatisierung von Arbeit   X: 244
Medienpädagogik   V: 50
Medikamente aus der Apotheke   IV: 259–268
Medikamente aus der Fabrik   IV: 269–285
Medikamente im medizinischen Versuch
   IV: 266–268
Medikamente, industriell hergestellte   IV: 269–285

Medizin in der Renaissance   III: 261
Medizin und Elektrizität   IV: 243−255
Medizin und Geburt   II: 355−358
Medizin und Zeugung   II: 355−357
Medizin, Fortschritte der   X: 152−154
Medizin, iatrotechnische   IV: 30
Meerentsalzungsanlagen   II: 128; VI: 380
Meeresreptilien   VI: 149
Meeresschildkröten   VI: 150, 151
Meeresspiegelanstieg, globaler   VI: 479
Meerestiefen, Bestimmung der   III: 327
Megabit-Speicher   III: 369
Megalithgräber   X: 47, 48
Megastrukturen aus Stahlrohr, architektonische
   VII: 368
Mehrfacherfindung   I: 306
Mehrfachnutzung   VI: 254
Mehrladegewehre   IX: 331
Mehrspindeldrehautomaten   VIII: 233, 237
Mehrzeller   VI: 170−173
Mehrzweckhubschrauber   IX: 440
Mehrzweckmaschinen   VIII: 230
Meiji-Restauration   IX: 165, 166
Meister und Gesellen im Mittelalter   V: 96,
   97
Melioration   VI: 440, 441 ; IX: 44
Melioration, landwirtschaftliche   II: 128
Membran   VI: 271, 272, 289
Membranophone -Fellklinger)   VII: 93
Membranverfahren   VIII: 156
Memnonkolosse   II: 28
Menhire   X: 47
Mensch als Besitzer der Natur   II: 300
Mensch als Mängelwesen   I: 61, 64, 304
Mensch als Wildbeuter   VI: 17, 18, 19
Mensch Natur und Technik   III: 445
Menschenbild und Computertechnolgogie   I: 270,
   271
Menschenbildung, allgemeine   V: 27
Menschewiki   X: 200
Menschheitskultur der Zukunft   II: 34
Menschheitsreligion   II: 23
Mentalitätswandel   III: 20
Mentalitätswandel durch die Industrialisierung
   X: 164−169
Mergel   VIII: 43, 46, 48
Mergeldüngung   X: 53

Merkantilismus   V: 123, 149 ; IX: 28 ; X: 88, 89,
   92, 99, 101
Merkantilismus und Kameralistik   III: 137−143
Merkantilisten   III: 137, 181
Merkmale der Bildung   V: 15
Mesopause   VI: 350
Mesosphäre   VI: 350
Messinggetriebe   VIII: 200
Meßmethoden, betriebliche   VIII: 221−222
Meßtechniken, geophysikalische   III: 82
Messungen in der quantitativen Geschichtsforschung,
   indirekte   III: 105
Metabolisten, japanische   VII: 368
Metallfunde   III: 88
Metallindustrie, Entwicklung in der   VIII: 30−32
Metallindustriestandorte in Großbritannien
   VIII: 309
Metallurgie   III: 288, 299
Metallurgie im Mittelalter   II: 164, 166, 167
Metallurgie in der Renaissance   II: 182
Metallurgie, arabische   II: 112
Metallurgie, Epochen der   II: 58, 59
Metallverarbeitung in China   II: 86
Metallzeit, beginnende   X: 46−47, 48
Metamorphose erstarrter Strukturen   VI: 253−254
Metaphysierung der Wissenschaft   III: 7
Metaphysik und Religion   II: 34
Meter Oreia   II: 71
Meterkonvention   IX: 65, 66
Methankonzentration   VI: 355, 360, 369
Methanolsynthese   VIII: 164
Methode der kleinsten Quadrate   III: 63
Methode der Naturwissenschaften, induktive
   III: 431
Methode der neuzeitlichen Physik   III: 212−214
Methode, hypothetisch-deduktive   III: 9
Methode, induktive   I: 31, 33
Methoden bei den Bernoullis, mathematische   III: 50
Methoden bei Euler, mathematische   III: 50
Methoden bei Leibniz, neue mathematische   III: 50
Methoden bei Newton, neue mathematische
   III: 50
Methoden der Archäologie, naturwissenschaftli-
   che   III: 79
Methoden der Geschichtsforschung, quantitative
   III: 98−106
Methoden, experimentelle   III: 404

Methoden, gentechnische   VI: 274, 275, 277, 303, 315
Methoden, kybernetische   VI: 248
Methodisten und Technik   II: 233
Metis   II: 73
Metre provisoire et légal   IX: 65
Metre vrai et definitif   IX: 65
Midgard-Schlange als sogen. Wunderwaffe IX: 425–427
Migration in der Industrialisierung   X: 151–159
Mikroanalyse   III: 102
Mikrobiologie   III: 458
Mikrochemie   III: 328
Mikrochirurgie   III: 357
Mikrocomputer   III: 105
Mikroelektronik   VIII: 236
Mikroelektronik in der ehemaligen DDR   IX: 212
Mikroelektronik in der Forschungspolitik   IX: 249
Mikroelektronik-Debatte   X: 237–245
Mikroelektronik, Entwicklung der   VIII: 473–478
Mikroelektronik, industrielle Nutzung der   X: 238, 239
Mikrofilmtechnik   III: 96
Mikrofon   VIII: 464
Mikrofossilien, älteste   VI: 466
Mikrohülle   VI: 165–166
Mikroorganismen als Reduzenten   VI: 424
Mikroorganismen des Bodens   VI: 419–428, 431
Mikroorganismen, Entdeckung der   III: 328, 335, 337, 338
Mikroorganismus   VI: 272, 273, 279
Mikroprozessoren   VIII: 476
Mikroskop   III: 271; IV: 101–115
Mikroskope; Geschichte der   III: 327–330
Mikroskopie   III: 353, 354, 356, 357
Mikrosphäre   VI: 164–165
Mikrotom   III: 330
Mikrowellenradiometrie   VI: 458–459
Miliärflugwesen vor 1914   IX: 322
Militärakademie   IX: 311, 316
Militärakademie Friedrich Engels   IX: 315, 317
Militärakademien   V: 121, 138, 146
Militärausgaben vor 1914   IX: 323
Militärdiktatur nach 1918   IX: 9
Militärische Akademie   IX: 360, 368, 369, 375
Militärpolitische Hochschule Wilhelm Pieck IX: 316

Militärschulwesen   V: 138–139
Militärtechnik   VIII: 18
Militärtechnik in der Antike   X: 65, 66
Militärtechnische Akademie (MTA)   IX: 339
Militärwesen in der Antike   X: 65–67
Mill-Wright   VIII: 199
Miltärpolitik bis zum 1. Weltkrieg   IX: 320–322
Miltiärtechnik in frühen Hochkulturen   X: 51–52
Minderung persönlichen Konsums   VI. 518
Minenwerfer   IX: 331, 338
Mineralölsteuer   VIII: 413
Miniaturisierung von Schaltungen   VIII: 476
minimal music   VII: 379, 399, 400
Minimalisierung in der Lyrik   VII: 488
Minimalstaat   I: 191
Ministerium für Atomfragen   IX: 467
Ministerium für Technik, Forderung nach einem   IX: 110
Ministerium für Wissenschaft und Forschung IX: 467
Ministerium für Wissenschaft und Technik der ehem. DDR   IX: 209
Mischsystem bei der Kanalisation   VIII: 523
Mischungsverhältnis von Spurengasen   VI: 354
Missionsarbeit und Technik, katholische   II;: 257
Mitochondrium   VI: 289
Mittelstand   X: 226
Mittelstand, Entstehung vom   X: 218–219, 221
Mitverantwortung   I: 216, 217, 223, 224, 241
Mitverantwortung bei kollektivem Handeln   I: 219
Möbel in ihrer Konstruktion und Gestaltung VII: 146–162
Mobile Gesellschaft, Entstehung   X: 299–303
Mobilität   VIII: 399, 416
Mobilität und Freizeitverhalten   X: 310–311
Mobilität und Informationstechnik   V: 371
Mobilität und kirchliches Leben   II: 255
Modell des technischen Fortschritts, evolutionstheoretisches   I: 302–308
Modell- und Maschinensammlungen   V: 253–257
Modelltischlerei   VIII: 207, 213
Modellversuche für Frauenberufe   X: 334
Modellvorstellungen in der Technikbewertung I: 247, 251
Modernisierung und sozialer Wandel   X: 271
Modernisierung in Fabriken   V: 282
Modernisierung, qualitative   X: 350

Modifikation   VI: 291, 294
Molekularbiologie   VI: 269, 270, 314
Molekulargewicht   III: 317, 318
Molekulargewichtsbestimmung   III: 331
Moleküle   III: 316, 317; VI: 277, 287, 288, 299
Monarchie, konstitutionelle   IX: 6
Mongoleninvasion in China   II: 94, 96; IX: 192
Monismus   II: 318–319, 332
Monokulturen   VI: 330
Monopol für Salz und Eisenproduktion in
     China   IX: 193, 194
Monopole   X: 206
Montage   VIII: 242
Montage als Engpaß der Herstellung   VIII: 281–284
Montage, manuelle   VIII: 257
Montagefließband   VIII: 252
Montageinseln   VIII: 283
Montagelyrik   VII: 468
Montageroboter   VIII: 260–263
Montageroboter in der Automobilindustrie
     VIII: 261
Montagesaal   VIII: 213–214
Montagestil   VII: 410
Montagewerkstätten   VIII: 207, 208
Montagezeiten in derAutomobilindustrie
     VIII: 281
Montanindustrie bis 1820, Entwicklung der
     VIII: 43
Montanunion   VIII: 123, 128
Montanwissenschaften   V: 141, 143, 144
Monte-Carlo-Methode   III: 179
Moral   I: 225 ; III: 19
Moral und Recht   I: 194, 199, 213
Moral und Rechtssprechung, erweiterte   I: 215
Moralische Wochenschriften   V: 394
Mörser   IX: 279, 286, 331, 334, 335, 336
Moschee   II: 27
Moscheenbau, arabischer   II: 107
Motivation für die Problemlösung   I: 135
Motorflugzeuge   IX: 344
Motorisierung des Straßenverkehrs   X: 297
Motorisierung im Dritten Reich, Förderung der
     IX: 155–159
Motorisierungskampagne des Nationalsozialis-
     mus   X: 305–307
Motorisierungspläne im Nationalsozialismus
     VIII: 409

Motorrad und Mobilität   X: 298
Motorschiffahrt   VIII: 394
mRNA (messenger RNA)   VI: 289, 290
Mühlentechnologie   X: 93, 98
Mule-Maschine   VIII: 196, 197, 198, 202
Müllverwertung, produktorientierte
     VI: 506–508
Multifunktionalität von Organen   VI: 144
Multimorbidität   IV: 239
Mündigkeit des Laien   II: 269
Mündungsgeschwindigkeit   IX: 283, 289
Museion von Alexandria   X: 68
Museum für Kunstgewerbe   VII: 135, 136
Musik, absolute   VII: 18–19
Musik, elektronische   VII: 397, 400
Musik: Airoplane Sonata   VII: 387, 389
Musik: Ballet méchanique   VII: 387, 389
Musik: Death of the Machine   VII: 387
Musik: Der Lindberghflug   VII: 382, 383, 384
Musik: Hyperprism   VII: 390
Musik: Illiac Suite für Streichquartett   VII: 398
Musik: intonarumori   VII: 386
Musik: Ionisation   VII: 390, 391
Musik: Le Bagarre   VII: 385
Musik: Le pas d'acier   VII: 382
Musik: Metastasis   VII: 397, 398
Musik: Pacific   VII: 377, 380, 381, 382, 385,
     400
Musik: Poème électronique   VII: 398, 399
Musik: Stahltanz   VII: 382
Musik: Thunderbolt P-47   VII: 385, 400
Musikinstrumente der zwanziger Jahre   VII: 376
Musikinstrumente, elektronische   VII: 102, 378, 395,
     396
Musikmaschine   VII: 391
Musiktheorie   VII: 97
musique concrète   VII: 395,396
musique d'ameublement   VII: 380
Muskelkraft als Antrieb   VIII: 295
Musterbuch der Maschinenelemente   V: 297, 298
Musterbücher   V: 105, 106
Mutation   VI: 297, 306, 317
Mutationssprünge   VI: 227
Mutternfräsmaschine   VIII: 215
Mystik   II: 23, 31
Mystik und moderne Wissenschaft   II: 341–342
Mythos vom technischen Fortschritt   X: 462

N

Nachahmung der Natur in der Kunst   II: 188
Nachrichtenagenturen   VIII: 461
Nachrichtenmittel im 1. Weltkrieg   IX: 349
Nachrichtenmittel im 2. Weltkrieg   IX: 420−424
Nachrichtenstil   VII: 410
Nachrichtentechnik   III: 292, 352−353
Nachrichtentechnik in der Rechtswissenschaft
    III: 192
Nachrichtentechnik, elektrische   VIII: 460, 462
Nachrichtentruppen im 2. Weltkrieg   IX: 420−424
Nachrichtenübermittlung im 1.Weltkrieg   VIII: 464,
    469
Nachrichtenübermittlung im 2. Weltkrieg   VIII:
    472, 475
Nachrichtenübertragung als Massenmarkt   VIII: 468
Nachrichtenübertragung für Eisenbahn, frühe
    VIII: 460, 462
Nachrichtenübertragung für Presse und Börse,
    frühe   VIII: 460, 462
Nachrichtenverarbeitung   VI: 201
Nächsten- und Fernsten-Ethik   I: 208
Nachtstrom   VIII: 496
Nachweissystem, archivalisches   III: 96
Nah-, Fern- und Werksverkehr der Eisenbahn
    VIII: 435
Nähe von Kunstwerken und technischen Erscheinun-
    gen   VII: 199
Nahkampfmittel im 1.Weltkrieg   IX: 349
Nahkampfwaffen in der Antike   IX: 262, 263
Nähmaschinenindustrie   VIII: 228
Nähnadelproduktion   X: 98, 101, 103
Nahrungsbeschaffung   III: 319
Nahrungsketten   VI: 452
Nahrungsmittelerzeugung   III: XIX
Nahrungsnetze   VI. 452
Nahrungsmittelproduktion und Bevölkerungs-
    zahl   VIII: 2
Nahverkehr   VIII: 405
Nahverkehrsstraße   VIII: 404−410
Nanjing-Republik   IX: 197
Napalm   VIII: 135
Naphta-Cracken   VIII: 182
Nappian   VII. 215
Narkose   IV: 51, 52−65
Narkoseapparate   IV: 57, 59, 60

National Bureau of Standards   IX: 106
National Physical Laboratory   IX: 106
Nationale Volksarmee   IX: 315, 317
Nationalkonvent   IX: 62
Nationalliberale   X: 200
Nationalökonomie   IX: 42 ; X: 22
Nationalökonomie, klassische   III: 143−150
Nationalsozial. Deutsche Arbeiterpartei
    (NSDAP)   IX: 11, 137−145, 147−156
Nationalsozialis. Bund Deutscher Technik
    IX: 141−142, 144−149, 150, 151
Nationalsozialismus   IX: 137
Nationalsozialismus, Staatsform im   IX: 11−12
Nationalversammlung, französische   IX: 7, 64, 65
Nativismus   II: 40
Natur als Leitvorstellung   VI: 4
Natur als Vorbild der Technik   V: 208
Natur und Bau-Entwurfsmethoden   VI: 140
Natur und Ingenieure   VI: 60−61
Natur und Kunst in der Antike   III: 228−229, 231,
    235
Natur und Naturwissenschaften   VI: 61−63
Natur und Ornament in der Arabeske   VII: 242
Natur und Technik   I: 261
Natur und Technik in Griechenland   VI: 24
Natur und Technik in Rom   VI: 26−27
Natur und Technik, Querverbindungen zwi-
    schen   VI: 112
Natur- und Geisteswissenschaften   III: XXI−XXII
Natur- und Ingenierwissenschaft   I: 172
Natur, materielle Wirklichkeit der   I: 119
Natur, Mathematisierung der   I: 103
Natur, Sehnsucht nach der   VI: 63−70
Natur, Verdinglichung der   I: 104
Naturalienkabinett   V: 134
Naturaliensammlungen   III: 323
Naturalisierung russischer wirtschaftlicher Beziehun-
    gen   IX: 123
Naturalismus, ökologischer   I: 282, 283
Naturanalogie in der Architektur   VI: 141
Naturauffassung bei Descartes   I: 33, 34
Naturauffassung bei Paracelsus   VI: 37
Naturauffassung der Romantik   VI: 64−66
Naturauffassung im Barock   VI: 46−52
Naturauffassung in der Renaissance   VI: 39−46
Naturauffassung in der technisierten Welt
    VI: 70−76

Naturauffassung und Gartenbau   VI: 47−50
Naturauffassung und Industrielle Revolution
   VI: 53−63
Naturauffassung, versachlichte   I: 100
Naturauffassungen des Christentums   VI: 29-39
Naturauffassungen des Judentums   VI: 27−29
Naturauffassungen im Mittelalter   VI: 29−39
Naturauffassungen in Ägypten   VI: 20, 22
Naturauffassungen in Altamerika   VI: 22−23
Naturauffassungen in der Jungsteinzeit   VI: 20−22
Naturauffassungen in Griechenland   VI: 24−27
Naturauffassungen in Mesopotamien   VI: 20−21
Naturbegriff   I: 120−123, 125 ; III: 14
Naturbegriff, klassischer   VI: 2, 3
Naturbeherrschung bei F.Bacon   I: 33
Naturbeherrschung, ökologische Folgen der   VI: 321
Naturbeschreibung, komplimentäre   II: 344
Naturbewahrung durch Technik   VI: 536
Naturbewahrung und Bibel   II: 139
Naturerfahrung, subjektive   VI: 52
Naturerfahrung, Veränderung der   VI: 54−60
Naturerhaltung durch Technik   VI: 530−536
Naturerkenntnis   III: 220
Naturersatz   VI: 4
Naturfarbenzubereitung   III: 310
Naturforschung für religiöse Zwecke, arabische
   II: 111
Naturgeschichte, Entdeckung der   VI: 52
Naturgesetz und Technik   I: 50
Naturgesetze   I: 42 ; VI: 2
Naturgesetze, experimentell abgesicherte   III: 377
Naturhaushalt   VI: 50, 52
Naturherrschaft in der Bibel   II: 117−118
Naturidylle in der Lyrik   VII: 463
Natürliche Konstruktionen   VII: 367
Natürlichkeit bei Bauwerken   VI: 140, 141
Naturlyrik   VII: 481
Naturmimese   V: 140, 141, 142, 143
Naturmimetik in der Architektur   VI: 145
Naturphilosophen, griechische   IX: 261
Naturphilosophen, milesische   III: 221
Naturphilosophie   III: 430
Naturphilosophie, griechische   VI: 24−27
Naturrechtstheorie   X: 11
Naturreligion   II: 22
Naturschutz und Religion   II: 352−353
Naturschutzgebiete   VI: 337

Naturschutzmaßnahmen   I: 284
Naturverbrauch und Städtewachstum   VI: 325, 326
Naturverständnis, mechanisches   I: 101
Naturvielfalt   VI: 265
Naturvielfalt als Lösungsmöglichkeit   VI: 215−219
Naturvölker   II: 50
Naturvorstellungen   VI: 5, 6
Naturvorstellungen in der Vorgeschichte   VI: 17−20
Naturwissenschaft und Handwerk im Mittelalter
   V: 75
Naturwissenschaft und Technikwissenschaft   I: 126
Naturwissenschaft, angewandte   I: 125
Naturwissenschaften und Französische Revolution
   IX: 60, 62
Naturwissenschaften und Technik   I: 106
Naturwissenschaften, Doppelaufgabe der   III: 347
Naturwissenschaften, Entstehung der modernen
   III: 241, 263−267
Naturwissenschaften, gesellschaftliche Aufgaben der
   III: 214−218
Naturwissenschaften, induktive Methode der
   III: 431
Naturwissenschaften, Methode der   III: 211−214
Naturwissenschaften, nicht-mathematische
   III: 276−277
Naturwissenschaften, Nutzen der   III: 215−217
Naturwissenschaftliche Erkenntnise in technischen Be-
   reichen   III: 378−379
Navigationsschulen   V: 139
NC-Maschinen   X: 235
NC-Werkzeugmaschinen   VIII: 234
Neandertaler   II: 55, 56, 57
Nebel- oder Wolkenwald   VI: 473
Nebenbahnen   VIII: 427
Nebenwirkungen der Technik   I: 157, 158
Neo-Bechsteinflügel   VII: 378, 392
Neoklassizismus in der Musik   VII: 377, 379, 388
Neokonfuzianismus   II: 95
Neolithikum   II: 60−64
Neolithische Revolution   II: 59
Neolithischen Revolution, technische Geräte nach
   der   X: 39, 42
Neolithisierung   X: 42
Neologismen   VII: 407
Neutralität der technischen Mittel   I: 113
Nettoprimärproduktion   VI: 452, 453, 474
Netz- und Hängekonstruktionen   VI: 200

Netzbauten   VII: 367
Netzpneu mit Flüssigkeitshaut   VI: 165–166
Netzpneu, hermetisch dichter   VI: 166
Netztechnik   III: 179
Netzwerkanalysen   III: 106
Netzwerke   VI: 200
Neubaustrecken der Eisenbahn   VIII: 435
Neue Medien   V: 388, 409
Neue Medien im Alltagsleben, Kultivierung der
    X: 284, 287–290
Neue Rationalisierungskonzepte mit ambivalenten
    Folgen   X: 250–261
Neue Sachlichkeit   VII: 122–125
Neue Staatsgalerie Stuttgart   VII: 372
Neuer Brutalismus in der Architektur   VII: 370, 371,
    373
Neuerungen, technische   I: 179
Neues Denken über die Natur   I: 282
Neuhumanismus   V: 151, 240, 241
Neuke   VII: 215
Neuprotestantismus   II: 277
Neureligionen   II: 313
Neurosen, traumatische   IV: 254–255
Neuscholastik   II: 244
Niere, künstliche   IV: 85, 86
Nierensteinzertrümmerung   IX: 434
Nierentransplantation   IV: 86, 189–190, 191, 192,
    193
Nieten als Verbindungstechnologie   VIII: 270, 275
Nietmaschine   VIII: 217
Nigré-Stromleitungsmast   IX: 122
Nihilismus   I: 47, 48 ; II: 23
Nikrozellulosepulver als Sprengstoff   IX: 293
Nirwana   II: 147
Nitratbelastung des Bodenseewassers   VI: 402
Nivellierung im Fabrikalltag, soziale   X: 189
Noah-Symbol   II: 352, 354
Nomonalisten   III: 226
Nord-Süd-Konflikt   X: 457
Nordseehäfen   VIII: 368–370
Noria   VI: 182, 372
Normalkaliber   VIII: 251
Normen in der Medizin, ethische   IV: 301
Normen, traditionelle   I: 208
Normenethik   IV: 303, 304
Nostalgiewelle in der modernen Architektur
    VII: 350

Notverordnungen   IX: 11
Nucleinsäuren   VI: 272, 289, 295
Nuklearwaffen und Politik   IX: 442
Numinose   II: 19
Nuova Scienza   III: 241, 266
Nuremberger Code   I: 274
Nutzbarkeit des Kunsthandwerks   VII: 134
Nutzen der Naturwissenschaften   III: 215–217
Nutzhölzer   VIII: 313, 314
Nützlichkeitserwägungen   I: 255
Nutzung der Elektrizität, industrielle   VIII: 325–345
Nutzung der Kernenergie   I: 264–267
Nutzung der Kernenergie, friedliche   IX: 238, 239,
    240
Nutzung neuer Technologien, Aspekte für die   X:
    254–255
Nutzungsidee einer Erfindung   I: 131
Nylon   III: 371; VIII: 176

O

Oberbergamt   VIII: 43, 47, 49
Oberflächenspannungen von Pneus   VI: 171
Oberkommando der Wehrmacht   IX: 154
Oberkommando des Heeres   IX: 408
Oberschenkelhals   VI: 220
Oboe   VII: 82, 84, 93
Obsidion, Handelsroute von   III: 88
Obsolenzen   VI: 489
Offenbarung   II: 22
Offenheit der Bildung, pluralistische   V: 45
Öffentlichkeitsarbeit   V: 411
Offiziersausbildung   IX: 298, 301
Offiziersausbildung der Bundeswehr   IX: 314–318
Offiziersausbildung in Bayern   IX: 311–312
Offiziersausbildung in der Weimarer Republik
    IX: 312
Offiziersausbildung nach Peuckers, Reform der
    IX: 307–311
Offiziersausbildung nach Scharnhorst; Reform
    der   IX: 303–306
Offiziersausbildung zwischen den Weltkriegen
    IX: 312–314
Offiziersausbildung, umfassende   IX: 298–299
Offiziersprüfung   IX: 312, 314
Offiziersschulen in der ehem. DDR   IX: 316

Offiziersschulen der Streitkräfte   IX: 314
Offsetdruck   V: 316
Ohrenspiegel   IV: 139
Ökologie   VI: 260
Ökologie im Mittelalter   X: 82–83
Ökologie, physiologische   VI: 456
Ökologiediskussion   I: 101
Ökologische Probleme der Technik   I: 281–285
Ökologismus   I: 123
Ökonomie und Beherrschungsrisiken   X: 369
Ökonomie und Kontrollrisiken   X: 369
Ökonomie und Umweltrisiken   X: 369
Ökosphäre   I: 158
Ökosteuern   VI: 509–510
Ökosystem   VI: 261, 465
Ökosystem, Belastungsfähigkeit vom   VIII: 545
Ökumene   II: 140
Ölboom   VIII: 351
Ölkrisen   VIII: 289
Ölmotorenbau   III: 400
Ölteppichen, Erfassung von   VI: 461
Ölverschmutzung des Meeres   VI: 406–407
Olympia-Dach in München   VII: 367
Ombudsman für Verantwortungskonflikte   I: 207,
    230
Operational Research, Beginn von   IX: 383
Operationalisierung der Wissenschaft   III: 5
Operations Research   III: 70, 172, 173, 174, 175, 181,
    182
Operations Research, Methoden des
    III: 176–180
Opfergrube   II: 9
Ophthalmologie   IV: 49
Oppida   X: 48
Optik   III: 279
Optik, mathematische   III: 52
Optimierung mit Technologietransfer   VI: 241
Optimierung technischer Systeme   VI: 199, 202
Optimierung, Logik der   VI: 242
Optimierungs-Algorithmus   VI: 228
Optimierungsproblem   VI: 143
Optimierungsprozeß   VI: 144
Optimismus   II: 353–354
Optoelektronik in der ehem. DDR   IX: 212
Orakel   II: 28
Orchester   VII: 70, 87, 102
Orden und Gewerbe, christliche   V: 89

Orden und Handarbeit, christliche   V: 89–90
Orden und Handel, christliche   V: 89
Orden und Hüttenwesen, christliche   V: 90
Orden und Landwirtschaft, christliche   V: 80
Ordnungspolitik im Nachrichtenwesen, inter-
    nationale   VIII: 479
Ordnungsysteme alter Jagdgesellschaften,
    zentrierte   II: 61
Ordo-Begriff   II: 243
Organisationen im 19. Jahrh., politische
    X: 194–203
Organisationsformen lebender Systeme
    VI: 245–246
Organisationstechnologien   X: 239–240,
    254–255
Organismen, transgene   VI: 298, 301, 315
Organismus als Konstruktion, Verständnis des
    VI: 134, 136
Organpathologie   IV: 25
Organprojektion   I: 58, 60
Organspenden   IV: 309, 310
Organtod   IV: 309
Organtransplantationen   IV: 187
Orgel   VII: 67, 69
Orgelbau im Mittelalter   II: 167
Orientierungskrisen   I: 182, 188
Orientierungsprobleme in der ehem. DDR vor der
    Wende   IX: 221–225
Orientierungswerte   I: 187, 188
Orientierungswissen   VI: 53
Ornament in der Möbelkunst
Ornament und Natur in der Arabeske
    VII: 242
Ortung   VI: 201
Osmose, umgekehrte   VI: 381
Ösophagoskopie   IV: 148
Ostkriche   II: 141–142
Ostrom und der technische Fortschritt   V: 85
Ostseehäfen   VIII: 370, 371
Otimierung in der Natur   VI: 227, 228
Oxidantien   VI: 363
Ozeanographie   III: 325
Ozon   VI: 347
Ozon-Anlagen zur Wasserreinigung   VIII: 517
Ozonschicht, Schädigung der   VI: 180, 181
Ozonschicht, stratosphärische   VI: 347
Ozonschicht, Zerstörung der   VI: 534–535

P

Pädagogische Technologie   V: 422, 423−434
Palimpsest   III: 93
Pandora   II: 76
Pangaea   VI: 466
Panzer, Massenanfertigung   IX: 418
Panzerabwehr   IX: 405, 413, 419, 420
Panzerabwehrgeschütze   IX: 418
Panzerabwehrhubschrauber   IX: 440
Panzerabwehrkanonen   IX: 419
Panzerdivisionen   IX: 407
Panzerfahrzeuge   IX: 418, 413−420
Panzergranaten   IX: 419
Panzerkampfwagen   IX: 401, 402, 404, 407,
   414−420
Panzerkampfwagen Bergepanzer V   IX: 417, 419
Panzerkampfwagen Jagdtiger   IX: 418, 419
Panzerkampfwagen Königstiger   IX: 417, 418
Panzerkampfwagen Panther   IX: 416, 417
Panzertruppe   IX: 405
Panzertruppen im 2. Weltkrieg   IX: 413−420
Panzerung   IX: 415, 416, 417, 418
Panzerwagen   IX: 350
Panzerwagen T-34   IX: 415
Papier in China, Erfindung von   IX: 194, 195
Papiergeld in China   II: 94 ; IX: 195
Papierherstellung in China   II: 93; IX: 195
Papierherstellung, arabische   II: 105
Papierindustrie, elektrische Antriebe in der
   VIII: 340
Papierindustrie, umweltverträgliche neue   VI: 533
Papiermanufakturen   X: 96
Papiermühlen   VIII: 295
Papua-Neuguineer, Kultur der   II: 63
Papua-Neuguineer, Technik der   II: 62
Papyrologie   III: 94
Paradigmentreue   III: 23
Paradigmenwechsel   III: 23
Parallelbogenpfeiler   VI: 211
Parkplatzbedarf und Massenmobilität   X: 310
Parseval-Luftschiffe   IX: 342−343
Partei der Deutschnationalen   IX: 11
Partei und Gewerkschaft, Trennung von   X: 200
Partikularismus in der Eisenbahnpolitik   VIII: 423
Partikuliere (Kleinschiffer)   VIII: 395
Partizipation   I: 191

Parzellierung der Arbeit, Ende der   X: 235
Paßarbeit   VIII: 247
Paßarbeit im Maschinenbau   VIII: 220
Paßarbeiten, maschinell durchgeführte   VIII: 222
Passat- und Monsunwald   VI: 473
Pasteureffekt   III: 332
Pastoralkonstitution   II: 251, 262, 265
Patent   I: 127
Patent   III: 197, 198, 200
Patent-Dünger, Liebigscher   III: 316
Patentamt   IX: 69
Patente für medizinische Produkte   IV: 275
Patente in der ehem. DDR; Anzahl der
   IX: 217, 218
Patente und Entwicklungsstand der Technik   III: 201
Patentgesetz (PatG)   III: 197, 199, 200
Patentrecht   I: 128; V: 109
Patentrecht und Computersoftware   III: 205
Patentwesen   V: 237
Pathologie   IV: 25
Patientenverfügung   IV: 313
Patriarchenannalen   II: 95
Patriotismus und Polytechnische Vereine   V: 236
Patronen   IX: 291
Patt, technologisches   III: 162, 164
Pauke   VII: 67, 82, 93, 96
Pauperismus   X: 184
Pauperismus im 19.Jahrh.   X: 152
PCR   VI: 281−284, 315
Pedogenese   VI: 411, 415
Pedosphäre   VI: 411
Pendel, ballistisches   IX: 282
Pendeln zwischen Wohnung und Arbeitsplatz
   X: 307, 309
Penicillin   III: 333, 335; VI: 276, 285, 286
Performance   VII: 191
Perioden der Erdgeschichte   VI: 465−470
Perioden der Technikgeschichte   V: 61
Periodensystem, chemisches   III: 318
Periodensystem der Elemente   VIII: 146
Peritonealdialyse   IV: 87
Perkussion   IV: 134
Perkussionszündung   IX: 280
Perlon   III: 371; VIII: 178
Perpetuum mobile   II: 192
Personennahverkehr, öffentlicher   VIII: 408, 412,
   413, 414, 416

Personenverkehr per Schiff   VIII: 379–380
Perspektive, Entdeckung der   V: 106, 107; VI: 40
Perspektivismus   III: 21
Pest   VI: 326
Pestizidbelastung von Gewässern   VI: 402
Peuplierungspolitik in Preußen   X: 99–101
Peuplierungspolitik   III: 138
Pfeilerbruchbau im Bergbau   VIII: 45, 51, 52, 65
Pferd als Hautier   X: 46
Pferdenackenband   VI: 213
Pferdezug   IX: 332, 334
Pflanzen im Raum, Lebensäußerungen der
   VI: 459–465
Pflanzenanatomie   III: 328
Pflanzengesellschaften mit Minimalrealen   VI: 465
Pflanzenkleid der Erde   VI: 459
Pflanzenschutzmittel   VIII: 139
Pflanzensoziologie   VI: 465
Pflicht, moralische   I: 226, 233, 234
Pflug, Erfindung vom   III: 322
Pflügen, Techniken des   VI: 440
Pfostenbau in der Frühgeschichte   X: 44, 45
Phage   VI: 270, 271, 273
Phagengenom   VI: 273, 274
Phänomen Technik, gesellschaftliches   X: 472
Phänomene in der Technik, religionspsycho-
   logische   II: 12
Pharmakologie, experimentelle   IV: 48
Pharmakotherapie   IV: 10, 13
Phasen von Naturvorstellungen   VI: 15–17
Philantropen   V: 137, 138
Philantropin   V: 136, 137, 138, 145, 149
Philipps-Pavillon   VII: 397, 398
Philosophie des technischen Erfindens   I: 114–120
Phlogistontheorie   III: 300, 305
Phonogen   VII: 395
Phosphathöchstmengenverordnung   VI.: 402
Phosphorbelastung von Gewässern   VI: 400, 402
Phosphorsäure   VI: 279
Photochemie   VI: 361
Photosynthese   III: 458; VI. 400, 452, 453, 460, 461,
   466, 479
Photovoltaik   III:455
Photoxylographie   V: 315
Physik als Wissenschaft   III: 14
Physik bei Heron von Alexandria   III: 41
Physik bewegter Körper bei Galilei   III: 266

Physik in der mittelalterlichen Kirchenlehre
   II: 174–175, 176
Physik, angewandte   III: 65
Physik, arabische   II:
Physik, theoretische   III: 68
Physikalisch-Chemisches-Insitut in Japan   IX: 106
Physikalisch-Technische-Reichsanstalt   III: 357 ;
   IX: XXIII, 98, 103–106
Physikalische Studiengesellschaft   X: 415, 416, 420,
   438, 439, 440, 441
Physikalische-Technisches Forschungsinsitut, japani-
   sches   IX: 169
Physikotheologie   II: 236; VI: 51
Physiokraten   III: 137; X: 145, 146–148
Physiokratismus   IX: 82
Phytoplankton   VI: 461
Pianola   VII: 389, 392
Pietismus   II: 314
Pietismus und Technik   II: 237
Pikrinsäure als Sprengstoff   IX: 293
Pilotfabriken in Japan   IX: 166, 167
Pinguine   VI: 150, 151
Pioniererfindung   I: 44
Pionierunternehmer   III: 160, 161
PKW-Verkehr   VIII: 408, 413, 415
Placebo   IV: 268
Plakatwerbung für Autos   VII: 258–259
Plakatwerbung für Maschinen   VII: 259
Plan zur Elektrifizierung Rußlands (GOELRO-
   Plan)   IX: 130–134
Planung der staatlichen Elektrifizierung in Ruß-
   land   IX: 124–128
Planungsamt des Reichsforschungsamtes   IX: 396
Planungsinstrumentarien, systemrelevante   VI: 255
Planwirtschaft   VIII: 11
Plasmid   VI: 276, 284, 285, 303
Plattentektonik, Theorie der   VI: 467
Platzarbeit in der Montage   VIII: 266, 267
Pflegerverantwortung   II: 352
Plenterwirtschaft   VI: 330
Pleroma   II: 146
Plesiosaurier   VI: 144, 149–153
Plotter   VII: 177, 200
Plotterzeichnungen   VII: 192
Polytechnische Geselllschaft   VII: 69
Pluralisierung   II: 261
Pluralismus   I: 187

Pluralismus, innerkirchlicher   II: 251, 269–271
Pluralität christlicher Kirchen   II: 140–142
Pluralität der Religionen   II: 39
Pneu   VI: 160–165
Pneu als natürliches Konstruktionsprinzip
   VI: 161–162
Pneu mit innerer Membran   VI: 167
Pneu ohne Hülle   VI: 167–169
Pneu, Beschreibung des   VI: 162–165
Pneu, offenporiger   VI: 166
Pneufüllung   VI: 163; 164
Pneuhülle   VI: 162, 163
Pneumatik   III: 385
Pneus bei weichen Einzellern   VI: 169–170
Pneus, technische   VI: 164
Pochwerk   X: 89
Poesie und Philosophie   III: 19
Poetik   III: 19
Polarisierung betrieblicher Qualifikation
   X: 235–236
Politik   I: 256
Politik, neue ökonomische (NEP)   IX: 123,
   127, 133
Polizei-und Kameralwissenschaften   V: 146
Polizeiwissenschaften   IX: 45
Pollenanalyse   VI: 468
Polyacrylnitril   VIII: 174
Polyadditionsverfahren   VIII: 183
Polyamide   VIII: 174
Polycarbonate   VIII: 180
Polyester   VIII: 174, 178
Polyethylen   VIII: 180, 182
Polykondensation   VIII: 176
Polymerase-Ketten-Reaktion (PCR)   281–284,
   315
Polymerchemie   VIII: 168
Polymerisation   VIII: 180
Polymerwerkstoffe   VIII: 180
Polypropylen   VIII: 180
Polytechnik   V: 162
Polytechnika, deutsche   V: 214, 215
Polytechnikum Zürich   V: 217
Polytechnische Anstalten   V: 212
Polytechnische Centralschule   V: 246
Polytechnische Institute   V: 211–212, 213
Polytechnische Schule und Technische Hoch-
   schule   V: 216–221

Polytechnische Schulen   III: 404, 421, 408, 410, 413,
   415, 416, 422, 423, 424; V: 149, 185, 208,
   210–216, 330 ; VIII: 34
Polytechnische Schulen (Übersicht)   V: 213, 214,
   215
Polytechnische Schulen, Stellung   V: 219
Polytechnische Vereine   V: 260, 330
Polytechnische Vereine und Gewerbeschulen
   V: 242–249
Polytechnische Vereine und Realschulen
   V: 242–249
Polytechnische Vereine und technische Bildung
   V: 239–242
Polytechnische Vereine, Gründung   V: 235–239
Polytechnische Zeitschriften   V: 321, 324, 325, 392
Polytechnischer Verein in Bayern   V: 238–239, 240,
   243–246, 254, 255
Polytechnischer Zentralverein   V: 243
Polyurethan-Kunststoffe   III: 371
Polyurethane   VIII: 180
Polyvinylchlorid (PVC)   VIII: 156, 176, 180; 181,
   182
Pool, abiotischer   VI: 417
Popularisierung technischer Themen   V: 329, 330
Portraitfoto als Malvorlage   VII: 105–108
Porzellan, Erfindung von   III: 289
Posaune   VII: 70, 90, 100, 101
Positionierhilfen   VIII: 263
Positionsgüter   VIII: 549
Positivierung der Wissenschaft   III: 5
Positivismus   II: 280
Positivismus, skeptischer   I: 46
Postindustrialismus   X: 458
Postmoderne   X: 458, 459
Pottasche   III: 308, 316
Papierherstellung im Mittelalter   II: 161
Papierherstellung, maschinelle   V: 313
Prädestinationslehre bei Calvin   I: 98
Paradigmenwechsel in der Geschichtswissen-
   schaft   III: 126
Praktiken bei der Eisenbahn, monopolartige
   VIII: 425
Prall-Luftschiffe   VIII: 442
Präpariermikroskope, einfache   IV: 105
Präventionsverantwortung   I: 202, 241
Präzision der technischen Fachsprache   I: 146
Präzisionsmechanik   IX: 103, 105

Preisaufgaben polytechnischer Vereine   V: 254−256
Preisdifferenzierung   III: 155
Preisfragen in den Akademien   IX: 34−39
Preisfragen über Dampftechnik   IX: 38
Preisfragen über Salzproduktion   IX: 35
Preisfragen über Verhüttungsverfahren   IX: 36
Preisschriften der Akademien   IX: 51, 56
Preisschriften in den Akademien   IX: 34
Pressedienst   V: 321
Pressefotografie   VIII: 465
Pressefreiheit, Einführung der   IX: 67
Preßwerke   VIII: 268
Preußische Akademie der Wissenschaften   IX: 31,
    32, 33
Preußische Akademie und Kameralismus   IX: 53−57
Preußisches Abgeordnetenhaus   IX: 104
Priesterstand   II: 28
Primärenergieträger   VIII: 83
Primärer Sektor   X: 314−317
Primase   VI: 282, 283
Primaten, einfache Techniken der   X: 35
Primer   VI: 282, 283
Prinzip „Li"; ordnendes   II: 86, 95
Prinzip der Abschreckung   IX: 442
Prinzip der intergenerationellen Fairness   I: 265, 266
Prinzip der intergenerationellen Verallgemeine-
    rung   I: 266, 272
Prinzip der lebendigen Kräfte   III: 406
Prinzip der Science Fiction, evolutionäres   VII: 441−
    442
Prinzip der Verantwortung   II: 350
Prinzip der Verantwortung bei Jonas   II: 292
Prinzip der Wirbelspule   VI: 104
Prinzip, dynamoelektrisches   III: 413
Prinzip, elektro-dynamisches   III: 349
Prinzipien, mechanische   III: 407, 408
Prinzipien, regional geltende   I: 263
Prinzipien, zeitlich begrenzt geltende   I: 263
Privatbahnen   VIII: 425, 426
Privilegien für Erfinder   IX: 20
Problematisierung der Wissenschaft   III: 5
Problembewußtsein   I: 134, 136
Probleme, ethische   I: 242
Problemlösen, Begriffsdefinition   I: 115
Problemlösen, kreatives   I: 134
Problemlösung, Motivation für die   I: 135
Problemlösung, technische   I: 126−132

Problemlösungsverhalten   I: 6
Problemstellung bei Galilei, physikalische   III: 49
Produkt-Lebenszyklen   III: 168, 169, 171
Produkte aus Mikroorganismen   III: 336
Produkte, organische   VIII: 170−183
Produktflexibilität   X: 238
Produktion, chemische   III: 297
Produktion, Monopolisierung der   X: 205
Produktionskonzepte, alte   X: 244
Produktionsdesign   VII: 339−341
Produktionsfaktor   III: 158, 161, 166
Produktionsfaktor Arbeit   VIII: 9, 10
Produktionsfaktor Boden   VIII: 9, 10
Produktionsfaktor Kapital   VIII: 9, 10
Produktionsfaktoren   III: 168, 169
Produktionsgenossenschaften   X: 193, 197
Produktionsgesellschaft   X: 454
Produktionsgestaltung, polarisierte   X: 258
Produktionskonzepte, neue   X: 241, 243−245, 324
Produktionsmittel   I: 67−68; X: 14, 341
Produktionsmittel, Vergesellschaftung der   X: 191
Produktionsmodell, tayloristisch-fordistisches   X: 251
Produktionstechnik   VIII: 191
Produktionstheorie der Kunst   VII: 63, 64
Produktionsverhältnisse   I: 67
Produktionsweise, kapitalistische   I: 68
Produktionsweise, sozialistische   I: 68
Produktivitätsverbesserung   III: 143
Produktivkräfte   I: 66−67, 71−74 ; III: 151;
    IX: 102
Produktivkräfte, gesellschaftliche   X: 14
Produktlebensdauer   VI: 490
Profil des Weißstorches   VI: 209
Prognose und systematisches Denken   VI: 254
Prognosemethoden der Technikbewertung   I: 250
Prognosen für das Bevölkerungswachstum   VI: 527
Prognosen für komplexe Systeme   VI: 252−255
Prognosen und ökonomische Wirklichkeit
    VI. 255−256
Programm-Speicherung   III: 70
Programmierung, dynamische   III: 178
Programmierung, ganzzahlige   III: 178
Programmierung, gemischt-ganzzahlige   III: 178
Programmierung, lineare   III: 176, 177
Projektile in der Raketenabwehr   IX: 454−455
Proletariat   X: 178, 191, 194, 195, 226
Proletariat und Bourgoisie   I: 69

Proletariat, Enstehung vom   X: 181–184
Proletariat, römisches   X: 64
Prometheus   II: 76 ; V: 64
Prometheusmythos   VI: 60
Promotionsrecht an Technischen Hochschulen
   V: 228–231
Prontosil   IV: 283
Propaganda im Dritten Reich   IX: 151–155
Propagandaprogramme   V: 349
Propositionalisierung der Wissenschaft   III: 5
Propylen   VIII: 164, 180
Prospektion   III: 81–83
Protein   VI: 270, 289, 290, 291, 292, 295
Proteine, Charakterisierung der   VI: 279–280
Proteine, Isolierung der   VI: 279–280
Proteingewinnung   III: 333
Proteinsynthese   VI: 178, 289–293
Prothesen außerhalb des Körpers   IV: 171–201
Prothesen innerhalb des Körpers   IV: 177–201
Protoindustrialisierung   X: 98
Protolyse   III: 455
Protomenkessel   VII: 47–49, 51
Protoplasma- und Zellentheorie   III: 328
Prototyp   I: 132
Provinzialkunstschulen   V: 139, 183
Prozeß, kreativer   I: 118
Prozesse, chemische   VIII: 146
Prozeßorientierung   III: 24
Prüfstelle des VDE   V: 273
Pseudogene   VI: 308
Psychoanalyse   IV: 247
Patentwesen   III: 199
Publikum von Zeitschriften   V: 390, 391, 401, 412
Publikumszeitschriften   V: 388, 398, 400
Puddelöfen   VIII: 101, 102–103, 108
Puddelverfahren   X: 138, 139, 179
Pulvergeschütze im Mittelalter   IX: 270, 275
Pumpbrunnen   VIII: 507
Pumpenbrüdergemeinschaften der Bierbrauer
   VIII: 509
Pumpspeicherwerke   VIII: 495
Pumpwerke   VI: 41
Pumpwerke im Ilmenauer Bergbau   IX: 80, 81, 83,
   88, 89
Puritaner   II: 141, 142
Pyramiden, ägyptische   II: 26, 80; X: 47
Pythagoreer   IX: 262

Q

Quadrivium   III: 15, 45
Qualifikation für das Fach Technik   V: 167–170
Qualifikationen für Frauen   X: 334, 335, 343, 344
Qualifikationen und Lebenssituationen   V: 167–170
Qualifikationen, Polarisierung beruflicher   X: 322,
   323
Qualifikationen, technische   X: 319
Qualifikationsanforderungen bei wachsender Auto-
   mation   X: 234
Qualifikationsfestlegung, berufliche   X: 332–335
Qualifikationspolarisierung der Arbeit   X: 234–237
Qualität des Arbeitslebens   X: 236
Qualitätssicherung im Flugzeugbau   VIII: 276
Qualitätssicherung im Montagebereich   VIII: 282
Qualitätszeitungen   V: 398
Quanate   VI: 372, 373
Quantifizierung   III: 100
Quaternionen   III: 64
Quecksilber, Krankheiten durch   IV: 206, 207, 208
Quellenbewahrung   III: 95
Quellendatierung   III: 93
Quellenwiederherstellung   III: 93
Querflöte   VII: 84–85, 101
Querverbindungen zwischen Technik und
   Natur   VI: 112

R

Rad   III: 40
Radar-Bodenstation, erste   IX: 384
Radar-Frühwarnsystem   IX: 389
Radartechnik im 2. Weltkrieg   IX: 389
Radartechnik in Deutschland (1918–1945)
   IX: 379–397
Radartechnik in Deutschland im 2. Weltkrieg
   IX: 392–393
Radartechnik in Deutschland nach 1918
   IX: 384–389
Radartechnik in Großbritannien (1918–1945)
   IX: 379–397
Radartechnik in Großbritannien im 2. Welt-
   krieg   IX: 389–391
Radartechnik in Großbritannien nach 1918
   IX: 379–384

Radartechnik, anglo-amerikanische   IX: 391
Raddampfer   VIII: 392
Räderpflug, eiserner   X: 75, 77, 78
Räderuhr   III: 391
Radfahrertruppen   IX: 329, 330
Radfiguren   II: 61
Radio   VIII: 472
Radio zur Nachrichtenübermittlung   VIII: 468–471
Radiokohlenstoffmethode   III: 86, 87
Radrennweltmeisterschaften   X: 215
Radsport   X: 302
Radsportvereine   X: 302
Raketenabwehr   IX: 447
Raketenabwehr, Technologie der   IX: 452–459
Raketenentwicklung (ELDO)   IX: 243–244
Raketentriebwerke   III: 439
Rasanz   IX: 286, 288, 291, 293
Rassenhygiene   IV: 219
Rassenideologie im VDI   IX: 139
Rassismus   IX: 12
Rasterelektronenmikroskop   IV: 115
Rat für gegenseitige Wirtschaftshilfe (RGW)
     IX: 219
Rat für Wissenschaft und Technik in Japan
     IX: 178, 179
Rationalisierbarkeit von Ingenieurarbeit   X: 363
Rationalisierung   I: 55 ; VIII: 114 ; X: 207
Rationalisierung im Steinkohlebergbau   VIII: 66–69
Rationalisierung in der Stahlindustrie   VIII: 122
Rationalisierung und Industriearbeit   X: 242
Rationalisierung und sozialer Wandel   X: 271
Rationalisierung und Werkzeugmaschinenbau
     VIII: 228–230
Rationalisierung, Ent-Beruflichung durch   X: 368
Rationalisierung, systematische   X: 241
Rationalisierung, technische und organisatorische
     X: 236
Rationalisierungsbewegung   VIII: 227
Rationalisierungsschub   III: 159
Rationalisierungsfolgeprobleme für industrielle
     Arbeit   X: 252–254
Rationalisierungsgewinner   X: 252
Rationalisierungsinvestitionen   III: 181
Rationalisierungskampagne in Japan   IX: 171
Rationalisierungskonzepte, betriebliche   X: 240–241
Rationalisierungsmaßnahmen, betriebliche   X: 352
Rationalisierungsstreben   X: 362, 363

Rationalisierungstechnologien, neue   X: 239
Rationalisierungsverlierer   X: 252
Rationalismus   I: 185
Rationalismus, kritischer   III: 22
Rationalität   I: 54
Rationalität und moderne Bildung   V: 47
Rationalität und Universalität   I: 254
Rationalität, analytische   I: 164
Rationalität, synthetische   I: 166
Raubbau im Bergbau   VIII: 60, 70, 74
Raubwirtschaft der Wälder   X: 384
Rauchbelastung, weittragende   VI: 335
Rauchgasentschwefelung   III: 447
Rauchgasreinigung   III: 448
Rauchschäden   VIII: 310
Raumerfahrung durch Mechanisierung, Wandel all-
     täglicher   X: 268
Raumfachwerke   VI: 138
Raumfahrt als Symbol   II: 368
Raumfahrtbehörde NASA   IX: 439
Raumfahrtindustrie, deutsche   IX: 242–244
Raumfahrttechnologie   IX: 439
Raumflugkörper   IX: 433
Raumplastik aus Eisen, moderne   VII: 58
Rayogramme   VII: 119
Rayon-Konzept   IX: 121, 131
Reaktionsturbinen   VIII: 297
Reaktivfarbstoffe   VIII: 172
Reaktoransiedlung und öffentliche Diskussion
     X: 422
Reaktorkatastrophe   VIII: 350
Reaktorsicherheitspolitik   VIII: 362, 363
Reaktorstandort Karlsruhe, Entscheidung für den
     X: 441–444
Reaktorstation in den 50er Jahren   X: 413
Reaktortypen   X: 402, 403
Reaktorunfall, größter (GAU)   I: 264, 265
Realgymnasium   V: 136
Realschulen   V: 124, 131, 132, 133, 134, 135, 136,
     138, 140, 149, 183, 215
Realschulen und polytechnische Vereine
     V: 242–249
Realschulen, ökonomisch-mathematische
     V: 133
Realschulkonzept   V: 134, 135
Realschulwesen   V: 131–140
Realtechnik   I: 6, 19, 20

Rechenmaschinen   III: 49, 64, 69–71, 147
Rechenmaschinen, programmgesteuerte   III: 68, 69
Rechenschieber   III: 64, 68
Rechenverfahren, numerische   III: 63, 64
Rechte der Nachgeneration   I: 240
Rechte der Natur, juristische   I: 284, 284
Rechte der Natur, moralische   I: 207, 284, 285
Rechte und Pflichten im Beruf   I: 227
Rechte und Pflichten, moralische   I: 207
Rechte, ethische   I: 200, 207, 209
Rechte, moralische   I: 200
Rechtsschutz für technische Erfindungen
      III: 196–206
Record Linkage, nominative   III: 106
Recycling   VI: 263, 516
Recycling-Probleme   VI: 505–506
Redaktionskooperation   V: 328
Reduzierung der Stickstoffoxyde   III: 448
Reederei HAPAG   VIII: 376, 377
Reederei Norddeutscher Lloyd   VIII: 376, 377
Reedereien   VIII: 376–377
Referatzeitschriften   V: 326
Reflexion, institutionalisierte ethische   I: 273
Reflexionscharakter der Wissenschaft   III: 5
Reformbewegung, pädagogische   V: 158–159
Reformen in China   IX: 201
Reformpartei, sozialdemokratische   X: 194
Regelmechanismen   VI: 200
Regeln, moralische   I: 234
Regelorientierung   III: 24
Regelungstheorie   III: 378
Regen, saurer   VI: 363, 364, 365
Regeneration von Böden   VI: 440
Regenwald von Venezuela   VI: 471
Regenwald, tropischer (Verbreitung)   VI: 472, 473,
      474
Regenwälder, tropische   VI: 458, 464, 465
Regierung und Privatindustrie in Japan
      IX: 182–183
Regimentsschulen   IX: 311
Regionalversorgung mit Strom   VIII: 498
Registriergeräte, fotografische   VI: 115
Reibungsgesetz   III: 405
Reichs-Rundfunk-Gesellschaft   IX: 154
Reichsausschuß für Arbeitsvermittlung   V: 267
Reichsbund der Deutschen Industrie   IX: 111
Reichsbund Deutscher Technik   IX: 113

Reichsbund Deutscher Techniker (RDT)   IX: 110,
      115, 139, 140
Reichsgemeinschaft der technisch-wissenschaftlichen
      Arbeit   IX: 140
Reichshandwerksordnung   V: 99
Reichskammer der Technik   IX: 113, 140
Reichskanzler   IX: 10
Reichskuratorium für Wirtschaftlichkeit   V: 267
Reichsministerium für Bewaffnung und Munition
      IX: 146
Reichsministerium für Volksaufklärung und Propa-
      ganda   IX: 152
Reichsrat   IX: 149
Reichstag der Deutschen Technik   IX: 111
Reichstag, deutscher   IX: 8
Reichstechnikministerium   IX: 112, 113
Reichsverfassung   IX: 8
Reichsverkehrsministerium   IX: 155
Reichswalter   IX: 149
Reichswehr   IX: 312, 399, 400, 401, 404
Reichswehr, Aufbau der   IX: 399–404
Reichswehr, Divisionsgliederung der   IX: 404–408
Reichswehr, schnelle Truppe der   IX: 405
Reichweite von Zeitschriften   V: 401
Reihenkomponisten   VII: 396
Reihenmontage   VIII: 275
Reihungsstil   VII: 410
Reinigung   VI: 287, 288
Reinigung von Grundwasser   VIII: 516
Reinigung von Talsperrenwasser   VIII: 516
Reinigungsstufe, mechanische   VI: 399
Reinigungsverfahren, biologisches   VI: 399
Reisegeschwindigkeit   VIII: 399, 403
Reisegeschwindigkeit der Eisenbahnen   VIII: 428,
      429
Reitschulen   IX: 330
Reklame für pharmazeutische Produkte   IV: 275
Rekultivierung durch Seen   VI: 449
Rekultivierung von Böden   VI: 185, 447–450
Rekultivierung von Wäldern   VI: 448
Relativbewegung in der Stofformung   VIII: 193
Relativitäts- und Quantenphysik   II: 342
Relativitätstheorie   II: 343
Relgion und Kunst, islamische   II: 108, 109
Religion bei Abbe   II: 319
Religion bei Dessauer   II: 317
Religion bei Exner   II: 324

Religion bei Eyth   II: 316
Religion bei Henschel   II: 325
Religion bei Hohner   II: 323
Religion bei Nobel   II: 320
Religion bei Ostwald   II: 318, 332
Religion bei Robert Bosch   II: 319
Religion bei Schwartzkopff   II. 323
Religion bei Werner von Siemens   II: 320
Religion und Astronomie, islamische   II: 106, 112
Religion und Informationstechnik   II: 364–366
Religion und Naturschutz   II: 352–353
Religion und Sport   II: 358-360
Religion und Technik in Ägypten   II: 66–69
Religion und Technik in Griechenland   II: 69–73
Religion und technische Innovationen, römische
    II: 79, 80
Religion und traditionelle Technik   II: 32
Religion, astronomische   II: 87
Religion, Definition von   II: 19
Religion, Geschichte der   II: 22
Religion, polytheistische   II: 68, 69
Religionsgeschichte, grundsätzlliche   II: 22
Religionskritik   II: 24
Remote Sensing   VI: 456–459, 461
Remote Sensing, Diagnostik durch   VI: 458–459
Renaissance und Humanismus   III: 46
Renaissance-Humanismus   II: 300, 301, 304
Renaissnace-Humanisten   III: 255
Renaturierung   VI: 339
Renaturierung von Böden   VI: 447–450
Rensselaer Politechnical Institute   V: 442
Reorganisation polytechnischer Schulen   V: 219
Reparationen am Eisenbahnnetz   VIII: 431, 433
Reparationschuldverschreibung   VIII: 432
Replikation   VI: 281, 282, 283
Replikationsgabel   VI: 282, 283
Reportagestil   VII: 482
Reportergen   VI: 276
Reppe-Chemie   VIII: 169
Repräsentationsbauten, bildprägende   VII: 372
Reproduktionsarbeit, weibliche   X: 339
Reproduzierbarkeit der Natur   VI: 3
Reproduzierbarkeit von Kunstwerken   VII: 23
Reprofessionalisierung von Facharbeit   X: 250
Republik, sozialistische   IX: 9
Resistenz   VI: 274, 277, 284, 285
Resistenzgen   VI: 277

Ressourcen, begrenzte   I: 92
Ressourcen, regenerierungsfähige   VI: 532
Ressourcen, vorindustrielle   X: 87
Ressourcenverbrauch   I: 245
Restnatur, Bewahrung der   VI: 530
Restrhein   VI: 384
Restriktion   VI: 274
Restriktionsenzym   VI: 273, 274, 275, 277, 285
Restrisiko gentechnischer Methoden   VI: 317–318
Restrisiko, gentechnisches   VI: 317
Reststoffe   VI: 485–488
Retorten   VIII: 529, 535, 536
Retorten-Baby   IV: 200
Revisionen, curriculare   V: 375–381
Revolte der Ingenieure in den USA   X: 356
Revolution in der ehem. DDR; wissenschaftlich-
    technische   IX: 209
Revolution, industrielle   I: 5, 67, 69
Revolution, neolithische   VI: 524–525, 526 ; VIII: 1
Revolution, sozialistische   IX: 120; X: 193
Revolution, technische   I: 72
Revolution, wissenschafliche   III: 269; IX: 234
Revolverdrehautomat   VIII: 232
Revolverdrehmaschinen   VIII: 223, 228
Reynolds-Optima   VI: 223
Reynoldszahl   VI: 222
Rezensionszeitschriften   V: 320–321
Rezepte spezieller Lösungen   III: 9
Rezeption der Technik in der Neuzeit   VII: 414–428
Rezeption griechischer Wissenschaft   V: 74
Reformatorische Kirchen und Technik   II: 275–295
Rhein-Main-Donau-Kanal   VI: 383, 386; VIII: 389
Rheinisch-Westfälisches-Kohlensyndikat   VIII: 52
Rheinkorrektur   VI: 383
Rheinseitenkanal   VI: 384, 386
Rhetorik   III: 19
Rhythmus   VII: 82, 97, 100
Ribosomen   VI: 290, 291
Richtfunkverbindungen   IX: 423
Richtlinien des Design, visuelle   VII: 332
Riesenflugzeuge im 1. Weltkrieg   IX: 346
Riffelmaschine   VIII: 202, 203
Riffelzylinder   VIII: 202
Ringgenom   VI: 274, 276
Risiken der Gentechnologie   I: 280
Risiken der Kernkraftwerkstechnik   VIII: 358–363
Risiken, zukünftige   I: 257

Risikofaktoren   IV: 238
Risiko technischen Handelns   I: 152
Risikogesellschaft, industrielle   X: 458−459, 471
Risikogesellschaft, sozialistische   IX: 222
Ritterakademien   V: 62, 121−124, 137, 145; IX: 299, 302
Ritualisierung   II: 363
RNA   VI: 289, 290
Roboter als Motiv in Science Fiction   VII: 445
Roboter im Flugzeugbau   VIII: 275
Roboter im Karosserierohbau   VIII: 262
Robotereinsatz in der Feinmechanik   VIII: 263
Rodungen im Mittelalter   VI: 31
Rohbenzin (Naphta)   VIII: 169
Rohböden   VI: 414
Roheisen   VIII: 307
Röhrenkonstruktionen   VI: 200
Rohrrücklauf   IX: 294, 332, 360
Rohrtrubinen   VI: 394
Rohstoffbedarf   VI: 513
Rohstoffe, fossile   III: 447
Rohstoffe, künstliche Verknappung der   VI: 512
Rohstoffe, petrochemische   VIII: 169−170
Rohteilefertigung   VIII: 209, 242
Rollen- und Aufgabenverantwortung   I: 220
Rollenlager   VIII: 298
Rollenverhalten   X: 335, 336, 337, 340
Rollenvorstellungen, geschlechtsspezifische   X: 335
Röntgenbilder   IV: 97
Röntgenblitzfotografie   IX: 434
Röntgendiagnostik, frühe   IV: 122−124
Röntgengeräte, frühe   IV: 120−122
Röntgenkinomatograph   IV: 127
Röntgenschichtverfahren   IV: 126
Röntgenstrahlen   III: 358 ; IV: 116−129
Röntgenstrahlen, Bedeutung für die Medizin   IV: 117−129
Royal Society   IX: 17, 32, 51, 106
Rubinlaser   IX: 437
Rückkopplung   VI: 248
Ruhrkohle AG   VIII: 80, 82
Ruhrkohle in der Abwicklungsphase   VIII: 80−83
Ruhrkohlenrevier   VIII: 103
Rumorarmonio (Geräuschharmonium)   VII: 387
Rümpfe, dicke   VI: 221
Rundfunk   VII: 379, 382
Rundfunk als Selbstverständlichkeit   V: 346−350

Rundfunk im Dritten Reich   IX: 151, 152, 153
Rundfunk nach 1945   V: 350−354
Rundfunk und Kommunikationswandel   X: 283
Rundfunk und Staat   V: 346
Rundfunk, Frühzeit im   V: 340-346
Rundfunk, Geschichte des   V: 340−344
Rundfunk, großdeutscher   V: 350
Rundfunk, öffentlicher   V: 342−344
Rundfunk, Systemcharakter vom   X: 398
Rundfunkanstalten   V: 353
Rundfunkhörer und Radioamateure   V: 344−346
Rundfunkhörerorganisationen   V: 344
Rundfunkkompositionen   VII: 383
Rundfunkprogramm und totalitäre Regierungen   V: 349−350
Rundfunkempfangsgeräte im Eigenbau   V: 345
Rundfunk als Propagandamittel   VIII: 470
Rundfunk zur Nachrichtenübermittlung   VIII: 468−471
Rundschreiben der Kirche, soziale   II: 262, 263
Russisch-Japanischer-Krieg   IX: 13
Rußland, vorrevolutionäres   IX: 123−124
Rüstungen, bronzene   VII: 49
Rüstungsexporte und Politik   IX: 443
Rüstungsindustrie   IX: 149, 150, 151
Rüstungskonversion   IX: 446
Rüstungsspirale   IX: 262
Rüstungsspirale im 2. Weltkrieg   IX: 415
Rüstungsspirale vor dem 1. Weltkrieg   IX: 320, 323
Rüstungstechnik   I: 316
Rüstungstechnik und Politik   IX: 441−446
Rüstungstechnologie   I: 267−269
Rüstungsversäumnisse im 1. Weltkrieg   IX: 349−350
Rüstungswirtschaft   IX: 444

S

Sabbatruhe und Technik   II: 131−133
Sachkompetenz über technische Gegenstände   V: 170
Sachlichkeit der Technik   I: 47
Sachsysteme, technische (Gliederung)   V: 166
Sachunterricht in der Primarstufe   V: 162
Sachunterricht in der Sekundarstufe I   V: 162−163
Sachunterricht in der Sekundarstufe II   V: 163−164
Sachverständigengutachten   III: 191

Sachzeitschriften, Entstehung spezieller   V: 335–337
Sachzwang und menschliche Freiheit   I: 58
Sachzwänge   I: 44, 78
Sachzwänge und Wertentscheidungen   I: 179–185
Sachzwanghypothese   I: 39
Säge- und Getreidemühlen   VIII: 292
Sahara   VI: 476
Sahelproblem   VI: 476
Sakije   VI: 372
Säkularisierte Welt, Frühformen   II: 204–206
Säkularisierung   II: 199, 241
Säkularisierung der religiösen Opfer   II: 226
Säkularisierung des Wissens   IX: 30
Säkularisierung und Ackerbau   II: 205
Säkularisierung und moderne Technik   II: 278–279
Säkularisierung und Technik   II: 199–231
Salinen   VIII: 291
Salinen als großtechnisches System   X: 384
Salinenanlagen   VI: 327
Salpetergewinnung   III: 306–307
Salpetergewinnung, arabische   II: 109
Salpeterherstellung   III: 299
Salpetersäure   III: 306
SALT-Gespräche   IX: 448
Salvarsan   VIII: 173
Salz und Eisen in China, Gespräche über
   IX: 192–194
Salzgewinnung im Mittelalter   II: 168
Salzproduktion, Preisfragen über   IX: 35
Satelliten-Aufklärung   IX: 443
Satellitenentwicklung in der BRD (ESRO)
   IX: 243–244
Satellitengeodäsie   VI: 467
Satz, elektronischer   III: 109
Sauberkeitsstandard durch Technisierung,
   gestiegener   X: 278
Säugerskelett   VI: 117–119
Säugetierrumpf, technisches Analogon zum
   VI: 210
Säuglingssterblichkeit   IV: 229
Säulenbohrmaschine, amerikanische   VIII: 219
Säuredeposition   VI: 436
Savannen   VI: 458, 473, 475, 476
Schablonen, Verwendung von   VIII: 250
Schachtbau   VIII: 47, 50, 54
Schachtförderung   VIII: 50, 53, 59, 77
Schäden durch die Technik, irreversible   I: 92

Schäden durch Luftverschmutzung, volkswirt-
   schaftliche   VI: 365
Schadensbekämfung, biologische   VI: 332
Schadensbekämpfung, chemische   VI: 332
Schadographie   VII: 119
Schadstoff-Ferntransport   VI: 432
Schadstoffanreicherung im Boden   VI: 430
Schadstoffausstoß und Massenmobilität   X: 311–312
Schadstoffbelastung der Meere   VI: 403–408
Schadstoffbelastung der Nordsee   VI: 403
Schadstoffbelastung der Ostsee   VI: 403, 404
Schadstoffbelastung der Weltmeere   VI: 403
Schadstoffbelastung des Mittelmeeres   VI: 403, 404
Schadstoffbelastung des Wattenmeeres   VI: 405
Schadstoffbelastung durch Düngestoffe   VI: 404
Schadstoffbelastung durch Pestizide   VI: 404, 405
Schadstoffbelastung durch Schwermetalle   VI: 404,
   405
Schadstoffe der Luft und Böden   VI: 435–437
Schadstoffe in Gewässern   VI: 402
Schadstoffe, Depositionen der   VI: 358
Schadstoffemissionen   VI: 356
Schadstoffemissionen durch die Landwirtschaft
   VI: 357–358
Schadstoffkreisläufe   VI: 352–353
Schadstoffpotential   VI: 502
Schalenbauten in der Natur   VI: 90–91
Schallplatten   VII: 379; VIII: 464
Schaltwerke, elektrische   III: 69
Scharnieranalogon beim Schalenschloß   VI: 214
Scheininnovationen   III: 164
Scheinwelt des Fernsehens   V: 48, 49
Schemnitzer Revier   V: 142
Schichtleistung im Bergbau   VIII: 63, 66
Schichtungs- und Mobilitätsforschung   III: 101
Schiefe Ebene   III: 40
Schießlehre   IX: 281–284
Schießlehre, frühe wissenschaftliche   IX: 275–278,
   280
Schießpulver   III: 306; IX: 292
Schießpulver in Israel   II: 124
Schießpulver, Erfindung vom   IX: 270
Schiffahrt als Wirtschaftszweig   VIII: 374–376,
   377
Schiffahrt der Kreter   X: 52
Schiffahrt der Phöniker   X: 52
Schiffahrt im Mittelmeer, frühe   X: 52

Schiffahrt in der Renaissance   II: 182–183
Schiffahrt und Eisenbahnbau   VIII: 377
Schiffahrt und Entdeckungsreisen   VIII: 25–26
Schiffahrtsstraßen, deutsche   VIII: 384,385, 386, 386
Schiffahrtstechnologie   IX: 439
Schiffahrtswege durch Kanäle   VI: 383–385
Schiffahrtswege, Ausbau der   VIII: 369
Schiffahrtswege, Unterhaltung der   VIII: 369, 370
Schiffbau   VIII: 127, 278–281
Schiffbau im Mittelalter   II: 162 ; V: 69
Schiffbau in China   II: 94
Schiffbau in China, früher   VIII: 20
Schiffbau, arabischer   II: 110
Schiffsbestand, deutscher   VIII: 374, 375
Schiffe als Literaturmotiv   VII: 429
Schiffsmaschinen   III: 421
Schildausbau im Bergbau   VIII: 81
Schisma   II: 140, 141
Schlagwetter im Bergbau   VIII: 51, 54
Schlagwirtschaft   VI: 330
Schleifmaschinen   VIII: 213, 219, 234
Schleifmittel, künstliche   VIII: 221
Schleifmühlen   X: 96
Schleppschiffahrt   VIII: 392–393
Schlichten auf der Schleifmaschine   VIII: 224
Schlierenbildung als ästhetische Erscheinung
    VII: 196
Schluchseekraftwerk   VI. 391
Schlüsseltechnologien   I: 278
Schlüsseltechnologien in der ehem. DDR;
    Förderung der   IX: 211, 213, 214
Schmelzöfen im Ilmenauer Bergbau   IX: 83
Schmiedegötter der griechischen Kultur   II: 71–73
Schmiedegötter der Hethiter   II: 73, 74
Schmiede   VIII: 207, 212
Schmiedebünde   II: 71,75, 83
Schmiedehandwerk in der Vor-und Früh-
    geschichte   II: 60
Schmieden   VIII: 224
Schmiedetechnik   VII: 54
Schmierstoffe   VIII: 318
Schmuckstücke am Körper   X: 114–115
Schnappschüsse als Malvorlage, fotografische
    VII: 108
Schneehöhenschwankungen   VI: 470
Schneidekeramik   VIII: 226
Schnellarbeitsstahl   VIII: 224

Schnellbetrieb der Stahlherstellung   VIII: 109–114,
    112, 113, 114, 115, 126
Schnellbohrmaschine   VIII: 218
Schneller Brüter   VIII: 349–350
Schnellfeuergeschütze   IX: 310
Schnellfeuergeschütze mit Rohrrücklauf   IX: 331,
    332, 333
Schnellpost   VIII: 428
Schnellpresse von König, erste   V: 314
Schnittgeschwindigkeit   VIII: 223, 225, 227
Schönheitsnorm, Abweichungen von der   VII: 32
Schonung fossiler Ressourcen   III: 459
Schöpfbrunnen   VIII: 507
Schöpfräder   VIII: 295
Schöpfung, unvollkommene (natura lapsa)
    VI: 48–50
Schöpfungsbegriff   II: 34
Schöpfungsmythen in Ägypten   II: 75
Schöpfungsmythen in Mykene   II: 75
Schöpfungsvorgang, technomorphischer   II: 75
Schornsteine als Symbol, rauchende   VII: 241
Schrägbau   VIII: 68,70,72
Schrägrohrkessel   VIII: 322
Schrämstreben im Bergbau   VIII: 77
Schrapnell   IX: 286, 290
Schraube   III: 40, 232
Schraubenherstellung, automatische   VIII: 232
Schraubenschneidemaschine   VIII: 215
Schraubenzüge eines Gewehrs   IX: 287
Schreckensutopie   II: 336
Schreibmaschinenlyrik   VII: 489
Schreibunterschiede, Überwindung der   III: 107
Schreitausbau im Bergbau   VIII: 80
Schrift, genetische   VI: 270–271, 277
Schriften über Architektur in der Renaissance
    III: 245–246
Schriften über Artillerietechnik in der Renaissance
    III: 246, 247
Schriften über Bergbau in der Renaissance
    III: 247–251
Schriften über Hüttenwesen in der Renaissance
    III: 247–251
Schriften über Metallurgie in der Renaissance
    III: 246
Schriften von Goethe, theoretische   IX: 77
Schrifttum, technisch-naturwisssenschaftliches
    IX: 20

Schröpfen   IV: 44
Schröpfkopf   IV: 43
Schule der Nationalökonomie, historische   III: 126, 127
Schulen, polytechnische (Übersicht)   V: 213, 214, 215
Schulen, polytechnische   III: 404, 421; V: 149, 185, 208, 210−216, 330 ; VIII: 34
Schulfernsehen   V: 352
Schulwesen und technische Bildung, kirchliches   V: 88−92
Schuppbearbeitung   VIII: 224
Schußtafel   IX: 283, 285, 368
Schußwaffen in der Antike   IX: 262
Schußweite eines Geschützes   IX: 276
Schußweiten   IX: 283, 285, 288, 289, 293
Schüttelrutsche   VIII: 56, 57, 58, 59
Schutz für Erfindungen   IX: 68
Schutz öffentlicher Güter, staatlicher   VIII: 547
Schutz und Know-how, rechtlicher   III: 206
Schützenschwärme   IX: 280, 285
Schutzkleidung am Arbeitsplatz   IV: 217
Schutzzölle   VIII: 101, 115, 116
Schwachstromtechnik   III: 413
Schwarzpulver   IX: 263, 357
Schwefelfarbstoffe   VIII: 171
Schwefelgewinnung   III: 303
Schwefelsäure   VIII: 145, 147
Schwefelsäureherstellung   III: 301−305
Schwefelsäureherstellung, industrielle   III: 304, 306, 307
Schwefelsäureindustrie   VIII: 150, 151, 152
Schwefelsäureproduktion   VIII: 147−152
Schwefelvitriol   III: 302
Schweißautomaten   VIII: 279
Schweißen   VIII: 272, 275, 277, 280
Schweißroboter   VIII: 264
Schwemmkanalisation   VIII: 518, 519
Schwer- und Chemieindustrie in Japan   IX: 177
Schwerindustrie   VIII: 119, 120, 129, 134
Schwerindustrie in China   IX: 198
Schwerindustrie in Deutschland   VIII: 42
Schwermetallbelastung im Boden   VI: 433−434
Schwermetallbelastung von Gewässern   VI: 402
Schwert   IX: 262, 263, 271
Schwerwasserreaktoren   VIII: 348
Schwimmantrieb der Plesiosaurier   VI: 149

Schwimmen, physikalische Kenntnisse vom   VI: 156
Schwingenflügler   VIII: 444
Science Fiction   VII: 439
Science Fiction als Massenliteratur   VII: 446−449
Science Fiction und Zeitgeist   VII: 442−446
Scientific Community in den USA   X: 357
Screening   VI: 284−286
SDI und Sowjetunion   IX: 459−462
SDI-Programm   I: 269; IX: 450−452
Sechseckraster in Architektur und Natur   VI: 88
Seehäfen, Entwicklung der   VIII: 367−371
Seehäfen, Hinterlandsverbindungen   VIII: 377
Seelilien (Crinoide)   VI: 146−148
Seerechtskonferenzen, internationale   VI: 408
Seeschiffahrt   VIII: 115, 367−380
Seeschiffahrtswege, Entwicklung der   VIII: 367−371
Segelschiffahrt, Beginn der   III: 327
Segelschiffe   VIII: 367, 368
Sehnsucht nach der Natur   VI: 63−70
Seidenhandel in China   VIII: 26
Seidenstraße   IX: 195
Seil- und Netzkonstruktionen in der Natur   VI: 89−90
Seilschiffahrt   VIII: 394
Seins-Werte   I: 192
Sekten   II: 140, 141, 313, 359
Sektionsbauweise im Schiffbau   VIII: 278, 280, 281
Sektoren der Beschäftigungsstruktur, drei   X: 314−319
Sekundärer Sektor   X: 314−319
Sekundärinformation   I: 299
Selbstbedienungsgesellschaft   V: 367−368
Selbstbeschränkung   I: 107, 316, 317
Selbstdisziplinierung   V: 41
Selbstfahrlafetten   IX: 413, 418, 419
Selbstorganisation der Natur   VI: 48, 50, 63
Selbstorganisation der Organismen   VI: 62
Selbstportrait als Malvorlage, fotografisches   VII: 107
Selbstregulierung   VI: 248
Selbstreinigungskraft der Natur   VI: 60
Selbststeuerung   II: 353
Selbstverständigung   V: 37
Selbstverständnis des Menschen   V: 30
Selbstverwirklichung   V: 22, 50
Selbstverwirklichung durch Bildung   V: 32, 37
Selektion   VI: 196, 284−286

Selektion, natürliche   VI: 139, 143, 144
Selektionsdruck   VI: 196
Sendeanstalten   V: 343, 344
Senkrechtbohrmaschine   VIII: 215
Senkrechtstoßmaschine   VIII: 217
Sense, früher Gebrauch der   X: 53
Sensitivität, rechtliche   I: 231
Sensitivitätsmodell   VI: 267
Sensorbionik   VI: 105, 108
Sensoren bei Flugkörpern   IX: 433
Sensoren bei Montagevorgängen   VIII: 262, 264
Sensorik an Werkzeugmaschinen   VIII: 258
Sequenz   VI: 271, 280, 281
Serielle Kunst   VII: 272−276
Serielle Kunst und Zufallsergebnisse   VII: 274−275
Serienproduktion   VII: 141
Setz- und Druckmaschinen   V: 317
Setzungen, theoretische   I: 3
Seuchen, selbstverschuldete   VI: 326
Shangdi   II: 87
Shintoreligion   II: 41
Sichel   III: 321
Sichelzellenanämie   IV: 196, 197
Sicherheit im technischen Handeln   I: 152
Sicherheitsstandard der Eisenbahn   VIII: 428, 429
Sicherheitstechnik der Eisenbahn   VIII: 427−431,
    430, 436
Sicherheitsverfilmung   III: 96
Sichtbetonbauweise   VII: 346, 348
Siebdruck   VII: 126
Siemens-Matin-Verfahren   VIII: 109, 125, 130
Signale   VI: 293−296
Signale der Genexpression und -Vererbung   VI: 288,
    293−296, 299
Silicium   III: 368
Silicon-Valley   III: 367, 368
Silkscreen   VII: 126, 127
Simplex-Methode   III: 177
Simulation   III: 179
Simulationsmodelle   VI: 259
Sinn der Technik, theologischer   II: 33
Sinnbezüge, letzte   I: 293
Sinnbilder des Fortschritts   VII: 236, 237, 238, 241,
    246
Sinndimension   I: 305, 307
Sintflut als frühgeschichtliches Ereignis   X: 50
Sinustöne   VII: 395, 396

Sittengesetz bei Kant, grundlegendes   I: 199, 200
Situation der Gegenwart, neuartige ethische   I: 195
Situationsethik   IV: 304
Skalierung, multidimensionale   III: 102
Skelett vom Kieselschwamm   VI: 138
Skelettbauten, biologische   VI: 86−87
Skelettkonstruktionen   VI: 200
Skelettstatik des Menschen   VI: 123−146
Skeptizismus, organisierter   III: 25
Skizzenbuch von Villard de Honnecourt   V: 296,
    297
Skizzenbücher von Technikern im Mittelalter
    V: 296
Sklavenhaltergesellschaft in der Antike   VIII: 23
Sklavenhaltung in der Antike   X: 63−65
Sklavenhaltung und Christentum, antike
    II: 150−152
Skriptorien   II: 165; V: 89
Smog, photochemischer   VI: 347, 358
Société histoire naturel   IX: 67
Société philomatique   IX: 67
Sodaherstellung   III: 307−309, 348 ; VIII: 152−157
Sodasynthese   III: 289
Solidaritätsprinzip   I: 190
Solidarpathologie   IV: 25, 27
Sonarbereich   VI: 201
Sonderabfälle (Übersicht)   VI: 497
Sondermaschinen im Maschinenbau   VIII: 228, 230
Sondernummern technischer Zeitschriften   V: 323
Sonneneinstrahlung   VI: 452, 453
Sonneneinstrahlung und Klimaänderungen   VI: 468
Sonnenenergie   III: 447
Sonnenstrahlung, schädliche Wirkungen der   VI: 350
Sonntagsarbeit und technische Entwicklung   II: 260
Sonntagsschulen   V: 139
Sonogramm   III: 190
Sonographie   IV: 133−136
Souvenirfotos als Malvorlage   VII: 108
Sowjetunion und SDI   IX: 459−462
Soziabilität, technologische   V: 434
Sozialarbeit bei Kolping   II: 245
Sozialarbeit von Wichern   II: 246
Sozialbeziehungen durch Technisierung, Wandel
    der   X: 269
Sozialdarwinismus   IV: 218, 219 ; VI: 62
Sozialdemokratie, deutsche   X: 200, 201, 202
Sozialdemokratische Partei   X: 218

Soziale Frage im 19.Jahrh.   X: 189, 190
Sozialen Frage, Lösung der   X: 190−194
Sozialenzyklika   II: 262
Sozialer Wandel durch Mechanisierung   X: 266−292
Sozialer Wandel durch technische Medien
    X: 266−292
Sozialer Wandel zu Beginn der Neuzeit   X: 89, 99
Sozialforschung, historische   III: 97−106
Sozialgeschichte der Technik   X: 23
Sozialgesetzgebung   IV: 220
Sozialhygiene   IV: 223
Sozialisation, geschlechtliche   X: 337
Sozialisation, technische   X: 336
Sozialisierungsgesetz der Elektrizitätswirtschaft
    VIII: 490, 491
Sozialismus   III: 150−154 ; IX: 102
Sozialismus und technischer Fortschritt   III: 153
Sozialismus, marxistischer   IX: 13−14
Sozialismus, nicht-marxistischer   I: 190
Sozialismus, realer   IX: 222
Sozialismus, utopischer   I: 295
Sozialistische Einheitspartei Deutschlands (SED),
    Rolle der   IX: 205
Soziallehre bei Ketteler   II: 245
Soziallehre, katholische   II: 245, 253
Sozialordnung und Handwerk, antike   V: 78−83
Sozialordnung und mittelalterliche Welt, antike
    V: 78−83
Sozialorganisatorische Faktoren, Bedeutung   X: 240
Sozialprodukt   III: 164
Sozialstruktur der Bundesrepublik Deutschland
    X: 317, 318
Sozialstruktur der Masse   X: 218−221
Sozialstruktur durch das Auto, Wandel der   X: 304
Sozialstruktur durch Eisenbahnverkehr, Wandel
    der   X: 302
Sozialstruktur historischer Gesellschaften   III: 103
Sozialstruktur, Wandel in der   X: 319, 320, 321, 323,
    324, 325
Sozialwirtschaftslehre   IX: 43
Soziologie   X: 10, 11, 12
Spannungsoptik   VI: 102
Spannungstrajektorien   VI: 220
Spannvorrichtungen   VIII: 268, 269
Spantenbauweise   VIII: 280, 281
Spätbronzezeit, griechische   X: 42−43
Spechtrumpf-Konfiguration   VI: 208

Special-Interest-Zeitschriften   V: 390, 399, 400, 401,
    402, 403, 404, 410
Speicherkraftwerke   VIII: 495, 500
Sperrmüll   VI: 490
Spezialisierung   I: 300
Spezialisierung der Stahlwerke   VIII: 121
Spezialisierung durch Arbeitsteilung   VIII: 10, 11
Spezialisierung technischer Themen   V: 329−330
Spezialisierung und Arbeitsteilung   I: 163−165
Spezialisierung von Tätigkeiten   V: 44
Spezialisierung, fachliche   III: 466
Spezialistenverantwortung   I: 241
Speziallehren im Maschinenbau   VIII: 251
Spezialreferatteile   V: 332
Spezialzeitschriften für Facharbeiter   V: 335
Spezialzeitschriften für Handwerker   V: 335
Spezialzeitschriften, wissenschaftliche   V: 324
Spezifisches der Technik   V: 38
Sphärophon   VII. 392, 400
Spiel-Zeug und kirchliches Leben   II: 366−367
Spieltheorie   III: 180
Spin-Off-Effekt   IX: XXVI, 432, 435
Spindeln   VIII: 201
Spinett   VII: 98
Spinnfabriken für Massenanfertigung   VIII: 197
Spinnmaschine Jenny   VIII: 196, 198
Spinnmaschine Waterframe   VIII: 196
Spinnmaschinen, Einführung der   VIII: 32
Spinnschulen   V: 125, 127
Spiritualität, esoterische   II: 9, 10
Spitzen- und Reservedeckung   VIII: 500
Spitzenforschung in der BRD   IX: 251
Spleißen (splicing)   VI: 292
Spongiosa   VI: 219
Sportanlagen, Bau großer   X: 215
Sprache als Strukturmöglichkeit der Technik   VII:
    410−411
Sprache der Ingenieure   I: 142−147
Sprache der Mediziner   IV: 165−167
Sprache und Arbeit   I: 77
Sprache, genetische   VI: 270−271, 277
Sprache, graphische   I: 144
Sprache, verbale   I: 144
Spracherkennung durch Computer   V: 364, 365
Sprengköpfe in der Raketenabwehr   IX: 453
Sprengstoff im Untertagebergbau, Verwendung
    von   VIII: 49

Springbrunnenanlage von Sanssouci   III: 57, 285, 286
Sprungmodell der Wissenschaftsentwicklung   III: 22
Spurbahnen   VIII: 418
Spurengase   VI: 351
SS-Waffenamt   IX: 362
System-Konzeption   II: 34
Staat als Eisenbahnaktionär   VIII: 423
Staat als Eisenhüttenbesitzer   VIII: 100
Staat als Initiator der Technik, japanischer
   IX: 183–185
Staat als Koordinator der Technik, japanischer
   IX: 183–185
Staat und Forschungsprozeß in der BRD
   IX: 231–235
Staat und Industriegesellschaft   IX: 97
Staat und Rundfunk   V: 346
Staat und technische Entwicklung heute,
   japanischer   IX: 185–189
Staat und Wirtschaftsmarkt   VIII: 12–14
Staatsbahnsystem   VIII: 426
Staatsform der Bundesrepublik Deutschland
   IX: 12–13
Staatsform des Absolutismus   IX: 3–5
Staatsform im christlichen Mittelater   IX: 4
Staatsform im Nationalsozialismus   IX: 11–12
Staatsform in der Sowjetunion   IX: 13–14
Staatsform in Deutschland von 1871 bis 1918
   IX: 8–9
Staatsform und französische Revolution   IX: 5–8
Staatsform und römisches Recht   IX: 3
Staatsgewerbeschulen, österreichische   V: 192
Staatsplan Wissenschaft und Technik der ehem.
   DDR   IX: 215
Staatssekretariat für Forschung und Technik der
   ehem. DDR   IX: 209
Staatswirtschaftslehre, kameralistische   IX: 43
Staatswissenschaften, historisch-juristische   IX: 43
Stabilisierungszahlungen bei Altmaterialien
   VI: 511–512
Stabiltität in der Wirtschaftstheorie   III: 156
Stabringgeschütz   IX: 272
Stachelhäuter   VI: 146–148
Stadt, autogerechte   VIII: 412; X: 310
Stadt, funktionale   VIII: 407–410
Stadtgas   VIII: 535–538
Stadtplanung   VIII: 407, 414, 416

Stadtstraßen   VIII: 404, 406
Stadtwasserkunst   VIII: 513
Stagnation   III: 163
Stagnation in der Ming-Zeit, technische   II: 96–97
Stahl   VIII: 105–107, 109, 110, 115, 116–119,
   121–125, 130,132–133
Stahl   VIII: 208
Stahl im militärischen Bereich   VIII: 104
Stahlbetonbauten   VII: 356, 357
Stahlindustrie   VIII: 106, 107, 115
Stahlindustrie nach dem 2. Weltkrieg   VIII: 123–124
Stahlindustrie, Konjunktur der   VIII: 129
Stahlindustrie, moderne   VIII: 124–130
Stahlindustrie, Rationalisierung in der   VIII: 122
Stahlindustrie, umweltverträgliche neue   VI: 533
Stahlindustrie, unterproportionales Wachstum
   der   VIII: 130
Stahlkrise   VIII: 114, 127, 128, 129
Stahlprofile   VIII: 274
Stahlwerke   VIII: 111, 113
Stahlwerke, Spezialisierung der   VIII: 121
Stahlwerke, Zwang zur Vergrößerung der
   VIII:119–123
Stammesreligionen   II: 43
Stampfwerke   VIII: 295
Stände, politische   IX: 4
Standesfragen der Ingenieure   V: 261
Standortfrage für die deutsche Kernforschung
   X: 416–418
Standortstruktur chemischer Unternehmen
   VIII: 143
Standorttheorie   III: 155
Stangenkünste im Bergbau   X: 91
Stanzmaschine   VIII: 217
Starkstromtechnik   III: 413, 414
Starstich   IV: 49
Statik   III: 272, 407
Statik bei Möbeln   VII: 154
Statik und Dynamik   III: 272-274
Statik, graphische   III: 418, 419
Statistik der Weltreligionen   II: 47
Statistik-Software   III: 99
Staubsauger, erste elektrische   X: 210
Stauhaltung   VI: 378–379
Stauseen   VI: 183, 378, 391
Steam-Reforming   VIII: 169
Steigbügel   VI: 30

Steigbügel, Einführung vom   X: 77
Steilfeuergeschütz   IX: 335
Steinbauweise   VI: 323, 324
Steinbeile, frühgeschichtliche   X: 44
Steinbüchse   IX: 275
Steindruck   V: 312, 315
Steinkohle   VIII: 306
Steinkohle als Energieträger   VIII: 314–318
Steinkohlenbergbau in Deutschland   VIII: 41–83
Steinkohlenförderung in China   IX:195
Steinkohlengas   VIII: 528
Steinkohlenkoks   VIII: 307
Steinkohlenteer   VIII: 163
Steinkohlestammbaum   VIII: 163
Steinmetzwerkzeuge, antike   VII: 43
Steinrohrkessel   VIII: 319, 322
Steinschloßgewehr   IX: 279
Steinschnitt   IV: 49, 50
Steinwurfgeschütz   IX: 274
Steinzeit   X: 45
Stellenwert der Technik, relativer   V: 44, 46
Stellit   VIII: 224
Stellmacherei   VIII: 213
Stellung der Gesellen in Handwerksbetrieben
   V: 281
Stellung der Ingenieure, betriebliche   X: 360–364
Stellung der Ingenieure, soziale   V: 221–223
Stellung des Ingenieurs, gesellschaftliche
   X: 350–370
Stellung des Meisters im Handwerksbetrieb   V: 280
Stellung des Menschen in der Natur   II: 295, 296,
   300, 301, 304
Stellungskrieg   IX: 351, 408
Stellungskrieg im 1. Weltkrieg   IX: 325, 339
Stellwerke   VIII: 430
Stempel im Buchdruck   V: 300
Stenotypistin, neuer Beruf der   X: 219
Steppen   VI: 458
Sterbehilfe   I: 280 ; IV: 311–314
Sterilisation   IV: 74, 81, 82
Stethoskop-Modelle   IV: 135
Steuerbeamtentum in China   VIII: 23
Steuerung des Bearbeitungsablaufes   VIII: 231, 234
Steuerung in der ehem. DDR; technologie-
   politische   IX: 215, 216
Steuerungen in der Bearbeitung, numerische
   VIII: 234–238

Steuerungs- und Regeltechnik   VIII: 341
Steuerungsfunktionen, Übertragung von
   VIII: 231–232
Stichprobentechniken   III: 106
Stickstoff   VIII: 145, 157
Stickstoffbelastung von Gewässern   VI: 402
Stickstoffchemie   VIII: 157
Stickstoffdünger   VIII: 157
Stickstoffgewinnung   VIII: 157–161
Stickstoffkreislauf   VI: 418
Stickstoffsynthese   X: 401
STIJL-Bewegung   VII: 356, 358, 359, 360
Stil, internationaler   VII: 359, 362, 365, 368
Stil, maniristischer   VII: 140
Stoffanreicherung   VI: 483, 502
Stoffkreisläufe, biochemische   VI: 351–355, 368
Stoffformung   VIII: 191, 192
Stoffrecycling   VI: 504
Stoffumsatz   VI: 483, 484–485
Stoffumsatz, zunehmender   VI: 488–490
Stoffumwandlung   VI: 483
Stoffumwandlung als ökologisches Problem
   VIII: 545, 548
Stoffumwandlungen   VIII: 145, 191
Stoffwirtschaft   VI: 483
Stollenbergbau   VIII: 43, 46
Störungsfunktionen der EDV   V: 51
Strafvollstreckung   III: 187
Strahlenbelastung   III: 453
Strahlenschutz   III: 451, 453
Strahlenwaffen in der Raketenabwehr
   IX: X455–457
Strahlflugzeuge   VIII: 451–452
Strahltriebwerke in der Luftfahrt   III: 437–439
Strahlungskessel   VIII: 322
Strahlungsreflektion an der Erdoberfläche   VI: 457,
   458
Straße als Eisenbahnzubringer   VIII: 403–405
Straßenbahn   VIII: 406
Straßenbahn, elektrische   III: 414 , VIII: 330
Straßenbahnantriebe   VIII: 337
Straßenbahnen als großtechnisches System,
   elektrische   X: 390
Straßenbahnen mit Drehstrommotorantrieb
   VIII: 336
Straßenbau   III: 400; VIII: 400, 401, 403, 411, 412
Straßenbau im Dritten Reich   IX: 155, 156

Straßenbau, arabischer   II: 106
Straßenbau, römischer   III: 390; VIII: 401–402
Straßenbeleuchtung, elektrische   VIII: 484
Straßengasbeleuchtung   VIII: 530
Straßennetz   VIII: 405, 406, 408, 414
Straßennetz um Ilmenau   IX: 83
Straßenverkehr   VIII: 399–416, 403, 405
Straßenverkehr in Deutschland nach 1945
   VIII: 410–416
Strategie der Evolution   VI: 227, 228
Strategische Verteidigungsinitiative SDI   IX: XXVI,
   435, 447–463
Strategische Verteidigungsinitiative SDI; Entwicklung
   der   IX: 447–450
Stratigraphie   III: 78, 83
Stratopause   VI: 350
Strebförderung im Bergbau   VIII: 56, 73
Streckenförderung im Bergbau   VIII: 53, 59, 65, 71
Streckennetz der Bundesbahn 1983   X: 377
Streckenpflege im Bergbau   VIII: 51
Streckwerke   VIII: 199, 200, 202
Streckzylinder   VIII: 200, 201
Streichbrett am Pflug   X: 75
Streikbewegung in Deutschland   X: 198–200
Streß   VI: 257
Streßwirkungen bei Pflanzen   VI: 460, 461
Strichzeichnungen   V: 315
Stromabsatz   VIII: 483, 485, 486, 487, 489, 501
Stromanwendungen   VIII: 492
Stromaustausch   VIII: 499
Stromerzeugung   VIII: 483
Stromerzeugung, Belastungstäler der   VIII: 495
Stromerzeugung, Blockstationen zur   VIII: 484
Stromerzeugung, Einzelanlagen zur   VIII: 484
Stromlieferungs- und Konzessionsverträge   VIII: 485,
   486
Stromnutzung als großtechnisches System   X: 390
Stromsysteme   VIII: 484
Stromtarife   VIII: 492, 496
Strömungsforschung   VI: 197; IX: 432
Stromverbrauch chemischer Unternehmen   VIII: 143
Stromverbund, internationaler   VIII: 488
Stromversorgung   VIII: 483, 484
Stromversorgung, dezentrale   VIII: 483–485
Stromversorgung, Monopolisierung der   VIII: 487
Stromversorgung, neue Entwicklungen in der
   VIII: 500–502

Stromversorgung, öffentliche   VIII: 341
Stromversorgung, regionale   VIII: 485–487
Stromverteilung   VIII: 483
Struktur und Funktion in der Technischen
   Biologie   VI: 117–119
Strukturbau   II: 172
Strukturbionik   VI: 106, 205–226
Strukturchemie   III: 317, 318
Strukturerfindungen   I: 130, 131
Strukturierung eines Stabtragwerkes, evolutionsstrate-
   gische   VI: 239
Strukturmodell   VII: 410
Strukturwandel durch Informationstechnik
   V: 365–370
Studium humanitatis   III: 19
Studium, ingenieurwissenschaftliches   X: 331
Studium, naturwissenschaftliches   X: 331
Stufenausbildung   V: 288
Stupa   II: 26
Sturmgeschütze   IX: 413, 417
Styrol-Butadien-Kautschuk   VIII: 181
Subjekt und Objekt   I: 30, 31, 33, 34
Subjektivität   I: 54
Submersverfahren   III: 338
Substanzverluste im Bergbau   VIII: 59, 61, 75, 76
Subventionskritik der EG-Komission am Berg-
   bau   VIII: 83
Sudetenkrise   IX: 159
Sukzessionen   VI: 464, 465
Sukzessionstheorie   VI: 464
Sulfanomide   VIII: 173
Supportdrehbänke   VIII: 201
Surrealismus   121
Süßwassergewinnung   VI: 380–382
Symbiose   VI: 254
Symbole alchimistischer Prozesse   II: 187
Symbolfunktion der Technik   I: 4
Symphonie liturgique   VII: 381
Synagoge   II: 27
Syndikalismus   X: 200
Syndikate   X: 206
Synergetik   VI: 299, 299–303, 300, 302, 306
Synergie-Effekt   IX: 436
Synthese von DNA   VI: 280, 281
Synthesekautschuk   VIII: 181
Synthesizer   VII: 398, 399, 400
System der Vernunft   V: 118

System, metrisches   IX: 65
System, soziales   X: 17
System, soziotechnisches   X: 18–20
System, Enstehung des soziotechnischen   X: 7–20
Systematik, morphologische   I: 140, 141
Systemcharakter der modernen Technik   I: 310; X: 374
Systemdenken bei Arkwright, Ansätze für   X: 386
Systeme, informationstechnische   V: 362–365
Systeme, Theorie für großtechnische   X: 373–380
Systeme, vernetzte   VI: 249
Systemgesetze, kybernetische   VI: 248–252
Systemkonzept der Technik   I: 20
Systemkunde   VI: 266
Systemleitbilder, mechanistische   X: 385–386
Systemregulierer als brachenübergreifender Arbeitstyp   X: 245–250
Systemregulierer im Werkzeugmaschinenbau   X: 246–247
Systemregulierer in der Automobilindustrie   X: 247–248
Systemregulierer in der chemischen Industrie   X: 246
Systemregulierer in der Elektroindustrie   X: 249–250
Systemregulierung als neue Automationsarbeit   X: 245–250
Systemstudie: Verkehr von morgen   VI: 258
Systemtechnik   I: 164
Systemtheorie   I: 144 ; III: 378, 379 ; X: 373, 374
Systemtheorie der Technik   X: 18–20, 27
Systemtheorie und Technikgeschichte   X: 374
Systemtheorie, allgemeine   X: 19
Systemtheorie, biologisch-kybernetische   X: 17
Systemzusammenhänge   VI: 253
Systemzwänge, technische   X: 374
Szenarios   I: 247, 251
Szientismus   I: 52
Szintigramm   IV: 167
Szintigraphie   IV: 136–137

T

Tablettenherstellung   IV: 275
Taschenrechnernutzung im Unterricht   V: 376
Tachyskop   VI: 115

Tagesfachschulen, berufsvorbereitende   V: 181–187
Talisman-Magie in der Renaissance   II: 188
Talsperren   VIII: 301, 515, 516
Talsperrengenossenschaftsgesetz   VIII: 516
Tankerunfälle, Meeresverschmutzung durch   VI: 406
Tankschiffe   VIII: 374
Taoismus   II: 85, 88
Tarifpolitik der Staatsbahnen   VIII: 427
Tarifvereinbarungen   V: 288
Tarifwettbewerb der Eisenbahnen   VIII: 435
Tätigkeitsgesellschaft   X: 472
Tauchapparat bei Leonardo   VI: 195
Tauchtechnik, Geschichte der   III: 326
Tauschkörper in der Raketenabwehr   IX: 453
Taylor-White-Schnellarbeitsstahl   VIII: 223
Taylorismus   X: 206–207, 211
Taylorismus geistiger Arbeit   X: 362
Taylorismus in Japan   IX: 171
Taylorismus, modernisierter   X: 251
Taylorismusdiskussion   X: 364
Teamarbeit, wissenschaftliche   III: 367
Technikbilder   X: 469, 470
Technik als „erweiterter Leib"   II: 144–146
Technik als Befreiung   I: 292
Technik als betriebliche Triebkraft   X: 236
Technik als christlicher Impuls   II: 146–149
Technik als Gegennatur   I: 49
Technik als gesellschaftliche Triebkraft   X: 236
Technik als gesellschaftliches Problem   X: XXII
Technik als gesellschaftlichesPhänomen   X: 3–29
Technik als Gestell   I: 89–90
Technik als Gestell bei Heidegger   II: 290
Technik als göttliche Gabe   II: 158
Technik als Hilfsmittel bei Kunstwerken   VII: 2
Technik als konstitutiver Bestandteil der Bildung   V: 437
Technik als Körperprojektion   I: 27
Technik als Kultivierung der Natur   II: 304–307
Technik als Kulturleistung   I: 53
Technik als Kulturschaffen   I: 18
Technik als Kunstgriff der Natur   II: 145
Technik als künstliche Natur   V: 61
Technik als Lebensprinzip   V: 421
Technik als Lebenssicherung   II: 296–297
Technik als Magie   I: 100
Technik als Mittel menschlicher Weltgestaltung   III: 429

Technik als Motiv bei Homer   VII: 456
Technik als Motiv im Minnesang   VII. 454, 455
Technik als Motiv in Balladen   VII: 457, 458
Technik als Musikthema ab 1950   VII: 396—400
Technik als Musikthema der Jahrhundert-
   wende   VII:379—385
Technik als Mythos   I: 100
Technik als Naturnachahmung   I: 65
Technik Nebenwirkungen   V: 438
Technik als Objektivierung   V: 38
Technik als Organersatz   I: 61; VI: 3
Technik als Organprojektion   I: 304; VI: 15
Technik als Schöpfungsmitarbeit   II: 298—300
Technik als Sein aus Ideen   I: 17
Technik als sekundäres Mittelsystem   V: 49
Technik als Strukturmöglichkeit der Sprache
   VII: 411—412
Technik als Teil der Natur   VI: 15
Technik als Thema von Kunstwerken   VII: 2
Technik als Urhumanum   III: 429
Technik als Weise des Entbergens   I: 89
Technik als zukünftiges gesellschaftliches Problem,
   heutige   X: 451—459
Technik als zweite Natur   I: 7; VII: 60
Technik als zweite Schöpfung   II: 300
Technik bei Archimedes   X: 60—62
Technik bei Heron von Alexandria   III: 41
Technik der Zisterzienser   II: 168—169
Technik der Zukunft, Thesen für die   VI: 267—268
Technik des Dombaus in Florenz   II: 185
Technik des Körpers   X: 111—113
Technik für die Bildung   V: 6
Technik für die Erhaltung der Natur   VI: 530—536
Technik gegen natürlichen Verfall   II: 303—304
Technik im 1. Weltkrieg, Folgen der   X: 224—225
Technik im 2. Weltkrieg, Bedeutung der
   IX: 399—428
Technik im Dienst menschlichen Lebens   V: 440
Technik im gesamterzieherischen Zusammen-
   hang   V: 424
Technik im Kirchenraum   II: 282—285
Technik im kirchlichen Leben   II: 251—258
Technik im Manierismus   VII: 458
Technik im objektiven Realismus   VII: 484—488
Technik im Reportagestil   VII: 482
Technik im Sprachbild   VII: 457
Technik im subjektiven Realismus   VII: 484—488

Technik im Tierreich   VI: 6
Technik in Alt-Israel   II: 118—122
Technik in Andalusien, jüdisch-muslimische
   II: 122—125
Technik in den Utopien der Renaissance   VII: 415,
   416
Technik in der antiken Gesellschaft   X: 55—68
Technik in der Bibel   II: 117—118
Technik in der Bildenden Kunst   VII: 233
Technik in der Bildung   V: 6
Technik in der Dichtung des Barock   VII: 458
Technik in der expressionistischen Lyrik   VII: 470
Technik in der Gebrauchsgraphik   VII: 242
Technik in der Graphik   VII: 233, 234
Technik in der Kriegsliteratur   VII: 427, 428
Technik in der kritischen Theorie   I: 74—82
Technik in der Literatur der Aufklärung   VII: 415
Technik in der Literatur der Neuzeit   VII: 414—436
Technik in der Literatur der Romantik   VII: 417
Technik in der Literatur des Expressionismus
   VII: 425, 426
Technik in der Literatur des Naturalismus
   VII: 419—421
Technik in der Literatur des Realismus
   VII: 419—421
Technik in der Lyrik der Romantik   VII: 459—462
Technik in der Lyrik des Historismus   VII: 466—467
Technik in der Malerei   VII: 233, 234
Technik in der mittelalterlichen Kirchenlehre
   II: 173—178
Technik in der Natur   VI: 85—95
Technik in der naturalistischen Lyrik   VII: 467, 468
Technik in der neuromantischen Lyrik   VII: 463,
   464
Technik in der Praxis der Bildhauers   VII: 60—62
Technik in der Renaissance   II: 182—183 ; VII: 458
Technik in der Steinzeit   VI: 312—322
Technik in der utopischen Literatur   VII: 424, 425,
   428
Technik in der Weimarer Republik   IX: 109—114
Technik in Deutschland, Fundamentalkritik an
   der   X: 357—358
Technik in metaphorisch-allegorischer Sprech-
   weise   VII: 465—466
Technik in metaphorischer Bedeutung
   VII: 457—458
Technik und Staat im Mittelalter   IX: XIX

Technik und Alltagsleben   X: 266−292
Technik und Arbeit (50er/60er Jahre)   X: 233−234
Technik und Arbeit (70er Jahre)   X: 235−237
Technik und Arbeit (80er Jahre)   X: 237−245
Technik und Arbeitswelt   X: 233−261
Technik und Aufklärungsidee   IX: 27
Technik und außereuropäische Gesellschaften
   X: 109−110
Technik und Bildung bei Litt   V: 40−42
Technik und Bildung bei Spranger   V: 29
Technik und Bildwerdung   V: 42−43
Technik und Bolschewismus   IX: 117
Technik und calvinistische Kirchengemeinschaf-
   ten   II: 232−236
Technik und Christentum, frühe   II: 222−227
Technik und deutscher Staat (1933−1939)
   IX: 137−159
Technik und Entmythologisierung   II: 279−282
Technik und Esoterik   II: 9, 10
Technik und Französische Revolution   IX: 60, 62
Technik und Frühchristentum   II: 143−159
Technik und Geschlechterverhältnis   X: 328−347
Technik und Gesellschaft im Mittelalter   X: 71−83
Technik und Gesellschaft in der frühen Neuzeit
   X: 87−104
Technik und Gesellschaft in frühen Kulturen
   X: 35−53
Technik und Gesellschaft in historischer
   Perspektive   X: 20−29
Technik und gesellschaftlicher Wandel   X: 6−7
Technik und Handwerk im Mittelalter   III: 242−243
Technik und Heiliger Krieg, arabischer   II: 109
Technik und Herrschaft   X: 221−223
Technik und Industrielle Revolution, wissenschaft-
   liche   III: 402−405
Technik und Islam, moderne   II: 113−114
Technik und Kirche im Mittelalter   II: 163−172
Technik und Kirche in der Gegenreformation
   II: 188
Technik und kommunistische Partei   IX: 116
Technik und kommunistische Volksrepublik
   China   IX: 197
Technik und Kultur, Verhältnis von   I: 181
Technik und Kunst   III: 252; V: 67
Technik und Kunst aus bildhauerischer Sicht
   VII: 59−66
Technik und Kunst in der Gegenwart   VII: 59−66

Technik und Kunst in der Renaissance   VII: 62, 63
Technik und Lexikographie   VII: 407
Technik und Lyrik   VII: 450−491
Technik und Magie   I: 63
Technik und Maoistischer Staat   IX: 197−199
Technik und menschliche Freiheit   II: 300−303
Technik und Mobilität   X: 293−312
Technik und moderne Geschichtswissenschaften
   III: 114−133
Technik und Natur   I: 120−126, 261
Technik und Natur als Einheit   VI: 2
Technik und Natur als Gegensatz   VI: 1−2, 14
Technik und Natur bei Kant   I: 35, 36
Technik und Natur im Einklang   III: 266
Technik und Natur in China im Mittelalter   VI: 37,
   38
Technik und Natur, Querverbindungen
   zwischen   VI: 112
Technik und Naturgesetz   I: 50
Technik und naturkundliche Empirie   III: 319−321
Technik und Naturphilosophie   II: 190−191
Technik und New Age   II: 9, 10
Technik und NSDAP   IX: 115, 116, 117, 118
Technik und Partei in China   IX: 197
Technik und Parteibehörden in China   IX: 200
Technik und Physik   III: 270−271
Technik und politische Parteien in der Weimarer
   Republik   IX: 115−118
Technik und Reformen in China   IX: 199−200
Technik und Reichswirtschaftsministerium
   IX: 144
Technik und Religion bei Dessauer   II: 259
Technik und Religion in der Neuzeit, chinesische
   II: 97−99
Technik und Religion in der Zukunft   II: 349−368
Technik und Religion, chinesische (Übersicht)
   II: 99−100
Technik und Religion, neuzeitliche   II: 32, 206−209
Technik und Religion, traditionelle   II: 32
Technik und religiöse Symbolik   II: 366−368
Technik und Science Fiction   VII: 439−449
Technik und Sozialwissenschaften   III: 127
Technik und sozialer Wandel   X: 314−326
Technik und Sprache   I: 50; VII: 407−412
Technik und sprachliche Einzelbereiche
   VII: 407−410
Technik und Staat im Absolutismus   IX: 17−39

Technik und Staat in China   IX: 192−204
Technik und Staat in China (1911−1949)   IX: 197
Technik und Staat in China (Song-Renaissance)
   IX: 194−195
Technik und Staat in der ägyptischen Hoch-
   kultur   IX: XIX
Technik und Staat in der BRD (1949−1990)
   IX: 229−257
Technik und Staat in der ehem. DDR
   (1949−1990)   IX: 205−227
Technik und Staat in der öffentl. Diskussion in der
   ehem. DDR   IX: 224−225
Technik und Staat in der Renaissance   IX: XX
Technik und Staat in der römischen Antike
   IX: XIX
Technik und Staat in der Zukunft   IX: 467−472
Technik und Staat in Japan   IX: 161−189
Technik und Staat in Japan (1920−1939)
   IX: 169−173
Technik und Staat in Ostdeutschland nach der
   Wende   IX: 225−227
Technik und Staat in Preußen (1871−1918)
   IX: 97−103
Technik und Staatsapparat in China   IX: 197
Technik und staatliche Grundmuster der ehem.
   DDR   IX: 205−206
Technik und Staatsbehörden in China   IX: 200
Technik und Stilistik   VII: 409−410
Technik und Taiwan   IX: 203−204
Technik und Technologie   I: 12, 16, 112
Technik und traditionelle Geschichtswissenschaften
   III: 116, 120
Technik und Verbreitung von Zeitschriften   V: 338
Technik und Völkergesellschaft südlich der
   Sahara   X: 109−129
Technik und Wandel der Geschichtswissenschaften
   III: 92−97
Technik und Wehrwirtschaftsorganisationen   IX: 144
Technik und Wirtschaft im nächsten Jahrh.
   VIII: 543−552
Technik und Zentrumspartei   IX: 117
Technik-Gesellschaft-Zukunft   X: 451−472
Technik, allegorische Darstellungen der
   VII: 234−237
Technik, alternative   I: 313
Technik, Ambivalenz der   I: 61, 289-321, X: 222
Technik, anerkannte Regeln der   I: 152

Technik, Anfänge chemischer   III: 299−301
Technik, angepaßte   I: 192
Technik, asketische   II: 359, 360
Technik, Auswirkungen der   I: 69
Technik, Automatisierung der   I: 57
Technik, Bedürfnisweckung durch   I: 23
Technik, biomedizinische   III: 463
Technik, Eigendynamik der   I: 52
Technik, Eigengesetzlichkeit der   I: 79
Technik, Entlastungsfunktion der   I: 63
Technik, Feedback auf die moderne   VI: 246−247
Technik, geschlechtspolitische Funktion von
   X: 346−347
Technik, gesellschaftliche Folgen der   X: 6
Technik, gesellschaftliche Verantwortung für die
   X: 466−472
Technik, gesellschaftlicher Charakter der   X: 5−7
Technik, Gestaltung von   X: 336, 340, 341
Technik, Grundkategorien der   V: 165
Technik, handwerkliche   I: 5
Technik, Herausforderung durch die   I: 90
Technik, Kulturfunktion der   I: 47
Technik, künstlerisch vorausgedachte   VII: 204−209
Technik, landschaftsverbundene Darstellungen
   der   VII: 237−242
Technik, mittelalterlicher Aufschwung der
   X: 71−73
Technik, Nebenwirkungen der   I: 157, 158
Technik, negative Folgen der   X: XIX−XX
Technik, negative Wirkungen der   I: 5
Technik, normative Vorstellungen der   I: 1
Technik, ökologische Dimension der   I: 157
Technik, Phasen der   I: 83
Technik, positive Wirkungen der   I: 4
Technik, praktische Nützlichkeit der   I: 6
Technik, Sachlichkeit der   I: 47
Technik, soziale Dimension der   I: 157
Technik, sozialverträgliche   VI: 531
Technik, strukturiert durch die Sprache
   VII: 410−411
Technik, Symbolfunktion der   I: 4
Technik, Systemkonzept der   I: 20
Technik, Systemtheorie der   X: 18−20, 27
Technik, theoretische Prämissen der   I: 1
Technik, umweltverträgliche   VI: 531−536
Technik, Ursprünge der   V: 63−65
Technik, Verantwortung für die   I: 65

Technik, Verantwortung und Ethik   V: 437−444
Technik, Verfügung über   X: 347
Technik, Wertneutralität der   I: 153, 154
Technik, Wissenschaftlichkeit der   I: 155
Technik in der ehem. DDR   IX: 216
Technikablehnung   X: XX, 4
Technikablehnung in der Lyrik   VII: 454−462
Technikakzeptenz in der ehem. DDR   IX: 217−221
Techniken, asketische   II: 13
Technikbefürwortung   X: XX, 4
Technikbegegnung auf dem Weg der Struktur-
   analogie   VII: 468
Technikbegeisterung in der Musik   VII: 376, 381,
   400
Technikbegriff   I: 11−14; V: 169−170
Technikbegriff bei Aristoteles   I: 11
Technikbegriff bei Beck   I: 19
Technikbegriff bei Helberg   I: 18
Technikbegriff bei Ropohl   I: 20, 111
Technikbegriff bei Wilpert   I: 18
Technikbegriff im Mittelalter   I: 30−31
Technikbegriff, Wertgeschichte des   I: 11
Technikbejahung   I: 291
Technikbewertung   I: 74, 149, 166, 237, 238,
   245−257, 291, 308 ; V: 421; IX: 468 ;
   X: 465, 467, 468, 469
Technikbewertung am Beispiel des Autos   X: 470
Technikbewertung in der ehem. DDR   IX: 214,
   217−221
Technikbewertungsprozeß, Elemente im
   I: 247−249
Technikbewunderung in der Musik   VII: 376, 383
Technikbücher, frühe   V: 108
Technikdarstellungen des Expressionismus
   VII: 268−269
Technikdebatte   I: 160, 161
Technikdistanz von Frauen   X: 328, 333, 347
Technikeingriffe in die Natur   VI: 4, 5
Technikeinsatz in der Propaganda   IX: 151−155
Technikeinstellung von Berufsgruppen   I: 175
Techniken des Pflügens   VI: 440
Technikentstehung und Christenum   II: 7
Technikentwicklung in China, megalithische
   II: 85−87
Technikentwicklung in evolutionstheoretischer
   Sicht   I: 305
Techniker als ungebildete Macher   V: 37

Techniker an der Verwaltung, Beteiligung der
   IX: 112
Techniker gegen kirchliche Tradition   II: 322
Techniker in christlicher Tradition   II: 322−324
Techniker in der antiken Gesellschaft   X: 55−68
Techniker u. Ingenieure in der ehem. DDR;
   gesellsch.Bewertg. d.   IX: 220−221
Techniker und Handwerker in der Antike   X: 58, 68
Techniker und Religion   II: 317−327
Technikerberufe   X: 334
Technikerbiographien   VII: 431−433
Technikerromane   VII: 431−433
Technikethik   I: 262
Technikevolution   I: 303, 304
Technikferne von Frauen   X: 335−337
Technikfolgen   I: 248, 251, 261, 262
Technikfolgen, nachhaltige   VI: 523
Technikfolgen, weiträumige   VI: 523
Technikfolgenabschätzung   I: 65; II: 266; VI: 74,
   202, 333 ; IX: XXIII, 468; X: 28, 465, 467, 468
Technikfolgenabschätzung in der ehem. DDR
   IX: 214, 220
Technikgenese   X: 468
Technikgeneseforschung   X: 468
Technikgeschichte und allgemeine Geschichtsschrei-
   bung   III: 130
Technikgeschichte, Anerkennung der   III: 113
Technikgeschichte, außeruniversitäre   III: 114
Technikgeschichte, engere   III: 132; X: 21−22
Technikgeschichte, moderne   X: 25, 26
Technikgeschichte, nachmoderne   X: 28
Technikgeschichte, Perioden der   V: 61
Technikgeschichte, systemtheoretische   X: 28
Technikgeschichte, weitere   III: 131, 132
Technikgeschichtsschreibung in den USA   X: 24−25
Technikgeschichtsschreibung, ältere   X: 20−23
Technikgeschichtsschreibung, externalistische
   III: 112
Technikgeschichtsschreibung, moderne   III: 112
Technikgeschichtsschreibung, neuere deutsche
   X: 26−27, 28−29
Technikgeschichtsschreibung, wissenschaftliche
   III: 121−133
Technikgeschichtsschreibung; spezielle   X: 24
Technikkompetenz   X: 328, 331, 332
Technikkompetenz von Frauen in der Diskus-
   sion   X: 328−347

Technikkritik   I: 39, 53, 80, 174, 308, 313; II: 3;
   X: XX, 221
Technikkritik der Romantik   VII: 429
Technikkritik, politische   VI: 64
Technikministerium   IX: 143
Techniknähe von Männern   X: 335–337
Technikoptimismus   I: 174, 176
Technikoptimismus in der Musik   VII: 376
Technikorganisation im 2.Weltkrieg   IX: 143–151
Technikpessimismus   I: 71, 174–176; VI: 451, 479
Technikpessimismus in der Musik   VII: 381
Technikphilosophie   X: XXI
Technikphilosophie, Entwicklung der   I: 9-107
Technikphilosophie in der ehem. DDR   IX: 223
Technikphilosophie, historischer Werdegang der   I: 6
Technikphilosophie, metaphysische Restbestände
   der   I: 3
Technikphilosophie, traditionelle   I: 20
Technikplanung in der ehem. DDR   IX: 209
Technikrecht   I: 209
Technikkritik, romantische   VI: 64–66
Technikschriftsteller, geistliche   II: 175
Techniksoziologie   X: XXI, 29
Techniktheorien   I: 21
Techniktransfer   I: 308–313
Techniktransfer Chinas   IX: 202–203
Techniktransfer in die Dritte Welt und Staat
   IX: 470
Techniktransfer nach China   IX: 196
Technikunterricht   V: 164–167
Technikverneinung   I: 291
Technikverständnis bei Aristoteles   I: 28, 30 ; VI: 1
Technikverständnis bei Augustinus   I: 28–30
Technikverständnis bei Bergson   I: 52–53
Technikverständnis bei Bloch   I: 81
Technikverständnis bei Cassirer   I: 53–54
Technikverständnis bei Dessauer   I: 41–47
Technikverständnis bei Engels   I: 66–69
Technikverständnis bei Freyer   I: 57–58
Technikverständnis bei Fromm   I: 80–81
Technikverständnis bei Gehlen   I: 61–64; VII: 60
Technikverständnis bei Hegel   I: 38, 39
Technikverständnis bei Heidegger   I: 87–91
Technikverständnis bei Horkheimer   I: 74–77
Technikverständnis bei Jaspers   I: 54–56
Technikverständnis bei Kant   I: 35–38
Technikverständnis bei Kapp   I: 56–61

Technikverständnis bei Lenin   I: 69–70
Technikverständnis bei Marcel   I: 86–87
Technikverständnis bei Marcuse   I: 79–80
Technikverständnis bei Marx   I: 66–69
Technikverständnis bei Nietzsche   I: 47–48
Technikverständnis bei Platon   V: 67
Technikverständnis bei Sachsse   I: 64–65
Technikverständnis bei Scheeler   I: 83–84
Technikverständnis bei Simmel   I: 50–52
Technikverständnis bei Spengler   I: 48–50
Technikverständnis bei Stalin   I: 69–70
Technikverständnis bei Wust   I: 84–85
Technikverständnis der Aufklärung   I: 35
Technikverständnis der ehem. DDR   I: 70–74
Technikverständnis der Frankfurter Schule   I: 74–77
Technikverständnis in drei Grundformen
   V: 420–422
Technikwissenschaft und Naturwissenschaft   I: 126
Technikwissenschaften   I: 16 ; III: 429, 431
Technikwissenschaften und Zukunftssicherung
   III: 444–463
Technikwissenschaften, Entwicklung neuer
   III: 435–444
Technikwissenschaften, experimentelle   III: 424–426
Technikwissenschaften, frühe   III: 432–435
Technikwissenschaften, Frühgeschichte der
   III: 401–402
Technikwissenschaften, Wandlung der   III: 464–467
Technisch-gewerbliche Bildung   V: 205
Technisch-wissenschaftliche Intelligenz in China
   IX: 200–203
Technisch-wissenschaftliche Vereine   V: 260
Technisch-wissenschaftlicher Fortschritt in der ehem.
   DDR   IX: 220, 221
Technisch-wissenschaftlicher Fortschritt und Status
   der ehem. DDR   IX: 206
Technische Ausbildung in Betrieben   V: 278–290
Technische Ausbildung, Anfänge der   V: 62
Technische Berufe in den USA   X: 354–358
Technische Berufe in Deutschland   X: 359–360
Technische Berufe in Frankreich   X: 353–354
Technische Bildung   V: 66
Technische Bildung als Unterrichtsprinzip
   V: 171
Technische Bildung in der Aufklärung   V: 118–120
Technische Bildung und Handwerk, Urbanisierung
   von   V: 92–101

Technische Bildung und Industrialisierung
  V: 202–210
Technische Bildung und polytechnische Vereine
  V: 239–242
Technische Bildung, Geschichte der   V: 155–160,
  160–162
Technische Biologie   VI: 6, 7, 99–104, 105, 113,
  193, 531, 532
Technische Biologie, Forschungsgeschichte
  VI: 113–116
Technische Biologie: Struktur und Funktion als Anti-
  poden   VI: 117–119
Technische Darstellungen auf Firmenbrief-
  köpfen   VII: 246
Technische Darstellungen in der Arabeske
  VII: 242–246
Technische Darstellungen mit Heiligenfiguren
  VII: 247, 248
Technische Deputation   V: 247
Technische Erscheinungen als Kunst   VII: 200–203
Technische Fachbücher, erste   V: 304–305
Technische Hochschule   I: 171
Technische Hochschule Aachen   V: 220
Technische Hochschule Berlin-Charlottenburg
  V: 218, 249; IX: 104, 309, 310, 313, 367, 373, 375,
  376
Technische Hochschule Karlsruhe   V: 216–217
Technische Hochschule, Enstehung   V: 216–221
Technische Hochschulen   III: 62, 66, 157, 398, 400,
  413, 423, 424; V: 149, 176, 184, 204, 210, 214, 215;
  VIII: 35
Technische Hochschulen der ehem. DDR   IX: 208
Technische Hochschulen nach 1918   V: 231–233
Technische Hochschulen und Universitäten
  V: 218–221, 223–231
Technische Institute   V: 214
Technische Intelligenz u. politische Entscheidungen
  bis 1918   IX: 108–109
Technische Lehrmittelzentrale   V: 268
Technische Lehrbücher von Dürer   V: 304–305
Technische Literatur im Barock   V: 306–308
Technische Literatur, erste gedruckte   V: 301–304
Technische Nachbildungen der Natur   VI: 45
Technische Nothilfe   IX: 138
Technische Rüstung im 2. Weltkrieg, Organisa-
  tion   IX: 408–411
Technische Sachsysteme (Gliederung)   V: 166

Technische Systeme   VIII: 13
Technische Unglücksfälle als Literaturmotiv
  VII: 429, 430
Technische Universität   V: 147
Technische Vereine in der Weimarer Republik
  IX: 113
Technische Vereine und Bildung   V: 260–276
Technische Weltbilder   X: 469
Technische Zeitschriften   V: 321
Technischer Fortschritt   III: 164, 165, 166, 181;
  X: 314, 315, 318, 319, 350, 459, 463, 464
Technischer Fortschritt im Islam   II: 104
Technischer Fortschritt im Mitttelalter   VIII: 17, 18
Technischer Fortschritt in der Antike   VIII. 17, 18
Technischer Fortschritt in der öffentlichen Mei-
  nung   X: 465–466
Technischer Fortschritt und gesellschaftliche Entschei-
  dungen   X: 411–413
Technischer Fortschritt und internationaler Wettbe-
  werb   IX: 230
Technischer Fortschritt und kirchliche Lehre   II:
  262–266
Technischer Fortschritt und Sozialdemokratische Par-
  tei (SPD)   IX: 101
Technischer Fortschritt unter Kaiser Wilhelm
  II.:   IX: 98–101
Technischen Fortschritt, Mythos vom   X: 459–466
Technischer Niedergang in China (1367–1912)
  IX: 196
Technisches Gymnasium   V: 160
Technisches Optimieren   VI: 227–244
Technisches Schaffen als göttliche Gabe   II: 145
Technisches Schrifttum und Industrialisierung
  V: 311–317
Technisches Schrifttum vor Gutenberg   V: 295–298
Technisches Zeitalter und kirchliches Leben
  II: 260–260
Technisierte Medizin   I: 274–278
Technisierte Medizin und Menschenwürde   I: 274,
  275
Technisierung   X: 3, 4
Technisierung als gesellschaftlicher Prozeß   X: 471
Technisierung der Dritten Welt, europäische
  I: 309–312
Technisierung der Entwicklungsländer; euro-
  päische   I: 309–312
Technisierung der Gesellschaft   X: 453, 469

Technisierung der Medizin   IV: 291–296
Technisierung des Alltags   VI: 59
Technisierung des Alltags durch die Industrialisie-
    rung   X: 209–211
Technisierung des Haushaltes   X: 266
Technisierung des Menschen   VII: 308–316
Technisierung in der Stofformung   VIII: 193
Technisierung und Gesellschaftswandel   X: 452–459
Technisierung und Industriearbeit   X: 242
Technisierung, fortschreitende   X: 452, 454
Techniten   X: 65
Technoethik   I: 236
Technoevolution   I: 306, 307, 308
Technokraten   X: 456
Technokraten in den USA   X: 356
Technokratie   I: 197
Technokratiebewegung   IX: 114–115
Technokratiebewegung und Standespolitik
    IX: 115
Technokratiedebatte   X: 233
Technokratiedisskussion   I: 39, 78, 182
Technokratische Gesellschaft   IX: 141
Technologien und Staat, angepaßte   IX: 471
Technologie   I: 12, 14, 16 ; III: 393, 396, 397, 398,
    400, 415 ; V: 73
Technologie als Fach   V: 145;   IX: 44, 47, 48, 53
Technologie als Wissenschaft   III: 393–399
Technologie als wissenschaftliches Fach   III: 141
Technologie bei Beckmann   X: 22
Technologie der jüdischen Radikalorthodoxen   II:
    130–133
Technologie nach Japan, Transfer ausländischer
    IX: 165, 166
Technologie und Fortschritt, politische Kontroversen
    über   IX: 246–257
Technologie und Technik   I: 12, 16, 112
Technologie- und Gründerzentren in Ostdeutsch-
    land   IX: 227
Technologie- und Umweltpolitik   X: 468
Technologie, allgemeine   III: 397, 398, 399; V: 165
Technologie, angepaßte   III: 168
Technologie, Begriff der   III: 395
Technologie, chemisch-thermische   X: 95, 99
Technologie, chemische   III: 288–289, 398, 414–417
Technologie, islamische   II: 109, 112
Technologie, mechanische   III: 398, 414–417
Technologie, pädagogische   V: 422

Technologie, Zugang zur   X: 342
Technologiebegriff bei Marx   III: 151
Technologiebewertung   IX: 247, 248
Technologieimport nach Japan   IX: 175–178
Technologien in der BRD, Nutzung neuer
    IX: 236
Technologien und Staat, alternative   IX: 471
Technologien und Staat, moderne   IX: 472
Technologien, mikroelektronische   X: 238, 239
Technologiepolitik der ehem. DDR   IX: 205
Technologiepolitik der ehem. DDR im Wiederauf-
    bau   IX: 209
Technologiepolitik der ehem. DDR; Geschichte
    der   IX: 207–210
Technologiepolitik in der BRD   IX: 229–257
Technologiepolitik in Deutschland, zukünftige
    IX: 256–257
Technologiepolitik in Japan   IX: 164, 165, 179
Technologiepolitik nach der Wiedervereinigung
    IX: 256–257
Technologiepolitisches Konzept der ehem. DDR
    IX: 210–214
Technologiestaat Japan   IX: 189
Technologietransfer   III: 168, 200
Technologietransfer in der ehem. DDR   IX: 216
Technologietransfer in Japan   IX: 172
Technologietransfer zu Beginn der Neuzeit   X: 101
Technologietransfer zw. militärischer u. ziviler An-
    wendung   IX: 435–461
Technologietransfer zwischen militärischer und ziviler
    Forschung   IX: 432
Technologietransfer, Optimierung mit   VI: 241
Technologische Aufklärung   X: 466
Technologische Forschung, militärische
    IX: 433–434
Technologische Zentren in der ehem. DDR
    IX: 216, 227
Technologischer Wandel zu Beginn der Neuzeit
    X: 99, 101
Technologisches Zeitalter   X: 458
Technology Assessment   I: 249
Technology Push   IX: 433, 434
Technophobie   I: 71
Technopolisgründungen in Japan   IX: 185
Technosphäre   I: 298, 301, 318
Technostruktur der Welt   I: 19
Teer   III: 311

Teerfarbenchemie   III: 312–314
Teerverwertungsindustrie   VIII: 163
Teilfertigung   VIII: 257
Teilzeit-Fachschulen   V: 180–181
Telefon   VIII: 472
Telefon als Dienstleistung   VIII: 463–464
Telefon und Kommunikationswandel   X: 284–287
Telefon, Entwicklung vom   VIII: 462, 463, 467
Telefon, Erfindung vom   X: 220
Telefonnetz als großtechnisches System   X: 394
Telefonnetz, Entstehung vom   X: 220
Telegraf als Dienstleistung   VIII: 463–464
Telegraf, mechanisch-optischer   VIII: 459
Telegraf, mechanisch-optischer für militärische
    Zwecke   VIII: 459
Telegrafie   VIII: 460, 462, 463, 467
Telegramm   VIII: 462, 463
Telegrammstil   VII: 409
Telegraph   III: 292 ; VIII: 472
Telegraph, elektrischer   X: 394
Telegraph, elektromagnetischer   III: 348, 350, 352
Telegraph, elektromagnetischer   III: 63, 69
Telegraph, optischer   X: 394
Telegraphenleitungen, unterirdische   III: 352
Telegraphentruppen im 1. Weltkrieg   IX: 339–341
Telegraphie   III. 413
Telekommunikationssystem   V: 373–374
Telharmonium   VII: 391
Tempel bei den Sumerern, Bedeutung der   II: 75
Tempel und Kirche   II: 27
Temperaturerhöhung, globale   VI: 479
Terrarien   III: 323
Tertiärer Sektor   X: 314–319
Tetracylin   VI: 284, 285
Tetrakoralle   VI: 176
Text, genetischer   VI: 270–271, 277
Textilbleiche   III: 309–310
Textilgewerbe, Entwicklung im   VIII: 30–32
Textilgewerbe, Unternehmer im   VIII: 32
Textilgewerbe, Wandel durch Maschinen im
    VIII: 31
Textilherstellung im Mittelalter   II: 161, 164, 166 ;
    VIII: 28, 29
Textilien als Massenproduktion   VIII: 197
Textilindustrie in China, frühe   VIII: 20
Textilindustrie, elektrische Antriebe in der
    VIII: 338–339, 341
Textilindustrie, englische   VIII: 296
Textilmanufakturen   X: 95, 103
Textilmaschinen   III: 416
Textilmaschinen als Massenprodukte   VIII: 205
Textüberlieferung vor Gutenberg   V: 295–298
Theatrum machinarum von Leupold   V: 308
Themenhefte technischer Zeitschriften   V: 323
Theogonie   III: 222, 227
Theologie   II: 24, 28
Theologie der Befreiung   II: 258
Theologie und moderne Technik, lutherische
    II: 245–246
Theologie, anthropozentrische   II: 304
Theologie, dialektische   II: 246
Theologie, evolutionäre   II: 247
Theologie, freikirchliche   II: 275
Theologie, Herkunft der   II: 28–32
Theologie von Schleiermacher, evangelische   II: 246
Theoretisierung der Wissenschaft, abstrahierende
    III: 5
Theorie des Kreisels   III: 67
Theorie großtechnischer Systeme   X: 373–380
Theorie und Praxis   III: 284–288
Theorie und Praxis bei Galilei   III: 264
Theorie und Praxis im Mittelalter   V: 73–78, 86
Theorie und Praxis in der Antike   III: 259
Theorie und Praxis in der Renaissance   III: 259–262
Therapie, iatrotechnische   IV: 294
Therapie, kausal hindernde   IV: 294
Therapie, kausal korrigierende   IV: 294
Therapie, kausal-ätiotrope   IV: 294
Thermodynamik, technische   III: 400
Thermographie   IV: 138
Thermometer   III: 279
Thermosphäre   V: 350
Thesaurussysteme   III: 106
Thesen für die Technik der Zukunft   VI: 267–268
Thomasstahl   VIII: 107, 125
Thomasverfahren   VIII: 106, 107, 125, 130
Thorakoskopie   IV: 149
Thoraxchirurgie   IV: 59
Tiefbau   VIII: 43, 46, 47
Tiefdruck   V: 312, 315
Tiefseebergbau   VI: 407
Tiefseekabel, erste   III: 352
Tiere als Konsumenten, heterotrophe   VI: 423
Tiere als Techniker   VI: 85–95

Tiergehege   III: 323
Tierhaltung und Seßhaftigkeit   X: 40, 45
Tierversuche, mediznische   IV: 266, 267
Tirailleur-System   IX: 285
Tischhobelmaschine   VIII: 215
Titanten   II: 21
Tizard-Mission   IX: 390, 391, 394
Tizardkomitee   IX: 381, 382, 383
Todesursachen   IV: 236
Todesursachenstatistik   IV: 232, 234,235
Toleranz als Wert   I: 255, 257, 262
Toleranz- und Grenzlehren   VIII: 252
Tonarten   VII: 101
Tonintensität, Vergrößerung der   VII: 70
Tonumfang, Vergrößerung vom   VII: 70
Tonumfangserweiterung beim Klavier   VII: 78, 79
Tormenta, römische   IX: 264, 275
Torsion, Prinzip der   X: 61
Torsionsgeschütz   III: 231; IX: 264
Totalismus, Prinzip des   IX: 12
Totengericht, ägyptisches   II: 69
Toxikologie, experimentelle   IV: 48
Tradition der Dritten Welt, religiöse   II: 262, 265
Tradition, abendländische   I: 5
Traditionen, außereuropäische kulturelle   I: 313
Trägerfrequenzgeräte   IX: 421, 422
Tragwerksarten, neue   VII: 346
Train   IX: 336
Train im 1. Weltkrieg   IX: 348−349
Transkription   VI: 290, 292, 293, 294
Transferstraße in der Automobilindustrie   VIII: 281
Transferstraße in der Fertigung   VIII: 260
Transferstraßen in der Montage   VIII: 265−271
Transformation   VI: 277, 304
Transfusionszwischenfälle   IV: 189
Transistor   III: 358, 359−364, 366−399, 440; VIII: 473
Transistoren für militärische Zwecke   VIII: 473
Transistormarkt, ziviler   VIII: 474
Transistorradio   VIII: 474
Translation   VI: 290−293
Translokation   VI: 298
Transplantation von Knochenmarkzellen   IV: 191
Transplantationen   IV: 185−195, 309−311
Transport   VIII: 97, 98, 100
Transport in der Atmosphäre   VI: 352

Transport von Massengütern   VIII: 378
Transportbedingungen für englische Kohle   VIII: 310, 313
Transportkosten   VIII: 11
Transportkosten bei der Eisenbahn   VIII: 424
Transportmittel   III: 325
Transportrevolution durch die Eisenbahn   X: 295
Transzendenz   II: 19
Trautonium   VII: 378, 393, 395, 400
Treibhauseffekt   VI: 477, 478; VIII: 416, 546
Treibhauseffekt, anthropogene Änderung vom   VI. 367
Treibhauseffekt, natürlicher   VI: 366
Treidelei   VIII: 390−391, 393
Trennen in der Stofformung   VIII: 192, 209
Trepanation   IV: 35−39
Tretrad   III: 320
Trigonometrie, arabische   II: 106
Trinitrotoluol als Sprengstoff   IX: 294
Trinkwasser aus Grundwasser   VIII: 514
Trinkwasser aus Oberflächenwasser   VIII: 514
Trinkwasser-Talsperren   VIII: 511
Trinkwasserspeicher   VI: 378−380
Trinkwasserverbesserung   VIII: 516
Trinkwasserversorgung   VIII: 512, 515, 516, 519, 520
Trinkwasserversorgung, Mißstände der   VIII: 512
Triplett   VI: 290
Trisomie 21   VI: 298
Trittwebstuhl   III: 391
Trivium   III: 15, 45
Trockenlegung von Sümpfen   VI: 327
Trommel   VII: 67, 93, 96
Trompete   VII: 90, 93, 96
Tropfkörperverfahren   III: 338 ; VI: 400
Tropopause   VI: 350
Troposphäre   VI: 348
Troposphäre, freie   VI: 349
Trusts   VIII: 115
Tuberkulin   IV: 279−280
Tuberkulose   IV: 279−280
Tun, kollektives   I: 199
Tunnelprojekte, antike griechische   X: 55
Turbinen   III: 406, 411, 437−438
Turbulenz   VI: 155, 156
Turm, babylonischer   II: 25
Turnbewegung   X: 213, 214

Typhusepidemie   VIII: 514, 520
Typographie, Regeln der   VII: 334
Typologie   III: 83

U

U-Musik   VII: 376
Überbevölkerung   I: 276
Überdruckbeatmung   IV: 62
Überdruckturbinen   VIII: 321
Überdüngung   VI: 338
Überdüngung landwirtschaftlich genutzter Flächen   VI: 418
Überflußgesellschaft   VIII: 549
Übergang zur Antike in China   II: 88–90
Übergangsguß   VII: 50
Überkapazitäten im Bergbau (1871–1905)   VIII: 51–55
Überlagerung alter Raumordnungen   II: 364
Überlandversorgung   VIII: 487
Überlieferung technischen Wissens, erst schriftliche   V: 296, 297
Übermensch   I: 48
Übersetzung antiker Schriften   III: 244 ; V: 74
Uferfiltration   VI: 376
Uhr als Lernobjekt   V: 85
Uhren, arabische   II: 106, 112
Uhrenherstellung als säkularisierende Technik   II: 214–222
Uhrenindustrie   VIII: 232
Ultrakurzwelle, Inbetriebnahme der   V: 350
Ultrakurzwellensprechfunk   IX: 412, 424
Ultraschalldiagnose   IV: 134, 136
Ultrazentrifuge   III: 331
Umformen in der Stofformung   VIII: 192, 209
Umgang mit Kunstwerken, produktiver   VII: 33–37
Umgangsstile mit neuen Medien, differenzierte   X: 288
Umgangsstile mit Technik, differenzierte   X: 272
Umschlaganlagen in Seehäfen   VIII: 370
Umwelt- und Bodenschutz   VI: 447–450
Umwelt, informelle   V: 356
Umwelt, natürliche   I: 159
Umweltabgaben   VI: 509–510

Umweltbelastung   I: 173, 174, 245, 316; III: 453–454
Umweltbelastung durch fossile Kraftwerke   VIII: 502
Umweltbelastungen, regionale   VI: 334
Umweltbelastung und technischer Fortschritt   II: 270, 271
Umweltbewußtsein   I: 182, 253
Umweltbewußtsein zu Beginn der Neuzeit   X: 103–104
Umweltbiologie   III: 337
Umwelterziehung   VI: 340
Umweltethik   I: 281
Umweltforschung in der ehem. DDR   IX: 213
Umweltgesetz der chemischen Industrie, frühes   VIII: 153
Umweltgipfel in Rio de Janeiro   VI: 524
Umweltkatastrophen, Abwehr von   VI: 321
Umweltpolitik   VI: 3–4
Umweltprinzip in der Technik   I: 64
Umweltproblematik in der Technikphilosophie   I: 91
Umweltproblematik in künstlerischer Gestaltung   VII: 170–171
Umweltprobleme   I: 122
Umweltprobleme durch Massenmobilität   X: 311–312
Umweltprobleme, globale   VI: 534
Umweltqualität   I: 159
Umweltqualität der Technik   I: 156–166
Umweltschäden im Mittelalter   VI: 324–325 ; X: 82–83
Umweltschäden der römischen Bautechnik   VI: 322
Umweltschäden durch Elektrifizierung   VI: 335
Umweltschäden durch Lagerstätten   VI: 334–335
Umweltschäden durch Montanindustrie   VI: 333
Umweltschäden durch Papierherstellung   VI: 330
Umweltschäden durch Verkehrsverbindungen   VI: 337
Umweltschäden in historischer Sicht   VI: 321–340
Umweltschäden, Ausmaß heutiger   VI: 339–340
Umweltschäden, soziale Kosten durch   VIII: 547, 548
Umweltschutz   III: 459
Umweltschutz als Industriezweig   VI: 532
Umweltschutz in der Forschungspolitik   IX: 250
Umweltschutz und Wirtschaft   VIII: 546, 547, 548

Umweltschutz, integrierter   III: 450
Umweltschutz, nachgeschalteter   III: 450
Umwelttechnik in der ehem. DDR   IX: 213
Umwelttechnik in künstlerischer Gestaltung
   VII: 170
Umwelttechnologie   III: 337
Umweltverantwortung, globale   I: 210–212
Umweltverschmutzung, industriell bedingte
   VIII: 546, 547, 549
Umweltverträglichkeit von Abfällen in Gewäs-
   sern   VI: 403
Umweltverträglichkeit von Brütern   X: 375
Umweltzerstörung   I: 91
Umwertung der Werte   I: 187, 189
Unabhängigkeit der Funktion vom Wachstum
   VI: 263
Uneigennützigkeit   III: 25
Ungehorsam im Rechtsstaat, ziviler   I: 266, 267
Union Europäischer Ingenieurverbände   IX: 147
Universal-Lexikon von Zedler   V: 309
Universal-Rundschleifmaschine   VIII: 218
Universaldrehmaschine   VIII: 215
Universalfräsmaschine   VIII: 218
Universalismus   III: 25
Universalmaschinen   VIII: 229
Universität Berlin   V: 209; IX: 305, 310, 313, 359,
   373, 375
Universität, technische   V: 147
Universitäten der Bundewehr   IX: 314, 316
Universitätskameralistik   IX: 46
Universitätskonzeption, neue   V: 208–210
Unterdruckbeatmung   IV: 91, 92
Unterdruckkammer   IV: 62, 63
Untergrundbahnen, elektrische   X: 391
Unterhaltungselektronik   VIII: 474, 477
Unterhaltungsindustrie   VIII: 464
Unterhaltungsmusik, Kommerzialisierung der
   VIII: 464
Unterlassung als Handlung   I: 248
Unternehmenskultur   VII: 341–343
Unternehmensstrukturen in der chemischen Indu-
   strie   VIII: 139–145
Unternehmer im 19.Jahrh.   X: 178–203
Unternehmer im Textilgewerbe   VIII: 32
Unternehmer, erste industrielle   X: 178–181
Unterrichtshilfen, technische   V: 431
Unterwasserflieger   VI: 150, 151

Unterwasserflügel   VI: 153
Ur-Architektur der Schöpfung   II: 159
Urbanisierung   X: 205
Urbanisierung von Handwerk und technischer Bil-
   dung   V: 92–101
Urbanisierung während der Industrialisierung
   X: 159–164
Urbanisierungsgebiete   VIII: 404
Urformen in der Stofformung   VIII: 192, 209
Urheberrecht   III: 204
Urmeter, Festlegung vom   IX: 65
Urologie   IV: 49
Uroskop   IV: 145
Uroskopie   IV: 97, 98, 99
Ursprünge der Technik   V: 63–65
Urteilskompetenz über technische Zusammen-
   hänge   V: 170
Urvogel   VI: 153–156
Utilitarismus   IX: 24, 51
Utopie   I: 176
Utopie, technische   I: 319
Utopien der Renaissance   VI: 39–40
UV-B-Strahlung   VI: 365

V

Vatikanisches Konzil, zweites   II: 251, 253, 255, 262,
   265, 269, 271
VDE-Vorschriften   V: 273
Vegetation im Raum, Dynamik der   VI: 464–470
Vegetation, Physiognomie der   VI: 455–456
Vegetationsdichte   VI: 458
Vegetationsindex der Erdoberfläche   VI: 457
Vegetationstypen, physiognomische   VI: 455, 456
Vegetationszonen der Erde   VI: 187, 458
Vektoranalysis   III: 64
Vektoren   VI: 277, 304
Veränderungen biogeochemischer Kreisläufe, zukünf-
   tige   VI: 368
Veränderungen durch die Technik   VI: 523
Veränderungen von Technik, künstlerische
   VII: 203–204
Veränderungsstreben durch moderne Technik   I: 99
Verantwortbarkeit des technischen Fortschritts
   I: 239–242
Verantwortlichkeit für die Schöpfung   II: 292

Verantwortlichkeit, erweiterte I: 240
Verantwortlichkeit, moralische I: 221, 222
Verantwortlichkeit, öffentlich-rechtliche I: 221
Verantwortlichkeitssystem in China, wirtschaftliches IX: 201
Verantwortung des Architekten für die Gesellschaft VII: 351, 352
Verantwortung für die Erhaltung der Natur VI: 536
Verantwortung für die Gesamtmenschheit I: 203
Verantwortung für die Nachwelt I: 203
Verantwortung für die Natur V: 53; VI: 5
Verantwortung für die Technik I: 65
Verantwortung für die Technik, gesellschaftliche X: 466−472
Verantwortung für Techniker, moralische I: 229
Verantwortung und Großtechnologien I: 214−225
Verantwortung und kollektives Handeln, individuelle I: 211−217
Verantwortung und Technik I: 169-275
Verantwortung, Arten der I: 218−226
Verantwortung, Begriff der I: 218
Verantwortung, moralische I: 221, 222, 223, 225, 226, 238−240
Verantwortung, rechtliche I: 221
Verantwortungsbegriff, erweiterter I: 215
Verantwortungsdifferenzierung I: 194−242
Verantwortungsdissipation III. 26
Verantwortungsethik I: 262 ; III: 26; IV: 304, 305, 314
Verantwortungskonzeption, klassische I: 284
Verantwortungssensibilisierung in der Technikerausbildung I: 214
Veranwortung für den Wirtschaftsprozeß, staatliche VIII: 547
Verarbeitung der Rohkohle VIII: 69
Verarmung der Böden VI: 417−419
Verband Deutscher Elektrotechniker (VDE) V: 262, 273−275; IX: 102
Verbesserungsinnovationen III: 164, 165, 171
Verbinden in der Stofformung VIII: 192, 209
Verbindungen im Boden, organische VI: 437−438
Verbindungen in der Erdatmosphäre, reduzierte VI: 351
Verbindungen, chemische III: 317, VIII: 146
Verbreitung der modernen Technik I: 298−302, 309
Verbrennung fossiler Energieträger III: 446−450
Verbrennungskraftmaschinen III: 436

Verbrennungsmotor III: 293, 294, 378, 379, 413, 425
Verbundbergwerke VIII: 66
Verbundbetrieb VIII: 487, 488
Verbundgesellschaft der Bundesrepublik Deutschland VIII: 501
Verbundnetz, deutsches VIII: 495−496
Verbundnetz, europäisches VIII: 487, 488, 498
Verbundwerkstoffe VI: 139
Verbundwirtschaft VIII: 116, 117, 118, 122
Verbundwirtschaft in vertikaler Integration VIII: 116−119
Verdinglichung der Natur I: 104
Verein Deutscher Eisenhütten- und Stahlindustrieller V: 271
Verein Deutscher Eisenhüttenleute (VDEh) V: 262, 269−273
Verein Deutscher Ingenieure (VDI) V: 218−221, 261−269, 270; IX: 107, 108, 110, 111, 112, 137, 138, 139, 149; X: XX−XXII, 7, 24, 331, 359, 368
Verein Deutscher Ingenieure (VDI), Ideologie vom X: 359
Verein für bergbauliche Interessen VIII: 63, 66
Verein Hütte V: 262
Verein z. Vervollkommnung d. mechanischen Künste u. Gewerbe V: 243
Verein zur Beförderung des Gewerbefleißes V: 246−249, 254; X: 195
Vereinheitlichung durch Technik, weltweite I: 299, 300
Vereinheitlichungsphysik II: 342
Vereinigte Divisionsschulen IX: 311
Vereinigungen, wehrwissenschaftliche IX: 365−367
Vereinsbibliotheken und Bildung V: 250−252
Vereinszeitschriften und Bildung V: 250−252
Verelendung der Arbeiterschaft X: 191, 192
Verelendung während der Industrialisierung X: 164
Vererbung VI: 278
Verfahren bei Mikroorganismen, gentechnische VI: 315−317
Verfahren bei Pflanzen, gentechnische VI: 315−317
Verfahren bei Tieren, gentechnische VI: 315−317
Verfahren beim Menschen, gentechnische VI: 306−315
Verfahren der Geschichtsforschung, statistische III: 99
Verfahren der staatlichen Technikpolitik der ehem. DDR IX: 214−217

Verfahren des Bohrens, maschinelles   VIII: 219
Verfahren des Drehens, maschinelles   VIII: 219
Verfahren des Fräsens, maschinelles   VIII: 219
Verfahren des Hobelns, maschinelles   VIII: 219
Verfahren des Schleifens, maschinelles   VIII: 219
Verfahren des Stoßens, maschinelles   VIII: 219
Verfahren mit Mikroorganismen, biotechnologische   III: 336
Verfahren zur Entscheidungsfindung   I: 184
Verfahrenbionik   VI: 109
Verfahrensschritte, biotechnologische   III: 340
Verfahrenstechnik   I: 14, 16 ; III: 340, 443–444
Verfahrenstechnik, chemische   III: 379
Verfahrenstechnik, Grundverfahren der   III: 444
Verfahrenstechnik, mechanische   III: 379
Verfassung der Bundesrepublik Deutschland   IX: 12
Verfassung von Weimar, demokratische   IX: 9, 10
Verfassung, amerikanische   IX: 6
Verfremdung der Technik   VII: 283–303
Verfremdung durch Fotografie   VII: 116–119
Verfremdung technischer Elemente   VII: 278
Verfügungswissen   VI: 53
Vergeltungswaffe V 2   IX: 425
Vergesellschaftung in den USA; tayloristische   X: 357
Vergesellschaftung in den USA; fordistische   X: 357
Vergiftungen von Bakterien   VI: 275–277
Vergleiche zwischen Technik und Biologie   VI: 99
Vergrößerung der Tonintensität   VII: 70
Vergrößerung des Tonumfanges   VII: 70
Vergroßstädterung in Deutschland   X: 161–164
Verhaltenskodex, ärztlicher   I: 274
Verhüttungsverfahren, Preisfragen über   IX: 36
Verkehr als politischer Interventionsbereich   VIII: 13
Verkehr, Verbrauch natürlicher Ressourcen durch den   VIII: 549
Verkehrsanbindungen   VIII: 400, 401
Verkehrsaufkommen   VIII. 399
Verkehrsflughäfen   VIII: 453, 455
Verkehrsfunktionen   VIII: 399, 400
Verkehrsinfrastruktur in Deutschland   VIII: 412
Verkehrsmittel   VIII: 406, 408, 415
Verkehrsmittel in der Industrialisierung, neue   X: 165
Verkehrsmittel in der Seeschiffahrt   VIII: 371–374
Verkehrsmittel in historischer Perspektive   X: 295–299

Verkehrsnetze   VIII: 400, 405
Verkehrspolitik   VIII: 415
Verkehrspolitik, zukünftige deutsche   IX: 256
Verkehrsräume   VIII: 400
Verkehrsstruktur durch das Auto, Wandel der   X: 297
Verkehrssysteme   VIII: 400, 401, 411, 415
Verkehrstruppen im 1. Weltkrieg   IX: 336, 338–348
Verkehrswege   VIII: 401
Verkokung   VIII: 52
Verkokung von Steinkohle   III: 311
Verkokungstechnik   VIII: 528
Verlag als organisierte Hausindustrie   VIII: 30
Verlag des VDI   V: 269
Verlags- und Manufakturwesen   III: 137
Verlagshandwerk   VIII: 28–29, 30
Verlagswesen   V: 126 ; X: 92, 93, 97
Verlaufsanalysen   III: 106
Verlust der Arten   VI: 527–530
Verluste im 1. Weltkrieg   IX: 353
Verluste im Bergbau im 1. Weltkrieg   VIII: 59–61
Vermassung in der Industrialisierung   X: 163–164
Vermeidung von Reststoffen   VI: 485–488
Vermenschlichung der industriellen Arbeit   X: 234
Vernetzte Systeme   VI: 249
Vernetzung   II: 231, 352
Vernetzung der Welt   VI: 245–268
Vernetzung der Wirklichkeit   VI: 249–252
Vernetzung einzelner wirtschaftlicher Sachgebiete   VI: 251
Vernetzung von Mensch und Umwelt   VI: 429
Vernunft, ganzheitliche   I: 76
Vernunft, instrumentalisierte   I: 75–77
Vernunft, universelle   I: 185
Vernunft, zwecksetzende   I: 84
Vernunftsethik, moderne   I: 262
Vernunftsgläubigkeit   V: 24
Vernunftsprinzipien der Moderne, ethische   I: 262, 272, 276–279
Verpflichtung, moralische   I: 238
Verrieselung des Abwassers   VI: 399
Versachlichung des Zeitschriftenstils   V: 322
Versailler Vertrag   IX: 109, 312, 362, 363, 364, 366, 399, 400, 403, 404
Versammlungsfreiheit, Einführung der   IX: 67
Versatz im Bergbau   VIII: 68, 71, 74
Versauerung von Böden   VI: 426, 436, 437

Verschwinden der Wirklichkeit   V: 48
Versiegelung von Böden   VI: 338, 431
Versöhnung von Technik und Bildung   V: 43–47
Versorgungsunternehmen, erste gemischtwirtschaft-
    liche   VIII: 486
Verspannungen in Biologie und Technik
    VI: 212–213
Verspannungen von Pneus, innere   VI: 170, 171
Versschulen   VII: 457
Verstaatlichungspläne der Stromversorgungsunterneh-
    men   VIII: 492
Verstädterung   X: 159–164
Verstädterung in der Hochindustrialisierung   X: 301
Verständnis der Technik, calvinistisches   II: 188
Verständnis der Technik, religiöses   II: 1 84–190
Verständnis der Wissenschaftsprozesse   III: 23
Verständnis des Organismus als Konstruktion
    VI: 134, 136
Verständnis für Technik, gesellschaftliches
    X: XXIII–XXV
Versteppung der Landschaft   VI: 338
Versuche am Menschen, medizinische   IV: 266, 277
Versuche, klinische   IV: 267
Versuchsprotokolle   V: 329
Verteidigungsfähigkeit und Politik   IX: 442–443
Verteidigungspolitik und Informationstechnik
    V: 369
Verteilungsgerechtigkeit, globale   VIII: 545
Verteilungskampf um materielle Güter   VIII: 544
Verteilungskämpfe   I: 318
Verteuerung der Rohstoffe, künstliche   VI: 512
Vertikale Integration   VIII: 116, 117, 122, 123
Vertragspolitik Bismarks   IX: 320–321
Vertretung der Arbeiterschaft, parlamentarische
    X: 192
Verursacherprinzip bei Umweltschäden   VI: 333
Verwaltungsingenieur   III: 157
Verweilzeit von Molekülen in der Atmosphäre
    VI: 354
Verwendung der Steinkohle in Großbritannien
    VIII: 308, 310, 313
Verwendung von Steinkohle in Deutschland
    VIII: 314–315
Verwertung von Reststoffen   VI: 485–488
Verwertungszwänge, ökonomische   X: 360
Verwirklichung technisch-didaktischer Konzepte
    V: 170–172

Verwissenschaftlichung der Technik   III: 356, 363,
    398, 466
Verwitterung   VI: 413, 414, 418
Verwitterung von Gestein durch Abgase   VI: 364
Verzerrung technischer Elemente   VII: 278
Verzierungen mit Hilfe von Matrizen   VII: 47
Vexation   VII: 380
Video-Künstler   VII: 168
Video   VIII: 468
Vielfalt der Arten   I: 284
Vielfalt natürlicher Lösungen   VI: 265–268
Vier Elemente der Antike   III: 223
Vier-Farben-Problem   III: 71
Vierstufen-Verfahren zur Butadien-Gewinnung
    VIII: 168
Vinylierung   VIII: 168
Violine   VII: 69, 70, 93, 101
Violoncello   VII: 101
Viren, oncogene   VI: 312
Virus   VI: 273, 279, 304, 312–315, 318
Visiereinrichtungen der Lafette   IX: 294
Vitra Design Museum   VII: 374, 375
Vögel   VI: 153
Vogelfeder, Funktion der   VI: 207
Vogelflug bei Leonardo da Vinci   III: 256, 257 ;
    VI: 195
Vogelflug, historische Aspekte vom
    VI: 206–209
Vogelflügel und Fledermausflügel im Vergleich
    VI: 155
Vogelschwungfeder   VI: 218
Vogelzunge   VI: 218
Volcho-Kraftwerk   IX: 132
Volk und Staat   II: 25
Völkerrecht   I: 209
Volksempfänger   V: 347
Volksgesundheit   IV: 218
Volkskammer-Wahlen 1990   IX: 226
Volkssouveränität   IX: 10
Volkswagen als Auto für Jedermann   X: 305
Volumenwiderstandsbeiwert   VI: 224, 225
Vor-Bild   V: 19, 23
Voraussagen von Technikfolgen   I: 251
Voraussetzungen der Technik, geistesgeschicht-
    liche   I: 96–107
Voraussetzungen der Technikbefürwortung,
    geistige   I: 321

Voraussetzungen der Technikkritik, geistige   I: 321
Vorbild   V: 23, 27, 30, 48, 50
Vorbilder der Technikgeschichte   X: 337
Vorbildkonstruktionen   I: 134
Vorderladergewehr   IX: 288, 327
Vorfabrikation von Bauteilen   VI: 137
Vorfertigung   VIII: 268
Vorfertigung von Bauteilen   VII: 346
Vorgaben, institutionelle   I: 180
Vorgehen in der Bionik   VI: 99−104
Vorgehen in der Technischen Biologie   VI: 99−104
Vorgeschichte, Dreiteilung der   III: 78
Vormontage   VIII: 268, 276
Vorrichtung der Grubenfelder   VIII: 55, 65
Vorsokratiker   IV: 9
Vorsorge- und Fürsorgeverantwortung   I: 198−210, 203
Vorstandsblätter   V: 331
Vorstellungskraft und Problembewußtsein   I: 136
Vorurteil über ungebildete Techniker   V: 37

W

Waagerechtstoßmaschine   VIII: 217
Wachstum in der Nachkriegszeit, wirtschaftliches   X: 223
Wachstum, Grenzen des   I: 186
Wachstum, qualitatives   I: 318
Wachstum, wirtschaftliches   VIII: 2, 34
Wachstumsgesellschaft und evangelische Kirche   II: 285−287
Wachstumsprogramm   VI: 144
Wachstum nach dem 2. Weltkrieg, industrielles   VIII: 549, 550
Waffen im 2. Weltkrieg   IX: 411
Waffen südlich der Sahara   X: 117−118
Waffenarsenale in Japan   IX: 166, 167
Waffenindustrie   VIII: 228
Waffenlehre   IX: 304
Waffenschulen   IX: 312
Waffentechnik bis 1914, Geschichte der   IX: 261−294
Waffentechnik im Mittelalter   IX: 267−275
Waffentechnik um 1800   IX: 284−286
Waffentechnik vom 16. bis 18. Jahrh.   IX: 279−284
Waffentechnik von 1800 bis 1914   IX: 290−294

Waffentechnik, Geschichte der   IX: 432
Wagen, Erfindung vom   X: 46
Waggonbau   VIII: 273−275
Wahl- und Eliteforschung, historische   III: 101
Wahrung des ökologischen Gleichgewichts   I: 209
Waisenhäuser   V: 125
Wald, trockenkahler   VI: 473
Wälder, Abholzung der   VI: 327
Wälder, Aufnahme gefährdeter   VI. 333
Wälder, Taxationsbeschreibung der   VI: 333
Waldnutzung, vormoderne   X: 384
Waldökosysteme   VI: 419
Waldschäden durch Emissionen, frühe   VI: 332
Waldschäden durch Rauch, frühe   VI: 332
Waldschäden, frühe   VI: 330−333
Waldsterben   VI: 336, 362−363 ; VIII: 414, 416
Walkmühlen   X: 90, 96
Walzen   VIII: 103
Walzprodukte   VIII: 116, 118
Walzwerke   VIII: 114
Walzwerke, elektrische Antriebe für   VIII: 342−343
Wandel alltäglicher Lebensformen durch Technisierung   X: 266−274
Wandel des Wissenschaftsbegriffes   III: XXIII
Wandel im Krankheitsspektrum   IV: 228−237
Wandel im Textilgewerbe durch Maschinen   VIII: 31
Wandel in der Druckindustrie   V: 317
Wandel, globaler   VI: 451
Wandel, historischer   I:3
Wandel, technischer   I: 3, 179
Wandel, wissenschaftlicher   III: 23
Wandlung der Technikwissenschaften   III: 464−467
Wandteppich von Bayeux   IX: 269
Wankelmotor   III: 437
Warenhäuser, Einrichtung erster   X: 208−209
Warenzeichen für medizinische Produkte   IV: 275
Wärme   III: 411, 412
Wärme-Kraft-Kopplung   VIII: 502
Wärmebilanzen der Energiewirtschaft   VIII: 69
Wärmekraftwerke   III: 437; VI: 392
Wärmelehre   III: 279
Wärmeleitung   III: 423
Warnehmungshorizont   I: 247
Waschmaschine   X: 277−278
Waschvorgang im Haushalt, Mechanisierung vom   X: 277−278

Wasser- und Windmühlen im Mittelalter   II: 161,
   163, 164, 168
Wasser-Werke   VIII: 507−510
Wasseranalyse   III: 337
Wasserbau als großtechnisches System   X: 380−382
Wassereinigung durch Langsam-Sand-Filter
   VIII: 511
Wasserfluß im Haushalt, Mechanisierung vom
   X: 276
Wasserhaltung im Bergbau   VIII: 44, 46, 51, 65,
   295; X: 92
Wasserhebeanlage von Marly   III: 286; X: 91
Wasserhebemaschinen, arabische   II: 111
Wasserklosett; Einführung vom   VIII: 518, 521, 523
Wasserkraft   VIII: 488, 490, 493, 495
Wasserkraft aus dem Meer   VI: 392−394
Wasserkraft aus Flüssen   VI: 389−392
Wasserkraft, Energiegewinnung aus   VI: 389−392
Wasserkraft, Geschichte der   VI: 389−390
Wasserkraft, natürliche und wirtschaftliche Grenzen
   der   VIII: 299−302
Wasserkraft, Nutzung der   VI: 389−392;
   VIII: 289−302
Wasserkraftnutzung im 19.Jahrh.   VIII: 291−295
Wasserkraftnutzung im Bergbau   X: 91, 99
Wasserkraftnutzung zu Beginn der Neuzeit   X: 91,
   93, 94, 95, 96, 102
Wasserkraftnutzung, Grenzen der   X: 91−92
Wasserkraftwerke   VIII: 484
Wasserkreislauf, atmosphärischer   VI: 348
Wasserkünste   VIII: 509
Wassermotorenbau   III: 400
Wassermühlen   VIII: 291; X: 91, 93, 95
Wassermühlen für die Baumwollspinnereien
   VIII: 294−295
Wassermühlen für die Eisenverarbeitung   VIII: 294
Wassermühlen für Sägewerke   VIII: 294
Wassermühlen im Mittelalter   X: 75, 77, 78
Wassermühlen in der Antike   X: 64
Wassermühlen in der Papierherstellung   VIII: 294
Wassermühlen in der Textilherstellung   VIII: 294
Wasserorgel des Ktesibios   X: 61
Wasserräder   III: 391; VIII: 290, 291, 293, 296, 297,
   301
Wasserrohrkessel   VIII: 319
Wasserspeicherung   VIII: 291
Wasserstoffballon   III: 293

Wasserstoffballon (Charliere)   III: 438, 439, 440
Wasserstofftechnik   III: 454−457
Wasserstraßen   VIII: 383−390
Wasserstraßen der Bundesrepublik   VIII: 382
Wasserstraßenbau, deutscher (1871−1918)   VIII: 385
Wasserstraßennetz   VIII: 383
Wassertechnik bei Leonardo da Vinci   III: 258
Wassertransportsysteme, arabische   II: 108, 112
Wassertriebwerke der Kleineisenindustrie   VIII: 301
Wasserturbinen   VIII: 291, 296, 293, 296, 297, 293,
   301
Wasseruhren in China   II: 92
Wasseruhren von Ktesibios   III: 385; X: 61
Wasserverschmutzung in der Renaissance   VI: 326
Wasserversorgung   VIII: 295, 301
Wasserversorgung chemischer Unternehmen
   VIII: 143
Wasserversorgung in Alt-Israel   II: 121
Wasserversorgung in der Antike   VI: 372−375
Wasserversorgung in Deutschland   VI: 375−378
Wasserversorgung mit Zisternen   VIII: 510
Wasserversorgung von Städten   VIII: 510−518
Wasserversorgung, öffentliche   VIII: 517
Wasserversorgung, städtische   507, 509
Wasserversorgungswirtschaft   VIII: 506−525
Wasserwerke   VIII: 514
Wattenmeer; Umweltschutz am   VI: 388
Webstuhl   III: 295
Webstuhl, Erfindung vom   X: 42, 45
Wechselstrom   VIII: 484
Wechselwirkung von Wissenschaft und Technik
   III: 358−362
Wechselwirkungen von Idee und Realität   I: 3
Wegzölle   VIII: 401
Wehr- und Rüstungswirtschaft   IX: 400
Wehr- und Rüstungswirtschaft; deutsche   IX: 374
Wehrhandwerk   IX: 356, 357, 358
Wehrkreisprüfung   IX: 313
Wehrmacht   IX: 313, 370, 372, 392, 399, 404
Wehrmacht, Aufbau der   IX: 399−428
Wehrmacht, Divisionsgliederung der   IX: 404−408
Wehrmachtsakademie   IX: 313
Wehrpflicht, allgemeine   IX: 303, 312, 323, 362
Wehrpolitik   IX: 400, 401
Wehrpolitik zwischen den Weltkriegen   IX: 365, 366
Wehrstacheln der Stachelschweine   VI: 219
Wehrtechnik   IX: 356, 357, 359, 360, 372

Wehrtechnik zwischen den Weltkriegen
    IX: 356−376
Wehrtechnik, Entwicklung der   IX: 356−361
Wehrtechnische Fakultät der TH Berlin
    IX: 367−373, 376
Wehrwissenschaft   IX: 400
Wehrwissenschaft, Entwicklung der   IX: 361−364
Wehrwissenschaften   IX: 365, 366, 376
Wehrwissenschaften zwischen den Weltkriegen
    IX: 356−376
Weichen   VIII: 430
Weimarer Republik   IX: 9−10
Weißenhofsiedlung   VII: 360
Weiterbildung und Technische Vereine   V: 275, 276
Weiterbildung und VDE   V: 274
Weiterbildung und VDEh   V: 272
Weiterbildung und VDI   V: 269, 271
Weiterbildungskurse des VDI   V: 266
Welle   III: 40
Wellen, elektromagnetische   III: 350, 358
Wellensituation im Rundfunkbereich   V: 348−349
Welt als Maschine   II: 191−195
Welt der Technik in der Literatur   VII: 428−433
Weltauffassung, animistische   II: 50−51
Weltausstellung 1851, erste   X: 462
Weltausstellung in London 1851   V: 257
Weltbejahung im Frühchristentum   II: 144
Weltbemächtigung durch Technik   I: 321
Weltbevölkerung   VIII: 543, 552
Weltbild und wissenschaftliche Welterfahrung,
    mythisches   II: 280
Weltbild, mechanistisches   VI: 43−44
Weltbildungskrise   V: 2
Welte-Mignon-Vorsetzer   VII: 392
Welteinheitszivilisation   II: 261
Welteinstellung, technische   I: 86
Weltfamilie   II: 51−54, 55
Weltfarbstoffmarkt   VIII: 141
Weltfunknetz   IX: 98
Weltgestaltung   I: 39
Weltkabelnetz   IX: 99
Weltmarkt für Stahl   VIII: 115
Weltreligionen   II: 31, 39
Weltreligionen, Statistik der   II: 47
Weltsicht, mechanistische   V: 39
Weltsteinkohlenförderung   VIII: 308−313
Welttourismus   II: 260

Weltveränderung   I: 39
Weltwirtschaft durch die Eisenbahn, Beginn der
    X: 293
Weltwirtschaftskrise   III: 159, 163 ; VIII: 122, 229
Weltwirtschaftskrise und Schiffahrt   VIII: 375
Weltzivilisation, technische   I: 298−313
Weltzuwendung und Weltabwendung, religiöse
    II: 5, 6
Wende, kopernikanische   I: 35, 303
Werbung und Design   VII: 339
Werder-Gewehr   IX: 289
Werften   VIII: 371
Werftindustrie, japanische   IX: 168
Werkbundausstellung   VII: 360
Werksarzt   IV: 222
Werkstätten von Zeiss, optische   III: 354, 356
Werkstattfertigung   III: 245, 246, 248, 249
Werkstoffe   III: 423, 424
Werkstoffe in der ehem. DDR; Entwicklung
    neuer   IX: 212
Werkstoffe, faserverstärkte   IX: 440
Werkstoffe, natürliche   III: 320
Werkstücke in der Montage, komplizierte
    VIII: 271−278
Werkstückerkennung durch Roboter   VIII: 264
Werkstückmagazine   VIII: 234
Werkstückfluß   VIII: 249
Werkzeitschriften   V: 399
Werkzeugcharakter des technischen Fortschritts
    II: 265
Werkzeuge in der Altsteinzeit   X: 37
Werkzeuge, frühe menschliche   X: 35, 36
Werkzeuggebrauch   I: 54
Werkzeuggebrauch bei Tieren   VI: 95
Werkzeugmaschinen   III: 284, 416
Werkzeugmaschinen im 19. Jahrh.   VIII: 214−220
Werkzeugmaschinen, Institute   VIII: 227
Werkzeugmaschinen, numerisch gesteuerte   VIII: 234
Werkzeugmaschinenbau   VIII: 282
Werkzeugmaschinenbau und Rationalisierung
    VIII: 228−230
Werkzeugmaschinenindustrie, Krise in der   VIII: 236
Werkzeugstähle   VIII: 223, 224
Wert produktiver Arbeit   I: 273
Wert und Unwert   I: 187, 188
Wert- und Zielvorstellungen   I: 177, 178
Werte im technischen Handeln   I: 149

Werte, metaökonomische   I: 165
Werte, technikorientierte   I: 311
Werte, technische   I: 84
Werte, technische und außertechnische   I: 147–153
Werte, wirtschaftliche   I: 153, 165
Wertewandel   II: 276
Wertfreiheitsprinzip   I: 156
Werthaltungen   I: 186, 187
Wertkonflikte   I: 188, 189
Wertneutralität der Technik   I: 153, 154
Wertneutralität, Ideologie der   I: 164
Wertordnung, Änderung der   I: 92
Wertorientierung der Wissenschaften   III: 24
Wertorientierungen technischer Entwicklung,
    neue   II: 289–293
Wertpluralismus   I: 184, 253, 255, 260–262 ; V: 29
Wertschätzung der Arbeit   I: 97
Wertsysteme   I: 263
Wertung der Handarbeit im Mittelalter   V: 80
Wertung der Handarbeit in der Renaissance   V: 82
Wertung der Handarbeit, antike   V: 79
Wertung der Handarbeit, römische   V: 79
Wertungen   I: 255
Wertvorstellungen   I: 6, 180, 181, 184, 253
Wertwandel   I: 186, 187, 188; VI: 258
Wertwandelforschung   I: 189
Wesen der technischen Bildung   V: 62
Westkirche   II: 141–142
Wettbewerbsfähigkeit der BRD; internationale   IX:
    236
Wettbewerbsprinzip   I: 190
Wettbewerbstarife der Eisenbahn   VIII: 436
Wettbewerbsvorteile durch Computer   V: 368–369
Wetter, Abhängigkeit des Menschen vom   VI: 345
Wetterführung im Bergbau   VIII: 44, 46, 51, 55, 57,
    65
Wettrüsten   I: 268
Waffentechnik im 1. Weltkrieg   IX: 320–354
Waffentechnik in der Antike   IX: 262–267
Whirlwind-Projekt   III: 175
Widerstand, außerlegaler   I: 266, 269
Widerstand, legaler   I: 266, 269
Widerstandsrecht   I: 266, 267
Wiederaufbau in Japan, wirtschaftlicher
    IX: 175–178
Wiederaufbereitung   VIII: 351, 355, 356–357, 358
Wiederaufbereitung von Brennelementen   III: 451

Wiederaufbereitungsanlagen   X: 375
Wiederentdeckung der Antike   III: 244
Wiederholungsgenauigkeit bei Roboterbewegun-
    gen   VIII: 262, 263, 267
Wiener Elektroausstellung   IV: 246
Wiederaufbereitungsanlagen   X: 403
Wildarten von Getreidesorten   X: 40
Wildbeuter- und Agrarkultur   I: 65
Wildformen von Getreide (Verbreitung)   X: 50
Wildgräser   III: 321
Willen zur Macht   I: 47, 48, 91
Willensakt, persönlicher   I: 185
Willensbildung, politische   I: 250
Wind als Energiequelle   VI: 345
Wind- und Wasserkraft in der Industrialisie-
    rung   VIII: 295–302
Wind- und Wassermühlenlandschaften   VIII: 293,
    294
Windelektrizität   VIII: 299
Windenergie   VI: 393; IX: 255
Windfrischen in der Stahlerzeugung   VIII: 105
Windkraft, natürliche und wirtschaftliche Grenzen
    der   VIII: 299–302
Windkraft, Nutzung der   VIII: 289–302
Windkraftnutzung im 19.Jahr.   VIII: 291–295
Windkraftnutzung in Dänemark   VIII: 292
Windkraftnutzung in den Niederlanden   VIII: 292
Windkraftnutzung in Norddeutschland   VIII: 292,
    294
Windkraftnutzung, Grenzen der   X: 91–92
Windmühlen   III: 391; VI: 346 ; VIII: 290, 291,
    296, 299, 300 ; X: 91, 93
Windmühlen im Mittelalter   X: 75, 79
Windmühlen, Bedeutung der   VIII: 298
Windmühlen, Verbesserungen der   VIII: 298
Windparks   VIII: 289
Windräder   VIII: 300
Windräder als Pumpantriebe   VIII: 299
Windräder für die Entwässerung der Polder
    VIII: 299
Windräder für die Wasserversorgung in der Land-
    wirtschaft   VIII: 299
Wippendrehbank   III: 391
Wirbelschichtfeuerung, zirkulierende   III: 450
Wirkung der Technik auf die Wissenschaft
    III: 356–358
Wirkungen der Technik, negative   I: 4

Wirkungen der Technik, positive   I: 315
Wirkungen des Vogelschwanzes für den Vogel-
   flug   VI: 114
Wirkungsgeschichte der Technik   III: 127
Wirkungsgrad   III: 402, 406, 411
Wirtschaft   I: 256
Wirtschaft in Europa im 19. Jahrh.   VIII: 34−35
Wirtschaft, stationäre   III: 162
Wirtschaften, rationelles   I: 98
Wirtschaftlichkeit der Arbeit   I: 301
Wirtschaftsform im Mittelalter, kapitalistische
   VIII: 23
Wirtschaftsgesetze in China   IX: 202
Wirtschaftsingenieur   III: 157
Wirtschaftskreislauf   VIII: 12
Wirtschaftskriminalität   II: 261
Wirtschaftslehre, merkantilistische   III: 143
Wirtschaftslenkung   III: 398
Wirtschaftspolitik, merkantilistische   IX: 18
Wirtschaftsprozeß, staatliche Auflagen für den
   VIII: 543, 546, 547
Wirtschaftssektoren, gegenwärtige   VIII: 5
Wirtschaftstheorie   III: 137, 154
Wirtschaftswachstum   I: 173 ; VIII: 22, 99
Wirtschaftswunder in der BRD   IX: 230
Wissen im Mittelalter, technisches   III: 391−392
Wissen in der Antike, technisches   III: 381−391
Wissen in der Frühgeschichte, technisches   III: 381
Wissenschaft als Ideal   III: 15
Wissenschaft im aristotelischen Sinn   III: 10
Wissenschaft im Mittelalter   III: 243
Wissenschaft und Philosophie   III: 12
Wissenschaft und Technik, positive Ergebnisse
   von   III: IXX−XX
Wissenschaft und Technik, negative Folgen von   III:
   XX
Wissenschaft und Technologie im nachklassischen
   Islam   II: 110−113
Wissenschaft vom deterministischen Chaos   VI: 466
Wissenschaft-Technik-Industrie−Paradigma   II: 231
Wissenschaft, Begriff der   III: 3−4
Wissenschaft, menschliche   III: 15
Wissenschaft, praktische   III: 18
Wissenschaft, reine und angewandte   III: 73
Wissenschaften bei Wolff, mathematische   III: 55
Wissenschaften im Mittelalter, Klassifizierung
   der   V: 72

Wissenschaften, dogmatische   III. 21
Wissenschaften, Ethik der   III: 26
Wissenschaften, Ethos der   III: 25
Wissenschaften, historisch-ethische   III: 18
Wissenschaften, historische   III: 19, 21
Wissenschaften, individualistische   III: 21
Wissenschaften, kosmologische   III: 20
Wissenschaften, moralisch-politische   III: 18
Wissenschaften, noologische   III: 20
Wissenschaftler in der Renaissance   III: 259−263
Wissenschaftliche Revolution   III: 269
Wissenschaftlichkeit der Historie   III: 21
Wissenschaftlichkeit der Technik   I: 155
Wissenschafts-Nomologie   III: 4, 25−26
Wissenschaftsbegriff bei Aristoteles   III: 11−12
Wissenschaftsbegriff im Wandel   III: 4−22
Wissenschaftsbegriff, christlicher   V: 77
Wissenschaftsbegriff, ganzheitlicher
   III: XXII−XXIII
Wissenschaftsbegriff, habitueller   III: 11
Wissenschaftsbegriff, klassischer   III: 6
Wissenschaftsbegriff, moderner   III: 6
Wissenschaftsbegriff, propositioneller   III: 11
Wissenschaftsentwicklung, Leitermodell der   III: 22
Wissenschaftsentwicklung, Sprungmodell der   III: 22
Wissenschaftsethik   III: 4
Wissenschaftsförderung durch Kaiser Wilhelm
   II.:   IX: 99
Wissenschaftsfreiheit, Grundrecht der   IX: 232
Wissenschaftsgeschichte   III: 7
Wissenschaftskonzeption, Geist der modernen
   III: 17
Wissenschaftskonzeption, klassische   III: 4
Wissenschaftskonzeption, moderne   III: 4
Wissenschaftskorpus   III: 23
Wissenschaftskriterien   III: 25
Wissenschaftslehre bei Bolzano   III: 15
Wissenschaftslogik   III: 17
Wissenschaftsmodelle, dualistische   III: 21
Wissenschaftspessimismus   VI: 471
Wissenschaftsphilosophie in der ehem. DDR
   IX: 223
Wissenschaftsphilosophie, neue   III: 23
Wissenschaftsprogramm bei Francis Bacon   III: 49
Wissenschaftsprozesse, Verständnis der   III: 23
Wissenschaftsrat   IX: 239
Wissenschaftstheorie   III: 7

Wissenschaftszeitschrift   V: 330
Wissenschaftszeitschriften a. Fachzeitschriften, Entwicklung v.   V: 328–329
Wissenssystem, Zugang zum   X: 342
WNPR-Parameter-Modell   III: 24
Wohlfahrts- und Obrigkeitsstaat, absolutistischer   IX: 5
Wohlfahrts-Technologien in Japan   IX: 180–183
Wohlfahrtsökonomie   III: 155
Wohlfahrtsstaat   I: 296
Wohnhausstudie von Lebedew   VI: 214
Wohnsilos von Bauträgergesellschaften   VII: 347
Worldwatch-Institut   VIII: 416
Wortgeschichte des Technikbegriffes   I: 11
Wunderwaffen im 2. Weltkrieg, sogen.
   IX: 424–428
Wundinfektion   IV: 69, 71, 79
Wunschträume der Renaissance   VI: 39–40
Wunschzeiten des Mittelalters   VI: 39
Wurf, Lehre über den schiefen   IX: 278
Wurfbewegung in der Antike   III: 229
Wurfparabel   IX: 278, 283
Wurftheorie in der Antike   III: 229, 231
Würzburg-Geräte   IX: 387, 388, 392
Wüste–Savanne–Wald   VI: 476
Wüsten   VI: 458, 475, 476
Wüstung   VI: 324, 325

Y

Yin und Yang   II: 88
Yin-Yang-Einheit   II: 10
Young-Plan   VIII: 432

Z

Zahneisen   VII: 42
Zahnradfräsmaschine   VIII: 215
Zahnradgetriebe   VIII: 200
Zahnradschneidemaschinen   VIII: 199
Zahnschmelz von Haien   VI: 139, 144
Zechenverband   VIII: 62, 63
Zeichenmaschinen, computergesteuerte   VII: 177
Zeichenschulen   V: 140
Zeichnung in der Ingenieursprache   I: 142, 143

Zeichnungen, technische   III: 409
Zeit- und Bewegungsstudien   III: 147
Zeit- und Geschichtsverständnis, christliches   II: 295, 296, 298
Zeitalter, paläontologisches   VI: 466
Zeitalter, technologisches   I: 259, 260
Zeiterfahrung durch neue Medien, Wandel alltäglicher   X: 269
Zeitersparnis im Haushalt durch Technisierung   X: 278, 279
Zeitmessung im Mittelalter   II: 162
Zeitmessung in der Renaissance   II: 183
Zeitmessung und Säkularisierung   II: 214–222
Zeitmessung, arabische   II: 106
Zeitoffizier   IX: 315
Zeitschrift des VDI   V: 263, 264, 269, 270
Zeitschrift Stahl und Eisen   V: 271
Zeitschrift Technik und Wirtschaft   V: 266
Zeitschrift Technikgeschichte   V: 265 ; X: 23, 24
Zeitschriften   V: 390, 392, 398
Zeitschriften und technische Aktualität   V: 324–326
Zeitschriften und technische Spezialgebiete   V: 323–324
Zeitschriften, bibliographische   V: 327
Zeitschriften, illustrierte   V: 393, 394, 398
Zeitschriften, polytechnische   V: 321, 324, 325, 392
Zeitschriften, populärwissenschaftliche   V: 336
Zeitschriften, subventionierte wissenschaftliche   V: 320
Zeitschriften, technisch-wirtschaftliche   V: 330–333
Zeitschriften, technische   V: 321
Zeitschriftenverbreitung, internationale   V: 327–328
Zeittafel der afrikanisch-eurasischen Menschheit   II: 66
Zeitungen   V: 388, 390, 391, 392, 393, 397, 399, 398
Zeitungsbeilagen über technische Themen   V: 332
Zelle   VI: 271–272, 273, 289
Zellen als Grundbausteine von Pflanzen   IV: 107
Zellen, somatische   VI: 307
Zellenlehre, Fortschritte der   IV: 106–107
Zellentheorie   III: 327, 328
Zellularpathologie   IV: 26, 27, 28, 108, 270
Zellwand   VI: 271, 272
Zelte als frühe menschliche Wohnstätte   X: 39
Zentimeterwellenradar   IX: 394, 395, 397
Zentraler Elektrotechnischer Rat   IX: 124
Zentralisierung staatlicher Aufgaben   I: 191

Zentralismus   IX: 12
Zentralismus in China   IX: 198
Zentralkanalisation   VIII: 520
Zentralstelle für Gewerbe und Handel   X: 195
Zentralverband der Deutschen Elektrotechnischen Industrie   V: 267
Zentralverwaltung für Technik   IX: 143
Zeppelin-Luftschiffahrt   VIII: 441−443
Zeppelin-Luftschiffe   IX: 342−343
Zersetzungskette, tierische   VI: 424
Zick-Zack-Modell nach Darwin   VI: 234−236
Ziegelsteine, früher Gebrauch der   X: 47, 48
Zielabstandszünder   IX: 425
Zielfunktion in der Natur   VI: 143
Zielsetzung der Evolutionsstrategie   VI: 240−241
Zikkurate   II: 26, 80; X: 47
Zirkel, hermeneutischer   III: 105
Zisterzienser   II: 298−299
Zivil-und Militärbaukunst   V: 133
Zivilisationskrankheiten   IV: 236, 237, 238−239
Zivilisationskritik   VII: 415
Zölle in der Stahlindustrie   VIII: 114−116
Zollverein, Gründung vom   VIII: 377
Zucht-Häuser   III: 138
Züchtung von Kulturpflanzen aus Wildpflanzen   X: 40−41
Zuchtwahl, natürliche   I: 307
Zuckmücken, Genitalien von   VI: 119−123
Zufallsergebnisse und Serielle Kunst   VII: 274−275
Zufallsvariation, biologische   I: 306
Zugänge zur Technik, esoterische   II: 336−344
Zugsicherung, induktive (INDUSI)   VIII: 430
Zugsysteme, moderne   VIII: 436
Zugverstärkung von Zellansammlungen   VI: 170−173
Zukunftsbilder in Science Fiction   VII: 444
Zukunftsethik   I: 204−210
Zukunftsgläubigkeit in der Literatur   VII: 442
Zukunftsliteratur   VII: 440
Zukunftsprognosen von Technikern   I: 249−255
Zukunftstechnologien   IX: 254, 255
Zukunftsvisionen als Ausdruck des Zeitgeistes   VII: 440

Zulässigkeit medizinischer Versuche, ethische   IV: 302
Zulaufverfahren   III: 333
Zulieferbetriebe   VIII: 259
Zündhütchen   IX: 280
Zündnadelgewehr   IX: 288, 290, 291
Zündung der Handbüchsen   IX: 279
Zünfte   V: 279 ; X: 341
Zunftwesen   V: 94, 95, 122, 279−281
Zurechnungsproblem bei technischen Auswirkungen   I: 96
Zusammenbau von Einzelteilen   VIII: 209
Zusammenhang aller Religionen, strukturaler   II: 23
Zwang zur Vergrößerung der Stahlwerke   VIII: 119−123
Zwangslizenz   III: 199, 203
Zwecke der Technik   II: 350−351
Zweckentfremdung technischer Geräte, künstlerische   VII: 303−307
Zweckentfremdung technischer Kunstobjekte   VII: 303−307
Zweckfreiheit technischer Kunstobjekte   VII: 303−307
Zweckmäßigkeit bei Aristoteles   III: 230
Zwei Kulturen   I: 171; III: XXII, XXIII; X: XXII−XXIII, XXV, 353
Zwei-Kulturen-Praxis   V: 430
Zwei-Kulturen-Theorie   V: 430
Zwei-Kulturen-These   X: 468
Zwei-Reiche-Lehre bei Luther   II: 245, 279
Zwei-Schrauben-Dampfer   VIII: 372
Zwei-Wege-Kommunikation   V: 346
Zweiarm in der römischen Armee   IX: 265
Zweiteilung der Lebenswelten   X: 345−346
Zwischenspeicher   VIII: 246, 247
Zwölfton-Reihentechnik   VII: 396, 397
Zykloiden−Pendeluhr   III: 52, 53
Zyklopenstädte   VI: 56
Zylinderbohrmaschinen   VIII: 206
Zylinderverschluß eines Gewehrs   IX: 288, 289
Zystoskop   IV: 145
Zystoskopie   IV: 146
Zytologie   III: 330

Personenregister

Fettgedruckte römische Ziffern verweisen auf die Band-Nr. Die Bandzählung des Gesamtwerkes ist aus S. II (gegenüber dem Innentitel) eines jeden Bandes ersichtlich. Die Lebensdaten von Kaisern und Königen wurden z. T. durch die Regierungszeit ergänzt; ist das Geburtsjahr nicht bekannt, steht nur die Regierungszeit. Bei Päpsten ist i. allg. nur die Zeit ihres Pontifikats aufgeführt.

A

Aagard, Herbert **X**: XXVI
Aalto, Alvar **VII**: 364, 367, 373
Abbe, Ernst Karl (1840–1905) **II**: 319, 321;
  III: 329, 353, 354, 356; **IV**: 108,109; **IX**: 104, 105
Abel, John Jacob (1857–1938) **IV**: 85
Abel, Othenio (1875–1946) **VI**: 135
Abraham a Sancta Clara; eigentl. Ulrich Megerle
  (1644–1709) **III**: 299; **VII**: 258
Abraham ben Samuel Zakuto (um 1450–1510)
  II: 124
Abu I.-Hasan Muhammed al Amiri (10. Jahrhundert) **II**: 124
Acconi, Vito **VII**: 307
Accum, Friedrich Christian (1769–1838) **VIII**: 529
Ackermann, R. W. (geb. 1908) **VII**: 269
Acuto, Giovanni (um 1390) **IX**: 428
Adalhard (um 750–826) **II**: 163
Adam, Gerhard (1797–1879 **VII**: 81
Ademar von Chabannes (um 988–1034) **II**: 166
Adenauer, Konrad (1876–1967) **IX**: 239, 241, 246,
  247, 254; **X**: 414, 416, 419, 423, 430, 438, 440, 441
Adler-Herzmark, Jenny (1877–1950) **IV**: 253
Adorno, Theodor W. (1903–1969) **X**: 221, 353
Aelfeg von Winchester (gest. 951) **II**: 167
Aeppli, Eva **VII**: 326
Ageladas von Argos (frühes 5. Jahrh.) **VII**: 52
Agoston, Peter (1874–1925) **I**: 20
Agricola, Georgius; deutsch: Bauer, Georg
  (1494–1555) **II**: 212; **III**: 59, 247, 250, 251, 258,
  270, 379, 401; **V**:108, 305; **VI**: 34, 41, 324;
  VII: 219, 222, 229; **VIII**: 41; **IX**: 79; **X**: 101, 102
Ahlborn, Friedrich Christian Georg
  (1858–1937) **VI**: 196, 197
Aischylos (525/24–456/55) **III**: 233; **V**:64, 67
al-Chwarizimi (um 820) **II**: 126

al-Fárábi, Abú Nasr Muhammad b. Muhammad b.
  Tarhán (um 873–950) **V**:77
al-Ghazzali (gest. 1102) **VI**: 38
Alanus ab Insulis (1125/1128–1203) **II**: 300; **V**: 86
Albers-Schönberg, Ernst (1865–1921) **IV**: 121,
  122,123, 124
Albert der Große (um 1200–1280) **V**:74
Albert, Hans (geb. 1921) **III**:6
Albert, Joseph (1825–1886) **V**:316
Alberti, Leon Battista (1404–1472) **III**: 46, 245,
  246, 258; **V**: 107; **VI**: 326; **VII**: 62
Albertus Magnus (um 1200–1280) **II**: 176, 221;
  III: 237; **VI**: 36; **IX**: 275
Albrecht, Helmuth **X**: XXV, XXXII
Aldhelm von Malmesbury (um 640–709)
  II: 175
Alembert, Jean Le Rond d' (1717–1783) **II**: 307;
  III: 17, 112, 276, 289, 393; **V**:109, 283, 309;
  VI:390; **IX**: 17, 23, 25, 27, 28, 34; **X**: 145
Alexander der Große (356–323 v. Chr.) **II**: 45;
  III: 37; **V**: 76; **X**: 65
Ali ibn Isa (9. Jahrhundert) **II**: 126
Allen, F. John (1829–1900) **VIII**: 320
Alsted, Johann Heinrich (1588–1638) **V**:72
Altdorfer, Albrecht (um 1480–1538) **V**:306
Althoff, Friedrich Theodor (1839–1908) **III**: 65;
  X: 208
Altmütter, Georg (1787–1858) **III**: 415
Altner, Günter **VI**: 76
Altum, Bernard (1824–1900) **VI**: 332
Ambrosius (339–397) **II**: 158; **V**:87
Amici, Giovanni Battista (1786–1863) **III**: 329
Ammann, Jost **VII**: 459
Ammon, Otto (1842–1916) **VI**: 69
Ampère, André Marie (1775–1836) **III**: 20, 419
Amstutz, G. Christian **VI**: 201
Anaxagoras (500/496–428) **III**: 222, 227

Anaximander (um 610–um 547 v. Chr.)   **III**: 221, 222

Anaximenes (um 585–um 526 v. Chr.)   **III**: 222

Anders, Günter (geb. 1902)   **II**: 357; **VI**: 517

Andreae, Johann Valentin (1586–1654)   **V**: 62, 82

Andrée, August (1854–1897)   **VIII**: 441

Anschütz-Kaempfe, Hermann (1872–1931)   **III**: 67

Anselm von Canterbury (1033–1109)   **II**: 31

Antheil, Georg (1890–1959)   **VII**: 387, 388, 389, 400

Apollodorus (2. Jahrhundert)   **V**:296

Apollonius von Perge (um 262–um 190 v. Chr.)   **II**: 112; **III**: 244; **VII**: 9

Appleton, Eduard V. (1892–1965)   **IX**: 383

Arago, Dominique François Jean (1786–1853)   **V**: 206

Archigramm   **VII**:368

Archimedes (um 285–212 v. Chr.)   **I**: 97, 114; **II**: 112, 149; **III**: 38, 40, 41, 47, 232, 237, 244, 255, 263, 264, 272, 387, 389, 430; **V**:68, 74, 83, 155; **VI**: 200, 372; **VII**: 62; **IX**: 263, 432; **X**: 60, 61

Archytas von Tarent (428–365 v. Chr.)   **III**: 9, 234

Ardenne, Manfred v. (geb. 1907)   **IX**: 215

Arendt, Hannah (1906–1975)   **X**: 358, 454

Ariosto, Ludovico (1474–1533)   **IX**: 270

Aristarch von Samos (3. Jahrh. v. Chr.)   **III**: 262; **IX**: 268

Aristoteles (384–322 v. Chr.)   **I**: 11, 26, 27, 28, 31, 60, 80, 101, 120, 210; **II**: 8, 149, 150, 151; **III**: 4, 5, 9–12, 40, 215, 223–235, 237, 243, 244, 265, 270, 272, 277, 327, 383, 391, 392, 430; **V**:67, 68, 74, 78, 79, 106; **VI**: 1, 14, 25,26,28,29,38,44,346,370,381; **VII**: 24; **IX**: 269, 275–277; **X**: 9, 59, 460

Arkwright, Richard (1732–1792)   **VIII**: 196; **X**: 386

Arman, eigentl. Armand Fernandez (geb. 1928)   **VII**: 171, 281, 285

Arnald von Villanova (1235–1312)   **IV**: 205

Arnim, Achim Konstantin Rudolf Ferdinand v. (geb. 1881)   **IX**: 370

Arnim, Achim von (1781–1831)   **VII**: 417

Arnold, Pierre   **VII**: 343

Arras, Matthias von   **VII**: 41

Asimov, Isaac   **VII**: 445

Auenbrugger, Leopold (1722–1809)   **IV**: 134

Auer von Welsbach, Carl Freiherr (1858–1929)   **VIII**: 484, 536

August II., gen. d. Starke (1670–1733)   **III**: 289; **IX**: 55

Augustinus (354–430)   **I**: 28, 30; **II**: 19, 144, 199, 297; **III**: 45, 211, 235; **V**: 67, 77, 87; **VI**: 29; **X**: 460

Augustus, römischer Kaiser (63 v. Chr.–14 n. Chr.)   **II**: 149; **III**: 42; **V**:68; **X**: 64

Aumund, Heinrich (geb. 1873)   **V**:232

Ausonius, Decimus Magnus (um 310–nach 393)   **VII**: 453

Avempace (Ibn Baddscha) (12. Jahrh.)   **III**:211

Averroes (1126–1198)   **VI**: 38

Avicenna, gen. Ibn Sina (um 980–1037)   **IV**:13, 243, 262; **VI**: 38

Avogadro, Amadeo (1776–1856)   **III**:317

Avvakumov   **VII**: 324

B

Baader, Ernst W. (1892–1962)   **IV**: 223

Baader, Franz von (1765–1841)   **II**: 313; **IX**: 31

Baader, Josef von (1763–1835)   **V**:322, 329; **IX**: 38

Babbage, Charles (1792–1871)   **III**: 68, 147; **VIII**: 214

Bach, Carl von (1847–1931)   **III**: 424–426; **V**: 265

Bach, Johann Sebastian (1685–1750)   **VII**: 85, 381

Bächer, Max   **VII**: 349

Bachmann, Ingeborg (1926–1973)   **VII**: 481

Bacon, Francis (1561–1626)   **I**: 31, 32, 33, 35, 101, 104, 122, 123, 194, 295, 301, 312; **II**: 6, 212, 225, 303, 314; **III**: 14,19, 22, 49, 215, 216, 267, 277, 278, 282, 347, 393; **V**: 62, 75, 82; **VI**: 40,42,46,50; **VII**:415, 416, 441; **IX**: 24, 31, 233; **X**: 345, 460, 461

Bacon, Francis (geb. 1909)   **VII**: 105,106, 192

Bacon, Roger (1214–1294)   **II**: 169, 177; **V**:74, 75, 83; **IX**: 270; **X**: 299, 460

Bader, Angelika   **VII**: 315

Badura, Michael   **VII**: 191

Baekeland, Leo Hendrik (1863–1944)   **III**: 370

Baethge, Martin   **X**: 320

Bahrdt, Hans Paul   **VI**: 257; **X**: 163

Bahrdt, Karl Friedrich (1741–1792)   **V**: 119

Bakeland, Leo Hendrik (1863–1944)   **VIII**: 180

Baker, Benjamin (1882–1890)   **VI**: 136

Baker, Josephine (geb. 1906)   **X**: 216

Baldamus, August Carl Eduard (1812–1893)   **VI**: 332

Baldauf, Karl Gottfried   **IX**: 89
Baldner, Lienhardt (1612–1694)   **III**: 324
Baldwin, Stanley (1867–1947)   **IX**: 380, 462
Balke, Siegfried (geb.1902)   **IX**: 246
Ballàs, Giacomo (1874–1958)   **VII**: 116
Ballauf, Theodor (geb. 1911)   **V**: 47
Bämler, Johann (zwischen 1453 und 1507 nachgewiesen)   **V**: 301
Bampi, Richard (1896–1965)   **VII**: 142
Bandau, Joachim   **VII**: 322, 323
Banham, Reyner   **VII**: 370
Banse, Ewald (1883–1953)   **IX**: 365, 400
Banse, Gerhard   **I**: 73
Baquié, Richard   **VII**: 281, 321, 323
Barbadillo, Manuel   **VII**: 179
Bardeen, John (1908–1991)   **I**: 114; **III**: 358–361, 363, 367
Barlow, Peter William (1800–1885)   **VIII**: 205
Barnard, Christiaan (geb. 1922)   **IV**: 187
Barr, Alfred   **VII**: 360
Barth, Carl (1886–1968)   **II**: 246, 278, 281
Barthel, Max (1893–1975)   **VII**: 455, 471, 477, 479, 480
Barthes, Roland (geb. 1915)   **I**: 294
Barton, John (1789–1852)   **III**: 146
Basch, Samuel Ritter von (1837–1905)   **IV**: 158
Basedow, Johannes Bernhard (1724–1790)   **V**:119, 136, 138
Batelli, Angelo (1863–1916)   **IV**: 121
Baudelaire, Charles (1821–1867)   **VII**: 410
Bauer, Friedrich   **III**: 70
Bauer, Georg, siehe Agricola
Baumé, Antoine (1728–1804)   **III**: 310
Baumann, Horst H.   **VII**: 172
Baumgartner, Alexander (1714–1762)   **VII**: 13
Bauschinger, Johann (1647–1893)   **III**: 423
Bavink, Bernhard (1879–1947)   **II**: 333
Baxter, James, P.   **IX**: 394
Bayer, Friedrich (1825–1880)   **III**: 164; **IV**: 282
Bayer, Herbert (geb.1900)   **VII**: 122
Bayer, Otto (1902–1982)   **III**: 317; **VIII**: 169,183
Bayerl, Günther   **VI**: 330
Bayertz, Kurt   **III**: 7
Bayles, Michael   **I**: 227
Bayrle, Thomas   **VII**: 329
Bebel, August (1840–1913)   **IX**: 117
Becher, Ernst   **VII**: 201, 203

Becher, Hilde   **VII**: 201, 203
Becher,Johann Joachim (1635–1682)   **III**: 138–141, 299, 300; **VIII**: 528
Becher,Johannes R. (1891–1958)   **VII**: 475, 476
Bechhold, Heinrich (1866–1937)   **V**: 337
Bechstein, Carl (1826–1900)   **VII**: 81
Bechstein, Johann Matthaeus (1757–1822)   **III**: 324
Beck, Heinrich (geb. 1929)   **I**: 19
Beck, Karl (1817–1879)   **VII**: 455, 467
Beck, Ludwig (1841–1918)   **III**: 114, 120
Beck, Ludwig (1880–1944)   **IX**: 298, 402, 404–407
Beck, Theodor (1839–1917)   **III**: 121
Beck, Ulrich   **IX**: 222; **X**: 458, 459, 466
Beckenbach, Niels   **X**: XXXI, 365
Becker, Carl Heinrich (1876–1933)   **V**:232
Becker, Karl (1879–1940)   **IX**: 358, 368, 370, 372–376, 409
Beckett, Samuel (geb. 1906)   **VII**: 20
Beckmann,Johann (1739–1811)   **I**: 14, 71; **III**: 112, 113, 142, 394–399, 415; **V**: 73, 324; **IX**: 46, 48, 53; **X**: 22
Bednorz, Georg   **III**: 367
Beenken, Hermann (1896–1952)   **VII**: 107
Beer, Stafford   **VI**: 249
Beethoven, Ludwig van (1770–1827)   **VII**: 70, 386
Behaim, Martin (1459–1507)   **VI**: 36
Behrens, Peter (1868–1940)   **VII**: 356, 357, 358; **VIII**: 534
Behring, Emil von (1854–1917)   **IV**: 269, 270, 271, 280
Beilstein, Friedrich (1838–1906)   **III**: 318
Bélidor, Bernard Forest de (1697–1761)   **III**: 58, 61, 407
Bell, Alexander Graham (1847–1922)   **I**: 114, 129; **III**: 202; **VIII**: 462, 474; **X**: 285
Below, Georg von (1858–1937)   **III**: 126
Bénedict de Saussure, Horace (1740–1799)   **III**: 309
Benedikt von Nursia (um 480–547)   **II**: 148, 163, 173, 175, 297; **V**:88
Benedikt XIV. (1675–1758)   **III**: 58
Benedikt, Moriz (1835–1920)   **IV**: 244–248
Benn, Gottfried (1886–1956)   **I**: 316; **VII**: 427, 485, 486
Bénno von Osnabrück (um 1020–1088)   **II**: 172, 175; **V**:92
Bense, Max (1910–1990)   **VII**: 32, 179

Bentham, Jeremy (1748–1831) **VIII**: 518
Bentham, Samuel (1757–1831) **VIII**: 208
Benz, Berta (1849–1944) **IX**: 347
Benz, Carl Friedrich (1844–1929) **I**: 157; **III**: 436;
    IX: 347; **X**: 297
Benz, Ernst (1907–1980) **II**: 41, 232; **X**: 80, 81
Beoan, Edward J. (1856–1921) **VIII**: 175
Berblinger, Albrecht Ludwig (1770–1829)
    VIII: 444
Berger, H. Johann **X**: 364
Berger, Hans (1873–1941) **IV**: 164, 165
Bergius, Fritz (1884–1940) **VIII**: 165
Bergmann, Ernst von (1836–1907) **IV**: 78
Bergmann, Torbern Olof (1735–1784) **III**: 281
Bergson, Henri (1859–1941) **I**: 52; **VI**: 13
Berlichingen, Ritter Götz von (1480–1562) **IV**: 48,
    49, 173
Berliner, Emil (1851–1929) **VIII**: 464
Berlioz, Hector (1806–1869) **VII**: 380
Bernal, John Desmond (1901–1971) **I**: 72; **IX**: 221
Bernard, Claude (1813–1878) **VII**: 421
Bernhard von Clairvaux (1090–1153) **II**: 168
Bernhard, Christian (um 1750) **III**: 302, 303
Bernouilli, Osborne (1842–1912) **VI**: 390
Bernoulli, Daniel (1700–1782) **VI**: 390; **VII**: 86
Bernstein, Eduard (1850–1932) **X**: 202
Bernward von Hildesheim (um 960–1022)
    II: 167, 175; **V**: 90, 92
Berrocal, Miguel **VII**: 9
Berson, Arthur (1859–1942) **VIII**: 441
Bertalanffy, Ludwig von (1842–1899) **VI**: 72, 249
Berthold (um 1030–1088) **V**: 92
Berton, Nuccio **VII**: 327
Bertram, Jürgen **IX**: 313
Bertsch, Christoph **VII**: 4
Bertuch, Friedrich Justin (1747–1822) **V**: 311
Beseler, Hans Hartwig von (1850–1921) **IX**: 337
Bessarion (1403–1472) **V**: 60, 84
Bessemer, Henry (1818–1898) **VIII**: 104, 105, 109,
    125
Besson, Jacques (um 1535–1573) **V**: 306, 307
Bettermann, Gerhard **VI**: 321
Beuth, Peter Christian Wilhelm (1781–1853)
    V: 183, 204, 214, 247, 248, 249, 253, 254; **VIII**: 34;
    X: 195
Beuttel, Alfred **IX**: 422
Beuys, Joseph (1921–1986) **VII**: 279, 280, 281

Bewick, Thomas (1753–1828) **V**: 311, 312
Bichat, François Xavier (1771–1802) **IV**: 26, 27, 28
Bier, August (1861–1949) **IV**: 44, 64, 127
Bill, Max (1908–1994) **VII**: 272
Billeter, Erika **VII**: 3
Billuart, Charles-René (18. Jahrhundert) **II**: 243
Binder, Robert (gest. 1870) **V**: 331
Binding, Karl (1841–1920) **IV**: 306
Binz, Arthur (1868–1943) **IV**: 128
Binz, Gerhard Ludwig **IX**: 366
Biot, Jean-Baptiste (1774–1862) **VIII**: 441
Bircher, Eugen (1882–1956) **IV**: 149
Biringuccio, Vanoccio (1480-um 1540) **I**: 12;
    VII: 222
Birkeland, Christian (1867–1917) **VIII**: 158
Bischoff, Bernhard **VII**: 3
Bismarck, Otto Graf von (1815–1898) **VIII**: 426;
    IX: 9, 97, 98, 102, 320, 321; **X**: 158
Bitschin, Konrad (gest. nach 1464) **V**: 80, 81
Blackett, Patrick Maynard Stuart (1897–1974)
    IX: 381, 383
Blanchard, Jean Pierre (1750–1809) **VIII**: 439
Blanchard, Marie-Madeleine-Sophie
    (1778–1819) **VIII**: 441
Blank, Theodor (geb. 1905) **X**: 440
Blankenzee, Max **I**: 230
Blauner, Robert **X**: 322
Blechen, Karl (1798–1840) **VII**: 263, 297
Blériot, Louis (1872–1936) **VII**: 258; **VIII**: 446
Blick, E.F. **VI**: 102
Blinn, Jim **VII**: 182, 183
Bloch, Ernst (1885–1977) **I**: 81, 82, 118, 119, 135,
    295; **II**: 117, 211; **V**: 75; **VI**: 39
Bloch, Felix (1905–1983) **IV**: 131
Bloch, Marc (1886–1942) **X**: 72
Blochmann, Rudolf Sigismund (1784–1871)
    VIII: 530, 531, 532
Blomberg, Werner von (1878–1946) **IX**: 401, 407
Blondel, François, der Jüngere (1683–1748) **V**: 187
Bluhm, Agnes (1862–1943) **IV**: 215, 216, 218
Blumenberg, Hans (geb. 1920) **II**: 209; **V**: 75
Blumenhardt, Christian Gottlieb (1779–1838)
    II: 278
Blüthner, Julius (1824–1910) **VII**: 67, 69, 79, 81
Bobrowski, Johannes (1917–1965) **VII**: 481
Bocagc, Adolphe **IV**: 126
Bock, W.J. **VI**: 102

Böckler, Georg Andreas (17. Jahrhundert)   **V**: 307
Boehm, Theobald (1794–1881)   **VII**: 69, 87, 101
Boerhaave, Hermann (1668–1738)   **IV**: 24
Boethius, Ancius Manlius (480–525)   **III**: 15, 45
Boetti, Alighiero   **VII**: 321, 322
Böhm, Andreas (1729–1790)   **V**: 330
Böhm, Jakob (1575–1624)   **V**: 16
Böhme, Gernot   **X**: 466
Bohn, René (1862–1922)   **VIII**: 171
Bohr, Niels (1885–1962)   **II**.: 10; **VIII**: 146
Bois-Reymond, Emil Du (1818–1896)   **IV**: 159;
   IX: 103
Bol, Peter C.   **VII**: 3
Bolkow, Ludwig   **IX**: 246
Böll, Heinrich (1917–1985)   **VII**: 430
Boltzmann, Ludwig (1844–1906)   **VI**: 501
Bolzano, Bernhard (1781–1848)   **III**: 15
Bonanni, Philipp (1638–1725)   **IV**: 103
Bonatz, Paul (1877–1956)   **II**: 326
Bonaventura (1217–1274)   **V**: 86
Boner, Ulrich (zwischen 1324 und 1349 nach-
   gewiesen)   **V**: 300
Bonet, Théophile (1620–1689)   **IV**: 25
Bonhoeffer, Dietrich (1906–1945)   **II**: 278
Bonhomme, François   **VII**: 265
Bonnard, Pierre (1867–1947)   **VII**: 108, 109, 110,
   125
Boole, George (1815–1864)   **III**: 69
Boot, Henry Albert Howard (1917–1983)   **IX**: 391
Borda, Jean Charles (1733–1799)   **IX**: 65
Borelli, Giovanni Alfonso (1603–1679)   **III**: 326;
   VI: 113, 114,195,196
Bormann, Martin (1900–1945)   **IX**: 141, 147
Born, Ignaz von (1742–1791)   **III**: 309; **IX**: 88
Born, Max (1882–1970)   **II**: 332, 333
Born, Nicolas (1937–1979)   **VII**: 484
Borries, Bodo von (1905–1956)   **IV**: 114
Borsig, August (1804–1854)   **X**: 140, 141
Bosch, Carl (1874–1940)   **III**: 441, 442; **VIII**: 159
Bosch, Hieronymus (um 1450–1516)   **VII**: 186
Bosch, Robert (1861–1942)   **II**: 319, 321, 333;
   VIII: 233; **X**:143,199,207,297
Boscovich, Ruggiero Guiseppe (1711–1787)   **III**: 23,
   58
Bossuet, Jacques (1627–1704)   **IX**: 5
Bote, Hermann (um 1460–1520)   **V**: 87
Botta, Mario   **VII**: 363, 371

Böttger, Johann Friedrich (1682–1719)   **III**: 289;
   IX: 55
Bötzkes, Wilhelm   **X**: 416, 420, 425, 426, 432, 433,
   435, 437
Boufflers, Louis François de (1644–1711)   **IX**: 68,
   69, 70
Boulez, Pierre (geb.1925)   **VII**: 398
Boulogne, Duchenne de (1806–1875)   **IV**: 244
Boulton, Matthew (1728–1809)   **VIII**: 206
Bourseul, Charles (1829–1912)   **I**: 129
Boveri, Walter (1865–1924)   **II**: 326
Boyen, Hermann v. (1771–1848)   **IX**: 303
Boyle, Robert (1627–1691)   **III**: 300, 301; **VI**: 50;
   X: 346
Bozzini, Philipp (1773–1809)   **IV**: 143,146,148
Bozzoli, Guiseppc (geb. 1724)   **III**: 292
Braczyk, Hans Joachim   **X**: 365
Brahe, Tycho (1546–1601)   **II**: 112, 212; **III**: 262
Brahms, Johannes (1833–1897)   **VII**: 88
Braittain, Walter, H. (geb. 1902)   **III**: 358, 359, 367
Bramah, Joseph (1748–1814)   **VIII**: 208
Brand, Max   **VII**: 378
Brandt, Leo (1908–1971)   **IX**: 388, 394, 395
Brandt, Willy (geb.1913)   **IX**. 250
Brant, Sebastian (1457/58–1521)   **V**: 95
Braqué, Georges (1882–1963)   **VII**: 20
Brattain, Walter Houser (geb. 1902)   **I**: 114
Braun, Adolphe (1811–1877)   **VII**: 113,114
Braun, Ferdinand (1850–1918)   **III**: 367
Braun, Hans Joachim   **VII**: 5
Braun, Heinrich (1862–1934)   **IV**: 65
Brecht, Berthold (1898–1956)   **II**: 208; **V**: 346;
   VII: 382, 383, 384, 477
Breckle, Sigmar   **VI**: 454
Bredekamp, Horst   **VII**: 233
Bredow, Hans (1879–1959)   **V**: 348, 404; **IX**: 112
Brehm, Alfred (1829–1884)   **III**: 324
Breitkopf, Bernhard Theodor (1745–1820)   **VII**: 81
Breschnew, Leonid Iljitsch (1906–1982)   **II**: 129
Brindley, James (1717–1772)   **III**: 145
Brinkmann, Donald   **I**: 21
Brinkmann, Rolf Dieter (1940–1975)   **VII**: 484
Brock, Bazon   **VII**: 2
Broda, Engelbert   **VI**:265
Brodhag, Carl   **X**: 181
Brödner, Peter   **X**: 368
Brodwolf Jürgen   **VII**: 316

Bröger, Karl (1896–1944) **VII**: 479
Brosamer, Hans (um 1500–1554) **V**: 303
Brown, Charles (1827–1905) **VIII**: 320
Brown, Ford Madox (1821–1893) **VII**: 252, 254, 318, 319
Brown, Hugh **IX**: 282
Brown, Luise (geb.1978) **IV**: 199
Bruch, Walter (1908–1982) **V**: 352
Bruck, Julius (1840–1902) **IV**: 145
Bruckner, Anton (1824–1896) **VII**: 88
Bruder, Robert **I**: 230
Brunel, Marc Isambard (1769–1849) **VIII**: 208
Brunelleschi, Filippo (1377–1446) **III**: 252, 253; **V**: 106; **VI**: 40,41; **VII**: 62
Brüning, Adolf **IV**: 278
Brüning, Heinrich (1885–1970) **IX**: 117,155
Brüning, Peter **VII**: 321
Brünings, Wilhelm (1876–1958) **IV**: 147
Bruno, Giordano (1548–1600) **II**: 188; **VI**: 40; **IX**: 276
Brunsvig, H. **IV**: 261
Buch, Leopold von (1774–1853) **V**: 143
Bücherl, Sebastian (geb. 1919) **IV**: 186
Buchheim, Rudolf (1820–1879) **IV**: 266
Buchner, Eduard (1860–1917) **III**: 334
Buchner, Johann Andreas (1783–1852) **V**: 326
Büchner, Georg (1813–1837) **III**: 217
Büchner, Ludwig (1824–1899) **VI**: 40
Buckminster-Fuller, Richard **VI**: 89, 141; **VII**: 370
Bucky, Gustav (1880–1963) **IV**: 129
Budd, William **VIII**: 520
Buddensieg, Tilman **VII**: 245
Buddha, eigentl. Siddhartha Gautama (gest. um 480 v. Chr.) **II**: 144, 147
Bueb, Julius **VIII**: 536
Buffon, Georges-Louis Leclerc (1707–1788) **III**: 20
Bultmann, Rudolf (1884–1976) **II**: 279, 280, 281
Bunge, Mario **I**: 20
Bunsen, Robert Wilhelm (1811–1899) **III**: 318; **VIII**: 535
Bunte, Hans (1848–1925) **VIII**: 535, 536, 538
Buonarroti, Michelangelo (1475–1560) **VI**: 40; **VII**: 9
Burckhardt, Jacob (1818–1897) **I**: 5, 181; **III**: 118, 119, 240, 245; **VI**: 56
Burgkrmair, Hans, der Ältere (1473–1531) **V**: 306,; **IX**: 261

Buridanus,Johannes (um 1295–nach 1366) **III**: 230; **V**: 74
Burlingame, Roger **X**: 355
Burnet, Thomas (17. Jahrhundert) **II**: 303
Burnet, Thomas **VI**: 50
Busch, Gabriel Ch. Benjamin (1759–1823) **III**: 113
Büsch, Georg (1728–1800) **III**: 142, 143
Busch, Hans (geb. 1884) **III**: 330
Busch, Werner **VII**: 242
Büscher, Josef **VII**: 482
Busoni, Ferrucio (1866–1924) **VII**: 90, 386
Buß, Franz Joseph von (1803–1878) **II**: 245
Bustamant, Jean-Marc **VII**: 327
Butenandt, Adolf (geb.1903) **X**: 424
Buttler, Samuel (1835–1902) **VII**: 425
Buzzi, Paolo **VII**: 408

C

Caesar, Gaius Julius (100–44) **II**: 149; **IX**: XIX; **X**: 66
Cage, John **VII**: 379
Cahill, Thadeus **VII**: 391
Caillebotte, Gustave (1848–1894) **VII**: 112
Calder, Alexander (1898–1976) **VII**: 54
Calvert, Monte **X**: 355
Calvin, Johannes, eigentl. Cauvin, Jean (1509–1564) **I**: 98; **II**: 6
Cameron, Julia Margret (1815–1879) **VII**: 112
Campanella, Tommaso (1568–1639) **V**:62, 82; **VI**: 41; **VII**: 415, 416
Campani, Guiseppe (um 1660) **IV**:102
Campe, Joachim Heinrich (1746–1818) **V**:119, 120, 124, 136; **X**: 212
Candolle, Augustin Pyrame de (1778–1841) **II**: 236
Cannizzaro, Stanislao (1826–1910) **III**: 317, 318; **VIII**: 146
Canon, Hans (1883–1960) **IV**: 246
Canova, Antonio (1757–1822) **VII**: 233
Canstadt, Pawel Schilling von (1786–1857) **VIII**: 460
Capek, Karel (1890–1938) **VII**: 445
Caracciola, Rudolf (1911–1959) **X**: 306
Cardano, Geronimo (1501–1576) **III**: 240, 260, 263; **IX**: 276

Carl August, Herzog v. Sachsen Weimar
(1757–1828) **IX**: 80, 81, 83, 89, 91, 285
Carl Theodor, Kurfürst v. d. Pfalz (1724–1799)
IX: 33
Carlyle, Thomas (1795–1881) **VII**: 254
Carnot, Sadi (1796–1832 **III**: 411, 436
Caro, Heinrich (1834–1910) **VIII**: 158
Carother, Wallace Hume (1896–1937 **III**: 371;
VIII: 176, 178
Carpaccio, Vittore (1455–1526) **VII**: 317, 318
Carpenter, Loren **VII**: 182
Carpentier, Joachim Friedrich Wilhelm von (um
1800) **V**:143
Carrel, Alexis (1873–1944) **IV**: 189
Carson, Rachel Louise (1907–1964) **I**: 91;
VI: 17, 73
Caruso, Enrico (1873–1921) **VIII**: 466
Caspar, Gustav-Adolf **IX**: 411
Casper, Leopold (1859–1959) **IV**: 146
Cassandre, A. M. (1901–1968) **VII**: 473
Cassini, Jean-Dominique (1625–1712) **III**: 284
Cassiodorus, Flavius Magnus Aurelius (um 485–um
580) **III**: 15; **V**:89
Cassirer, Ernst (1874–1945) **I**: 53, 54; **III**: 3, 124
Castigliano, Carlo Alberto (1847–1884) **III**: 419
Castiglione, Baldassarre (1478–1529) **V**: 106
Cauvin, Jean; siehe Calvin
Cavalieri, Bonaventura (1598–1647) **III**: 213
Cavendish, Henry (1731–1810) **III**: 282; **VI**: 370
Cayley, Sir George (1773–1857) **VI**: 207, 208, 221,
222
Cechov; Tschechow, Anton (1860–1904) **VII**: 423
Celan, Paul (1920–1970) **VII**: 481
Cellini, Benvenuto (1500–1571) **V**: 98
Celsius, Anders (1701–1744) **III**: 279
Cerletti, Ugo (1887–1963) **IV**:255
César **VII**: 281, 306
Cesarino, Lorenzo (1483–1543) **V**: 104
Cézanne, Paul (1839–1906) **VII**: 3ll2
Chadwick, Edwin (1800–1890) **VIII**: 507, 512, 518,
522
Chamberlain, John (geb. 1927) **VII**: 298, 325, 366
Chambers, Ephraim (1680–1740) **V**: 309; **IX**: 28,
29
Chamisso, Adalbert von (1781–1838) **VII**: 433, 455
Champaigne, Philippe de (1602–1674) **VII**: 85
Chaoul, Henri (1887–1964) **IV**: 129

Chappe, Claudel (1762–1805) **III**: 292
Chaptal, Jean Antoine Claude (1756–1832) **III**: 308
Chardonnet, Hilaire de (1839–1924) **VIII**: 175
Chares von Lindos (um 394–um 324 v. Chr.) **X**: 66
Chargoff, Erwin **VI**: 72
Charkot, Jean Marie (1825–1893) **IV**: 244
Charles, Jacques-Alexandre-César (1746–1823)
III: 293; **VIII**: 438; **X**: 144
Chateauneuf Alexis de **VIII**: 513
Chauliac, Guy de (gest.1368) **IV**: 139
Chavannes, Edouard (1865–1918) **II**: 87
Chesbrough, Ellis **VIII**: 520
Chevalier, Charles Louis (1804–1859) **IV**: 106
Childe, Gordon **X**: 39, 325
Childe, Vere Gordon (1892–1957) **II**: 86
Churchill, Winston (1874–1965) **IX**: 380, 382, 383,
388–390, 462, 463
Cicero, Marcus Tullius (106–43) **V**: 62, 68, 79, 80;
VI: 37; **X**: 60
Citroën, Paul **VII**: 120, 121
Clark, Colin **X**: 314
Clarke, Artur C. **VII**: 440
Clausewitz, Karl von (1780–1831) **IX**: 303, 305
Clausius, Rudolf (1822–1888) **III**: 412; **VI**: 54, 501
Clegg, Samuel (1781–1861) **VIII**: 529
Clemens von Alexandria (gest. vor 215) **II**: 158
Clifton, Brunels **VI**: 136
Coburn, Alwin Langdon (1882–1966) **VII**: 116
Cochenhausen, Friedrich von (1879–1946) **IX**: 365
Cockcroft, John Douglas (1897–1967) **IX**: 390
Cocteau, Jean (1889–1963) **VII**: 387
Cohn, Ferdinand (1828–1898) **III**: 337
Coignard **VII**: 173
Coineau, Y. **VI**: 119, 220
Colani, Luigi **VII**: 170, 303, 304, 324
Colbert, Jean-Baptiste (1619–1683) **II**: 304;
III: 137, 283, 286, 288; **IX**: 18, 27, 28
Cole, Warren Henry (1898–1989) **IV**: 127
Collaer, Paul **VII**: 378
Collins, Frank **I**: 235
Colombo, Realdo (1516–1559) **IV**: 45
Colòn, Christobal; siehe Kolumbus
Colonna, Francesco (1433–1527) **VII**: 415
Comenius, Johann Amos (1592–1670)
V: l20, 436,
Commandino, Federigo (1509–1575) **III**: 263
Comtes, Auguste (1798–1857) **III**: 19; **X**: 11, 12

Conant, James B. (1893–1978)   **IX**: 391
Condorcet, Antoine Marquis de (1743–1794)
   I: 162; **VI**: 52; **IX**: 23, 34, 64, 70
Congreve, William (1772–1828)   **VIII**: 530, 531
Conrad, Joseph (1837–1924)   **VII**: 429
Conze, Werner (geb. 1910)   **X**: 23
Cook, James (1728–1779)   **X**: 144, 146
Cooke, William F. (1806–1879)   **VIII**: 460, 461
Cooley, Denton (geb.1920)   **IV**: 186
Coolidge, W. D.(1873–1975)   **IV**:121
Corday d'Armont, Charlotte de (1768–1793)
   IX: 62
Corelli, Arcangelo (1653–1713)   **VII**: 89
Coriolis, Gaspard Gustave de (1792–1843)   **III**: 405,
   406, 420
Corliss, George Henry (1817–1888)   **VIII**: 320
Cosimo de Medici (1389–1464)   **III**: 46
Coubertin, Baron Pierre de (1863–1937)   **VI**: 515
Coudenhove-Kalergi, Richard Graf von
   (1894–1972)   **IX**: 366
Coulomb, Charles Augustin de (1736–1806)
   III: 405, 406; **IX**: 65
Couper, Archibald Scott (1831–1892)   **V**: 322
Courbet, Gustave (1819–1877)   **VII**: 252, 254, 255,
   265, 318
Cournand, André (1895–1988)   **IV**: 180
Cousteau, Jacques Yves (geb. 1910)   **III**: 325
Cowell, Henry (1897–1965)   **VII**: 386
Coxwell, Henry   **VIII**: 441
Cragg, Tony   **VII**: 269, 270, 326
Cramer, Friedrich   **VI**: 518
Cramer-Klett, Theodor   **VII**: 243, 244
Crampton, Thomas Russell (1816–1888)   **VIII**: 514
Cranach, Lucas, der Ältere (1472–1553)   **VII**: 306
Cranz, Carl (1858–1945)   **IX**: 274, 290, 291, 294,
   360, 367–370, 375, 376
Crell, Lorenz Friedrich von (1744–1816)   **V**: 326
Crelle, August Leopold (1780–1855)   **V**:323
Cremona, Luigi (1830–1903)   **III**: 418
Cressent, Charles (1685–1768)   **VII**: 158, 293
Crick, F   **VI**: 282
Cristofori, Bartolomeo (1655–1732)   **VII**: 77, 79
Crompton, Samuel (1753–1827)   **VIII**: 196, 198
Cromwell, Oliver (1599–1658)   **II**: 362
Cross, Charles F. (1855–1935)   **VIII**: 175
Csuri, Charles   **VII**: 179
Culmann, Carl (1821–1881)   **III**: 62, 63, 418

Curtis, J.W.R.   **VI**: 137
Curtis, William J. R.   **VII**: 365
Cusanus, Nikolaus (1401–1464)   **VI**: 37
Cuvier, Georges (1769–1832)   **VI**: 52
Czermak, Johann Nepomuk (1828–1873)   **IV**: 140

D

d'Arcy, Thomson W.   **VI**: 137,140
d'Arcangelo, Allan   **VII**: 321
d'Arson Val, Jacques-Arsène (1851–1940)   **IV**: 243
Da Yü (2205–2196)   **II**: 87
Dacqú, Edgar (1878–1945)   **VI**: 135
Daguerre, Louis Jacques Mandé (1787–1851)
   VII: 103,118,127
Dahrendorf, Ralf   **X**: 454
Daimler, Gottlieb (1834–1900)   **I**: 157; **III**: 436;
   X: 143, 297
Dali, Salvador (geb. 1904)   **VII**: 132, 135, 144, 186,
   285, 292, 326
Dalibert, Thomas Francois (1703–1799)   **III**: 291
Dalton, John (1766–1844)   **III**: 317; **VIII**: 145
Däniker, Gustav (geb. 1896)   **IX**: 294
Dante Alighieri (1265–1321)   **II**: 224; **V**:85;
   VI:39, 42
Dapper, Olfert (17. Jahrh.)   **X**: 113, 114, 115, 116
Darby, Abraham (1711–1763)   **III**: 311
Dareios (522–486 v. Chr.)   **III**: 233
Darjes, Joachim Georg (1714–1791)   **IX**: 47, 48
Darwin, Charles Robert (1809–1882)   **I**: 303;
   II: 247, 332; **III**: 164; **VI**: 52, 62, 77, 87, 229, 234,
   235, 243, 321; **VII**: 423, 441; **IX**: 262; **X**: 82, 104
Daume, Antonin   **VII**: 134, 291
Daume, Auguste   **VII**: 134, 291
Daumier, Honoré (1808–1879)   **VII**: 318;
   IX: 269
David, Louis (1748–1825)   **IX**: 73
Davy, Humphrey (1778–1829)   **III**: 79; **IV**: 52
de Chirico, Giorgio (1888–1978)   **VII**: 320
de Haen, Anton (1704–1776)   **IV**: 243
Dean, James (1931–1955)   **VII**: 322
Decius (um 200–251)   **II**: 153
Deffner, Carl   **X**: 181
Defoe, Daniel (1660–1731)   **VII**: 415
Degas, Edgar (1834–1917)   **VII**: 105,106,
   112,113,114,115, 125

Degen, Jacob (1761–1848) **VIII**: 444
Delacroix, Eugène (1798–1863) **VII**: 103,104
Delaroche, Paul (1797–1856) **VII**: 103
Delaunay, Robert (1885–1941) **VII**: 302
Delaunay, Sonja **VII**: 320
Delbrück, Max (geb. 1906) **III**: 333
Delvoyc, Wim **VII**: 285
Demetrios (gest. 283 v. Chr.) **X**: 65
Deming, Edward (1850–1930) **IX**: 171
Demokrit (um 460–um 370 v. Chr.) **III**: 33, 221, 222; **IV**: 23; **VI**: 25
Demoll, R. **VI**: 400
Denis, Jean Baptiste (1640–1704) **IV**: 188
Derrick, Christopher **II**: 315
Descartes, René (1596–1650) **I**: 31, 33, 34, 35, 75, 87, 88, 122, 194, 282, 312; **II**: 6, 32, 212, 300, 303, 314, 329, 333; **III**: 6, 23, 49, 214; **IV**: 1, 21, 23, 24; **V**:86; **VI**: 15, 45, 46, 52; **X**: 345
Desmoulins, Camille (1760–1794) **X**: 12
Desormeaux, Antoine Jean (1815–1894) **IV**: 143, 148
Desormes, Charles Bernard (1777–1857) **III**: 305
Dessau, Paul (geb. 1894) **VII**: 383
Dessauer, Friedrich (1881–1963) **I**: 17, 21, 28, 41, 42, 43, 44, 45, 46, 47, 71, 84, 117, 118, 119, 120124, 134, 136, 153; **II**: 244, 259, 317, 318, 322, 333; **IX**: 112; **X**: 27
di Lasso, Orlando (um 1532–1594) **VII**: 99
Diades (4. Jahrh. v. Chr.) **X**: 65
Diaghilew, Sergej **VII**: 382, 387
Dickens, Charles (1812–1870) **VII**: 429; **X**: 184
Dickinson, James T. **VIII**: 179
Diderot, Denis (1713–1784) **III**: 17,112, 289, 393; **V**: 283, 309; **IX**: 17, 23–27,28,62, 279; **X**: 145
Didier, Friedrich Ferdinand **VIII**: 535, 538
Diederichs, Walter **VII**: 171
Dieffenbach, Johann Friedrich (1792–1847) **IV**: 55
Diemer, Alwin (1920–1986) **III**: 24
Dienel, Hans-Liudger **VI**: 5
Diericke, Otto Friedrich von (1743–1819) **IX**: 302
Diesel, Rudolf (1858–1953) **II**: 312, 319; **III**: 412, 436
Dietl, Joseph (1804–1878) **IV**: 244
Dietrich von Freiberg (um 1250–nach 1310) **VI**: 37
Dietrich, Wilhelm (1852–1930) **III**: 413
Dilthey, Wilhelm (1833–1911) **I**: 5, 181; **III**: 21

Dingler, Johann Gottfried (1778–1855) **V**: 245, 324, 392
Dinkelov, John **VII**: 371
Dinnendahl, Hans (1775–1828) **VIII**: 528
Diokletian (240–zwischen 313 und 316) **VI**: 395
Dionysios Areopagites (um 600) **V**: 17
Dionysios I. (430–367 v.Chr.) **X**: 65
Dionysios von Alexandria (um 230 v. Chr.) **IX**: 265
Dionysios von Halikarnass (1. Jahrhundert v. Chr.) **V**:79
Dioskorides (1. Jahrh. n. Chr.) **IV**: 205
Dirichlet, Peter Gustav (1805–1879) **IX**: 306
Disderi, Eugene (1819–1890) ,**VII**: 106
Dithmar, Justus Christoph (1677–1737) **IX**: 47, 48
Divisch, Prokop (1696–1765) **II**: 241
Dix, Otto (1891–1969) **IX**: 352, 366
Dlugos, Caroline **VII**: 313
Döbereiner, Johann Wolfgang (1780–1849) **III**: 293; **VIII**: 146
Döblin, Alfred (1878–1957) **VII**: 425
Dogliotti, Mario (1897–1966) **IV**: 89
Dohnanyi, Klaus von **IX**: 244
Dohr, Günther **VII**: 283
Dohrn, Anton (1840–1909) **III**: 324, 325
Dölger, Franz Josef (1879–1940) **II**: 152
Domagk, Gerhard (1895–1965) **IV**: 283, 284; **VIII**: 173, 174
Dominicus Gundissalinus (12. Jahrhundert) **V**: 77
Dominik, Hans (1872–1945) **V**: 388, 397; **VII**: 428, 442
Donatello, eigentl. Donato di Niccolodi Betto Bardi (1386–1466) **VI**: 40; **VII**: 62
Dönitz, Karl (1891–1980) **IX**: 396
Donnes, John **II**: 303
Doppler, Christian Johann (1803–1853) **IV**: 136
Doré, Gustave (1832–1883) **VII**: 263, 264
Doren, Alfred **VI**: 39
Dorgelès, Roland Maurice (geb. 1885) **IX**: 366
Dorndorf August (1754–1837) **III**: 113
Dörner, Dietrich **VI**: 259, 260
Dos Santos, Reynaldo (1880–1970) **IV**: 128
Dostoevskij, Fjodor (1821–1881) **VII**: 423, 430
Drabkin, Israel Edward (1905–1965) **IX**: 276
Drais, Karl von (1785–1851) **X**: 299
Drake, Scillmann (geb. 1910) **IX**: 276
Drewermann, Jürgen **II**. 270

Dreyfus, Camille Edouard (1878–1956) **VIII**: 175
Dreyse, Johann Nikolaus (1787–1867) **IX**: 288, 359
Dronke, Ernst (1822–1891) **VII**: 468
Drory, Georg **VIII**: 532
Drory, Lennard **VIII**: 531, 532
Droysen, Johann Gustav (1808–1884) **III**: 118,128
Droz, Pierre Jacquet (1721–1790) **X**: 145
Dschingis Chan (1167–1227) **II**: 60
du Bois-Reymond, Alard (1860–1922) **I**: 117
du Bois-Reymond, Emil (1818–1896) **I**: 41;
  III: 346; **VI**: 62
du Monceau, Henri Louis Duhamel (1700–1782)
  III: 308
Duchamp, Marcel (1887–1968) **VII**: 25,115, 116,
  325
Dühringer, Karl Eugen (1833–1921) **III**: 277
Duisberg, Carl (1861–1935) **IV**: 282
Dumas, Jean Baptiste (1800–1884) **III**: 318
Dumreicher von Oesterreicher, Johann Christian
  Armand Freiherr (1845–1908) **V**: 192, 193, 194
Dunger, W. **VI**: 412,423
Dunlop, John Boyd (1840–1921) **X**: 297
Dupuit, Etienne Juvénal (1804–1866) **III**: 155
Dürer, Albrecht (1471–1528) **III**: 242, 258; **V**: 96,
  104,108, 256, 304, 305, 306; **VI**: 46, 523; **VII**: 135,
  318; **IX**: 261
Durieu, Jean-Louis-Marie-Eugene (1800–1874)
  VII: 104
Dürrenmatt, Friedrich (1921–1990) **VII**: 320, 430
Duschek, Karl **VII**: 5
Dutilleux, Henri (geb. 1916) **VII**: 103
Duve, Freimuth **X**: 412
Dyer, Joseph Chessborough (1780–1871) **VIII**: 204

E

Eakins, Thomas (1844–1916) **VII**: 104
Earls, Paul **VII**: 190, 192
Eastman, George (1854–1932) **VIII**: 465
Eberhard, Otto von (1877–1940) **IX**: 290, 291, 294,
  368
Ebert, Friedrich (1871–1925) **IX**: 10
Ebert, Hans **IX**: 371, 373
Eberth, Karl (1835–1926) **VIII**: 520
Eckener, Alex (1870–1944) **VI**: 335
Eckener, Hugo (1868–1954) **VIII**: 442

Eckermann, W. **III**: 130
Eckhart, genannt Meister Eckhart (um 1260–1328)
  II: 31; **V**: 16, 21
Eco, Umberto (geb.1932) **II**: 10
Edison, Thomas Alva (1847–1931) **II**: 319;
  III: 172, 202, 440; **IV**: 145; **VIII**: 321, 327, 328,
  329, 464, 465, 483; **X**: 276
Edoga, Mo **VII**: 171
Effenberger, Arne **II**: 153
Egen, P. N. C. (1793–1849) **V**: 249
Egidy, Moritz von **VIII**: 445
Ehrenberg, Johann Christian (1795–1876) **III**: 324
Ehrenfest, Paul (1880–1933) **III**: 69
Ehrlich, Paul (1854–1915) **IV**: 111, 269, 271, 280,
  283, 291; **VIII**: 173
Eich, Günter (1907–1972) **VII**: 430, 481, 482
Eichendorff, Joseph von (1788–1857) **VII**: 429, 460,
  461
Eichengrün, Arthur E. (1867–1949) **VIII**: 175
Eilmar von Malmesbury (um 1000) **II**: 167; **V**: 76
Eimert, Herbert (1892–1977) **VII**: 395, 396, 397
Einhard (um 770–840) **V**: 104
Einstein, Albert (1879–1955) **II**: 21,244; **III**: 6, 22,
  23; **VI**: 63, 71; **VII**: 440, 446; **IX**: 234
Einthoven, Willem (1860–1927) **IV**: 160, 162, 163
Eisenbeis, Gerhard **VI**: 9
Eisenhower, Dwight D. (1890–1969) **X**: 415, 416
Eisenmann, Peter **VII**: 371
Eisler, Hanns (1898–1962) **VII**: 379, 384
Ekardt, Hanns Peter **X**: 362, 364
Eliade, Mircea (1907–1986) **II**: 58,159
Elkana, Yehuda (geb. 1934) **III**: 23
Ellul, Jacques (geb. 1912) **I**: 21
Ellwein, Thomas **IX**: 315
Elsholtz, Johann Sigismund (1623–1688) **IV**: 45, 47
Em, David **VII**: 182
Empedokles (483/482–zwischen 430 und 420
  v.Chr.) **III**: 223, 227; **VI**: 25, 26
Engelhardt, Dietrich von **VII**: 6
Engelhorn, Friedrich **IV**: 122
Engelke, Gerrit (1892–1918) **VII**: 474, 479, 480
Engels, Friedrich (1820–1895) **I**: 66, 69, 304;
  III: 151; **VI**: 55; **X**: 13,14, 184, 203
Enzensberger, Magnus **VII**: 484, 485, 486
Erard, Sebastian (1752–1831) **VII**: 82
Erasmus von Rotterdam (um 1469–1536)
  II: 206,209

Erbenkam, Georg Gustav (1811–1876) **V**: 33

Erdmann, Benno (1851–1921) **III**: 18

Erhard, Ludwig (1897–1977) **VIII**: 79; **IX**: 235, 247, 254; **X**: 277, 308, 417, 425, 442

Ermacora, Beate **VII**: 239, 247

Ermenrich von Ellwangen (um 814–874) **II**: 175

Ernst, Max (1891–1976) **VII**: 121, 321

Ersch, Johann Samuel (1766–1828) **III**: 17

Erwin von Steinbach (1244–1318) **V**: 103

Eschelbach, Rudolf **IX**: 272, 273

Escher, Maurits C. (1898–1972) **VII**: 181

Escherich, Karl (1871–1951) **VI**: 332

Etrich, Ignaz, genannt Igo (1897–1967) **VIII**: 446

Eudoxos (408–355 v.Chr.) **III**: 33, 272

Euklid von Alexandria (um 300 v. Chr.)
II: 97,149;**III**: 9, 37, 61, 244, 264, 265; **V**:74; **VII**: 62

Euler, August (1868–1957) **VIII**: 446; **IX**: 360, 361

Euler, Leonhard (1707–1783) **III**: 41, 49, 56, 57, 216, 276, 285, 402, 405; **VI**: 232, 390; **VII**: 85; **IX**: 33, 35, 282, 284

Eupalinos aus Megara (6. Jahrh. v. Chr.) **III**: 37

Eusebius von Caesarea (260/265–339) **II**: 153,154

Evans, Walker (1903–1973) **VII**: 124

Evelyn, John (1620–1706) **VI**: 346

Evenari, Michael **VI**: 475, 476

Exner, Franz (1849–1926) **IV**: 116

Exner, Wilhelm (1840–1931) **II**: 324

Eyck, Aldo van **VII**: 371

Eyck, Jan van (um 1390–1441) **III**: 242

Eyde, Sam (1866–1940) **VIII**: 158

Eytelwein, Johann Albert (1764–1848) **III**: 408

Eyth, Max von (1836–1906) **I**: 41, 116, 117, 130; **II**: 316, 322, 326; **V**: 337; **VII**: 420, 421, 428, 429, 431, 435, 458, 467

F

Faber, Johannes (1570–1640) **IV**: 101

Fahrenheit, Daniel Gabriel (1686–1736) **III**: 279

Falkenhagen, Erich von (1861–1922) **IX**: 328

Falvin, Dan **VII**: 172, 295

Fangio, Juan Manuel (geb. 1911) **X**: 308

Faraday, Michael (1791–1867) **III**: 23, 217, 348, 439; **IV**: 53; **VI**: 61, 398

Farmann, Neri (1874–1958) **VIII**: 446

Farny, Oskar **X**: 423, 430, 438

Fauld, Henry **X**: 222

Faulhaber, Johann (1580–1635) **III**: 54

Faulkner, William (1897–1962) **VII**: 427

Fechner, Gustav Theodor (1801–1887) **V**: 327; **VI**: 62

Feder, Gottfried (1883–1941) **IX**: 138,141

Feige, Edgar L. **VI**: 255

Feldhaus, Franz Maria (1874–1957) **III**: 114, 121, 122

Felixmüller, Conrad (geb.1897) **VII**. 476

Fellgiebel, Erich (1886–1944) **IX**: 298, 393 421–424

Fels, Ludwig **VII**: 482

Ferdinand, Herzog v. Braunschweig-Wolfenbüttel (1721–1792) **IX**: 285

Ferguson, Adam (1723–1816) **X**: 10

Fermat, Pierre de (1601–1665) **VI**: 233

Ferrel, William (1817–1891) **VI**: 346

Fetscher, Iring (geb. 1922) **IX**: 13

Fetz, August Friedrich **VII**: 443

Feuerbach, Ludwig (1804–1872) **I**: 66; **VII**: 245

Feurich, Julius (1821–1900) **VII**: 81

Fibonacius, Leonardo (1170-nach 1240) **VII**: 75

Fichte, Johann Gottlieb (1762–1814) **II**: 330; **V**: 18, 28

Ficino, Marsilio (1433–1499) **II**: 188, 301; **III**: 46

Fick, Adolf Eugen (1829–1901) **IV**: 177

Fiebig, Eberhard **VII**: 3, 288

Fiedler, Gustav (1832–1900) **VII**: 81

Filarete, Antonio Averlino (1400–1469) **VII**: 415

Fink, Eugen (1905–1975) **I**: 18

Finkelnburg, Wolfgang **X**: 436

Finley, Moses M. **X**: 56

Fischer, Berhard (1852–1915) **VI**: 327, 328

Fischer, Johann Conrad (1733–1854) **II**: 323

Flach, Daniel **VII**: 224

Flanagan, Barry **VII**: 172

Flaubert, Gustave (1821–1880) **III**: 297; **VII**: 423

Fleming, Alexander (1881–1955) **III**: 335; **IV**: 287; **VIII**: 174

Flinn, Michael W. **II**: 232

Florey, Howard (1898–1968) **IV**: 287

Florman, Samuel C. (geb. 1925) **I**: 236

Flötner, Peter (um 1490–1546) **V**: 303; **VII**: 157, 15

Flourens, Marie Jean Pierre (1794–1967) **IV**: 56

Flurl, Mathias (1756–1823) **III**: 303

Fokker, Anthony Hermann Gerard (1890–1939)
 IX: 345
Fontana, Domenico (1543–1607)   X: 91
Fontana, Felice (1730–1805)   IV: 156
Fontane, Theodor (1819–1889)   VII: 429, 430, 431,
 455, 466; X: 224
Föppl, August (1886 1924)   III: 64
Ford, Henry (1863–1947)   III: 157; VII: 431;
 VIII: 267, 406
Ford, Henry (geb. 1917)   X: 206, 276
Forrester, Jay W.   III: 175
Forschner, Maximilian   X: 16
Forsell, Gösta (1876–1915)   IV: 125
Forßmann, Werner (1904–1979)   IV: 127, 179,
 180
Förster, August (1829–1897)   VII: 81
Förster, Ludwig Christian Ritter von (1797–1863)
 V: 331
Förster, Wilhelm (1852–1921)   IX: 103,105
Forster, Norman   VI: 141; VII: 371
Fourastié, Jean   VIII: 4; X: 314, 315, 316, 318, 319
Fourcroy, Antoine-François (1755–1809)   IX: 65
Fourier, Charles (1772–1837)   X: 146,147, 148
Fourneyron, Benoît (1802–1867)   VIII: 297
Fowler, John (1826–1864)   VI: 136
Fox, Charles (1749–1806)   VIII: 514
Fraenkel, Albert (1864–1938)   IV: 267
Francé, Raoul Heinrich (1874–1943)   VI: 195, 196,
 198
Francesco Maria della Rovere, Herzog v. Urbino
 (1490–1538; Herzog seit 1508)   IX: 277
Francke, August Hermann (1663–1727)   II: 237,
 238; V: 124; IX: 46
Franco Bhamonde, Francesco (1892–1975)
 IX:
Frank, Adolf (1834–1916)   VIII: 158
Frank, Hans (1900–1946)   IX: 146
Franke, Herbert W.   VII. 4, 185, 295
Franke, Hermann (1878–1956)   IX: 366, 372
Frankland, Percey Faraday (1858–1946)   VIII: 146
Franklin, Benjamin (1706–1790)   I: 304; II: 241;
 III: 291; VI: 13; X: 145
Franz Ferdinand d'Este, Erzherzog-Thronfolger v.
 Österreich (1863–1914)   IX: 322
Franz I., König v. Frankreich (1494–15-47)   IX: 4
Franz von Assisi (1182–1226)   I: 204; II: 71
Franz, Victor (1883–1950)   VI: 197

Frascassati, Carlo (1630–1672)   IV: 47
Fraunhofer, Joseph von (1787–1826)   V: 185
Freas, Frank Kelly   VII: 447
Freeman, Christopher   IX: 245
Freiligrath, Ferdinand (1810–1876)   VII: 468
Fremery, Max (1854–1952)   VIII: 175
Freud, Sigmund (1856–1939)   I: 74, 80, 225, 303;
 II: 225; IV: 63, 64, 65, 247, 248; X: 224
Frey, Eberhard   VI: 152, 156
Freyer, Hans (1887–1969)   I: 21, 57, 58; II: 204;
 V: 422
Freytag, Gustav (1816–1895)   VII: 423
Frick, Wilhelm (1877–1946)   VIII: 497
Fridel, G.   VI: 501
Fried, Erich   VII: 488
Friedel, Charles (1832–1899)   III: 318
Friedrich I. Barbarossa (um 1122–1190)   II: 174
Friedrich I. v. Preußen (1657–1713; König seit
 1740)   IX: 46, 49
Friedrich II., deutscher Kaiser (1192–1250)   IV: 262;
 V: l06
Friedrich II. v. Preußen, gen. der Große (1712–1786,
 König seit 1740)   III: 57, 216, 292, 303 V: 130;
 IX: 5, 46, 48–50, 52, 53, 56, 57, 280, 281, 286,
 299–304, 311
Friedrich II., Kaiser (1194–1250)   IX: 79
Friedrich III., (1837–1888; Kaiser 1888)   IX: 97, 98,
 104,520
Friedrich Wilhelm I. (1688–1740)   III: 141
Friedrich Wilhelm I. v. Preußen (1713–1740)
 II: 233, 237
Friedrich Wilhelm I., König v. Preußen (1688–1740;
 König seit 1713)   IX: 44, 46, 52, 55, 299
Friedrich Wilhelm I., Kurfürst v. Preußen
 (1620–1688; Kurfürst seit 1640)   IX: 298
Friedrich Wilhelm II ., König v. Preußen
 (1744–1797; König seit 1786)   IX: 32, 57
Friedrich Wilhelm, Kurfürst v. Preußen
 (1620–1688)   X: 99
Friedrich, Caspar David (1774–184o)   VI: 65
Frisch, Max (1911–1991)   VII: 427, 431, 432
Fritsch, Werner Freiherr von (1880–1939)   IX: 402,
 407
Fritz, Kurt von (geb. 1900)   III: 9
Fritz, Rolf   VII: 241
Fritzsche, Hans   VII: 216
Froben, Johann (um 1460–1527)   III: 250

Fromm, Erich (1900−1980) **I**: 80, 81, 319; **VII**: 350

Frontius, Sextus Julius (um 30-nach 100) **VI**: 374; **X**: 66

Fuchs, Eckart **VI**: 8

Fuchs, Ernst **VII**: 320

Fuchs, Margot **X**: XXXI

Füllgraf, George **VI**: 501

Fulton, Robert (1765−1815) **X**: 142

Fürstenberger, Johannes (geb. 1726) **III**:293

Fürstenheim, Ernst (1838−1904) **IV**: 144

Furttenbach, Joseph von, der Jüngere (1591−1667) **V**: 307

Fusoris, Jean (um 1365−1436) **II**: 169

Fuss, Nicolaus (1755−1826) **IX**: 282

G

Gadamer, Hans-Georg (geb. 1900) **VII**: 2

Galba, Servius Sulpicius (4.v.Chr.−69 n.Chr.) **IX**: XIX

Galen von Pergamon (um 129−um 199) **IV**: 4, 10, 11, 12, 18, 99, 100,

Galenus, Claudius (um 129−um 199) **III**: 261; **V**: 74

Galilei, Galileo (1564−1642) **I**: 35, 103, 125; **II**: 8, 21, 32, 33, 111,190, 191, 207, 212; **III**: 14, 49, 58, 61,197, 212−215, 231, 237, 241, 260, 263−267, 270−272, 274, 276, 401, 430, 431; **IV**: 101; **V**: 71, 73, 75, 83, 390; **VI**: 2, 15, 26, 42, 43, 46, 389; **VII**: 233; **IX**: 277, 278; **X**: 87

Gallienus, Publius Licinius Egnatius (218−268) **II**: 153

Gallon, Jean-Gaffin (1706−1775) **III**: 283−285

Galloway, David **VII**: 4

Galois, Évariste (1811−1832) **III**: 61, 73

Galvani, Luigi (1737−1798) **III**: 291; **IV**: 159, 243

Gama, Vasco da (1468/69−1524) **II**: 124; **III**: 242

Gambetta, Léon (1838−1882) **IX**: 341

Gamy **VII**: 258

Ganter, Hans Dieter **X**: XXXI

Ganzo (11. Jahrhundert) **V**: 90

Gappmaier, Heinz **VII**: 490

Garbasso, Antonio (1871−1933) **IV**: 121

Garbrecht, Günther **VI**: 379

Garcia, Manuel (1805−1906) **IV**: 140

Gargallo, Pablo (1881−1934) **VII**: 54, 56

Garnerin, André Jacques (1769−1825) **VIII**: 441

Gärtner, Heinrich (geb. 1897) **IX**: 409

Gasset, José Ortega y (1883−1955) **X**: 216

Gaudì, Antoni (1852−1926) **VII**: 56,355

Gauermann, Jacob (1807−1862) **VII**: 252

Gauguin, Paul (1848−1903) **X**: 144

Gaulle, Charles de (1890−1970) **VIII**: 348

Gauß, Carl Friedrich (1777−1855) **III**: 59, 63, 345; **V**: 321; **VI**: 233; **VII**: 181; **VIII**: 460

Gay-Lussac, Joseph Louis (1778−1850) **III**: 317, 439; **IV**: 265; **VIII**: 145, 149, 150, 441

Gérardim, C. **VI**: 100

Gehlen, Adolf Ferdinand (1775−1815) **V**: 326

Gehlen, Arnold (1904−1976) **I**: 18, 21, 58, 61, 62, 63, 88, 136, 255, 304; **III**: 363; **VII**: 60; **X**: 358

Gehry, Frank **VII**: 374, 375

Geibel, Emanuel (1815−1884) **VII**: 464, 465, 466

Geiger, Theodor (1891−1952) **X**: 8, 218, 221

Geiler von Kaysersberg, Johann (1445−1510) **V**: 95

Geiling, Carl **VII**: 252

Geißler, Helmut **IX**: 386

Geldmacher, Klaus **VII**: 165, 311

Gellert, Christlieb Ehregott (1713−1795) **V**: 141, 143

Gensfleisch zur Laden, Johannes: siehe Gutenberg

Genzken, Isa **VII**: 173, 285

Genzmer, Harald **VII**: 393

Geoffroy, Etienne Francois (1672−1731) **III**: 281, 288

Georg IV, engl. König (1762−1830) **VIII**: 530, 531

George, Stefan **VI**: 67

Georgescu-Roegen, Nicolas **VI**: 483, 501

Gerassimow, Gennadi **IX**: 461

Gerhard von Brüssel (13. Jahrhundert) **V**: 74

Gerhard von Cremona (1114−1187) **IV**: 13; **V**: 74

Gericke, J. M. H. (18. Jahrhundert) **V**: 237

Gernsback, H. **VII**: 444

Gersdorff, Henriette Catharina Freiin von (1648−1728) **IX**: 84

Gerstner, Franz Anton von (1793−1840) **V**: 322

Gerstner, Karl **VII**: 204

Gerung, Matthias (1500−1570) **VII**: 221

Gervasius von Canterburry (1141—um 1210) **VI**: 324

Gerybadze, A. **IX**: 440, 445

Gibbon, Eduard (1737−1794) **X**: 404

Gibbon, John H. (1903–1973) **IV**: 87, 88, 89
Gibbs, Josiah Willard (1839–1903) **III**: 64
Giedion, Siegfried **VI**: 59, 140; **X**: 267, 274
Gießler, Adolf **VI**: 100, 197
Gill, Henry **VIII**: 514
Gimmler, Willy (geb. 1890) **IX**: 423
Ginovszky, Josef (1800–1857) **VII**: 247
Giordano von Pisa (um 1300) **II**: 169
Giovanni de Dondi (1318–1389) **II**: 178
Girard, Philipp (1775–1845) **VI**: 393
Glasmeier, Rolf **VII**: 326
Glass, Philip (geb. 1937) **VII**: 400
Glauber, Rudolf (1604–1670) **III**: 298, 299
Gleitsmann, Rolf Jürgen **III**: V; **X**: XXXII
Globke, Hans (1898–1973) **X**: 442
Glover, John (1817–1902) **VIII**: 149
Glückmann, Georg **VII**: 192
Göbel, Heinrich (1818–1893) **III**: 80
Gocht, Hermann (1869–1938) **IV**: 125
Goebbels, Josef (1897–1945) **VII**: 395; **VIII**: 469,
    470; **IX**: 152–154, 395, 396
Goermanns, Johannes **VII**: 289
Goethe Johann Wolfgang von (1749–1832) **I**: 84,
    225; **II**: 19, 31, 149, 314, 316, 202, 225; **III**: 14,
    307; **V**: 26, 38, 39, 49, 98, 104, 420; **VI**: 515;
    VII: 263, 264, 419, 431, 432, 445, 463; **VIII**: 438;
    IX: 77–92, 285
Gogarten, Friedrich (1887–1967) **II**. 279;
    VI: 28
Gogh, Vincent van (1853–1890) **VII**: 265, 266
Goldberger, Joseph (1874–1942) **IV**: 164
Goldstein, Eugen (1850–1931) **IV**: 116
Goll, Yvan (1891–1950) **VII**: 475
Goltz, Colmar Freiherr von der (1843–1916)
    IX: 337
Gombrich, Ernst **VII**: 27
Gömmel, Rainer **X**: XXXI
Gomory, R. **III**: 178
Gomringer, Eugen **VII**: 486, 490
Gonschior, Kuno **VII**: 200
Gonthershausen, Heinrich Welcker von (1811–
    1873) **VII**: 67
Gonzalez, Julio (1876–1942) **VII**: 54, 55, 56
Goodman, Godfrey **II**: 303; **VI**: 49
Goodwin, Hannibal (1822–1900) **VIII**: 465
Gorbatschow, Michael **IX**: 123, 444, 460, 461
Goren, Schlomo **II**: 131

Göring, Hermann (1893–1945) **IX**: 144, 146, 389,
    392, 393, 396, 397, 405
Gorky, Arshile (geb. 1905) **VII**: 106
Gosse, Henri-Albert (1753–1816) **IV**: 209
Gottl-Ottlilienfeld, Friedrich von (1868–1958)
    I: 19, 21; **III**: 158,159, 163
Goyonneau de Pambour, F. M. (19. Jahrhundert)
    V: 323
Grade, Hans (1879–1946) **VIII**: 446
Graebe, Carl (1841–1927) **VIII**: 171
Graecus, Marcus (8. Jahrh.) **IX**: 270, 271
Graevenitz, Henning Friedrich Reichsgraf von
    (1744–1764) **IX**: 284
Graham, Evart Ambrose (1883–1957) **IV**: 127
Gräsel, Friedrich **VII**: 282, 283
Grashof, Franz (1826–1893) **III**: 62, 424; **V**: 218,
    219, 263; **VI**: 55
Grasser, Erasmus (1450–1518) **VII**: 216
Grassmann, Hermann (1809–1877) **III**: 64
Graves, Michael **VII**: 371
Gray, Elisha (1835–1901) **I**: 114, 129; **III**: 202
Green, Charles (1785–1870) **VIII**: 441
Grégoire, Henri Graf (1750–1831) **IX**: 73
Gregor VII. (1073–1085) **II**: 298
Gregor von Nazianz (um 330–390) **II**: 158
Grenser, Johann Heinrich (1764–1813) **VII**: 84, 85,
    86, 87
Gretschel, Heinrich **VII**: 67, 69, 79
Grew, Nehemiah (1641–1712) **IV**: 101
Grewe, Klaus **VI**: 375
Griess, Johann Peter (1829–1888) **III**: 314;
    VIII: 171
Grimaldi, Francesco Maria (1618–1663) **III**: 213
Grimm, Melchior (1723–1807) **VIII**: 440
Grimme, Hugo (1872–1943) **IX**: 366
Gröben, Otto Friedrich von der **X**: 113
Groener, Wilhelm (1867–1939) **IX**: 400
Gropius, Walter (1883–1969) **VII**: 358, 359, 360,
    362, 363, 365
Groß, Heinrich (1860–1924) **IX**: 341
Gross, Heinrich (um 1550) **VII**: 222
Gross, Klaus **VII**: 134
Grosseteste, Robert (um 1170–1253) **II**: 169; **V**: 74
Grosz, George (1893–1959) **VII**: 120
Grube, Willi **IX**: 422
Gruber, Johann Gottfried (1774–1851) **III**: 17
Gruenther, Alfred **X**: 440, 441

Grün, Anastasius (1806–1876) **VII**: 450, 464
Grün, Heinrich (1872–1924) **IV**: 251, 252
Grün, Max von der **VII**: 482
Grünewald, Heinrich **I**: 16
Guaneri, Pietro Giovanni (1655–1720) **VII**: 88
Gudden, Bernhard (1892–1945) **III**: 360
Guderian, Astrid **VII**: 3, 6
Guderian, Dietmar **VII**: 4, 5, 208
Guderian, Heinz (1888–1953) **IX**: 405, 407, 414, 423
Guderian, Hilmar **VII**: 300, 312
Guericke, Otto von (1602–1686) **II**: 192; **III**: 278, 432, 433; **V**: 307
Guest, Julius **VII**: 181
Guimard, Hector (1867–1942) **VII**: 355
Gundelach, Matthäus (um 1620) **VII**: 224
Guo Moruo (geb.1892) **IX**: 197
Gurk, Eduard **VII**: 241
Gustav II. Adolf von Schweden (1594–1632) **II**: 362
Gutbrod, Rolf (geb. 1910) **VII**: 347
Gutenberg, Johannes, eigentl. Gensfleisch zur Laden, Johannes (um 1400–1468) **I**: 114; **II**: 162, 178, 212; **V**: 295, 298, 300
GutsMuths, Johann, Christoph Friedrich (1759–1839) **V**: 136
Gutzkow, Karl (1811–1878) **VII**: 429
Gwathney, Charles **VII**: 371

H

Haacke, Hans **VII**: 200, 322
Haarmann, Friedrich Ludwig (1798–1864) **V**: 187, 335
Haas, Georg (1886–1971) **IV**: 85, 86
Haber, Fritz (1868–1934) **III**: 351, 355, 441; **VIII**: 159; **X**: 225
Haberland, Ulrich **X**: 435, 436
Habermas, Jürgen (geb. 1929) **I**: 77, 78, 79; **X**: 358
Hablik, Wenzel (1881–1934) **VI**: 335
Hachette, Jean Pierre (1769–1834) **III**: 419
Hackländer, Friedrich Wilhelm (1816–1877) **VII**: 421
Hadley, John (1682–1744) **VI**: 346, 394
Hadrian, Publius Aelius, röm. Kaiser (76–138) **V**: 296; **X**: 66

Haeckel, Ernst (1834–1919) **II**: 318, 322, 332; **IV**: 306; **VI**: 67, 201; **X**: 82
Haefner, Klaus (geb: 1936) **I**: 213
Hahn, Fritz **IX**: 411, 413, 414, 425
Hahn, Otto (1879–1968) **X**: 414
Hahn, Philipp Matthäus (1739–1790) **III**: 64
Haja, Sahatschiro (1873–1938) **VIII**: 173
Hajduk, Janusz **VII**: 193,194
Hajek, Friedrich Agust von (gest. 1992) **VI**: 249
Haldane, Richard Burdon (1856–1928) **IX**: 323
Hales, Stephen (1677–1761) **IV**: 157; **VIII**: 528
Halfort, A. C. L. **IV**: 211, 212, 213, 215
Haller, Albrecht (1708–1777) **IV**: 156
Halley, Edmond (1656–1742) **III**: 326
Halstedt, William Stuart (1852–1922) **IV**: 64, 65
Hamilton, Sir William (1805–1865) **VI**:233, 234
Hammurabi (1728–1686) **II**: 28
Händel, Georg Friedrich (1685–1759) **VII**: 85
Haniel, Franz **VIII**: 393
Hansen, Alvin H. **IX**: 235
Hansing, Siegfried (1842–1913) **VII**: 67, 69
Hardenberg, August von (1750–1822) **III**: 397
Hardenberg, Friedrich Leopold Freiherr von: siehe Novalis
Hardenberg, Karl August Fürst von (1750–1822) **V**: 146
Hardtmann, Christian **X**: 181
Hardtmann, Fritz **X**: 181
Hargreaves (1720–1778) **VIII**: 196, 198
Harken, Dwight D. (geb. 1910) **IV**: 183
Harkort, Friedrich (1793–1880) **X**: 136, 179, 180, 190, 301
Harnack, Adolf von (1851–1930) **II**: 149; **III**: 349, 365
Harrod, Sir Roy (geb. 1900) **III**: 166
Harsdörffer, Georg Philip (1607–1658) **VII**: 458
Hart, Julius (1859–1930) **VII**: 467
Hartig, Ernst (1836–1900) **III**: 416
Harvey, William (1578–1657) **II**: 212; **IV**: 1, 22, 23, 24, 45, 101
Hashimoto, Sozo **VII**: 181
Hatschepsut (1490–1468 v. Chr.) **VI**: 345
Haude, R. **VI**: 148
Hauksbee, Francis (um 1670–1713) **III**: 278, 279
Haupt, Otto **X**: 421
Hauptmann, Gerhart (1862–1946) **III**: 313; **VII**: 421, 430

Hausen, Karin **III**: 131; **X**: 25, 26
Hausmann, Raoul (1886–1971) **VII**: 120
Haußner, Konrad (geb. 1859) **IX**: 294
Hawkes, Jacquetta **III**: 90
Hayakawa, Samuel **VI**: 256, 259
Hayden, R: E. **VI**: 102
Hayduck, Friedrich **III**: 333
Haym, Rudolph (1821–1901) **VII**: 419
Heartfield, John (1891–1968) **VII**: 120, 121
Heaviside, Oliver (1850–1925) **III**: 64
Heckel, Erich (1883–1970) **VII**: 287
Hecker, Johann Julius (1707–1768) **V**: 133, 134,
   135, 136, 138, 183
Heddley, William (1779–1843) **VIII**: 420
Hegel, Georg Wilhelm Friedrich (1770–1831) **I**: 38,
   39, 58, 62, 70, 71, 74, 77, 181; **II**: 8, 28, 201, 330;
   V: 28, 240, 241, 245; **VI**:65; **VII**: 16,17, 416;
   IX: 13,14; **X**: 12, 13
Hegemann, Werner (1881–1936) **X**: 391
Heidebroek, Enno (1876–1955) **V**: 266,
Heidegger, Martin (1889–1976) **I**: 21, 30, 47, 79,
   86, 87, 88, 89, 90, 91, 119; **II**: 204; **III**: 12; **V**:
   437; **VI**: 59; **VII**: 23, 427
Heine, Heinrich (1797–1856) **VI**: 55; **VII**: 468;
   X: 165, 268
Heinrich IV. (1050–1106) **II**: 172; **V**: 92
Heinrich von Braunschweig, Pfalzgraf am Rhein
   (1174–1227) **IX**: 270
Heinrich, Prinz von Preußen (1862–1929) **IX**: 102,
   360, 361
Heisenberg, Werner (1901–1976) **II**: 333;
   III: 360; **VI**: 72; **VIII**: 146; **IX**: 237; **X**: 413, 414,
   416, 417, 419–443
Heißenbüttel, Helmut **VII**: 485, 490
Hejduk, John **VII**: 371
Helberg, Walter (geb. 1899) **I**: 18
Helbig, Horst **VII**: 195, 295
Held, A. **VII**: 303
Hellenbach, Lazar **IV**: 246
Helmcke, Johann Georg **VI**: 87,105, 234
Helmholtz, Hermann von (1821–1894) **III**: 216,
   217; **IV**: 140, 141, 142, 157; **IX**: 103
Helmont, Johann Baptiste (1579–1644)
   VIII: 528
Hemingway, Ernest (1899–1961) **VII**: 427
Henckel, Johann Friedrich (1679–1744) **V**: 141
Hengstenberg, Heike **X**: 364

Henkel, Hubert **VII**: 3
Henlein, Peter (um 1485–1542) **II**: 217; **V**: 96
Henneberg, Graf Poppo von (gest.1078) **IX**: 79
Henschel, Carl Anton (1780–1862) **II**: 325
Hentig, Hartmut von (geb. 1925) **V**: 431
Hentrich, Helmut (geb. 1905) **VII**: 347
Heraklit (um 550–480 v.Chr.) **VI**: 25; **IX**: 261,
   262
Herbert, Thomas (17. Jahrh.) **X**: 118, 119
Herder, Siegmund August Wolfgang Freiherr von
   (1776–1838) **V**: 143
Herder, Johann Gottfried (1744–1803) **V**: 26, 143;
   IX: 34, 84
Herkomer, Hubert von (1849–1914) **X**: 154
Herkommer, Sebastian **X**: 365
Herlin, Friedrich (15. Jahrh.) **IV**: 177
Hermann von Reichenau (1013–1054) **II**: 175;
   V: 92
Hermann, Karl Samuel Leberecht **IV**: 264
Hermbstädt, Siegmund Friedrich (1758–1833)
   III: 397; **V**: 324
Herodes I. (73–4 v. Chr.) **II**: 120,143
Herodot (nach 490-nach 430 v. Chr.) **III**: 37, 233,
   234; **VI**: 13; **X**: 59
Heron von Alexandria (um 60 n. Chr.) **I**: 97;
   II: 112; **III**: 38, 41, 42, 47, 231, 237, 244, 258, 263,
   385, 386; **V**: 68; **VI**: 345; **IX**: 265; **X**: 61, 62, 275
Herrad von Landsberg (1125/1130–1195) **V**: 296
Hersch, A. S. **VI**: 102
Herschel, William **X**: 222
Hertel, Gottlieb **IV**: 103
Hertel, Heinrich **VI**: 100, 102, 221, 222, 225, 226
Hertlein, Grace **VII**: 180
Hertwig, Oscar (1849–1922) **III**: 328
Hertz, Heinrich (1857–1894) **III**: 217, 350; **V**: 342;
   VI: 233
Hertzberg, Ewald Friedrich Graf von (1725–
   1795) **IX**: 57
Herwegh, Georg (1817–1875) **X**: 203
Herzog, Rudolf (1869–1943) **VII**: 423
Hesiod (um 700 v. Chr.) **II**: 70, 73, 76, 79;
   III: 221, 222, 227; **V**: 64; **VI**: 26
Heß, Rudolf (1894–1988) **IX**: 139–141,147
Hesse, Hans (1497–1521) **VII**: 216, 218, 219, 220,
   224
Hesse, Hermann (1877–1967) **VI**: 67
Heuss, Theodor (1884–1963) **II**: 321

Hewitt, Frederic William (1828–1893) **IV**: 59
Heydmann, Berndt **VI**: 201
Heyfelder, Johann Ferdinand Martin
   (1798–1869) **IV**: 55
Heym, Georg (1887–1912) **VII**: 475
Heynert, Hans Henning **VI**: 103
Heynicke, Kurt (1891–1985) **VII**: 450
Hezelo (um 1190) **V**: 90
Hickmann, Henry Hill (1800–1829) **IV**: 52
Hicks, Sir John Richard (geb. 1904) **III**: 166
Hien, Albert **VII**: 305, 323, 324
Hieronymus (347–427) **VI**: 29
Higgins, Bryan (1737–1818) **III**: 317
Hiketas (5. Jahrh. v. Chr.) **III**: 262
Hilbert, David (1862–1943) **III**: 9, 67
Hildanus, Fabricius (1560–1634) **IV**: 139
Hildebrandt, Bruno (1812–1886) **III**: 126
Hildesheimer, Wolfgang **VII**: 18, 19
Hilferding, Rudolf (1877–1941) **X**: 227
Hilgemann, Ewerdt **VII**: 201, 306
Hill, Archibald V. (1886–1977) **IX**: 381, 383
Hiller, Lejaren A. **VII**: 398
Hillestroem, Per **VII**: 418
Himmler, Gebhard (geb.1898) **IX**: 147
Himmler, Heinrich (1900–1945) **IX**: 137, 392, 405,
   409
Hindemith, Paul (1895–1963) **VII**: 376, 378, 382,
   383, 392, 393, 396, 400
Hindenburg, Paul von Beneckendorff und von
   (1847–1934) **IX**: 11, 403
Hine, Lewis **VII**: 213
Hinrichs, Ernst **III**: 131
Hipparch (um 190-um 125 v. Chr.) **III**: 229, 243,
   272
Hippokrates von Kos (um 460–377 v. Chr.)
   III: 234; **IV**: 5,11,18, 42, 295, 301; **V**: 441
Hirschowitz, Basil **IV**: 149
Hirt, August **III**: 329
Hirt, Ludwig (1844–1907) **IV**: 211
Hitchcock, Eduard **II**: 247
Hitler, Adolf (1889–1945) **II**: 127, 130; **VII**: 363;
   IX: 11, 138, 141, 143, 144, 146–148, 152,
   156–159, 367, 372, 376, 386, 389, 397, 399,
   401–404, 407, 408, 411, 414, 421, 424, 427; **X**: 212
Hobbes, Thomas (1588–1679) **X**: 10
Hobrecht,James (1825–1902) **VIII**: 522, 523
Hobson, John A. (1858–1940) **X**: 227

Höch, Hannah (1889–1963) **VII**: 120, 487
Hoche, Alfred (1865–1943) **IV**: 305, 306
Hoeppner, Ernst von (1860–1923) **IX**: 342
Hoff, Wilhelm (geb.1883) **IX**: 370
Hoffa, Albert (1859–1907) **IV**: 128
Hoffmann, E. T. A. (1776–1822) **VII**: 417, 429,
   445; **X**: 146
Hoffmann, Felix (1868–1946) **IV**: 283; **VIII**: 173
Hoffmann, Friedrich (1660–1742) **IV**: 23, 24
Hoffmann, Friedrich (1806–1886) **IV**: 139
Hoffmann, Fritz (1868–1920) **IV**: 285
Hoffmann, Ida **VI**: 67
Hoffmann, Josef (1870–1956) **VII**: 355
Hoffsten, Henning **X**: XXVIII
Höfler, A. **VI**: 239
Hofmann, August Wilhelm von (1818–1892)
   V: 221
Hohner, Matthias (1833–1902) **II**: 323
Holbein d. Ä., Hans (um 1465–1524) **VII**: 135
Hölderlin, Johann Christian Friedrich
   (1770–1843) **II**: 20, 23; **VII**: 427
Holland, C. Thursten **IV**: 124
Hollein, Hans **VII**: 329, 373; **VIII**: 523
Höllerer, W. **VII**: 430
Hollzer, Wolfgang (1906–1980) **IV**: 254
Holmes, Oliver Wendell (1809–1894) **IV**: 55, 66
Holter, Norman Jeffries (geb. 1914) **IV**: 164
Holtzendorff, Henning von (1853–1919) **IX**: 306
Holz, Arno (1853–1929) **VII**: 467, 468, 485
Holzknecht, Guido (1872–1931) **IV**: 126
Hömberg, Walter (geb. 1944) **V**: 410
Homberg, Wilhelm (1652–1715) **III**: 300
Homer (um 700 v. Chr.) **II**: 69, 70, 73, 75, 76, 77,
   158; **V**: 76, 78; **VI**: 24; **IX**: 264, 431
Honegger, Arthur (1892–1955) **VII**: 377, 380, 381,
   382, 384, 385, 389, 390, 393, 400
Honneth, Axel **X**: 358
Honorius Augustodunensis (gest. nach 1130) **II**: 176
Honsell, Max **VI**: 384
Hooke, Robert (1635–1703) **III**: 282, 329;
   IV: 101,106
Höppner, Hugo (1868–1948) **VI**: 67
Horkheimer, Max (1895–1973) **I**: 74, 75, 76, 77,
   154; **V**: 53; **X**: 221, 358
Horn, Rebecca **VII**: 310
Horta, Victor (1861–1947) **VII**: 354, 355
Hortleder, Gert **X**: 359

Hortsvang, Holger **I**: 230
Horwitz, Hugo Theodor (1882–1942/43)
   III: 121,122
Houdry, Eugene **VIII**: 169
Howard, Leland Ossian (1857–1950) **VI**: 332
Hrabanus Maurus (780–856) **II**: 175
Huber, Joseph **I**: 161
Huber, Stephan **VII**: 303
Hueber, Ferdinand (gest. 1750) **II**: 239
Hübner, Karl Wilhelm **VII**: 265
Huchel, Peter (1903–1981) **VII**: 481
Hufnagel, Charles A. (1916–1989) **IV**: 183
Hughes, Thomas P. **X**: 376, 380, 401
Hugo von Cluny (1024–1109) **V**: 90
Hugo von St. Viktor (1096–1141) **II**: 300, 176;
   III: 45, 236; **V**: 77, 78; **VI**: 35
Hugo, Victor (1802–1885) **VIII**: 530
Huisberg, Otto **IV**: 282
Huizinga, Johan (1872–1945) **III**: 240
Hülsmann, Heinz **X**: 5
Hülsmeyer, Christian (1881–1957) **IX**: 379, 380
Humboldt, Alexander von (1769–1859) **II**: 225;
   III: 317, 397; **IV**: 243; **V**: 143, 395; **VI**: 51, 61;
   VIII: 510; **IX**: 90
Humboldt, Wilhelm Freiherr von (1767–1835)
   III: 397, 430; **V**: 26, 27, 42, 43, 45, 155, 156, 157,
   158, 175, 210, 420; **IX**: 305, 359
Hume, David (1711–1776) **III**: 146
Hundertwasser, Friedensreich **VII**: 271, 272
Hünemörder, Christian **VI**: 8
Huß, Johannes (um 1370–1415) **II**: 141
Husserl, Edmund (1859–1938) **III**: 5
Hutten, Ulrich von (1488–1523) **VI**: 39, 326
Huxley, Aldous (1894–1963) **I**: 296; **II**: 349, 357,
   358; **VII**: 427, 441; **X**: 456
Huygens, Christiaan (1629–1695) **II**: 192; **III**: 52,
   284, 286, 287; **VI**: 43, 48; **IX**: 18,19; **X**: 87
Hyatt, Thaddeus (1816–1901) **VIII**: 180
Hyatt, John Wesley (1837–1920) **VIII**: 180

I

Ibn an Nafis (13. Jahrhundert) **IV**: 45
Illberg, Waldemar **IX**: 393
Illich, Ivan (geb. 1926) **I**: 292; **VI**: 370
Imhof, Arthur **IV**: 229, 236

Imhoff, Karl **VI**: 399; **VIII**: 521
Immermann, Karl Leberecht (1796–1840) **VII**: 421,
   428
Indian, Robert **VII**: 324
Ingres, Jean Auguste Dominique (1780–1867)
   VII: 103
Intze, Otto (1843–1904) **VIII**: 515
Iofan, B. M. **VII**: 361
Isaacson, Leonard M. **VII**: 398
Iselin, Isaak (1728–1782) **IX**: 51
Isidor von Sevilla (um 560–636) **II**: 164, 173,174;
   III: 45, 235; **V**: 69; **X**: 81
Isnard, Achylle-Nicholas (1749–1803) **III**: 154 I
Isokrates (436–338 v. Chr.) **III**: 234
Israel, James (1848–1926) **IV**: 71

J

Jablonski, Daniel Ernst (1660–1741) **II**: 237
Jacobaeus, Hans Christian (1879–1937) **IV**: 148, 149
Jacobi, Karl (1804–1851) **IX**: 306
Jacobs, Marius **VI**: 474
Jacquard, Joseph-Marie (1752–1834) **III**: 68
Jakob I., König v. England (1566–1625) **III**: 197,
   277
Jallabert, Jean (1712–1768) **III**: 291
James, William Henry (1842–1910) **III**: 326)
Jamnitzer, Wenzel (1508–1585) **III**: 48; **V**: 99;
   VII: 135
Jandl, Ernst **VII**: 488, 490
Jansen, Doris **X**: 336
Janssen, Zacharias (1588-um 1630) **IV**: 101,102
Jantsch, Erich **VI**: 249
Jardine, James **VIII**: 511
Jars, Antoine-Gabriel **IX**: 19
Jarvik, Robert K. **IV**: 186
Jaspers, Karl (1883–1969) **I**: 20, 21, 54, 55, 56, 57,
   71, 296; **II**: 231; **III**: 218, 346; **X**: 216
Jastrowitz, Moritz (1839–1912) **IV**: 116,117, 118,
   119, 120,121
Jecquir, Nicolas **IX**: 471
Jefferson, Thomas (1743–1826) **IX**: 64
Jehly, M. **VII**: 240
Jehoseph ibn Naghrdea (11. Jahrhundert) **II**: 124
Jellinek, Stefan (1871–1968) **IV**: 253
Jens, Walter (geb.1923) **VII**: 435

Jeremias, Joachim **VI**: 50
Jessop, William (1745–1814) **VIII**: 419
Jesús Christus (um 4 v. Chr.–um 30 n. Chr.)
  II: 144
Joachim von Floris (1132–1201) **II**: 298
Johann von Prag (14. Jahrhundert) **V**: 104
Johann von Salisbury (um 1115–1180)
  II: 177
Johannes Chrysostomos (um 350–407)
  II: 148
Johannes Paul II. (ab 1978) **II**: 253, 259, 262, 263,
  264, 268, 365
Johannes XXIII. (1958–1963) **II**: 251, 258, 262,
  269
Johannes, Scotus Eriugena (um 810–um 877)
  III: 235; **V**: 17, 70
Johannsson, Carl Edward (1864–1943) **VIII**: 222
Johnson, Uwe (geb. 1934) **VII**: 430
Jonas, Hans (geb. 1903) **I**: 198, 199, 200, 201, 202,
  207, 210, 241, 263; **II**: 292; **V**: 444; **VI**: 76, 518
Jones, Allan **VII**: 313
Jones, Eric L. **VIII**: 20
Jones, William (1746–1794) **III**: 329
Jones, William (1839–1915) **VIII**: 113
Jordan von Sachsen (vor 1200–1237) **V**: 74
Joseph II., Kaiser v. Österreich (1741–1790; Kaiser
  seit 1765) **IX**: 5
Joseph von Spanien (um 800 n. Chr.) **II**: 124 .
Jost, Adolf **IV**: 306
Joyce, James (1882–1941) **VII**: 20, 427
Jung, Johann Heinrich (1740–1817) **III**: 397 J
Junge, Ch. **VI**: 347
Jünger, Ernst (geb. 1895) **II**: 207, 221, 244;
  VII: 433
Jünger, Friedrich Georg (1898–1977) **II**: 221;
  VII: 430, 435
Junghanns, Herbert **VII**: 69
Junghans, Gebrüder **VIII**: 233
Jungius, Wilhelm **VIII**: 441
Jungk, Robert (1913–1994) **II**: 349; **V**: 388
Junkers, Hugo (1859–1935) **VIII**: 447
Justi, Johann Heinrich Gottlob von (1717–
  1771) **III**: 140; **IX**: 43, 47, 48, 53, 55; **X**: 95
Justinos (gest. um 165 n. Chr.) **II**: 158
Justitianus (482–565) **II**: 154
Justrow, Karl (1883–nach 1966) **IX**: 366
Juvenal (58/60–130/135) **IV**: 205

K

Kafka, Franz (1883–1924) **VII**: 427, 430
Kafka, Peter **VI**: 501
Kagel, Mauricio (geb. 1933) **VII**: 399, 401
Kahlen, Wolf **VII**: 311
Kahn, Louis L. **VII**: 366
Kalecki, Michael (1899–1970) **III**: 162–164 K
Kalk, Heinz (1895–1973) **IV**: 149
Kalker, Stephan von **IV**: 17
Kallimachos (400 v. Chr.) **VII**: 41, 42
Kammerer, Guido **X**: 363
Kamp, Heinrich Daniel (1786–1853) **X**: 179
Kampmann, Utz **VII**: 202
Kandinsky, Wassily (1866–1944) **VII**: 125
Kant, Immanuel (1724–1804) **I**: 5, 35, 36, 37, 38,
  71, 76, 104, 199, 200, 207, 225, 233, 234, 252, 262,
  268; **II**: 206, 313, 329, 333, 368; **III**: 4–6, 14;
  V: 118; **VI**: 39, 52; **VII**: 9, 16; **IX**: 34
Kapp, Ernst (1808–1896) **I**: 58, 59, 60, 61, 62, 63,
  71, 88, 304; **VI**: 15
Karl der Große, deutscher Kaiser (747–814) **II**: 140,
  362; **V**: 104; **VI**: 398
Karl der Kühne (1433–1477) **V**: 76
Karl IV. (1316–1378) **V**: 1114
Karl Martell (1271–1296) **X**: 78
Karl Martell (um 688/689–741) **II**: 140
Karl V., deutscher Kaiser (1500–1558) **VI**: 41
Karl Wilhelm Ferdinand, Herzog von Braunschweig
  (1735–1806) **V**: 147
Karl-Friedrich, Großherzog von Baden
  (1728–1811) **VI**: 383
Kármán, Todor (1881–1963) **VI**: 221
Karmarsch, Karl (1803–1879) **I**: 71; **III**: 120, 415,
  417; **V**: 216, 228, 312; **X**: 24
Karstadt, Rudolf **X**: 208
Kästner, Abraham Gotthelf (1719–1800) **V**: 324
Kästner, Erhart (1904–1974) **II**: 227
Kästner, Erich (1899–1974) **VII**: 430, 467, 484
Kästner, Karl Wilhelm (1783–1897) **III**: 314
Katachalsky-Katzir, Aharon (1914–1972) **III**: 333
Kaufhold, Karl Heinrich **X**: 88
Kaufmann, Christoph **X**: 146
Kaulbach, Wilhelm von (1805–1874) **VII**: 234, 465,
  466
Kautsky, Karl (1854–1938) **X**: 202
Kawaguchi, Yoichiro **VII**: 183, 199

Kerschensteiner, Georg (1854–1932)   **V**: 159
Keitel, Wilhelm (1882–1946)   **IX**: 375
Kekulé von Stradonitz, Friedrich August
    (1829–1896)   **III**: 317, 318; **V**: 322; **VIII**: 146
Keller, Claudia   **VII**: 181
Keller, Gottfried (1819–1890)   **VII**: 455, 463, 464
Keller, Rolf   **VII**: 348
Kellermann, Bernhard (1879–1951)   **VII**: 429, 432
Kellermann, François Herzog von Valmy
    (1735–1820)   **IX**: 285
Kelling, Georg (1866–1945)   **IV**: 148
Kempelen, Wolfgang von   **X**: 145
Kempf, Bernhard   **VI**: 101
Kennedy, John F. (1917–1963)   **VII**: 179, 180, 326
Kennedy, John (1769–1855)   **VIII**: 201, 205
Kepler, Johannes (1571–1630)   **II**: 32, 102, 208, 212;
    III: 50, 237, 262; **V**: 83; **VI**: 87; **VII**: 233; **X**: 87
Kerenski, Alexander (1881–1970)   **IX**: 13, 120, 129
Kern, Horst   **VIII**: 282; **X**: 242, 243, 323, 368
Kern, Ulrich   **IX**: 383
Kerner, Justinus (1786–1862)   **VII**: 419, 429, 463,
    464
Kesselring, Fritz   **I**: 16
Ketteler, Wilhelm Emmanuel Freiherr von(1811–
    1877)   **II**: 245; **X**: 190,191
Keynes, John Maynard (1883–1946)   **III**: 156;
    VI: 255
Khnopff, Fernand (1858–1921)   **VII**: 105
Khorana, G.   **VI**: 280
Kick, Friedrich (1840–1915)   **III**: 416
Kiechle, Franz   **X**: 57
Kiefer, Anselm   **VII**: 192
Kienholz, Ed   **VII**: 194
Kierkegaard, Sören (1813–1855)   **II**. 227
Kilby, John   **III**: 368
Killian, Gustav (1860–1921)   **IV**: 147
Kindermann, Ferdinand (1740–1801)   **V**: 124, 129
Kindermann, Josef   **VIII**: 47
Kirchheimer, Franz   **X**: 421, 424, 425, 431, 435, 438
Kirchner, Ernst Ludwig (1880–1938)   **VII**: 287, 321
Kissinger, Henry   **IX**: 448
Kisskalt, Karl (1875–1962)   **IV**: 167
Kitasato, Shibasaburo (1852–1931)   **IV**: 269, 270
Kittler, Erasmus (1852–1929)   **III**: 413
Klages, Ludwig (1872–1956)   **VI**: 68
Klapheck, Konrad   **VII**: 286, 313
Klaproth, Martin Heinrich (1743–1817)   **III**: 79

Klarer, Josef (1898–1953)   **IV**: 283
Klatte, Fritz (1880–1934)   **VIII**: 168, 182
Klee, Paul (1879–1940)   **VI**: 67
Klefeker, Siegfried (geb.1870)   **IX**: 365
Kleihus, Josef Paul   **VII**: 373
Klein, Felix (1849–1925)   **III**:65–68, 354
Klein, Yves   **VII**: 200
Kleinschmidt, Harald   **X**: XXVI
Kleist, Heinrich von (1777–1811)   **VII**: 417
Klemm, Friedrich (1904–1983)   **III**: 47, 130;
    IX: 276; **X**: 23
Klessinger, Reinhard   **VII**: 310
Klett, Johann Friedrich   **VII**: 243
Klic, Karl (1841–1926,)   **V**: 315
Kling, Karl   **X**: 308
Kljun, Iwan   **VII**: 312
Klopstock, Friedrich Gottlieb (l724–1803)   **V**: 18
Klotz, Gunther   **X**: 420, 421, 422, 430, 442
Klotz, Heinrich   **VI**: 136
Kneipp, Sebastian (1821–1897)   **VI**: 67
Knies, Karl (1821–1898)   **III**: 126
Knietsch, Rudolf (1854–1906)   **VIII**: 151
Knoblauch, Johann Friedrich   **VIII**: 532, 533
Knott, Carl   **X**: 435, 436
Kobenhaupt, Georg   **VII**: 228
Koch, Robert (1843–1910)   **III**: 356; **IV**: 71–76,
    80,109,110, 269, 279, 280; **VI**: 327, 328; **VIII**: 173,
    520, 521, 525
Koelliker, Albert (1817–1905)   **IV**: 159
Koelsch, Franz (1879–1969)   **IV**: 218–223
Koenig, Friedrich (1774–1833)   **V**: 313, 393
Koestler, Arthur (geb. 1905)   **VII**: 428
Koeßler, Henning   **I**: 21
Kogler, Peter   **VII**: 204
Kogon, Eugen (geb. 1903)   **X**: 350, 369
Kohl, Helmut   **IX**: 254, 256
Kolb, Peter   **X**: 112, 114, 115, 120, 121, 122, 124
Kolbe, Hermann (1818–1884)   **VIII**: 146
Kolff, William J. (geb. 1911)   **IV**: 86,185
Koller, Carl (1857–1944)   **IV**: 64, 65
Kollwitz, Käthe (1867–1945)   **VII**: 265, 266, 326
Kolomyjec, William J.   **VII**: 181
Kolping, Adolf (1813–1865)   **II**: 245
Kolumbus, Christoph, eigentl. Colòn, Christobal
    (1451–1506)   **II**: 111, 126; **III**: 242; **VI**: 36, 46
Kondratjew, Nikolai (1892–1930)   **III**: 160,161
König, Franz (1832–1910)   **IV**: 120

König, Wolfgang **X**: 26
Konstantin (280−337) **II**: 154
Kopernikus, Nikolaus (1473−1543) **II**: 21, 32,183, 190, 207, 208, 212; **III**: 261, 262, 272; **V**: 73; **IX**: 234, 276
Köppen, W. **VI**: 186
Körner, Stefan **III**: 22
Körner, Theodor (1791−1813) **IX**: 285
Kornhauser, William **X**: 357
Korotoff, Nicolai Sergejewitsch (1874−1920) **IV**: 159
Körting, Ernst **VIII**: 531, 532
Körting, Johannes **VIII**: 538
Koschkin, M. J. (1899−1941) **IX**: 415
Kovaçs, Attila **VII**: 272
Kracauer, Siegfried (1889−1966) **X**: 220
Kraemer, Dieter **VII**: 270, 271, 315
Kraemer, Heinrich **VII**: 247, 248
Krafft, Fritz **VI**: 17
Kramer, Harry **VII**: 324
Kraus, Friedrich (1858−1936) **IV**: 162
Kraus, Karl (1874−1936) **IV**: 254; **VII**: 480
Kreling, August von (1818−1876) **VIII**: 533
Krenek, Ernst **VII**: 377
Kresling, B. **VI**: 199, 200
Krevel, Louis **VII**: 247, 248
Kricke, Norbert (geb. 1922) **VII**: 57
Krier, Rob **VII**: 371
Kripp, D. v. **VI**: 101
Kriwet, Ferdinand **VII**: 283
Kröger, R. A. **VI**:102
Kroisos (6. Jahrh. v. Chr.) **VII**: 42
Krolow, Karl **VII**: 481
Krönlein, Rudolf (1847−1910) **IV**: 61
Krünitz, Johann Georg (1723−1796) **III**: 112, 397; **V**: 3l0
Krupp, Alfred (1812−1887) **VII**: 431; **VIII**: 111, 117; **X**: 140
Krupp, von Bohlen und Halbach, Gustav (geb.1870) **IX**: 99
Kruse, Alfred **III**: 159, 160, 163
Kruspe, Franz Karl (1808−1885) **VII**: 87
Krzizanovskij, G. M. **IX**: 125,126,129,130,134
Ktesibios (3. Jahrh. v.Chr.) **II**: 112; **III**: 231, 383, 385; **X**: 61, 62, 65
Kuhl, Willi (1892−1972) **VI**: 197
Kuhn, Axel **X**: XXVIII

Kuhn, Franz (1866−1929) **IV**: 61, 62
Kuhn, Thomas **IX**: 234, 235
Kuhn, Thomas Samuel (geb. 1922) **III**: 7, 23
Kühnhold, Rudolf **IX**: 386, 387
Kuivila, Ron **VII**: 190,191, 192
Kümmel, Friedrich (geb. 1933) **I**: 225
Kummer, Ernst Eduard (1810−1893) **IX**: 306
Kummer, K. **VI**: 124, 126, 211
Kummer, Raymund **VII**: 315
Kunckel von Löwenstern, Johann (um 1638−1703) **V**: 307
Kunert, Günter **VII**: 430
Kunkel, Johann K. (1638−1703) **III**: 299
Kunth, Gottlob Johann Christian (1757−1829) **V**: 204
Küntscher, Gerhard (1900−1972) **IV**: 178
Kurz, Peter (geb. 1909) **VIII**: 169
Kußmaul, Adolf (1822−1902) **IV**: 146
Küster, Hansjörg **X**: XXVI
Kutter, Hermann (1863−1931 **II**: 278
Kützing, Carl (1798−1862) **VII**: 67, 71, 79
Kyeser, Konrad (1366−um 1405) **II**: 180; **IX**: 271, 273, 275

L

L'Hospital, Marquis Guillaume-Francois-Antoine de (1661−1704) **VI**: 47
La Fontaine, Marie Jo **VII**: 165, 316
La Mettrie, Julien Offroy de (1709−1751) **X**: 145
La Rochefoucauld-Liancourt, François Alexandre (1747−1827) **V**: 190
Lacanal, Joseph **IX**: 71−73
Lachmann, H. **VI**: 101
Ladd, John **I**: 223
Ladenson, Robert F. **I**: 234
Laennec, René Théophile (1781−1826) **IV**: 134
Lagrange, Joseph Louis de (1736−1813) **III**: 276; **VI**: 390; **IX**: 64, 65
Lambert, Johann Heinrich (1728−1777) **III**: 59
Lampadius, Wilhelm August (1772−1842) **V**: 143
Lamprecht, Georg Friedrich von (1760−1820) **III**: 397
Lamprecht, Karl (1856−1915) **III**: 119,123−127
Landino, Christoforo (1424−1498) **V**: l07

Landolt, Heinrich (1831–1910) **III**: 318
Landsteiner, Karl (1843–1943) **IV**: 188
Lang, Fritz (1890–1976) **VII**: 120
Langbehn, Julius (1851–1907) **VI**: 68
Lange, Dorothea (1895–1965) **VII**: 124
Lange, Max G. **X**: 164
Langen, Eugen (1833–1895) **III**: 435; **VIII**: 536;
    X: 295
Langenbeck, Bernhard von (1810–1887)
    IV: 178
Laplace, Pierre Simon de (1749–1827) **IX**: 64, 65
Lasduns, Denys **VII**: 371
Lassalle, Ferdinand (1825–1864) **II**: 245;
    X: 191–194, 200
Lassnig, Maria **VII**: 313, 314
Laue, Max von (1879–1960) **V**: 342; **IX**: 370
Laumhardt, Wilhelm (1832–1918) **III**: 155
Laurema, Esa **VII**: 192
Laval, Carl Gustav Patrik de (1845–1913)
    III: 437
Lavater, Johann Kaspar (1741–1801) **V**: !8
Lavoisier, Antoine Laurent (1743–1794) **III**: 281,
    292; **VI**: 54, 346, 370; **VIII**: 145; **IX**: 19, 21, 60,
    62, 63, 71–74
Lawaczek, Franz **IX**: 156
Leukipp (5. Jahrh. v. Chr.) **III**: 221, 222
Le Corbusier (1887–1965) **VII**: 346, 347, 356, 357,
    359, 361, 362, 363, 364, 365, 366, 367, 370, 371,
    375, 397, 398
Le Parc, Julio **VII**: 276
Le Roy, Jean Baptiste (1719–1800) **IX**: 64
Le Witt, Sol **VII**: 192
Leber, Georg (geb. 1920) **VII**: 347
Leblanc, Nicolas (1742–1806) **III**: 288, 289, 307,
    308, 348; **VIII**: 152
Lebon, Philipp (1767–1804) **VIII**: 529
Le Breton (um 1770) **V**: 309
Lecher, Ernst (1856–1926) **IV**: 116
Le Corbusier (1887–1965) **VIII**: 407, 408
Ledermüller, Martin Frobenius (1719–1769)
    III: 327
Ledoux, Claude-Nicolas **VII**: 368, 371
Leeb, Emil (1881–1969) **IX**: 374, 409, 411
Leeuwenhoek, Antony von (1632–1723) **III**: 324;
    IV: 104, 105
Léger, Fernand (1881–1955) **VII**: 359, 389
Lehmbruck, Wilhelm (1881–1919) **VII**: 266

Leibniz, Gottfried Wilhelm von (1646–1716) **I**: 34,
    43; **II**: 33, 220, 237, 313, 314, 330, 353; **III**: 23, 49,
    50, 64, 69, 215, 216, 282, 286, 394; **IV**: 105; **V**:
    320; **VI**: 232; **VII**: 85, 209; **IX**: 32, 46, 49, 53, 64;
    X: 87, 461
Leiendecker, J. **VII**: 267
Leighton, H. **VI**: 347
Leiter, Joseph (1830–1892) **IV**: 145
Leitz, Ernst (1843–1920) **III**: 329, 354
Lem, Stanislaw (geb. 1921) **I**: 198, 304, 305; **VI**: 74
Lenard, Philipp (1862–1947) **III**:217, 351D
Lenbach, Franz von (1836–1904) **VII**: 107
Lenin, Wladimir Iljitsch (1870–1924) **I**: 69, 70;
    VI: 67; **IX**: XXIV 13, 120, 122, 124, 125, 127,
    129–132, 134; **X**: 200, 227
Lenk, Hans **I**: 20, 46; **III**: 393; **VI**: 76; **X**: 3
Leo XIII (1878–1903) **II**: 244
Leonardo da Vinci (1452–1519) **II**: 189, 301;
    III: 242, 253–256, 258, 326, 379, 402, 431; **V**: 76,
    98 107, 108,, 297, 298; **VI**: 46, 101, 106, 113,
    194–196, 206, 207, 389; **VII**: 62, 431; **IX**: XXI
Leonhardt, Fritz **VI**: 137; **VII**: 5, 349
Leontieff, Wassily (geb. 1906) **III**: 177
Leopold III., Herzog von Österreich (1351–1386)
    IX: 271
Lepsius, Rainer **X**: 6
Lersch, Heinrich (1889–1936) **VII**: 479
Lesage, Georges-Louis (1724–1803) **III**: 292
Lesseps, Ferdinand de (1805–1894) **II**: 325
Lessing, Gotthold Ephraim (1729–1781) **I**: 262;
    IV: 176
Letourneur, Etienne-François (1751–1817) **IX**: 75
Leukipp (2. Hälfte des 5. Jahrh. v.Chr.) **VI**: 25
Leupold, Jakob (1674–1727) **I**: 12; **III**: 58, 59, 402;
    V: 308
Lévi-Strauss, Claude (geb. 1908) **I**: 308
Levidis, Dimitri **VII**: 393
Levy ibn Gerschon (1288–1340) **II**: 124
Levy-Bruhl, Lucien (1857–1939) **II**. 214
Levy-Dorn, Alexander von (1880–1948) **IV**: 124,
    126
Lewandowski, Rudolf (1847–1902) **IV**: 248
Ley, Robert (1890–1945) **IX**: 140, 141
Leyßner, U. **VI**: 239
Lichtenberg, Alexander von (1880–1948) **IV**: 127,
    128
Lichtenstein, Roy **VII**: 28, 320, 322

Lichtwitz, Leopold (1876–1943) **IV**: 128
Lie, Cornelius **VI**: 99, 100
Lieberkühn, Nathanael (1711–1756) **IV**: 104
Liebermann, Rolf (geb. 1910) **VII**: 399
Liebermann, Carl Theodor (1842–1914) **VIII**: 171
Liebherr, J. (um 1800) **V**: 256
Liebig, Justus Freiherr von (1803–1873) **III**: 216, 314–316, 324, 348; **V**: 326, 329, 392; **VI**: 61, 396; **VIII**: 157, 521; **X**: 392
Liebknecht, Karl (1871–1919) **IX**: 9
Liese, Kurt (geb. 1882) **IX**: 374
Ligeti, György **VII**: 396
Liliencron, Detlev von (1844–1909) **VII**: 430, 467
Lilienthal, Otto (1848–1896) **VI**: 197, 200, 207–209; **VII**: 275; **VIII**: 444, 445
Lilje, Hanns (1899–1977) **II**: 246, 327
Lillehei, C. Walton (geb. 1918) **IV**: 89
Lilly, Eli (1838–1898) **IV**: 284
Limousin, Stanislas **IV**: 274
Lind, James (1716–1794) **IV**: 267
Lindbergh, Charles A. (1902–1974) **VII**: 383, 384, 385; **VIII**: 446
Linde, Carl (1842–1934) **III**: 394, 412, 413, 436; **VI**: 346; **VIII**: 158
Lindemann, Fredrick (später Lord Cherwell) (1886–1957) **IX**: 381, 383, 390, 395
Lindemeier, Daniel **VII**: 224
Lindley, William H. (1808–1900) **VIII**: 513, 519, 525
Linné, Carl von (1707–1778) **III**: 394; **IV**: 243; **VII**: 34
Linse, Ulrich **VI**: 67
Lipset, Seymour Martin (geb. 1922) **X**: 221
Lipsius, Justus (1547–1606) **IX**: 298
Lissitzky, El **VII**: 361
List, Friedrich (1789–1846) **V**: 322; **X**: 295, 388
Lister, Joseph Jackson (1786–1869) **IV**: 106
Lister, Philip Cunliffe (später Lord Swinton) (geb.1884) **IX**: 382
Lister, Joseph (1827–1912) **IV**: 68, 69, 70, 71
Liszt, Franz (1811–1886) **VII**: 70, 71
Litt, Theodor (1880–1962) **V**: 40, 41, 42, 157
Liu Shaoqi (1899–1969) **IX**: 197
Lloyd Wright, Frank **VII**: 357, 358, 362, 363, 364, 367
Locke, John (1632–1704) **X**: 10
Loder, Matthäus **VII**: 252

Loew, Oscar (1844–1941) **III**: 335
Löffler, Rainer **X**: 364
Lohmar, Ulrich **IX**: 243
Lohse, Paul (geb. 1902) **VII**: 272, 274, 298
Londonderry, Charles Steward Henry (1878–1949) **IX**: 381
Long, Crawford Williamson (1815–1878) **IV**: 54
Longo, Robert **VII**: 313
Loos, Adolf (1870–1933) **VII**: 355
Lorenz, Konrad (1903–1989) **VII**: 350
Lorenz, Kuno (geb. 1903) **VI**: 75
Lorenz, Sönke **X**: XXVI
Lori, Johann Georg (1723–1783) **IX**: 31–33
Lorini, Buonaiuto (geb. 1540) **III**: 401
Loti, Pierre (1850–1923) **VII**: 107, 108, 109, 290
Lötsch, Manfred **IX**: 221
Lotz, Walter **VIII**: 3ll7
Louis, Joe (geb. 1914) **IX**: 153
Loveridge, Ray **X**: 325
Löw, Rabbi (um 1525–1609) **VII**: 445
Lowell, Edward (1845–1883) **IV**: 183
Löwith, Karl (1897–1973) **X**: 392
Lübbe, Hermann **VI**: 63
Lubetkin, Berthold **VII**: 363
Lucae, Richard **VI**: 59
Lucanus, Friedrich von (1869–1945) **VI**: 197
Lucas, George **VII**: 183
Lucius, Eugen (1834–1903) **IV**: 278, 283
Lucke, Astrid **VII**: 134,139
Lüdemann, Hermann (geb. 1842) **IX**: 112
Ludendorff, Erich (1865–1937) **IX**: 9, 138
Ludwig I., König v. Bayern (1768–1868) **V**: 246, 256; **VI**: 383
Ludwig IX., König v. Frankreich (1214–1270; König seit 1226) **IX**: 4
Ludwig XII., König v. Frankreich (1462–1515; König seit 1498) **IX**: 4
Ludwig XIV., König v. Frankreich (1638–1715; König seit 1643) **III**: 286; **IX**: 4, 5, 17, 22, 358; **X**: 100
Ludwig XV., König von Frankreich (1710–1774; König seit 1715) **IX**: 22; **X**: 154
Ludwig XVI., König v. Frankreich (1754–1793; König 1774–1792) **IX**: 8, 22
Ludwig, Carl (1816–1895) **IV**: 156, 157, 158
Ludwig, Karl Heinz **III**: 133; **IX**: XXIV
Ludwig, Max (1871–1961) **IX**: 374

Luginbühl, Bernhard   **VII**: 304
Lunardi, Vincenco   **VIII**: 441
Lüst, Reimar   **IX**: 243
Luther, Martin (1483–1546)   **III**: 242; **V**: 19, 21,
    93; **VI**: 46; **IX**: XX
Lüttge, Ulrich   **VI**: 9
Lutz, Burkart   **X**: 363
Lutz, Oswald (1876–1944)   **IX**: 414
Luxemburg, Rosa (1870–1919)   **X**: 227
Lysias (500 v. Chr.)   **IX**: 427

M

MacAdam, John Loudon (1756–1836)   **VIII**: 402,
    403, 404
MacDonald, James Ramsay (1866–1937)   **IX**: 382
Mach, Ernst (1838–1916)   **VI**: 248
Machiavelli, Niccoló (1469–1527)   **II**: 301
Mack, Heinz   **VII**: 165
Mackensen, Lutz (geb. l901)   **IV**: 155
Mackintosh, Charles Rennie (1868–1928)   **VII**: 355
Macmillan, Harold (geb. 1894)   **IX**: 462
Magalhães, Fernao de (1480–1521)   **III**: 242; **VI**: 36
Magendie, François (1783–1855)   **IV**: 266
Mager, Jörg (1880–1939)   **VII**: 392,393
Magor, Liz   **VII**: 270
Magritte, René (1898–1967)   **VII**: 122,125
Mahler, Gustave (1860–1911)   **VII**: 386
Maier, Hans (geb. 1931)   **V**: 15
Maier-Leibnitz, Heinz (geb. 1911)   **IX**: 251
Maimann, Theodor   **IX**: 437
Major, Daniel (1634–1693)   **IV**: 47
Malewitsch, Kasimir   **VII**: 27
Malherbe, Joseph François Marie (1733–1827)
    III: 308
Malpighi, Marcello (1628–1694)   **IV**: 101
Malsch, Thomas   **X**: 365
Malthus, Thomas Robert (1766–1834)   **III**: 145;
    VIII: 2; **IX**: 43; **X**: 151
Mandelbrot, Benoit B.   **III**: 71
Mandl, Ludwig (1862–1937)   **IV**: 248, 249
Manetti, Gianozza   **II**: 201
Mann, Thomas (1875–1955)   **VII**: 423,430,431,432
Manuel-Deutsch, Hans Rudolf (um 1500)   **VII**: 222
Mao Zedong (geb.1893)   **IX**: 197
Marais, Maria   **IV**: 50

Marat, Jean Paul (1743–1793)   **IV**: 243; **IX**: 62
Marcel, Gabriel (1889–1973)   **I**: 86
Marcellinus, Ammianus (um 300–um 395)   **IX**: 264
Marconi, Guglielmo Marchese (1874–1937)   **I**: 114;
    III: 363; **V**: 342
Marcus Terentius Varro (116–17 v.Chr.)   **III**: 15
Marcuse, Herbert (1898–1979)   **I**: 56, 79, 80, 242,
    292, 293; **X**: 358
Marcuse, Ludwig (1894–1971)   **I**: 198
Marey, Jules Etienne (1830–1904)   **IV**: 158, 159;
    VI: 115, 116; **VII**: 115, 116
Maria Theresia, Kaiserin v. Österreich (1717–1780;
    Kaiserin 1745–1765)   **V**: 138, 142, 175; **IX**: 5, 55
Maria,Walter de   **VII**: 199
Mariano, Daniello, gen. Mariano di Jacopo
    (1382–1453)   **VI**: 393
Maricourt, Pierre de, gen. Petrus Peregrinus
    (13. Jahrhundert)   **II**: 178; **V**: 74, 75, 83
Marinetti, Filippo Tommaso (1876–1944)   **VII**: 382,
    386, 471, 485
Mariotte, Edme (1620–1684)   **III**: 58; **VI**: 389, 390
Markgraf, Sigismund (1701–1782)   **III**: 308
Markl, Hubert   **VI**: 536
Marquard, Odo (geb. 1928)   **II**: 14, 201
Martenot, Maurice (1889–1980)   **VII**: 393
Martial (38/41–104)   **IV**: 205
Martianus, Capella (4/5. Jahrh. n. Chr.)   **III**: 15;
    V: 68, 70
Martin, Pierre (1824–1915)   **VIII**: l08, l09
Martini, Paul (1889–1964)   **IV**: 267
Martini, Wolfgang (1891–1963)   **IX**: 389, 393
Martinú, Bohuslav (1890–1959)   **VII**: 385, 400
Marx, Karl Heinrich (1818–1883)   **I**: 5, 66, 67, 68,
    69, 70, 74, 81, 82, 83, 114, 304; **II**: 98, 151, 330,
    333; **III**: 99,127,147, 151–153; **IV**: 219; **VI**: 55;
    VIII: 23; **IX**: 13,120, 240; **X**: 6,13, 14, 22, 23,
    189,191–194, 200, 202, 227, 271, 274
Masereel, Frans (1889–1972)   **VII**: 268
Massacio (1401–1428)   **VI**: 41
Matschoß, Conrad (1871–1942)   **III**: 113, 114,
    121–123, 126, 128; **V**: 253; **VI**: 60; **IX**: 261;
    X: 20, 21, 22
Matteuccci, Carlo (1811–1868)   **IV**: 156, 157, 159
Maudslay, Henry (1771–1831)   **VIII**: 208, 215, 217
Maupertius, Pierre-Louis Moreau de (1698–1759)
    VI: 232
Maurice, F. D.   **VII**: 254

Mauss, Marcel (1872–1951) **X**: 111, 120
Mautz, Kurt **VII**: 489
Max II., König v. Bayern (1662–1726) **III**: 316
Max, Nelson L. **VII**: 182
Maximilian I. (1459–1519; Kaiser seit 1508) **V**: 82;
  X: 273
Maximilian I., Kurfürst v. Bayern (1573–1651;
  Kurfürst seit 1623) **IX**: 287
Maximilian III. Joseph, Kurfürst v. Bayern
  (1727–1777; Kurfürst seit 1745) **IX**: 32
Maxwell, James Clerk (1831–1879) **III**: 64; **V**: 342;
  VI: 140
Maybach, Karl (1879–1960) **X**: 297
Maybach, Wilhelm (1846–1929) **VIII**: 405
Mayer, Jacob (1813–1875) **II**: 322
Mayer, Robert Julius (1814–1878) **III**: 412; **VI**: 61
McCosh, James **II**: 247
McCulloch, John Ramsay (1789–1864) **III**: 147
McLuhan, Herbert Marshall (geb. 1911) **V**: 427;
  X: 284
Meadows, Denise **I**: 186
Megert, Franziska **VII**: 165,166
Mehmet II., Sultan (1451–1481) **IX**: 273
Meier, Richard **VII**: 371
Meinecke, Friedrich (1862–1954) **III**: 118, 119
Meisenbach, Georg (1841–1912) **V**: 316
Meißner, Wilhelm (1792–1855) **IV**: 265
Meister, Georg **X**: 119
Meister, Wilhelm (1827–1895) **IV**: 278
Melnikow, Konstantin **VII**: 361, 3M8
Meltzer, C. **VII**: 241
Memling, Hans (um 1430–1494) **VII**: 318
Mencke, Otto (1644–1707) **V**: 319, 320
Mende, Johann Friedrich (1743–1798) **IX**: 83, 89
Mendel, Gregor (1822–1884) **II**: 241
Mendelejew, Dimitri Iwanowitsch (1834–1907)
  III: 318; **VIII**: 146
Mendelson, Erich (1887–1953) **VII**: 356
Mendelssohn, Moses (1729–1786) **V**: 23
Mengeringhausen, Max **VI**: 141
Mensch, Gerhard **III**: 164
Menzel, Adolph (1815–1905) **VI**: 65;
  VII: 250,256,263; **X**: 139
Mercator, Gerhardus (1512–1594) **III**: 59
Mercier, Pierre **X**: 100
Merck, Emanuel (1794–1855) **IV**: 277, 278
Merck, Georg Franz (1825–1873) **IV**: 277, 278

Meretz, Wolfgang **VI**: 87
Merkel, Ludwig **X**: 181
Merkenthaler, Annette **VII**: 171
Mersenne, Martin (1588–1648) **VII**: 85
Merton, Robert K. (geb. 1910) **III**: 25
Merz, Mario **VII**: 172
Mesmer, Franz Anton (1734–1815) **IV**: 243
Messiaen, Olivier (geb. 1908) **VII**: 393
Meunier, Constantin (1831–1905) **VII**: 266
Meyer, Heinrich Friedrich (1814–1897) **VII**: 87
Meyer, Lothar (1830–1895) **III**: 318; **VIII**: 146
Meyer-Abich, Klaus Michael (geb. 1936) **I**: 214
Meyer-Abich, Michael **VI**: 76
Meyer-Eppler, Werner **VII**: 396, 397
Meyerheim, Paul (1842–1915) **VII**: 252, 253
Mezei, Leslie **VII**: 179
Michael Scotus (um 1200) **V**: 77
Michelangelo Buonarroti (1475–1564) **II**: 111,184;
  III: 242; **V**: 104; **VII**: 9
Mielich, Hans (1516–1573) **VII**: 99
Mietzsch, Fritz (1896–1958) **IV**: 283
Mikulicz-Radecki, Johann von (1850–1905) **IV**: 63,
  146,148
Milhaud, Darius **VII**: 380
Mill, John Stuart (1806–1873) **III**: 22, 148–150
Miller, John Riggs (gest. 1785) **IX**: 64, 65
Miller, Oskar von (1855–1934) **II**: 323; **VIII**: 488,
  497
Millet, François (1814–1875) **VII**: 265
Milojcic, Vladimir (1918–1978) **III**: 86, 87
Milojevic, Peter **VII**: 179
Minucius Felix, Marcus (um 200 n. Chr.) **II**: 153
Mirabeau, Honoré Gabriel Riqueti (1749–1791)
  VI: 51
Miseroni, Dionysius **X**: 93
Mithridates **VI**. (um 130–63 v.Chr.) **X**: 64
Mitscherlich, Alexander (1908–1982) **VII**: 348
Mittasch, Alwin (1869–1953) **VIII**: 159
Mittelstraß, Jürgen **III**: 9, 10; **VI**: 43
Möbus, Christiane **VII**: 325
Moholy-Nagy, Laszlo (1895–1946) **VII**: 119, 122,
  125, 392
Mohr, Hubert **III**: 130
Mohr, Manfred **VII**: 173,192
Mohr, Otto Christian (1835–1918) **III**: 418
Moll, Karl Ehrenberg von (1760–1838) **V**: 327
Molnar, Vera **VII**: 180, 275

Moltke, Helmuth von, d. Ä. (1800−1891)   **IX**: 104, 308

Moltke, Helmuth von, d. J. (1848−1916)   **IX**: 328

Mon, Franz   **VII**: 450, 490

Mondrian, Piet (1872−1944)   **VII**: 358, 359

Monet, Claude (1840−1926)   **VII**: 112,113, 114, 265

Monge, Gaspar (1746−1818)   **III**: 60, 398, 407; **V**: 206

Moniz, Egas (1874−1955)   **IV**: 128

Montaut, E.   **VII**: 258, 259

Monte, Guidobaldo del (1545−1607)   **III**:263, 265, 266

Montelius, Oskar (1843−1921)   **III**: 84

Montesquieu, Charles de Secondat (1689−1755   **II**: 306; **IX**: 23

Montgelas, Maximilian Graf von (1759−1838)   **IX**: 311

Montgolfier, Jacques Étienne (1745−1799)   **III**: 292, 293; **VIII**: 438, 439; **X**: 144

Montgolfier, Joseph Michel (1740−1810)   **III**: 292, 293;**VIII**: 438, 439; **X**: 144

Moog, Robert A.   **VII**: 399

Moore, Charles   **VII**: 371

Moore, Francis Daniel (geb. 1913)   **IV**: 193

Moore, Henry (1898−1986)   **VII**: 9, 20, 267, 268

Moore, John   **VIII**: 514, 525

More, Sir Thomas: siehe lat. Morus, Thomas

Morellet, François   **VII**: 274

Morgagni, Giovanni Batista (1682−1771)   **IV**: 25, 26, 27, 28

Morgenstern, Oskar (geb. 1902)   **III**: 180

Moritz, Karl Philipp (1756−1793)   **X**: 1711

Morris, Philipp   **VII**: 354

Morse, Samuel (1791−1872)   **VIII**: 4611

Morton, William Thomas Green (1819−1868)   **IV**: 55, 57

Morus, Thomas (um 1478−1535)   **I**: 295;**V**: 82; **VI**: 39, 40; **VII**: 415, 416, 441

Morveau, Louis Bernard Guyton de (1737−1816)   **III**: 288

Moscovici, Serge   **I**: 304; **VI**: 74

Moser, Simon (geb.1901)   **I**: 46

Mößbauer, Rudolf   **IX**: 250

Mozart, Wolfgang Amadeus (1756−1791)   **VII**: 19, 70

Mucha, Alfons (1860−1939)   **VII**: 125

Mudra, Benno von (1851−1931)   **IX**: 338

Müller, Alex   **III**: 367

Müller, Andreas   **VII**: 229

Müller, Gebhard   **X**: 423, 424, 427, 438, 440

Müller, Werner (1907−1990)   **II**: 224

Müller-Armack, Alfred (geb. 1901)   **II**: 232

Müller-Breslau, Heinrich (1851−1925)   **III**: 419

Müller-Karch, Jutta   **VI**: 201

Mumford, Lewis (1895−1990)   **II**: 44, 152, 209, 213; **VI**: 75

Münchhausen, Gerlach Adolf Frhr. von (1688−1770)   **IX**: 53

Münster, Sebastian (1488−1552)   **VII**: 228

Münter, Gabriele (1877−1962)   **VII**: 125

Müntzer, Thomas (1490−1525)   **II**: 211; **VI**: 42

Murdock, William (1754−1839)   **III**: 311; **VIII**: 529

Musil, Robert (1880−1942)   **VII**: 20, 427, 434

Muspratt, James Sheridan (1821−1871)   **III**: 315

Mussolini, Benito (1883−1945)   **VII**: 363

Muthesius, Hermann (1861−1927)   **VII**: 357

Muthesius, Johann (1504−1564)   **VI**: 48

Mutsohito, Kaiser von Japan (1852−1912; Kaiser seit 1867)   **IX**: 164

Muybridge, Eadweard (1830−1904)   **VII**: 105,114, 115, 400

Myers, Norman   **VI**: 473, 474

Mylne, William (1781−1863)   **VIII**: 513

Myron (tätig von 450−410 v. Chr.)   **VII**: 52

N

Nachtigall, Werner   **VI**: 6, 7, 9, 101, 103, 112, 130, 137, 193, 194, 200, 214, 216, 217

Nadar, eigentl. Félix Tournachon (1820−1910)   **VII**: 104

Nader, Ralph (geb. 1934)   **I**: 235

Nadolny, Sten   **VII**: 430

Nakayama, Shigeru   **II**: 89

Nake, Frieder   **VII**: 178, 179

Napoleon Bonaparte (1769−1821)   **V**: 190; **VIII**: 401; **IX**: 6, 23, 75, 286, 358

Napoleon III. (1808−1873)   **VIII**: 132

Nasmyth, James (1808−1897)   **VIII**: 194, 215, 216, 217, 248, 253

Nassau-Dillenburg d. M., Graf Johann von (1561−1623)   **IX**: 298

Nathanson, Jakob (1832–1884) **III**: 313
Natta, Giuilio (1903–1979) **VIII**: 182
Naumann, Bruce **VII**: 172
Naumann, Friedrich (1860–1919) **IX**: 320
Navier, Claude Louis Marie Henri (1785–1836)
  III: 61,155, 405, 406
Nebenius, Carl Friedrich(1785–1857) **V**: 191, 205,
  212
Needham, Joseph (geb.1900) **II**: 85,88,89,90;
  VI: 38; **VIII**: 21
Nees, Georg **VII**: 179
Neithart von Reuenthal (um 1180–nach 1236)
  VII: 455
Nell-Breuning, Oswald von (geb. 1890) **II**: 269
Neminski, Prawdicz **IV**: 164
Neri, Antonio (16./17. Jahrhundert) **V**: 307
Nernst, Walter (1864–1941) **VII**: 392; **IX**: 381
Nero, Claudius Drusus Germanicus, röm. Kaiser
  (37–68) **IV**: 176; **X**: 66
Nerva, Marcus Cocceius, röm. Kaiser (30–98)
  X: 66
Nervi, Pier Luigi **VI**: 137
Nessim, Barbara **VII**: 191
Nestler, Wolfgang **VII**: 281
Neumann, John von (1903–1957) **III**: 70, 180
Neurath, Otto (1882–1945) **III**: 7, 17
Neureuther, Eugen Napoleon (1806–1882)
  VII: 244, 245
Neusser, Edmund von (1852–1912) **IV**: 176
Neuwirth, Marcus **VII**: 242
Newcomen, Thomas (1663–1729) **II**: 231; **III**: 144,
  287, 432, 436; **X**: 136
Newton, Isaac (1643–1727) **I**: 35, 282; **II**: 21, 192,
  208; **III**: 14, 23, 49, 50, 214, 216, 231, 276, 278,
  281, 405; **VI**: 46, 50, 77; **VII**: 85, 209, 233;
  IX: 281; **X**: 87
Nicolai, Ferdinand Friedrich von (1730–1814)
  IX: 302
Nicolai, Friedrich (1733–1811) **V**: 135
Niemeyer, Oscar (geb. 1907) **VII**: 366
Nierhoff, Ansgar **VII**: 306
Niesiotowski-Gawin, Viktor von (1868–1945)
  IX: 369
Niethammer, Friedrich Immanuel (1766–1848)
  V: 157, 240
Nietzsche, Friedrich (1844–1900) **I**: 5, 47, 48, 180,
  186, 187, 188, 208; **II**: 23, 201; **VI**: 67; **X**: 216

Nikolaus von Kues, gen. Cusanus (1401–1464)
  II: 12, 33; **V**: 99
Nikolaus von Oresme (nach 1320–1382) **II**: 217;
  V: 74
Nipkow, Paul (1860–194) **VIII**: 471
Nitze, Maximilian (1848–1906) **IV**: 144, 145, 146,
  149
Nivelle, Robert Georges (1858–1924) **IX**: 351
Nixon, Richard (geb. 1913) **IX**: 448
Nobel, Alfred (1833–1896) **II**: 320; **VII**: 431
Noll, A. Michael **VII**: 179
Northrop, John Howard (geb. 1891) **III**: 334
Norton, Charles (1851–1942) **VIII**: 221
Nothnagel, Hermann (1841–1905) **IV**: 247
Nottebohm, C. F. W. (um 1850) **V**: 249
Novalis, eigentl. Hardenberg, Friedrich Leopold Frei-
  herr von (1772–1801) **V**: 143; **VII**: 11, 417, 431,
  458, 459
Nowak, Hans Peter **IV**: 103
Nulandt, Louis **VIII**: 534
Nurejew, Rudolf Gametowitsch (1938–1993)
  VII: 192

O

O'Droyer, Joseph (1841–1889) **IV**: 61
Obermeyer, Hermann (1858–1919) **IV**: 109
Oberst, Maximilian (1849–1925) **IV**: 65
Oechelshäuser, Wilhelm (1850–1923) **VIII**: 535,
  538
Oedenkoven, Henri **VI**: 67
Oersted, Hans Christian (1777–1851) **III**: 348, 439;
  VI: 61
Oertzen, Karl Ludwig von (1876–1934) **IX**: 356,
  357, 365, 400
Oetinger, Friedrich Christoph (1702–1782) **II**: 314
Offe, Claus **X**: 364
Ohm, Simon (1787–1872) **IX**: 306
Oken, Lorenz (1779–1851) **III**: 20
Olbrich, Joseph Maria (1867–1908) **VII**: 355
Oldemeyer, Ernst **VI**: 16
Oliphant, Marcus Laurence Elwin (geb. 1901)
  IX: 391
Oliven, Oskar **VIII**: 497
Olschki, Leonardo (1885–1961) **V**: 106; **IX**: 276,
  277

Ondra, Anny (geb. 1903)   **IX**: 153
Oppenheim, Meret   **VII**: 286
Oppenheimer, Robert (1904–1964)   **II**: 47
Oresme, Nicole (nach 1320–1382)   **III**: 230
Orlik, Emil (1870–1932)   **VII**: 470
Orontius, Finaeus (1494–1555)   **III**: 48
Ortega y Gasset, José (1883–1955)   **I**: 21, 56, 57, 181; **II**: 6
Orwell, George, eigentl. Blair, Eric Arthur (1903–1950)   **I**: 197, 295; **II**: 357; **VII**: 428, 441; **X**: 456
Osenberg, Werner   **IX**: 396
Osietzki, Maria   **X**: 330
Osse, Klaus (geb. 1936)   **VII**: 69
Ostwald, Jürgen   **VI**: 335
Ostwald, Wilhelm (1853–1932)   **II**: 318,322; **III**: 6; **VI**: 67; **X**: 462
Oswald von Wolkenstein (um 1377–1445)   **IX**: 269
Otten, Karl (1889–1963)   **VII**: 425
Otto der Große (912–973)   **II**: 362
Otto **III**. (980–1002)   **V**: 90
Otto von Freising (um 1112–1158)   **II**: 174
Otto, Frei   **VI**: 7, 135, 139, 141, 145, 245; **VII**: 367
Otto, Nikolaus August (1832–1891)   **III**: 435; **VIII**: 536; **X**: 295
Oud, Jacobus Johannes Pieter (1890–1963)   **X**: 211
Ovid (43v.Chr.-17n.Chr.)   **II**: 79
Owen, Robert (1771–1858)   **X**: 148, 197

P

Päch, Susanne   **VII**: 6
Pacioli, Luca (um 1445-um 1510)   **III**: 255
Paganini, Niccolò (1782–1840)   **VII**: 89, 90
Page, Frederic James   **IV**: 160
Paik, Nam June   **VII**: 167
Palladio, Andrea (1508–1580)   **VII**: 351
Palladius, Rutilius Taurus Acmilianus (5. Jahrh. n. Chr.)   **X**: 63
Palyka, Duane   **VII**: 180
Panamarenko   **VII**: 35, 170, 303, 323
Paolozzi, Eduardo   **VII**: 281
Papin, Denis (1647–1712)   **III**: 285–287, 326
Papke, H. E.   **VI**: 432
Pappus (3. Jahrh. n. Chr.)   **I**: 97; **III**: 47, 244, 263, 386

Paracelsus, eigentl. Philippus Aureolus Theophrastus Bombastus von Hohenheim (1493–1541)   **II**: 188, 222; **III**: 263; **IV**: 18, 20, 98, 206; **V**: 21; **VI**: 37
Parler, Peter (1330–1399)   **V**: 104; **VII**: 41, 216
Parmenides (um 515-um 445 v.Chr.)   **III**: 222
Parseval, August von (1861–1949)   **IX**: 342
Parson, Charles (1854–1931)   **III**: 437; **VIII**:321
Parson, John T.   **VIII**: 235
Pascal, Blaise (1623–1662)   **II**: 217, 218, 362; **III**: 50, 64; **X**: 461
Pasteur, Louis (1822–1895)   **III**: 332; **IV**: 68, 69,109, 269; **VIII**: 173, 520, 525
Patavinus, Franciscus (nachweisbar 1527–1562)   **VII**: 73, 75, 77,81
Patenier, Joachim (um 1480–1524)   **VII**: 22
Paul **VI**. (1963–1978)   **II**: 262, 264, 265
Paul, Jean (1763–1825)   **VII**: 418; **X**: 146
Paulinyi, Akos   **X**: 26
Paulsen, Friedrich (1846–1908)   **V**: 137
Paulus, Käte (1866–1935)   **VIII**:441
Pausanias (um 100–nach 180)   **VII**: 41, 44
Pauwels, Friedrich   **VI**: 126–128, 220
Paxton, Sir Joseph (1801–1865)   **VI**: 136
Peccei, Aurelio   **X**: 451, 452
Pei, J. M.   **VII**: 371
Peithner, Taddeus (18. Jahrhundert)   **V**:142
Pencz, Jörg (um 1500–1550)   **V**: 303
Penderecki, Krzysztof (geb.1933)   **VII**: 397
Penk, A. R.   **VII**: 320
Peregrinus, Petrus: siehe Maricourt
Perkins, William (1838–1907)   **III**: 312, 313
Perret, Auguste (1874–1954)   **VII**: 356, 363
Pesne, Antoine   **IV**: 23
Pestalozzi, Johann Heinrich (1746–1827)   **V**: 119, 124, 129, 420
Petersen, Alfred   **X**: 434, 435, 442
Petrarca, Francesco (1304–1374)   **II**: 181; **VI**: 39
Petschnigg, Hubert (geb. 1913)   **VII**: 347
Pettenkofer, Max von (1818–1901)   **III**: 316; **VIII**: 520
Petzold, Alfons (1882–1923)   **VII**: 480
Peucker, Eduard von (1791–1876)   **IX**: 307, 308
Peukert, Detlev   **X**: 166
Pevsner, Nikolaus   **VII**: 365
Pfister, Albrecht (um 1410–1466)   **V**: 300, 301
Phidias (tätig von 460–430 v. Chr.)   **VII**: 25, 52
Philipp, Carl (1816–1880)   **IV**: 167

Philolaos (5. Jahrh. v. Chr.) **III**: 262
Philon von Alexandria (um 15/10 v. Chr.–um 45/50
  n. Chr.) **II**: 112, 296
Philon von Byzanz (3.Jahrh. v. Chr.) **III**: 385;
  IX: 194, 265; **X**: 65
Philoponos, Johannes (6. Jahrh.) **III**: 211, 230
Piaget, Jean (1896–1980) **VII**: 308
Piano, Renzo **VII**: 368, 370
Piatti, Ugo **VII**: 386
Picabia, Francis **VII**: 321, 325
Picasso, Pablo (1881–1973) **VII**: 55,106,142,192,
  324, 326, 387
Piccard, Auguste (1884–1962) **III**: 326
Piccard, Jacques (geb. 1922) **III**: 326
Pichler, Adolf (1819–1900) **VII**: 329
Picht, Georg (1913–1982) **III**: 26
Piene, Otto **VII**: 200
Pier, Matthias (1882–1965) **VIII**: 164
Pierath, Carl **VIII**: 409
Piero della Francesca (zw. 1410 u. 1420–1492)
  VII: 113
Piontek, Heinz **VII**: 481 **VI**: 63, 71
Piore, Michael J. **X**: 368
Pirch, Otto Karl Lorenz von (1765–1824) **IX**: 306
Piri Réis (gest. 1554) **II**: 111
Pirkheimer, Willibald (1470–1530) **III**: 48;
  VI: 326
Pirsig, R. M. **VII**: 430
Pisani, Pietro (geb. 1740) **VII**: 233
Pisano, Andrea (zwischen 1290 und 1295–1348 und
  1349) **VI**: 193
Pissaro, Camille (1830–1903) **VII**: 265
Pius II. (Aeneas Silvius Piccolomini) **VI**: 39
Pius IX. (1846–1878) **II**: 258, 259
Pius XI. (1857–1939; Papst seit 1922) **IX**: 117
Pius XII. (1939–1958) **II**: 244, 251, 258, 262, 268,
  269
Planck, Max (1858–1947) **II**: 244, 327, 333; **III**: 6,
  357; **VI**: 63, 67
Platon (428/27–348/47 v.Chr.) **I**: 28, 75, 87, 101,
  294, 295; **III**: 9, 10, 18, 42, 45, 211, 223, 224, 227,
  228, 230, 234, 235, 243, 430; **V**: 67, 78; **VI**: 25,
  44; **VII**: 12, 24; **IX**: 3; **X**: 59
Platzer, Franz Ignaz (1717–1787) **VII**: 216
Plautus (gest. 184 v. Chr.) **IV**: 205
Pleines, W. **VI**: 101
Plessi, Fabrizio **VII**: 306, 307

Plinius d. Ältere (23/24–79) **IV**: 176; **VII**: 44;
  X: 53, 63
Plutarch, Mestrius (um 46–um 125) **III**: 430;**V**: 79,
  83, 155; **X**: 6ll
Poe, Edgar Allan (1809–1849) **X**: 146
Poehlmann, Moritz (1823–1902) **VII**: 79
Poggendorff, Johann Christian (1796–1877) **V**: 321
Pohl, Robert (1880–1976) **III**: 363
Poirier, A. **VII**: 168
Poirier, P. **VII**: 168
Poiseuille, Jean Leonhard Marie (1799–1869)
  IV: 158
Polanyi, Michael **IX**: 233
Polgar, Alfred (1873–1955) **IV**: 254
Polo, Marco (1254–1324) **VI**: 38
Polybios (um 200–um 120 v. Chr.) **VIII**: 458, 459
Polyklet (5. Jahrh. v. Chr.) **VII**: 52
Polykrates (gest. 522 v. Chr.) **III**: 37; **VII**: 42
Poncelet, Victor (1788–1867) **III**: 60, 61, 63
Poppe, Johann Heinrich Moritz von (1776–1854)
  III: 113, 397;**V**: 311
Poppenberg, Otto (geb. 1876) **IX**: 370
Popper, Karl (geb. 1902) **III**: 5–7; **IX**: 230
Porsche, Ferdinand (1875–1951) **X**: 306
Porta, Giambattista della (1538–1615) **III**: 260
Porter, Charles Talbot (1826–1910) **VIII**: 32tl
Postman, Neil (geb. 1931) **V**: 47, 48
Potevin, Alphonse (1819–1882) **V**: 316
Pott, Parcival (1713–1788) **IV**: 209
Poulenc, Francis (1899–1963) **VII**: 380
Pound, Ezra (1885–1972) **VII**: 117
Powell, Philipp (geb.1921) **VII**: 366
Pradines, Maurice **I**: 63
Praetorius, Michael (1571–1621) **VII**: 95
Praetorius, Johannes, eigentl. Schulze, Hans
  (1630–1680) **III**: 48
Pratella, Babilla (1880–1955) **VII**: 387
Prechtl, Johann Josef Ritter von (1778–1854)
  III: 415; **V**: 210, 211, 212, 228; **VI**: 200
Presley, Elvis (1935–1977) **VII**: 322
Priberg, Fred K. **VII**: 90
Priestley, Joseph (1733–1804) **III**: 282
Prigogine, Ilja **VI**: 249
Prokofiew, Sergej (1891–1953) **VII**: 381, 382, 400
Prony, Gaspard F. C. Riche de (1755–1839)
  III: 408
Protagoras (um 480–421 v. Chr.) **I**: 58

Proudhon, Pierre Joseph (1809–1865) **VII**: 254;
  X: 461
Proust, Marcel (1871–1922) **VII**: 20, 427
Pruett, Melvin A. **VII**: 182
Prutz, Robert (1816–1872) **VII**: 421
Ptolemäus, Claudius (90–nach 160 n. Chr.) **III**: 243,
  244, 262, 265, 272; **V**: 74
Puccini, Giacomo (1858–1924) **VII**: 380
Pudor, Heinrich **VI**: 67
Purcell, Edward Mills (geb. 1912) **IV**: 131
Putnam, Hilary (geb. 1926) **III**: 7
Pythagoras von Samos (um 570–um 480
  v.Chr.) **III**: 9; **VI**: 24

Q

Quantz, Johann Joachim (1697–1773) **VII**: 86
Quiminyaoshu von Jia Sixic (um 580 n. Chr.)
  IX: 194
Quin Shihuangdi (um 221 v. Chr.) **IX**: 192
Quintilian, Marcus Fabius (um 35–l00) **V**: 68

R

Raabe, Wilhelm (1831–1910) **VII**: 429
Radinger, Johann Friedrich (1842–1901) **III**: 421,
  422
Radkau, Joachim **X**: XXXII, 28, 369
Raffaelo Santi (1483–1520) **V**: 104
Ragaz, Leonhard (1868–1945) **II**: 278
Rahner, Karl (geb.1904) **II**: 261
Rajsek, Matthias (vor 1450–1506) **VII**: 216
Ramazzini, Bernardino (1633–1714) **IV**: 206, 207,
  208, 209, 211, 212, 213, 215; **X**: 102
Ramelli, Agostino (1531–1590) **III**: 251; **V**: 307;
  VII: 460
Ramis (um 1800) **V**: 256
Rammert, Werner **X**: XXXI
Ramsauer, Carl (1879–1955) **IX**: 395
Randall, John F. **IX**: 391
Ranke, Leopold von (1795–1886) **I**: 321;
  III: 118,119, 126
Rapp, Friedrich **I**: 19, 21; **VI**: 76
Rathenau, Emil (1838–1915) **VIII**: 327, 328, 329,
  361, 463, 483

Rathenau, Walther (1867–1922) **IV**: 250; **X**: 386
Ratzinger, Joseph (geb.1927) **II**: 334
Rauschenberg, Robert **VII**: 126, 320
Rausenberger, Fritz (1868–1926) **IX**: 360
Ray, Man (1890–1976) **VII**: 118, 119, 125, 284
Raynaud, Patrick **VII**: 325
Reagan, Ronald (geb.1911) **IX**: 252, 444, 447, 448,
  450, 452, 462
Reauleaux, Franz (1829–1905) **III**: 62, 63, 66, 419,
  424
Reaumur, André Antoine Ferchault de (1683–
  1757) **III**: 279, 288, 324; **IX**: 28
Rechenberg, Ingo **VI**: 7, 104, 109, 202
Redtenbacher, Ferdinand (1809–1863) **III**: 62, 408,
  409–411, 419, 420; **V**: 216, 218, 228
Rees, Abraham (1743–1831) **VIII**: 202
Reese, Joachim **X**: 322
Regiomontanus, eigentl. Müller, Johannes
  (1436–1476) **III**: 61; **VI**: 41
Rehm, Albert **X**: 57
Rehn, Ludwig (1848–1930) **IV**: 61, 87
Reich, Gregor (um 1475–1523) **III**: 48
Reich, Steve (geb. 1936) **VII**: 400
Reichardt, Jasia **VII**: 179
Reichenau, Walter von (1884–1942) **IX**: 401
Reichenbach, Georg von (1771–1826) **V**: 185
Reif, Wolf–Ernst **VI**: 7, 138
Reinhardt, Walther (1872–1930) **IX**: 313
Reinsch, Alfred (1932–1937 tätig in Berlin)
  IX: 370
Reis, Johann Philipp (1834–1874 **I**: 114, 129
Reiss, F. **VI**: 120, 121
Rejländer, Oscar Gustave (1813–1875) **VII**: 111,
  112
Remak, Robert (1815–1865) **IV**: 244
Remarque, Erich Maria (1898–1970) **IX**: 351,366
Remmert, Hermann **VI**: 464, 465
Rennies, John (1761–1821) **VIII**: 202, 511
Reppe, Walter (1892–1969) **VIII**: 169
Rescher, Nicholas (geb. 1928) **III**: 5
Resuch, Hermann **X**: 424, 425, 429, 432, 434, 435,
  437, 438
Rethel, Alfred (1816–1859) **VII**: 241; **X**: 135, 179,
  l80
Reuleaux, Franz (1829–1905) **I**: 20; **V**: 218, 249;
  VI: 60, 99, 100, 135
Reuss, Carl **VI**: 333

Rhein, Herbert (1899–1955) **VIII**: 179
Ricardo, David (1772–1823) **III**: 146–150; **IX**: 43
Ricci, Ruggiero (geb. 1918) **VII**: 88
Richard von St.Viktor (gest.1173) **II**: 176
Richard von Wallingford (um 1295–1335) **II**: 169
Richards, Dickinson (1895–1973) **IV**: 180
Richmann, Georg Wilhelm (1711–1753) **III**: 291
Richthofen, Manfred Freiherr von (1892–1918)
    IX: 345
Rick, Johann Kaspar (1829–1888) **VII**: 239
Rickert, Heinrich (1863–1936) **III**: 3,11, 21
Riediger, Reimer **VII**: 319
Riedler, Alois (1850–1936) **III**: 66; **V**: 229; **X**: 23,
    406
Riegel, Alois **VII**: 27
Riehm, Ullrich **X**: 362
Rieppel, Anton von (1852–1926) **IX**: 108
Riesenhuber, Heinz **IX**: 252
Rieß, Jürgen **VI**: 153, 156
Rietli, H. **VI**: 337, 338
Rietveld, Gerrit Thomas (1888–1964) **VII**: 160,161,
    359
Rilke, Rainer Maria (1875–1926) **I**: 88, 296;
    VII: 20, 427, 430; 435
Ringleb, Otto (1875–1946) **IV**: 146
Ritschl, Albrecht (1822–1889) **II**: 238
Ritter, Erich **IX**: 426,427
Riva-Rocci, Scipione (1863–1937) **IV**: 180,181
Rivaz, Isaac de (1752–1828) **III**: 293
Robespierre, Maximilien (1758–1794) **IX**: 8, 63, 74
    X: 145
Robbins, Bernhard (1707–1751) **III**: 56
Roberts, Oral (geb. 1918) **VIII**: 473
Roberts, Richard (1789–1864) **VIII**: 217
Robertus Anglicus (13. Jahrhundert) **V**: 60
Robins, Benjamin (1707–1751) **IX**: 281,282,284
Robinson, Jane A. **VI**: 138, 149, 152
Robinson, Peach (1830–1901) **VII**: 111, 112
Roche, Kevin **VII**: 371
Rochow, Friedrich Eberhard von (1734–1805)
    V: 126
Rodin, Auguste (1840–1917) **VII**: 9
Roe, John **VIII**: 519
Roebuck, John (1718–1794) **III**: 288, 304
Roelandt, Louis (1786–1864) **VIII**: 531
Roemer, Olaf (1644–1710) **IX**: 18,19
Roesel von Rosenhof, Augustin Johann

    (1705–1759) **III**: 324
Roger von Helmarshausen (um 1100) **II**. 166
Rogers, Richard **VII**: 368, 369, 370, 373
Rohe, Mies van der (1886–1969) **VII**: 346, 359,
    360, 362, 368, 371
Rohr, Julius Bernhard von (1688–1742) **III**: 141
Rohr, Moritz von (1868–1940) **III**: 329
Rohrer, Heinrich **III**: 367
Rokeby, David **VII**: 192,193
Rokitansky, Carl von (1802–1878) **IV**: 27
Rolevinck, Werner (gest. 1502) **V**: 82
Rolland, Romain (1866–1944) **VII**: 433
Rombach, Heinrich (geb.1923) **II**: 10
Römer, Ole (1644–1710) **III**: 284
Romulus Augustulus, röm. Kaiser (459–476; Kaiser
    475/476) **IX**: 267
Röntgen, Wilhelm Conrad (1845–1923) **III**: 358,
    367; **IV**: 116, 118
Roosevelt, Franklin Delano (1882–1945) **IX**: 391
Ropohl, Günter **I**: 20, 46; **VI**: 75; **X**: 6, 18, 19, 27,
    406, 466
Roscher, Wilhelm (1817–1894) **III**: 126
Rosemeyer, Bernd (1909–1938) **X**: 306
Rosenberger, Adolf **VII**: 250
Rosenheim, Theodor (1860–1896) **IV**: 147
Rosenquist, James **VII**: 307
Rosenthal, Moritz (1832–1889) **IV**: 247
Rosetti, Dante Gabriel (1828–1882) **VII**: 112
Rossi, Aldo **VII**: 363, 371
Roßmäßler, Emil Adolf (1806–1867) **III**: 324
Rost, Hans (geb.1877) **II**: 239
Roth, Dieter **VII**: 170
Rothe, Rudolf (1873–1942) **IX**: 368
Rothschuh, Karl Eduard (1908–1985) **IV**: 29, 294
Rothstein, Arthur (geb. 1915) **VII**: 124
Rotzler, Willy **VII**: 3
Rousseau, Henri (1844–1910) **VII**: 107, 108, 290
Rousseau, Jean Jacques (1712–1778) **I**: 122, 160;
    II: 352; **V**: 21, 119, 438; **VI**: 51; **VII**: 415, 417;
    IX: 23, 62; **X**: 10, 11, 146, 147
Rowe, Albert Parcival **IX**: 381
Rubens, Peter Paul (1577–1640) **VII**: 27, 28
Rucker, Hans **VII**: 282
Rudolf, Kronprinz v. Österreich (1858–1889)
    IV: 245, 246, 249
Rudolph, Hedwig **X**: 348
Rühm, Gerhart **VII**: 452, 488, 490

Rülein von Calw, Ulrich (1465–1523)   **III**: 250; **VII**: 217, 222
Rumpf, Hans   **I**: 20
Runciman, Steven   **IX**: 268
Runge, Carl (1856–1927)   **III**: 64, 68
Runge, Friedrich Ferdinand (1795–1867)   **III**: 312
Runge, Philipp Otto (1777–1810)   **VII**: 242
Runge, Wilhelm F. (1895–1987)   **IX**: 386,387
Rupieper, Hermann Josef   **IX**: 371,373
Ruprecht, Kurfürst v. d. Pfalz (1352–1410; röm. König seit 1400)   **IX**: 271
Rürup, Reinhard   **III**: 128, 131; **X**: 16, 25
Ruska, Ernst (1908–1889)   **III**: 330, 367; **IV**: 112, 113, 114
Ruskin, John (1819–1900)   **VII**: 354
Russell, Bertrand (1872–1970)   **III**: 10
Russolo, Luigi (1885–1947)   **VII**: 386, 387, 388
Rust, Bernhard (l883–1945)   **V**: 197; **IX**: 367, 396
Ruthenbeck, Reiner   **VII**: 199
Ryff, Walther, gen. Rivius (gest. 1548)   **III**: 47, 48, 52; **V**: l04, 303, 304, 305

S

Saar, Ferdinand von (1833–1906)   **VII**: 467
Saarin, Eero   **VII**: 367
Saaty, Thomas L.   **I**: 224
Sabel, Charles   **X**: 368
Sabin, Albert B. (geb. 1906)   **IV**: 287
Sacchetti, Franco (1335–1400)   **IX**: 428
Sacharow, Andrei (1921–1989)   **II**: 47
Sachs, Hans (1494–1576)   **V**: 96; **VII**: 458
Sachsse, Hans (1906–1992)   **I**: 19, 20, 64, 65, 194, 195, 217; **V**: 438; **VI**: 13, 16
Sack, Gustav (1885–1916)   **VII**: 477
Sadler, James   **VIII**: 441
Saint-Phalles, Niki de   **VII**: 326
Saint-Simon, Claude Henri de (1760–1825)   **III**: 196; **X**: 146, 147, 353
Sala, Oskar   **VII**: 393
Saladin (1138–1193).   **II**: 110
Salam, Mohammed Abdus (geb. 1926)   **II**: 105, 113
Salk, Jonas E. (geb. 1914)   **IV**: 287
Salomon (um 965–926 v. Chr.)   **II**: 122, 184
Salzmann, Christian Gotthilf (1744–1811)   **V**: 23, 136; **VII**: 433

Samakh, Erik   **VII**: 188,189,190, 192, 193
Sanderson, John L. Burdon (1826–1905)   **IV**: 160
Santorio, Santorio (1561–1636)   **IV**: 24, 25
Santos-Dumont, Alberto   **VIII**: 446
Sargon II. (Regierungszeit 722–705 v. Chr.)   **VI**: 373
Satie, Erik (1866–1925)   **VII**: 379, 380, 387, 389
Sauerbruch, Ferdinand (1875–1951)   **IV**: 62, 63, 90, 173, 176, 179
Saur, Karl Otto (geb. 1902)   **IX**: 116, 142,144,151
Sauvage, François Boissier de (1706–1767)   **IV**: 243
Savary,Thomas (1650–1715)   **III**: 294
Savatorelli, Luigi   **X**: 221
Sayler, Diet   **VII**: 274
Scaliger, Julius (1484–1558)   **III**: 260
Schacht, Hjalmar (1877–1970)   **VIII**: 497
Schad, Christian (geb. 1894)   **VII**: 117, 119
Schadewaldt, Wolfgang (1900–1974)   **III**: 429; **VI**: 26
Schaefer, M.   **VI**: 428
Schaeffer, Pierre   **VII**: 394, 395
Schäffer, Fritz (1888–1967)   **IX**: 246
Schaffner, Martin (1480–1546)   **VII**: 221
Schanz, G. von (1853–1931)   **III**: 66
Scharfenort, Louis von (1855–1914)   **IX**: 306
Scharnhorst, Gerhard Johann David von (1755–1813)   **IX**: 302–316, 315, 358, 359
Scharoun, Hans (1893–1972)   **VII**: 360, 367
Scheeben, Matthias Joseph (1835–1888)   **II**: 243
Scheel, Walter (geb. 1919)   **IX**: 250
Scheele, Carl Wilhelm (1742–1786):   **III**: 282; **IV**: 266
Scheele, Irmtraut   **VI**: 7
Scheler, Max (1874–1928)   **I**: 21, 83, 84; **VI**: 75
Schellbach, Karl Heinrich (1805–1892)   **IX**: 103
Schelling, Friedrich Wilhelm Joseph (1775–1854)   **II**: 19; **VI**: 61; **VII**: 17
Schelsky, Helmut (1912–1984)   **I**: 155; **V**: 22; **X**: 358
Schenk, P.   **VII**: 229
Schenkel, Werner   **VI**: 9
Scherer, Wilhelm (1841–1886)   **VII**: 423
Schering, Ernst (1824–1889)   **IV**: 276, 277
Schickard, Wilhelm (1592–1635)   **I**: 114; **III**: 49
Schieder, Theodor   **III**: 129
Schiele, Johann Georg Remigius   **VIII**: 532, 533

Schiller, Friedrich von (1759–1805) **V**: 284, 420;
    VII: 430, 457, 458, 459
Schiller, Karl (1911–1994) **IX**: 247
Schiller, Siegfried **IX**: 211
Schilling, Kurt (geb.1899) **I**: 21; **VI**: 15
Schilling, Nikolaus Heinrich (1826–1894)
    VIII: 535
Schimank, Hans (1888–1979) **X**: 23, 24
Schimmel, Wilhelm (geb.1854) **VII**: 81
Schimmelbusch, Kurt (1860–1895) **IV**: 57, 58, 77,
    78, 79, 80, 81, 82
Schindler, Rudolf (1888–1968) **IV**: 147
Schipperges, Heinrich **VI**: 61
Schlack, Paul (1897–1987): **III**: 371; **VIII**: 176
Schlegel, Friedrich (1772–1829) **VII**: 242
Schleich, Karl Ludwig (1859–1922) **IV**: 64
Schleicher, Kurt von (1882–1934) **IX**: 401
Schleiden, Matthias Jakob (1804–1881) **III**: 327,328;
    IV:107, 108
Schleiermacher, Friedrich (1768–1834) **II**: 246, 307,
    308
Schlesier, Erhard **X**: 110
Schlesinger, Georg (1874–1959) **VIII**: 227, 229
Schlettwein, Johann August (1731–1807) **IX**: 53
Schlichtegroll, Adolf Heinrich Friedrich von
    (1765–1822) **V**: 245
Schlick, Moritz (1882–1936) **III**: 6
Schlieffen, Alfred von (1833–1913) **IX**: 325, 420
Schlinck, Josef (1831–1893) **V**: 332
Schlözer, August Ludwig von (1735–1809)
    III: 111, 112
Schmeling, Max (geb. 1905) **IX**: 153
Schmid, Carl Christian (1761–1812) **III**; 15
Schmid, Jörg **III**: 130
Schmidt, Helmut (geb.1918) **IX**: 315
Schmidt, Reinhold **VI**: 197
Schmidt, Robert E. (1864–1938) **VIII**: 171
Schmiedeberg, Oswald (1838–1921) **IV**: 266
Schmitt-Rottluff, Karl (1884–1976) **VII**: 287
Schmöger, Ferdinand von (18./19. Jahrhundert)
    V: 245
Schmoll, H. J., gen. Eisenwerth **VII**: 107
Schmoller, Gustav (1838–1917) **III**: 126; **X**: 22
Schmookler, Jacob (1918–1867) **III**: 166
Schnabel, Franz (1887–1966) **III**: 128, 129; **V**: 59;
    IX: 77; **X**: 22
Schnabel, Gottfried (1692–1750) **VII**: 417

Schnell, Hermann (geb. 1916) **VIII**: 183
Schnitzler, Arthur (1862–1931) **IV**: 248
Schocken, Salman **X**: 209, 219
Scholz, Heinrich (1884–1956) **III**: 10
Schönbeck, Charlotte **VI**: 1, 9
Schönberg, Arnold (1874–1951) **VII**: 396
Schönberg, Michael **VI**: 516, 518
Schoner, Johannes (1477–1547) **III**: 48
Schönherr, Louis **VIII**: 158
Schopenhauer, Arthur (1788–1860) **I**: 204, 205;
    II: 330; **III**: 10; **VII**: 417
Schorn, Friedrich Nockhern von (zw. 1720 u.
    1730-um 1800) **IX**: 300–302
Schott, Caspar (1608–1666) **I**: 12; **III**: 326
Schott, Otto (1851–1935) **IX**: 104
Schottel, Justus Georg (1612–1676) **VI**: 14
Schottelius, Herbert **IX**: 411
Schottky, Walther (1886–1976) **III**: 360–362
Schramm, Percy Ernst (1894–1970) **IX**: 264, 265,
    275
Schramm, W. **VI**: 197
Schröder, D. **VI**: 428
Schröder, Julius von **VI**: 333
Schröder, Wilhelm von (1640–1688) **III**: 139
Schubart, Ernst Ludwig (1797–1868) **V**: 327
Schubart, Edler vom Kleefelde, Johannes Christian
    (1734–1787) **IX**: 53
Schuchardin, Semjon Viktorowitsch **I**: 16
Schult, Heinrich (1896–1971) **IX**: 139
Schultze, Bernhard **VII**: 204
Schultze, Fritz **IX**: 262
Schulz, Hugo (1853–1932) **IV**: 267
Schulze, Winfried **III**: 131
Schumann, Erich (1898–1985) **IX**: 370, 373, 375,
    409
Schumann, Michael **VIII**: 282; **X**: 242, 243, 323,
    368
Schumann-Bacia, Eva-Maria **VII**: 5
Schumpeter, Joseph Alois (1883–1950)
    III: 160–162,164,166,167,182; **IX**: 235
Schünemann, Georg **VII**: 393
Schütz, Karl (geb.1796) **VII**: 296
Schwab, Otto (1889–1959) **IX**: 362, 409
Schwabe, Hermann **VII**: 136
Schwann, Theodor (1810–1882) **III**: 327,334;
    IV: 107, 108
Schwartzkopff, Louis (1825–1892) **II**: 323 .

Schwarz, Berthold (2. Hälfte d. 14. Jahrh.) **IX**: 270
Schwedler, Maximilian **VII**: 87
Schwefel, Hans-Paul **VI**: 237
Schweinfurth, Georg **VI**: 379
Schweitzer, Albert (1875–1965) **I**: 196,199, 204,
  205, 206, 281
Schwerd, Friedrich (1872–1953) **VIII**: 227
Schwoerbel, Jürgen **VI**: 9
Scott Brown, Denise **VII**: 373
Seebohm, Hans-Christoph (1903–1967) **VII**: 347
Seeckt, Hans von (1866–1936) **IX**: 313, 399
Segal, George (geb. 1924) **VII**: 20
Seidel, Heinrich (1876–1945) **VII**: 428
Seifert, Alwin (1890–1972) **II**: 352; **VI**: 70
Seilacher, Adolf **VI**: 137, 145
Selim II. (1524–1574) **II**: 111
Seltz, Rüdiger **X**: XXXI, 365
Semler, Christoph (1669–1740) **V**: 131, 132, 134,
  181, 183
Semmelweis, Ignaz Philipp (1818–1865) **IV**: 67, 68
Semper, Gottfried (1803–1879) **VII**: 354
Seneca, Lucius Annacus, der Jüngere
  (um 4 v. Chr.–65 n. Chr.) **V**: 68, 80,158; **X**: 60
Senefelder, Alois (1771–1834) **V**: 312
Sequin, Armand (1765–1835) **IV**: 265
Sertürner, Friedrich Wilhelm (1783–1841) **IV**: 265
Serveto, Miguel (1511–1553) **IV**: 45
Servières, Baron Joseph de (1781–1826) **IX**: 68, 69
Seurat, Georges (1859–1891) **VII**: 115
Seuse, Heinrich (1295–1366) **V**: 16
Sextro, Heinrich Philipp (1746–1836) **V**: 119, 124,
  125, 127, 128, 129
Shan, Ben (1898–1969) **VII**: 124,125
Sheeler, Charles (1883–1965) **VII**: 122, 123,124,
  202
Shockley, William (geb. 1910) **I**: 114; **III**: 358, 359,
  361–363, 367
Siaggi, A. Franecsco (1839–1907) **IX**: 368
Sicard, Jean Athanase (1872–1929) **IV**: 126
Siebeck, Richard (1883–1965) **IV**: 114,115
Siemens, Friedrich (1826–1904) **VIII**: 107, 535, 536
Siemens, Otto (1836–1871) **VIII**: 108, 109
Siemens, Werner von (1816–1892) **I**: 114; **II**: 320,
  321, 325, 326, 333; **III**: 199, 202, 217, 347, 349,
  352, 366, 413, 439; **V**: 273; **VI**: 62; **VII**: 431;
  VIII: 107, 325, 326, 461, 516; **IX**: 98, 104,105;
  X: 395, 462

Siemens, Wilhelm (1823–1883) **VIII**: 108, 325,
  327;
Sigerist, Henry E. (1891–1957) **IV**: 295
Signac, Paul (1863–1935) **VII**: 108,110
Silvester II., Papst (999–1003) **II**: 221
Simmel, Georg (1858–1918) **I**: 20, 50, 51, 52;
  X: 167,168
Simonis, Udo Ernst **VI**: 513
Simpson, James Young (1811–1870) **IV**: 56;
  VIII: 466
Sinan (1489–1578) **II**: 111
Sisley, Alfred (1839–1899) **VII**: 265
Sismondi, Jean Charles Léonard Simonde de
  (1773–1842) **III**: 150 S
Sixtus V., Papst (1521–1590) **X**: 91
Skinner, Burrhus Frederic (geb. 1904) **I**: 296
Slaby, Adolf (1849–1913) **III**: 414
Slemr, Franz **VI**: 9
Slotta, Rainer **VII**: 4
Smeaton, John (1724–1792) **III**: 404; **VIII**: 206,
  297, 511
Smend, Rudolf **IX**: 232
Smith von Tennanat (1761–1815) **III**: 310
Smith, Adam (1723–1790) **I**: 70, 162; **III**: 137,
  142–146; **VI**: 51, 255; **IX**: 43; **X**: 189, 196, 274
Smith, Alvy Ray **VII**: 182
Smith, Samuel **VII**: 252
Smithson, Alison (geb. 1928) **VII**: 368, 370
Smithson, Peter (geb.1923) **VII**: 368, 370
Smon, Branko **VII**: 309, 325
Snow, Charles Percy (geb. 1905) **I**: 171, 172;
  VII: 436; **X**: XXII, XXIII, 468
Snow, John (1813–1858) **IV**: 61; **VIII**: 521l
Soane, John (1753–1837) **VII**: 372, 374
Soby, James Thrall **VII**: 125
Soddy, Frederick (1877–1956) **II**: 350
Söderblom, Nathan (1866–1931) **II**: 320
Soemmering, Samuel Thomas (1755–1830)
  VIII: 460
Sokrates (um 470–399 v.Chr.) **I**: 75; **III**: 430;
  V: 83; **VI**: 28
Solis, Virgilius, der Ältere (1514–1562)
  V: 303
Solvay, Ernest (1838–1922) **VIII**: 154, 155
Sombart, Oswald (1863–1941) **X**: 22
Sombart, Werner (1863–1941) **II**: 239; **III**: 126,
  127; **VII**: 257

Sommerfeld, Arnold (1868–1951) **III**: 67, 68, 354, 360, 421; **X**: 428

Sonnabend, Holger **X**: XXVI

Sonnenfels, Joseph Reichsfreiherr von (1733–1817) **IX**: 43, 55

Sophokles (um 496–um 406 v. Chr.) **I**: 194; **III**: 234

Sorg, Anton (um 1430–1493) **V**: 301, 302

Sostratos von Knidos (3. Jahrh. v. Chr.) **X**: 66

Spartacus (um 70 v. Chr.) **II**: 151

Specklin, Zacharias (um 1500) **VII**: 222

Speer, Albert (1905–1981) **VII**: 363; **IX**: 116, 147–150, 156, 367, 384, 396

Speidel, Hans **X**: 440, 441

Spencer, Christopher Miner (1833–1922) **VIII**: 231, 232

Spencer, Herbert (1820–1903) **I**: 20

Spengler, Oswald (1880–1936) **I**: 21, 48, 49, 50; **II**: 225; **IX**: 399; **X**: 4

Spengler, T. **IX**: 200

Spielhagen, Friedrich (1829–1911) **VII**: 421, 422, 429, 430, 431

Spinner, Helmut **III**: 24, 26

Spinoza, Baruch de (1632–1677) **II**: 33

Spoerri, Daniel (geb. 1930) **VII**: 171

Sprandel, Rolf **X**: 77

Spranger, Balthasar **VII**: 224

Spranger, Eduard (1882–1963) **I**: 20, 21; **V**: 28, 29

Sprengel, Hermann (1834–1906) **IX**: 293

Sprengel, Peter Nathanael **VII**: 67, 68

Stadler, Ernst (1883–1914) **VII**: 473

Stael, Nicolas de (1914–1955) **VII**: 20

Stahl, Georg Ernst (1660–1734) **I**: 35; **III**: 281, 288, 300, 305

Staiger, Emil (geb. 1908) **VII**: 452

Stalin, Josef Wissarionowitsch (1879–1953) **I**: 69, 70; **IX**: 13

Stanhope, Charles (1753–1816) **V**: 313

Stankowski, Anton **VII**: 5, 204, 273, 275, 284

Starr, Albert (geb. 1926) **IV**: 183

Starr, Norton **VII**: 181

Starzl, Thomas E. (geb. 1926) **IV**: 193

Staudinger, Hermann (1881–1965) **III**: 370

Stedelin, Asymus (1544–1557) **VII**: 221

Steele, J.E. **VI**: 100, 193, 205

Steen, Jan (1626–1679) **VII**: 98

Stein, Charlotte von (1742–1827) **IX**: 82

Stein, Heinrich Friedrich Karl. Reichsfreiherr vom und zum (1757–1831) **III**: 397; **V**: 246, 247

Stein, Lorenz von (1815–1890) **X**: 12

Steinbach, Franz **X**: 80

Steinbeis, Ferdinand (1807–1893) **X**: 195

Steinbuch, Karl **IX**: 246

Steiner, Rudolf (1861–1925) **I**: 190; **VI**: 67

Steinlen, Theophile (1859–1923) **VII**: 266

Stephan, Heinrich von (1831–1897) **V**: 273; **VIII**: 441, 463

Stephenson, George (1781–1848) **III**: 432–434; **VIII**: 420; **X**: 139, 295

Stevenson, Robert Louis (1850–1894) **VII**: 449; **X**: 144

Stevin, Simon (1548–1620) **III**: 263, 267; **VI**: 200

Stinnes, Hugo (1897–1970) **VIII**: 73, 493

Stinnes, Matthias (1790–1845) **VIII**: 393

Stirling, James **VII**: 368, 372

Stockhausen, Karlheinz (geb. 1928) **VII**: 167, 397

Stoecker, Adolf (1835–1909) **II**: 246, 278

Stokes, George Gabriel (1819–1903) **VI**: 390

Stoll, Arthur **VII**: 199

Stoltenberg, Gerhard **IX**: 247

Störck, Anton (1731–1803) **IV**: 156, 267

Storm, Theodor (1817–1888) **VII**: 431

Stoß, Veit (um 1448–1533) **V**: 96

Stoy, Johann Sigmund (1745–1808) **V**: 311

Strada, Jacopo (um 1600) **V**: 307

Stradivari, Antonio (um 1644–1737) **VII**: 88, 89

Strand, Kerry **VII**: 179

Straton von Lampsakos (um 340–270/269 v.Chr.) **VI**: 26

Straub, Hans **III**: 58

Strauß, Franz Josef (1915–1988) **IX**: 240; **X**: 414, 417, 418

Strauss, Richard (1864–1949) **VII**: 70, 386

Strawinsky, Igor (1882–1971) **VII**: 377, 382, 388

Stromer, Wolfgang von **X**: 73

Stroof, Ignaz (1838–1920) **VIII**: 155

Struycken, Peter **VII**: 274

Stuart, James (1712–1780) **III**: 142

Stuck, Hans **X**: 306

Stück, Heiner **X**: 365

Stülpnagel, Joachim von (1880–1968) **IX**: 400

Stürner, Wolfgang **X**: 81

Stummvoll, Josef (geb. 1902) **V**: 392

Sturm, Hermann **VII**: 255

Sturm, Johann Christoph (1635−1703) **III**: 54
Sturm, Leonhard Christoph (1669−1719) **III**: 54, 59
Sturm, Michael **VI**: 9
Stypax **X**: 65
Sue, Eugène (1804−1857) **VII**: 429
Sueton (um 70−um 140) **X**: 64
Suger von Saint Denis (um 1080−1151) **II**: 172;
  V: 90; **VI**: 327
Suhling, Lothar **X**: 27, 28
Suleiman der Große (1494−1566) **II**: 111
Sullivan, Louis Henry (1856−1924) **VII**: 346
Sumner, James Batcheller (1887−1955) **III**: 334
Sun Yatsen (1866−1925) **IX**: 197, 203
Süßmilch, Johann Peter (1707−1767) **III**: 140,
  IX: 55
Swammerdam, Jan (1637−1680) **III**: 324
Swan, Sir Joseph Wilson (1828−1914) **III**: 202;
  VIII: 175
Swanson, Gloria (geb.1899) **VIII**: 511, 520
Swick, Moses (1900−1988) **IV**: 127, 128
Swift, Jonathan (1667−1745) **III**: 56, 442;
  VII: 415
Sykora, Zdenek **VII**: 274
Sympher, Leo (1854−1922) **VIII**: 396
Sywottek, Arnold **III**: 117
Szabó, István (1906−1980) **IX**: 276
Szeps, Julius **IV**: 246, 247

T

Taaffe, Eduard (1833−1895) **IV**: 246
Tacitus (um 55−nach 115) **VI**: 27; **X**: 26, 28
Takamine, Jokichi (1854−1922) **III**: 332
Tange, Kenzo **VII**: 365, 368
Tanterl, Dietmar **VII**: 315
Tardin, Jean **VIII**: 528
Tarquinius, röm. König (616−578 v. Chr.) **VI**: 395
Tarschinow, M. **IX**: 415
Tartaglia, Niccolò (1499−1557) **I**: 125; **III**: 48, 52;
  IX: 276, 277, 297
Taschner, Ignatius (1871−1913) **VII**: 235, 236
Tatlin, Wladimir (1885−1953) **VII**: 303
Tauler, Johannes (um 1300−1361) **V**: 16
Taut, Bruno (1880−1938) **VII**: 356, 359, 362
Talleyrand, Charles Maurice de (1754−1838) **IX**: 64
Taylor, Brook (1685−1782) **VII**: 86

Taylor, Frederick Winslow (1856−1915) **I**: 155;
  III: 157; **VIII**: 223; **X**: 206, 207
Teilhard de Chardin, Marie Joseph Pierre (1881−
  1955) **II**: 244
Teleky, Ludwig (1872−1957) **IV**: 223, 224
Telemann, Philipp (1681−1767) **VII**: 85T
Telford, Thomas (1757−1834) **VIII**: 511, 512
Teller, Edward (geb. 1908) **I**: 197, 198; **II**: 47, 316
Telschow, Ernst **X**: 415, 420−425, 437
Tennyson, Lord Alfred (1809−1892) **VII**: 112
Terragni, Guiseppe (1904−1943) **VII**: 363
Tertullian, Quintus Septimius Florenz (um 160−nach
  220) **II**: 144, 153, 296: **V**: 87
Teßmann, Kurt **I**: 72
Tetzel, Johannes (1465−1519) **VI**: 506
Thaer, Albrecht (1752−1828) **V**: 209; **VI**: 330
Thales von Milet (um 624−um 544 v. Chr.) **III**: 8,
  9, 23, 221, 278; **V**: 68, 158; **VI**: 370
Thatcher, Margret (geb.1925) **IX**: 252
Themistokles (um 525−um 460 v. Chr.) **IX**: 266
Theoderich der Große (um 453−526) **V**: 89
Theodoret von Cyrus (393−460) **V**: 65
Theodoros von Samos (6. Jahrh. v. Chr.) **VII**: 42,
  43, 44, 50, 51
Theophilus Presbyter (um 1100) **II**: 166, 175, 177;
  III: 46, 235; **V**: 85, 89
Theophrastos von Eresos (371−287 v. Chr.) **III**: 327
Theophrastus Bombastus von Hohenheim:
  siehe Paracelsus
Theremin, Leon **VII**: 391, 392, 393
Thiemo von Salzburg (gest. 1102) **II**: 175
Thiersch, Friedrich Wilhelm (1784−1860) **V**: 240
Thom, Robert **VIII**: 511
Thomas von Aquino (1225−1274) **II**: 19, 176, 221;
  III: 237; **IX**: 275; **X**: 10
Thomas, Georg (1890−1946) **IX**: 374, 375, 400
Thomasius, Christian (1655−1728) **V**: 391; **IX**: 46
Thompson, Michael **VI**: 488
Thomsen, Christian Jürgensen (1788−1865) **III**: 78
Thöny, Eduard **X**: 17
Thornas, Sidney Gilchrist (1850−1885) **VIII**: 106
Thünen, Johann Heinrich von (1783−1850) **III**: 397
Thurneysser zum Thurm, Leonhard (1531−
  1596) **IV**: 98, 99
Tiberius, röm. Kaiser (14−37) **X**: 68
Tietz, Herman **X**: 208
Tietz, Leonhard **X**: 208

Tiffany, Louis Comfort (1848–1933)   **VII**: 141, 292
Tillich, Paul (1886–1965)   **II**: 278
Timm, Albrecht (1915–1981)   **V**: 62
Tinguely, Jean (1925–1992)   **VII**: 199, 285, 304, 310, 325, 326
Tintoretto, eigentl. Jacopo Robusti (1518–1594)   **VII**: 29
Tirpitz, Alfred von (1849–1930)   **IX**: 322
Tissandier, Gaston (1843–1899)   **VIII**: 441
Tizard, Henry T. (1885–1959)   **IX**: 381–384, 390, 391
Tizian, eigentl. Tiziano Vecellio (um 1477–1576)   **IV**: 17; **VII**: 30
Todt, Fritz (1891–1942)   **IX**: 137, 140–144, 146–149, 155, 156, 159
Toller, Ernst (1893–1939)   **VII**: 425, 426, 433
Tolstoj, Leo (1828–1910)   **VII**: 423
Tönnies, Ferdinand (1855–1936)   **III**: 126; **X**: 16, 22
Töpfer, Johann Gottlob (1791–1870)   **VII**: 69
Torricelli, Evangelista (1608–1647)   **I**: 35; **II**: 217; **VI**: 233
Toscanelli, Paolo (1397–1482)   **III**: 252
Tournadon, Gaspard Felix (1820–1910)   **VIII**: 441
Towne, H. R.   **X**: 356
Trajan, Marcus Ulpius, röm. Kaiser (53–117)   **II**: 154; **V**: 296; **X**: 66
Traube, Klaus   **X**: 375
Trakl, Georg (1887–1914)   **VII**: 489
Trapp, Ernst Christian (1745–1818)   **V**: 23, 119, 136
Traube, Ludwig (1819–1876)   **IV**: 167
Trautwein, Friedrich (1888–1956)   **VII**: 393, 395
Trebra, Friedrich Wilhelm Heinrich von (1740–1819)   **IX**: 83
Treisch, Karl (1822–1895)   **IV**: 71
Treitschke, Heinrich von (1834–1896)   **III**: 118, 119
Trendelenburg, Friedrich (1844–1924)   **IV**: 61
Tresaguet, Pierre Marie Jérome (1726–1806)   **VIII**: 402
Treue, Wilhelm (1908–1992)   **III**: 129; **X**: 23, 24
Treviranus, Rudolf Christian (1779–1864)   **IV**: 106
Trevithick, Richard (1771–1833)   **VIII**: 420
Tributsch, Helmut   **VI**: 105
Troeltsch, Ernst (1865–1923)   **II**: 206
Troitzsch, Ulrich   **III**: 269; **VI**: 34; **X**: 26, 28
Tromlitz, Johann Georg (1725–1805)   **VII**: 85, 87
Trotzki, Leo (1879–1940)   **VI**: 67
Trouvé, Gustave   **IV**: 145

Tschaikow, Josef   **VII**: 312
Tschirnhaus, Ehrenfried Walter von (1651–1708)   **III**: 289
Tuchel, Klaus   **I**: 46
Tucholsky, Kurt (1890–1935)   **VII**: 484; **IX**: 366
Tulla, Johannes Gottfried (1770–1828)   **VI**: 383
Türck, Ludwig (1810–1866)   **IV**: 140
Turgenev, Iwan (1818–1883)   **VII**: 423
Turgot, Anne Robert Jacques (1727–1781)   **IX**: 23
Turnbull, Colin   **II**: 51, 52, 53, 55
Turner, Joseph Mallord William (1775–1851)   **VII**: 103, 263, 264, 297, 318
Tutanchamun (gest. 1337 v. Chr.)   **VII**: 299, 316, 317
Tuttle, Richard   **VII**: 325
Tyndall, John (1820–1893)   **IV**: 149
Tzara, Tristan (1896–1963)   **VII**: 118

U

Ucello, Paolo (1397–1475)   **VII**: 113
Ueberhorst, Reinhard   **X**: 406
Uecker, Günter   **VII**: 207
Ullmann, Emerich (1861–1937)   **IV**: 189
Ullrich, Otto   **X**: 358
Ulrich, Tim   **VII**: 309
Unger, Ernst (1875–1938)   **IV**: 189
Unger, Oswald Maria   **VII**: 373
Urban, Johann (1863–1940)   **VIII**: 175
Ure, Andrew (1778–1857)   **III**: 147, 148, 150; **X**: 386
Utterrodt, von (gest. 1705)   **IX**: 80
Utzon, Jorn   **VII**: 367
Utzschneider, Joseph von (1763–1840)   **V**: 185, 244, 245, 246, 249

V

Valckenborch, Marten van   **VII**: 230
Valentin, Gabriel Gustav   **III**: 327
Valerianus, Publius Licinius (um 190-nach 259)   **II**: 153
Valéry, Paul Ambroise (1871–1945)   **VI**: 46; **VII**: 125
Vallebona, Allessandro   **IV**: 126

Vareschi, Volkmar **VI**: 471
Varèse, Edgar (1885–1965) **VII**: 387, 389, 390, 391, 392, 395, 397, 398, 399, 400
Varian, Russell H. (1898–1959) **IX**: 393
Varian, Sigurd F. **IX**: 393
Varley, Samuel Alfred (1892–1921) **VIII**: 325
Varrentrapp, Georg **VIII**: 510
Vasarély, Victor de (geb. 1908) **VII**: 272, 273, 274, 283
Vasari, Giorgio (1511–1574) **V**: I06; **VI**: 39, 40
Vasco da Gama (1460–1524) **VIII**: 26
Vauban, Sébastien de (1633–1707) **III**: 57, 154
Vaucanson, Jacques de (1709–1782) **VI**: 45; **X**: 275
Veblen, Thorstein (1857–1929) **X**: 280
Veit, Hermann **X**: 421, 424
Velde, Henry van de (1863–1957) **VII**: 355, 370
Velpeau, Alfred Arnauld (1795–1867) **IV**: 53
Venturi, Robert **VII**: 371, 373, 374
Verantius, Faustus (1551–1617) **V**: 307
Vergil, Publius Maro (70–19 v. Chr.) **V**: 80
Verguin, Emanuel (geb. 1800) **VIII**: 170
Verne, Jules (1828–1905) **VII**: 302, 320, 423, 424, 428, 439, 442
Vernon, Raymond **III**: 169
Veronese, Paolo (1528–1588) **VII**: 31
Verrocchio, Andrea del (1435–1488) **III**: 254
Vesalius, Andreas (1514–1564) **II**: 212; **III**: 261; **IV**: 13, 15, 16, 17, 18, 61, 100, 156
Vespasian, röm. Kaiser (9–79, Kaiser seit 69) **X**: 64
Vesper, Bernvard **VII**: 484
Vester, Frédéric **VI**: 8, 72, 249
Vianen, Paulus van (zw. 1565 u. 1570–1613 **VII**: 135
Viebahn, Georg von **VIII**: 306
Vierodt, Karl (1818–1955) **IV**: 127
Viktoria, Königin v. Großbritannien und Irland (1819–1901; Königin seit 1837) **IV**: 56
Villard de Honnecourt (vor 1225—um 1250) **II**: 178; **V**: 105, 106, 296; **VI**: 32
Villaume, Peter (1746–1825) **V**: 119, 136
Ville, Arnold de (1653–1722) **III**: 286
Villeneuve-Bargemont, Jean Paul Alban **II**: 245
Villermé, Louis-René (1782–1863) **IV**: 210, 211
Vincentz, Wolfgang (16. Jahrhundert) **V**: 98, 99
Vinzenz von Beauvais (1184/1194–1264) **III**: 14; **V**: 78; **VI**: 35
Virchow, Rudolf (1821–1902) **II**: 225; **III**: 80, 90; **IV**: 26, 27, 28, 29, 108, 271, 292; **VI**: 327, 328, 396; **VIII**: 522, 525, 535
Vitruvius Pollio, Marcus (1. Jahrhundert v. Chr.) **II**: 164; **III**: 42, 44, 46–48, 244, 246; **IV**: 205; **V**: 68, 104, 302, 303, 304; **VI**: 370, 372, 374; **VII**: 62, 452, 453; **IX**: 265; **X**: 36, 62, 64, 68
Voelker, Fritz (1872–1955) **IV**: 127
Vogel, Carl Gustav (1868–1945) **V**: 334
Vogel, Kurt **III**:36
Vogel, Peter **VII**: 169, 311, 312
Vogel, Wladimir (1898–1984) **VII**: 399, 401
Voigt, Carl Wilhelm (1752–1821) **IX**: 84, 87, 89–91
Voigt, Christian Gottlob (1743–1819) **IX**: 86
Voisin, Gabriel **VIII**: 44f,
Voits, Johann Peter (um 1700) **V**: 311
Volkmann, Richard von (1830–1889) **IV**: 71, 79, 127
Vollard-Bockelberg, Alfred von (geb.1874) **IX**: 374
Volta, Alessandro (1745–1827) **III**: 291, 293; **IV**: 243; **IX**: 75
Voltaire, François Marie Arouet (1694–1778) **III**: 56, 216; **VI**: 51; **IX**: 23
Vonessen, Franz (geb. 1923) **II**: 200
Voss, Leopold (1793–1868) **V**: 326
Vostell, Wolf **VII**: 174, 326
Vries, Herman de **VII**: 200, 274
Vries, Hugo de (geb.1848) **IV**: 186
Vuillard, Eduard (1868–1940) **VII**: 125

W

Wachsmann, Konrad **VI**: 141
Waffenschmidt, Walter Georg (geb. 1887) **III**: ;159
Wagner, Adolf (1890–1944) **IX**: 137,140
Wagner, Herbert (1900–1982) **IX**: 370
Wagner, Julius (1842–1904) **IX**: 337
Wagner, Otto (1841–1918) **VII**: 355
Wagner, Richard (1813–1883) **VII**: 386
Wagner, Wilhelm **X**: 181
Wahrendorff, Martin von (1789–1861) **IX**: 290
Walch, Stephan **VII**: 84
Wall, Jeff **VII**: 282
Waller, August (1856–1922) **IV**: 159
Wallich, Adolf (1869–1959) **VIII**: 227
Wallwork, J.A. **VI**: 427, 428

Walras, Léon (1834–1910)   **III**: 154

Walser, Robert (1878–1956)   **VII**: 430

Walter, Heinrich   **VI**: 454

Wandrey, Petrus   **VII**: 173

Wang Yangming (1472–1528)   **II**: 97

Wankel, Felix (1902–1989)   **I**: 114; **III**: 437

Warburg, Emil (1846–1931)   **IV**: 116

Wardt, Joshun (1685–1761)   **III**: 304

Warhol, Andy (1928–1987)   **VII**: 126,127, 199, 320, 328, 329

Warren, John Collins (1778–1856)   **IV**: 53

Warschauer, Frank (1892–1940)   **VII**: 477

Watson, James D.   **VI**: 282

Watson-Watt, Robert (1892–1973)   **IX**: 382, 384

Watt, James (1736–1819)   **I**: 114; **II**: 231; **III**: 144, 145, 309, 404, 432, 436; **V**: 61, 337, 391; **VI**: 371; **VIII**: 17, 206, 511; **IX**: 38; **X**: 135, 136

Waydelich, Raymond   **VII**: 166, 294, 300, 312

Weber, Alfred (1868–1958)   **V**: 61

Weber, Carl Maria von (1786–1828)   **VII**: 70

Weber, Hermann   **VI**: 137

Weber, Max (1864–1920)   **I**: 98, 99, 262, 312; **II**: 5, 6, 7, 201, 225, 232, 235, 292; **III**: 26; **VI**:27, 37, 38; **VIII**: 22, 23, 25, 33; **X**: 80, 271

Weber, Max Maria von (1822–1881)   **V**. 222; **VII**: 428, 431; **X**: 388

Weber, Wilhelm (1804–1891)   **III**: 63, 69; **VIII**: 460

Weber, Wolfhard   **X**: 26

Webern, Anton (1893–1945)   **VII**: 396

Wedgwood, Josiah   **VII**:135

Weerth, Georg (1822–1856)   **VII**: 421, 468

Wegener, Alfred (1880–1930)   **VI**: 27, 37, 38

Wehler, Hans-Ullrich   **X**: 411

Weill, Kurt (1900–1950)   **VII**: 376, 382, 383, 400

Weimer, Karl   **X**: 434, 437

Weingart, Peter   **X**: 5

Weisbach, Julius (1806–1871)   **III**: 407

Weiss, Peter   **VII**: 250, 252

Weisskopf, Victor Frederick (geb. 1908)   **III**: 358

Weizenbaum, Joseph   **I**: 213,214

Weizsäcker, Carl Friedrich von (geb. 1912)   **I**: 238; **II**: 276; **VI**: 76, 518

Weizsäcker, Ernst Ulrich   **VI**: 513

Welfring, Basilius   **VII**: 222

Well, Raimund van   **VII**: 204

Wells, George (1866–1946)   **VII**: 428, 441, 442

Wells, Horace (1815–1848)   **IV**: 53, 55

Werder, Johann Ludwig (1808–1885)   **VII**: 243

Werner, Abraham Gottlob (1749–1817)   **V**: 143; **III**: 48

Wernher der Gartenaere (um 1250)   **VII**: 455

Wertheim, Abraham   **X**: 208

Weseler, Günter   **VII**: 310

Weskott, Friedrich (1821–1876)   **IV**: 282

Wesley, John (1703–1791)   **II**: 233

Wesselmann, Tom   **VII**: 321

Westerhoff, Günter   **VII**: 482

Weyl, Theodor   **IV**: 211, 213, 251

Wheatstone, Charles (1802–1875)   **III**: 202; **VIII**: 325

Whinfield, John R.   **VIII**: 179

White, Lynn jr. (geb. 1907)   **II**: 104,110, 215; **X**: 71, 75, 78

White, Maunsel   **VIII**: 223

Whitehead, Alfred North (1861–1947)   **I**: 43; **V**: 228

Whithworth, Joseph (1803–1887)   **VIII**: 217, 251

Wichern, Johann Hinrich (1808–1881)   **II**: 246, 278

Wiebe, Eduard (1804–1892)   **VIII**: 521, 523

Wieck, Friedrich Georg (1800–1860)   **V**: 331

Wiedemann, J.   **VI**: 239

Wieland, Heinrich (1877–1957)   **III**: 334, 370

Wiener, Norbert (1894–1964)   **VI**: 249, 255

Wieprecht, Christoph (1875–1942)   **VII**: 480

Wilda, Eduard (1838–1907)   **V**: 190, 193

Wilding, Ludwig   **VII**: 204

Wilhelm I., der Eroberer (um 1027–1087; König seit 1066)   **IX**: 269

Wilhelm I., deutscher Kaiser (1797–1888; Kaiser seit 1871)   **IX**: 97, 98, 102, 288

Wilhelm II., deutscher Kaiser (1859–1941; Kaiser 1888–1918)   **V**: 229; **IX**: 97–101, 310, 361

Wilhelm von Moerbeke (um 1215–vor 1285)   **V**: 74

Wilhelm von Preußen, preuß. König (1797–1888)   **X**: 1411

Wilhelm von Sens (1085–1148)   **VI**: 324

Wilhelm, gen. Meister Wilhelm (14. Jahrhundert)   **V**: 104

Wilhelm, Reichsgraf von Schaumburg-Lippe (1724–1777; Reichsgraf seit 1748)   **IX**: 303

Wilkins, John (1614–1672)   **II**: 303

Wilkinson, John (1803–1887)   **VIII**: 195, 206

Willenberg, Christian Josef (um 1700)   **V**: 179

Willstätter, Richard (1872−1942) **II**: 324
Wilm, Alfred (1869−1937) **VIII**: 133
Wilpert, Paul (1906−1967) **I**: 18,19
Wilson, Frank (1890−1952) **IV**: 163
Wilson, James (1742−1798) **III**: 329
Wilson, Robert **VII**: 161, 162
Wimperis, Harry P. **IX**: 381
Winarski, Ryszard **VII**: 272
Winckelmann, Johann Jakob (1717−1768) **III**: 77
Winckler, Josef **VII**: 479
Windelband, Wilhelm (1848−1915) **III**: 21
Winkler, David **VII**: 229
Winkler, Fritz (1848−1915) **III**: 450
Winkler, Johann Heinrich (1703−1770) **III**: 291
Winnacker, Karl **X**: 435
Winter, Fritz (geb. 1905) **VII**: 269
Winzer, gen. Windsor, Friedrich August
    (1763−1830) **VIII**: 529
Wirtz, Karl **X**: 425, 428, 430, 443
Wislicenus, Hans (1867−1951) **VI**: 334
Wismayr, Joseph von (um l800) **V**: 24Cl
Witt, Otto Nikolaus (1855−1915) **V**: 335, 337
Wittfogel, Karl August **X**: 381
Wohlauf, Gabriele **X**: 26
Wöhler, August (1819−1914) **III**: 422, 424, 425;
    X: 223
Wohlgemuth, Otto (1884−1965) **VII**: 479
Wolf, Christian **VII**: 428
Wolf, Conrad **X**: 181
Wolf, Friedrich **X**: 166, 167
Wolf, Georg **IV**: 147
Wolfenstein, Alfred (1885−1915) **VII**: 473
Wolff, Caspar Friedrich (1733−1794) **IV**: 105
Wolff, Christian Freiherr von (1679−1754) **I**: 14;
    III: 55, 56, 65, 394
Wollgast, Siegfried **I**: 73
Wöllner, Johann Christoph von (1732−1800)
    IX: 57
Wollstonecraft-Shelley, Mary (1759−1797) **VII**: 449
Wols, eigentl. Wolfgang Schulze (1913−1951)
    VII: 125
Wolters, V. **VI**: 428
Woolf, Arthur (1776−1837) **VIII**: 513
Woolf, Virginia (1882−1941) **VII**: 427
Wren, Christoph (1632−1723) **IV**: 46, 47
Wright, Orville (1871−1948) **VII**: 257; **VIII**: 445;
    IX: 339, 344

Wright, Wilbur (1867−1912) **VII**: 257; **VIII**: 445;
    IX: 339, 344
Wundt, Wilhelm (1832−1920) **III**: 18
Wurtz, Adolph (1817−1884) **III**: 318
Wurtzbacher, Ludwig (1870−1926) **IX**: 374
Wust, Peter (1884−1940) **I**: 84, 85, 86
Wyclif (um 1320−1384) **II**: 141

X

Xenakis, Iannis (geb.1922) **VII**: 397, 398, 401
Xenophon **X**: 59
Xerxes (519−465 v. Chr.) **III**: 37, 234

Y

Yelin, Julius Konrad von (1771−1826) **V**: 245
Yixing (683−727) **II**: 90

Z

Zächs, René **VII**: 173
Zahl, Peter Paul **VII**: 484
Zahn, Peter von (geb. 1913) **V**: 405
Zahn, Siggi **VII**: 327
Zainer, Günther (gest. 1478) **V**: 301
Zajec, Edward **VII**: 179
Zech, Paul (1881−1946) **VII**: 477, 480
Zedler, Johann Heinrich (1706−1763) **III**: 17;
    V: 73; **IX**: 42
Zedlitz, Karl Abraham (Adam?) Freiherr von
    (1731−1793) **V**: 130
Zeising, Heinrich (17. Jahrhundert) **V**: 307
Zeiss, Carl (1816−1888) **III**: 329, 353; **IV**: 108,109;
    IX: 104, 105
Zeller, Johann Georg (gest. 1822) **V**: 244, 245, 255,
    256, 330
Zeppelin, Ferdinand Graf von (1837−1917)
    VII: 319; **VIII**: 133, 441; **IX**: 341 **X**: 143
Zerbst, Ekkehard **VI**: 105
Zernike, Frits (1888−1960) **III**: 329
Zeuner, Gustav Anton (1828−1907) **III**: 411, 412;
    V: 54
Zhou Enlai (geb. 1898) **IX**: 197

Ziegler, Karl (1884–1973) **VIII**: 182
Ziegler, Leopold (1881–1951) **II**: 20
Zilsel, Edgar (1891–1944) **III**: 14
Zincke, Georg Heinrich (1662–1768) **IX**: 47
Zinzendorf, Nikolaus Ludwig von (1700–1760)
  II: 238
Zoa, Jean Baptiste **II**: 54, 62
Zola, Emile (1840–1902) **VII**: 421, 423, 429
Zonca, Vittorio (geb.1580) **V**: 307
Zoro, Gilberto **VII**: 307

Zschimmer, Eberhard (1873–1940) **I**: 117
Zschucke, Otto Theodor Ludwig (geb.1889)
  IX: 367
Zuckmayer, Carl (1896–1977) **IX**: 376
Zuse, Konrad (geb. 1910) **I**: 114; **III**: 69
Zweig, Stefan (1881–1942) **III**: 348; **VII**: 430;
  IX 101
Zwicky, Fritz (1898–1974) **I**: 140
Zwolle, Arnault de (um 1450)
  VII: 72, 73, 75

Herausgeber, Redaktion und Autoren

Herausgeber und Redaktion des Gesamtwerkes

Dettmering, Wilhelm, Prof. Dr.-Ing. – Studium des Maschinenbaus, insbesondere der Flugzeugtriebwerke. Erprobungsingenieur an den Erprobungsstellen der Luftwaffe Travemünde und Peenemünde. Oberingenieur am Lehrstuhl für Turbomaschinen der RWTH Aachen. Professor am Lehrstuhl für Turbomaschinen der RWTH Aachen. Gastprofessur am Space-Institut der Universität Knoxville, Tennessee, USA. Mitglied des Vorstandes der Friedrich Krupp AG für das Ressort Forschung und Entwicklung bis zum Beginn des Ruhestandes 1977. Vorsitzender der Georg-Agricola-Gesellschaft von 1977-1994. Seit 1994 Ehrenvorsitzender der Georg-Agricola-Gesellschaft. Forschungsschwerpunkte: Luftfahrzeugantriebe. Mitgliedschaften u. a. in der Nordrhein-Westfälischen Akademie der Wissenschaften. Präsident des Vereins Deutscher Ingenieure (VDI). Vizepräsident der European Industrial Research and Management Association (EIRMA). Mitglied des Bundesverbandes der Deutschen Industrie, Präsidial-Arbeitskreis Forschung und Entwicklung. Mitglied des Deutschen Nationalen Komittees der Weltenergiekonferenz. Mitglied des Senats der Deutschen Gesellschaft für Luft und Raumfahrt (DLR). Mitglied im Forschungskuratorium Maschinenbau im VDMA. Bundesverdienstkreuz 1. Klasse (1988). – Veröffentlichungen u. a.: Allgemeines über Strömungsmaschinen. In: Strömungslehre (1969); Die Ausbildung des wissenschaftlichen Nachwuchses in Wirtschaft und Universität (1970); Machzahleinfluß auf die Verdichtercharakteristik. In: Zeitschrift für Flugwissenschaften (1971); Industrielle Aspekte des Umweltschutzes. EIRMA-Tagung 1973; Auswirkungen des Strukturwandels der Enegiewirtschaft auf die Stahlindustrie. EIRMA-Tagung 1974; Vorbilder der Natur für die moderne Technik. In: Schriften der Georg-Agricola-Gesellschaft (1975); Die Bedeutung der Wissenschaft und Technik in unserer Gesellschaft und ihre Auswirkungen auf die Aus- und Weiterbildung des Ingenieurs. SEFI/PIANI-Kongreß (1976); Zukunftssicherung der Industrie durch Forschung und Entwicklung.In: DFVLR-Nachrichten 1979; Probleme der Gesellschaft in der Technik. In: 125 Jahre Niederrhein. Bezirksverein Deutscher Ingenieure (1981).

Hermann, Armin, Prof. Dr. – Studium der Mathematik und Physik, abgeschlossen durch Diplom. Wissenschaftlicher Mitarbeiter bei DESY: Promotion in theoretischer Physik. Fortsetzung des Studiums am Forschungsinstitut am Deutschen Museum. Habilitation für Geschichte der Naturwissenschaften. Seit 1968 Professor und Lehrstuhlinhaber für Geschichte der Naturwissenschaften und der Technik an der Universität Stuttgart. Forschungsschwerpunkte: Geschichte der Physik des 19. und 20. Jahrhunderts. Zahlreiche Beiträge zu den Themen der Forschungsschwerpunkte. – Veröffentlichungen u. a.: Große Physiker (1959, 4. Aufl. 1963); Frühgeschichte der Quantentheorie (1969); Lexikon Geschichte der Physik (1972); Max Planck (1973); Werner Heisenberg (1976); Die Jahrhundertwissenschaft (1977); Die neue Physik (1979); Weltreich der Physik (1980); Wie die Wissenschaft ihre Unschuld verlor (1981); Die abenteuerliche Geschichte der Firma Zeiss: Nur der Name ist geblieben (1989); zus. mit Sachtleben, R.: Von der Alchemie zur Großsynthese (2.Aufl. 1961); zus. mit Winau, Rolf: Deutsche Nobelpreisträger (1967); zus. mit Krige, J., Pestre, D.: History of CERN. Bd. I und II (1987 und 1990); Hrsg.: A. Einstein – A. Sommerfeld: Briefwechsel (1968); Hrsg.: Johann Wilhelm Ritter: Die Begründung der Elektrochemie (1968); Mithrsg.: Wolfgang Pauli: Wissenschaftlicher Briefwechsel I (1978); II (1985); Mithrsg.: Das Ende des Atomzeitalters? (1987); Einstein – Der Weltweise und sein Jahrhundert (1994).

Schönbeck, Charlotte, Dr. – Studium der Mathematik, Physik und Astronomie an den Universitäten Freiburg und Kiel. Staatsexamina für das Lehramt an Höheren Schulen. Promotion. Tätigkeit im Schuldienst für Höhere Schulen für Physik und Mathematik. Studien zur Geschichte der Naturwissenschaften. 1972-1981 Lehrbeauftragte für Geschichte der Physik und der Technik an der Pädagogischen Hochschule Heidelberg. Seit 1985 Leiterin der Gesamtredaktion von „Technik und Kultur" der Georg-Agricola-Gesellschaft. Seit 1994 Lehrbeauftragte für Physik- und Technikgeschichte an der Pädagogischen Hochschule Heidelberg. Forschungsschwerpunkte: Geschichte der Physik und der Technik in der Renaissance; Geschichte der Physik im 19. und 20. Jahrhundert. – Veröffentlichungen u. a.: 300 Jahre Physik und Astronomie an der Kieler Universität (1965, 2. Aufl. 1984); Mitarbeit an dem Schullehrbuch „Physik in unserer Welt" (1970 bis 1978); Mitarbeit an dem Schullehrbuch PLUS für Mathematik an Realschulen (1976 bis 1986); Johann Heinrich Berger. In: Schl. Holstein. Biogr. Lex. Bd. 2 (1971); Carl Nicoley Jensen Börgen. In:

Schl. Holstein. Biogr. Lex. Bd. 2 (1971); Theodor Johann Christian Ambder Brorsen. In: Schl. Holstein.Biogr. Lex. Bd.2 (1971); Friedrich von Hahn. In: Schl. Holstein. Biogr. Lex. Bd. 2 (1971); Carl Christian Bruhn. In: Schl. Holstein. Biogr. Lex. Bd. 3 (1974); Behrend Wilhelm Feddersen. In: Schl. Holstein. Biogr. Lex. Bd. 3 (1974); zus. mit Andreas Kleinert: Lenard und Einstein. Ihr Briefwechsel und ihr Verhältnis vor der Nauheimer Diskussion von 1920. In: Gesnerus 35 (1978); Georg Eimbke. In: Schl. Holstein. Biogr. Lex. Bd. 5 (1979); Karl Ludwig Harding. In: Schl. Holstein. Biogr. Lex. Bd. 5 (1979); Hrsg.: Atomvorstellungen im 19. Jahrhundert (1982); Kulturenzyklopädie der Technik. In: Ferrum 53 (1982); zus. mit J. Schönbeck: Samuel Reyher. In: Schl. Holstein. Biogr. Lex. Bd. 6 (1982); Philipp Lenard. In: NDB 14 (1985); Beiträge in „Kultur & Technik"(1984–1992); Georgius Agricola – ein humanistischer Naturforscher der deutschen Renaissance (1994).

Autoren

Aagard, Herbert, Dr., MA. – Studium der Geschichte, Soziologie, Philosophie, Technikgeschichte. Dozent. Forschungsschwerpunkte: Technologie des Manufakturwesens. Berufskrankheiten in historischer Perspektive. Salzgeschichte. – Veröffentlichungen u. a.: Die deutsche Nähnadelherstellung im 18. Jahrhundert (1987); Beiträge zum Themenkreis: Arbeit, Mensch, Gesundheit; Beiträge zur deutschen Salzgeschichte.

Albrecht, Helmuth, Dr. phil. – Studium der Elektrotechnik, Physik und Geschichte. Bis 1995 wissenschaftlicher Assistent an der Abteilung für Geschichte der Naturwissenschaften und Technik am Historischen Institut der Universität Stuttgart. Forschungsschwerpunkte: Geschichte der Physik und Geschichte der Technik vom 18. bis zum 20. Jahrhundert. – Veröffentlichungen u. a.: Technische Bildung zwischen Wissenschaft und Praxis. Die Technische Hochschule Braunschweig 1862-1914 (1987): In: – Veröffentlichungen der Technischen Universität Carolo Wilhelmina zu Braunschweig. Bd. 1; Kalk und Zement in Württemberg. Industriegeschichte am Südrand der Schwäbischen Alb (1991): In: Schriftenreihe des Landesmuseum für Technik und Arbeit Mannheim: Technik und Arbeit Bd. 4; (Hrsg.): Naturwissenschaft und Technik in der Geschichte. 25 Jahre Lehrstuhl für Geschichte der Naturwissenschaften und Technik am Historischen Institut der Universität Stuttgart (1993).

Beckenbach, Niels, Prof. Dr. – Studium der volkswirtschaftlichen Soziologie und der Politikwissenschaften. Professor für Arbeits- und Industriesoziologie an der Universität Gesamthochschule Kassel. Forschungsschwerpunkte: Sozialwissenschaftliche Risikoforschung. Kultur- und Technikgeschichte der europäischen Zivilisation. Zahlreiche Beiträge zu den Forschungsschwerpunkten. – Veröffentlichungen u. a.: Woher und Wohin – Gesellschaftliche Mobilisierung; Monument und Ratio; Eupalinos und Leviathan – Bilder der Moderne.

Benad-Wagenhoff, Volker, Dr. – Studium des Allgemeinen Maschinenbaus an der TH Darmstadt. Assistententätigkeit und Promotion im Fach Technikgeschichte an der TH Darmstadt. Konservator am Landesmuseum für Technik und Arbeit in Mannheim. Forschungsschwerpunkte: Geschichte des Maschinenbaus, insbesondere der Fertigungstechnik. Fragen der Techniksystematik und der technikhistorischen Periodisierung. – Veröffentlichungen u. a.: Industrieller Maschinenbau im 19. Jahrhundert (1993). In: Schriftenreihe des Landesmuseums für Technik und Arbeit Mannheim: Technik und Arbeit. Bd. 5.

Bertsch, Christoph, Prof. Dr. – Studium der Geschichte und Kunstgeschichte an der Universität Innsbruck. Dozent am Institut für Kunstgeschichte an der Universität Innsbruck. Forschungsschwerpunkte: Neuere und Neueste Kunstgeschichte. Industriearchäologie. – Veröffentlichungen zu Themenbereichen der Neueren und Neuesten Kunstgeschichte und der Industriearchäologie.

Best, Heinrich, Prof. Dr. – Studium der Geschichte, Soziologie und Politikwissenschaften. Professor für Soziologie, Methoden der empirischen Sozialforschung und der Strukturanalyse moderner Gesellschaften an der Universität Jena. Forschungsschwerpunkte: Historische Sozialforschung. Erforschung politischer Eliten. Methodenforschung und Methodenentwicklung in der Soziologie. – Veröffentlichungen u. a.: Historische Interessenpolitik und nationale Integration in Deutschland (1977); Die Männer von Bildung und Besitz – Struktur und Wandel der parlamentarischen Führungsgruppe in Deutschland 1848/1849 (1990); Vereine in Deutschland (1993); Politik und Milieu – Wahl- und Elitenforschung in historisch-interkulturellem Vergleich (1989).

Billeter, Erika, Dr. – Studium der Kunstgeschichte. Museumsdirektorin i.R. Forschungsschwerpunkte: Kunst der Gegenwart. Fotografie.

– Veröffentlichungen u. a.: Malerei und Fotografie im Dialog (1977); Das Selbstbildnis im Zeitalter der Fotografie (1985); Fotografie Lateinamerikas (1993-1994); Zahlreiche Beiträge über Gegenwartskunst und Kunst des 20. Jahrhunderts.

Bischoff, Bernhard, Prof. – Studium der Bildenden Kunst und der Geographie. Ausbildung für das Lehramt an Höheren Schulen, Tätigkeit im Lehramt an Höheren Schulen. Professor an der Pädagogischen Hochschule in Freiburg i. Br. Forschungsschwerpunkte: Architektur, regionale Kunstgeschichte Baden-Württemberg, Kunstdidaktik. – Veröffentlichungen u. a.: Die Kirche in Gruorn; Die Kirchenchöre Peters von Koblenz; Das Deutschordensschloß Beuggen; Kirchen in Schopfheim; Beiträge zur Kunstdidaktik in der Schule.

Blenke, Heinz, Prof. Dr. – Studium des Maschinenbaus, des Flugzeugbaus und der Verfahrenstechnik an der TH München. Leitende Industrietätigkeiten in der BASF Ludwigshafen. Tätigkeit im Bereich der Kerntechnik am Britischen Atomforschungszentrum Harwell. Professor em. und ehemaliger Direktor des Instituts für Chemische Verfahrenstechnik an der Universität Stuttgart. Forschungsschwerpunkte: Dampfkraftprozesse, Chemie- und Bioreaktoren. – Zahlreiche Veröffentlichungen zu Fragen der Energie-, Chemie- und Biotechnik.

Boehm, Laetitia, Prof. Dr. – Studium der Geschichte, Germanistik und Romanistik. Habilitation für Mittlere und Neuere Geschichte. Inhaberin des Lehrstuhls für Mittlere und Neuere Geschichte mit besonderer Berücksichtigung der Bildungs- und Universitätsgeschichte an der Universität München. Vorstand des Universitätsarchivs der Ludwig-Maximilians-Universität München. Forschungsschwerpunkte: Wissenschaftshistorische Aspekte der Bildungs- und Universitätsgeschichte. Veröffentlichungen zur Mittelalterlichen Geschichte: Geschichte Burgunds; Kreuzzüge; Historiographie; Artes liberales und Artes mechanicae.- Veröffentlichungen zur Universitätsgeschichte: Allgemeine Studien zur Geschichte von Institution und Wissenschaft der mittelalterlichen und der frühneuzeitlichen Universitäten; Geschichte der Universität Ingoldstadt-Landshut-München.- Zahlreiche Veröffentlichungen zur Mittelalterlichen Bildungsgeschichte.

Bol, Peter Cornelis, Prof. Dr. – Studium der Klassischen Archäologie. Betreuer der Antikensammlung des Liebighauses in Frankfurt a. M. und Professor für Klassische Archäologie an der Universität Frankfurt.

Forschungsschwerpunkt: Antike Plastik. – Veröffentlichungen u. a.: Forschungen zur Villa Albani; Olympische Forschungen.

Botsch, Walter, Gymn.-Prof. – Studium der Chemie, Biologie und Geographie. Lehrer an Gymnasien i. R. Forschungsschwerpunkt nach Abschluß der Tätigkeit im Höheren Schuldienst: Geschichte der Naturwissenschaften und der Technik. – Veröffentlichungen u. a.: Chemie in Versuch, Theorie und Übung (Lehrbuch für den Chemieunterricht an Höheren Schulen); Beiträge zur Methodik des naturwissenschaftlichen Unterrichts und zur Geschichte der Naturwissenschaften.

Braun, Hans-Joachim, Prof. Dr. – Studium der Geschichte, Anglistik, der Wirtschaftswissenschaften und des Maschinenbaus an den Universitäten Münster und Bochum und der London School of Economics. Professor für Neuere Sozial-, Wirtschafts- und Technikgeschichte an der Universität der Bundeswehr in Hamburg. Forschungsschwerpunkte: Innovationen und Techniktransfer, Produktionstechnik, Technik und Musik. – Veröffentlichungen u. a.: Technologische Beziehungen zwischen Deutschland und England von der Mitte des 17. bis zum Ausgang des 18. Jahrhunderts (1974); The German Economy in the 20th Century (1990); Energiewirtschaft, Automatisierung, Information. In: Propyläen Technikgeschichte, Bd. 5, gemeinsam mit Walter Kaiser (1992).

Brock, Bazon, Prof. – Professor an der Universität – Gesamthochschule Wuppertal. Forschungsschwerpunkte: Gestaltungslehre, bildnerische Erziehung. – Veröffentlichungen u. a.: Besucherschule zur documenta 6 Kassel (1977); Ästhetik gegen erzwungene Unmittelbarkeit (1986); Ikonografie der modernen Kunst. In: Brock, Bazon/Preiß Achim (Hrsg.): Ikonografia (1990); Genie und Wahnsinn, Therapie durch Kunst (1990).

Bruch, Rüdiger vom, Prof. Dr. – Studium der Germanistik, Geschichte und der politischen Wissenschaften. Habilitation für Neuere Geschichte. Inhaber des Lehrstuhls für Wissenschaftsgeschichte an der Humboldt-Universität Berlin. Forschungsschwerpunkt: Allgemeine Wissenschaftsgeschichte der Neuzeit. – Veröffentlichungen u. a. zu Themenkreisen der Wissenschaftsgeschichte und zur Kultur- und Sozialgeschichte des modernen Wohlfahrts- und Industriestaates.

Burgey, Franz, Prof. – Studium der Philosophie und Theologie (1947–1952); weiterführende Studien zur Philosophie (1973–1980). Professor i.R: für Grenzfragen zwischen Theologie, Philosophie und Naturwissenschaften an der Fakultät für Religionspädagogik und Kirchliche Bildungsarbeit (FH) der Katholischen Universität Eichstätt. Forschungsschwerpunkte: Theologie und Technik, Theologie der Technik. – Veröffentlichungen u. a.: Die Verantwortung des Naturwissenschaftlers aus seiner religiösen Überzeugung. In: G. Süßmann/F. Burgey: Naturwissenschaft und Glaube (1980); Technik und Heiliger Kosmos – Probleme der Theologie und Verkündigung in einer von Wissenschaft und Technik geprägten Welt (1985).

Burghardt, Uwe, Dr. – Studium der Geschichte, Romanische Literaturen, Physik an der FH und TU Berlin. Mitarbeit in einem interdisziplinären Forschungsprojekt im Ruhrbergbau. Wissenschaftlicher Mitarbeiter am Zentralinstitut für Geschichte der Technik der TU München. Forschungsschwerpunkte: Geschichte der extraktiven Industrien, Energietechnik, Geschichte der Urbanistik und des Verkehrs. – Veröffentlichungen u. a.: Die Mechanisierung des Ruhrbergbaus 1890–1930 (1995); Verkehr. In: Wolfgang Benz: Die Geschichte der Bundesrepublik Deutschland (1889); Beiträge zur Geschichte des Deutschen Steinkohlenbergbaus und zum Thema Verkehr.

Burrichter, Clemens, Dr. – Studium der Soziologie, Psychologie und Philosophie an den Universitäten Münster und Berlin. Bis 1993 Leiter des Instituts für Gesellschaft und Wissenschaft an der Universität Erlangen-Nürnberg. Seit 1993 tätig am Institut für Zeitgeschichte in Potsdam. Forschungsschwerpunkte: Wissenschaftstheorie, Wissenschaftssoziologie, zeitgeschichtliche DDR-Forschung, Osteuropa-Forschung. – Veröffentlichungen u.a. zur DDR-Forschung, zur Osteuropa-Forschung und zur Wissenschaftstheorie.

Daiber, Hans, Prof. Dr. – Studium der Orientalistik, Theologie, Philosophie und klassischen Philologie. Universitätsprofessor an der Freien Universität Amsterdam für die Fächer Arabisch und Islam. Forschungsschwerpunkte: Islamische Philosophie, Theologie und Wissenschaftsgeschichte; Graeco-Arabica. – Veröffentlichungen u. a.: The Meteorology of Theophrastus in Syriac and Arabic Translation. In: Rutgers University Studies in Classical Humanities 5 (1992); Naturwissenschaft bei den Arabern im 10. Jahrhundert n. Chr.. Briefe des Abu l-Fadl Ibn al-Amid (gest. 360/970) An Adudaddayla: In: Daiber,

Hans/Pingree, D. (Hrsg.): Islamic Philosophy, Theology and Science (1993).

Diemer, Alwin, Prof. Dr. Dr. † – Studium – mit kriegsbedingten Unterbrechungen – der Medizin und Philosophie. Medizinisches Staatsexamen und Promotion in Medizin, danach Promotion und Habilitation in Philosophie. Universitätsprofessor für Philosophie an der Universität Düsseldorf bis zur Emeritierung. Forschungsschwerpunkt: Allgemeine Wissenschaftstheorie. – Veröffentlichungen u. a.: Edmund Husserl. Ein Versuch einer systematischen Darstellung seiner Phänomenologie (3. Aufl. 1978); Grundriß der Philosophie. 2 Bde. (1962/1964).

Dienel, Hans-Liudger, MA. Dr. – Studium der Geschichte und der Philosophie an den Universitäten Hannover und Münster (MA), Studium des Maschinenbaus an der Universität Hannover und der TU München (Dipl.-Ing.). Wissenschaftlicher Assistent am Forschungsinstitut für Wissenschafts- und Technikgeschichte des Deutschen Museums München. Forschungsschwerpunkte: Kulturgeschichte der Natur, Geschichte der technischen Bildung, Geschichte konkurrierender Verkehrssysteme. – Veröffentlichungen u. a.: Herrschaft über die Natur? Naturvorstellungen deutscher Ingenieure 1871–1914 (1992); zus. mit Helmut Hilz: Bayerns Weg in das technische Zeitalter. 125 Jahre Technische Universität München (1993); Professoren als Gutachter für die Kälteindustrie 1870–1930. Ein Beitrag zum Verhältnis von Hochschule und Industrie in Deutschland. In: Berichte zur Wissenschaftsgeschichte 16 (1993).

Dohmen, Günther, Dr. Dr. h.c. – Studium der Germanistik, Geschichte, Anglistik, Philosophie und Pädagogik. Professor für Erwachsenenbildung und Weiterbildung der Universität Tübingen. Direktor des Instituts für Erziehungswissenschaften II der Universität Tübingen. Forschungsschwerpunkt: Förderung von Bildungsprozessen im Erwachsenenalter. – Veröffentlichungen u. a.: Bildung und Schule. 2 Bde. (1964/1965); Externenstudium (1978); Offenheit und Integration – Erwachsenenbildung, Wissenschaft, Medien (1991).

Dressler, Kurt, Prof. Dr. – Studium der Physik an der Universität Basel. Professor für Molekularspektroskopie an der ETH Zürich, Prorektor für das Doktorat 1977-1994. Forschungsschwerpunkt: Experimentelle und theoretische Studien der Strahlungseigenschaften kleiner

Moleküle. – Veröffentlichungen u. a.: Arbeiten über den Zusammenhang zwischen Quantentheorie und Molekularspektren, insbesondere über die miteinander verflochtenen Bewegungen der Elektronen und Atomkerne in hochangeregten Molekülen (Ultraviolettspektren).

Duschek, Karl, Diplom-Designer, Schriftlithograph. – Studium von Grafik und Design an der Staatlichen Hochschule für Bildende Künste in Braunschweig. Grafiker, Künstler, Verleger. Inhaber von: Stankowski + Duschek, Grafisches Atelier. Forschungsschwerpunkte: Serielle Kunst, Visuelle Kommunikation. – Veröffentlichungen u. a. zu den Themen: Konstruktive und konkrete Kunst, Visuelle Kommunikation, Grafik Design, Corporate Design.

Eisenbeis, Gerhard, Prof. Dr. – Studium der Biologie und Chemie an der Universität Mainz. Akademischer Direktor am Institut für Zoologie der Universität Mainz. Forschungsschwerpunkte: Bodenbiologie, Bodenökologie, Rasterelektronenmikroskopie. – Veröffentlichungen u. a.: zus. mit Wichard, W.: Atlas zur Biologie der Bodenarthropoden (1985); Zersetzung im Boden. In: Ehrnsberger, R.: Bodenmesofauna und Naturschutz. Bedeutung und Auswirkungen von anthropogenen Maßnahmen (1993); zus. mit Wichard, W. und Ahrens, W.: Atlas zur Biologie der Wasserinsekten (1995).

von Engelhardt, Dietrich, Prof. Dr. – Studium der Philsophie, Geschichte und Slavistik. Kriminaltherapeutische Tätigkeit am Institut für Kriminologie an der Universität Heidelberg. Direktor des Instituts für Medizin- und Wissenschaftsgeschichte der Medizinischen Universität zu Lübeck und Universitätsprofessor für Medizin- und Wissenschaftsgeschichte. Forschungsschwerpunkte: Philosophie der Medizin, Entwicklung der medizinischen Ethik, Medizin in der Literatur der Neuzeit, Umgang des Kranken mit der Krankheit (Coping). – Veröffentlichungen u. a.: Historisches Bewußtsein in der Naturwissenschaft von der Aufklärung bis zum Positivismus (1979); Mit der Krankheit leben. Grundlagen der Copingstruktur des Patienten (1986); Medizin in der Literatur der Neuzeit (1991).

Fiebig, Eberhard, Prof. – Mittlere Reife, Bauer, Chemielaborant. Hochschullehrer. Forschungsschwerpunkte: Metallbildhauerei. – Veröffentlichungen u. a. zu den Themen: Skulptur, Skulptur und Computer, Naivität der Maschine.

Föhl, Axel, Dr. – Studium der Geschichte und Anglistik an den Universitäten Saarbrücken, München, Düsseldorf und Bochum. Wissenschaftlicher Referent für Industriedenkmalpflege im Rheinischen Amt für Denkmalpflege. Forschungsschwerpunkt: Geschichte der Industriearchitektur im Lichte der Technikgeschichte. – Veröffentlichungen u. a.: Technische Denkmale im Rheinland (1976); Die Industriegeschichte des Wassers (1985); Die Industriegeschichte des Textils (1988); Beiträge zu den Themen der Forschungsschwerpunkte in Architekturzeitschriften.

Först, Walter, Prof. Dr. † – Lehrbeauftragter der Universität Bochum. Mitglied des Studienkreises Rundfunk. Forschungsschwerpunkte: Landes- und Zeitgeschichte, Kommunalgeschichte, Rundfunkgeschichte. – Veröffentlichungen u. a.: Geschichte Nordrhein-Westfalens I (1970); Politik, Presse und Rundfunk. In: Festschrift für H. Booms: Aus der Arbeit der Archive (1989); Vom Britischen Zonenrundfunk zur Länderanstalt. In: Rundfunk und Fernsehen (1970). Zahlreiche Beiträge zur Landes- und Kommunalgeschichte.

Förtsch, Eckart, Dr. – Studium der Geschichte und Politologie. Wissenschaftlicher Mitarbeiter im Ministerium für Forschung und Technologie (Außenstelle Berlin). Forschungsschwerpunkt: Zeitgeschichtliche DDR-Forschung. – Veröffentlichungen u. a. zu den Themen: Parteien in der DDR; Forschungs- und Technologiepolitik; Wissenschaftsgeschichte in der DDR; Internationale Wissenschaftsbeziehungen; Wissenschaftskritik und Technikakzeptanz.

Franke, Herbert W., Prof. Dr. – Studium der Physik, Mathematik, Philosophie und Psychologie an der Universität Wien. Freiberuflicher Schriftsteller, Lehrbeauftragter der Universität München und der Akadmie der Bildenden Künste München. Forschungsschwerpunkte: Visualisierung, experimentelle und rationale Ästhetik, Computerkunst. – Veröffentlichungen u. a.: Computergrafik – Computerkunst; Beiträge zu den Themen: Beziehungen zwischen Kunst und Technik; Methoden der Geochronologie, Speläologie und zum Themenkreis der Utopie und Futurologie („Zone Null").

Fremdling, Rainer, Prof. Dr. – Studium der Wirtschaftswissenschaften an der Universität Münster. Professor für Wirtschafts- und Sozialgeschichte an der Universität Groningen. Forschungsschwerpunkte: Wirtschaftsgeschichte West- und Mitteleuropas im 19. Jahrhundert. –

Veröffentlichungen u. a.: Eisenbahngeschichte in Deutschland; Eisen-
und Stahlindustrie in West- und Mitteleuropa im 19. Jahrhundert;
Vergleichende Produktivitätsanalyse von Deutschland und Großbritannien im 19. und 20. Jahrhundert.

Fuchs, Eckart, Prof. Dr. – Studium der Chemie und Zoologie. Promotion am Max-Planck-Institut für Biochemie. Research Associate, Stan-
ford University, California, USA. Professor für Molekulare Genetik
am gleichnamigen Institut der Universität Heidelberg. Forschungsschwerpunkte: Steuerung und Regulation der Genexpression, das
Translations-Initiations-Signal von E. coli. – Veröffentlichungen u. a.:
zus. mit Zillig, W., Hofschneider, P. H., Preuss, A.: Preparation and
Properties of RNA-Polymerase Particles. In: Mol. Biol. 10 (1964);
zus. mit Hanawalt, P. C.: Isolation and Characterisation of the DNA
Replication Complex from E. coli. In: Mol. Biol. 52 (1970); zus. mit
Sprengart, M. L., Fatscher, M. P.: The Initiation of Translation in E.
coli, apparent base pairing between the 16srRNA and downstream
sequences of the mRNA. In: Nucl. Acids Res. 18 (1990).

Fuchs, Margot, M. A. – Lehre und Berufstätigkeit als Buchhändlerin.
Abitur auf dem Zweiten Bildungsweg. Studium der Neueren und der
Geschichte des Mittelalters sowie der Anglistik an den Universitäten
York und München. Wissenschaftliche Mitarbeiterin am Deutschen
Museum München. Forschungsschwerpunkte: Geschichte der Elektrischen Kommunikationstechnologien, Technik und Geschlechterverhältnis. – Veröffentlichungen u. a.: Wie die Väter so die Töchter.
Frauenstudium an der Technischen Hochschule München 1899–1970
(1994); Beiträge zu technik-, sozialgeschichtlichen und museologi-
schen Themen; methodisch-empirische Arbeiten zur historischen Bio-
graphik.

Gadamer, Hans-Georg, Prof. em. Dr. – Studium der Philosophie, Germanistik, Geschichte, Kunstgeschichte und Klassischen Philologie.
Promotion 1922 bei Paul Natorp, Habilitation 1928/29 bei Martin
Heidegger. 1929 Privatdozent an der Universität Marburg. 1939
Lehrauftrag ebenfalls in Marburg für Ethik und Ästhetik. 1939 Ordi-
narius der Universität Leipzig. Dort ab 1945 Dekan der Philo-
sophischen Fakultät und 1946/47 Rektor der Universität Leipzig. 1947-
1949 Lehrstuhlinhaber für Philosophie an der Universität Frankfurt.
Nach dem Weggang von Karl Jaspers 1949 Übernahme von dessen
Lehrstuhl an der Universität Heidelberg; Lehrtätigkeit dort bis zu

seiner Emeritierung 1968. Von den zahlreichen Ehrungen seinen nur genannt: Berufung in die Friedensklasse des Ordens „Pour le mérite" (1961); Reuchlin-Preis der Stadt Pforzheim (1971), Großes Bundesverdienstkreuz mit Stern (1972) und mit Schulterband (1990) sowie Großkreuz dieses Verdienstordens (1993); Hegelpreis der Stadt Stuttgart (1979); Jaspers-Preis der Universität Heidelberg (1986), Hanns-Martin-Schleyer-Preis (1987); Dr. h.c. mult. der Universitäten Ottawa und Washington, Ehrenbürger von Neapel (1990); Mitgliedschaft in zahlreichen wissenschaftlichen Akademien des In- und Auslandes. Forschungsschwerpunkte: Die zahlreichen Schriften gruppieren sich um zwei Schwerpunkte: die Philosophie der Griechen und die Philosophische Hermeneutik. Repräsentativ für den ersten Forschungsschwerpunkt sind: Platos dialektische Ethik (1931, 1968); Idee und Wirklichkeit in Platos Timaios (1974); Die Idee des Guten zwischen Plato und Aristoteles (1974). Repräsentativ für den zweiten Forschungsschwerpunkt sind das in viele Sprachen übersetzte Hauptwerk: Wahrheit und Methode. Grundzüge der philosophischen Hermeneutik (1960, 1975); sowie: Die Aktualität des Schönen (1977); Die Kunst als Spiel, Symbol und Fest. In: Kunst heute (1975); Philosophie und Literatur. In: Phänomenologische Forschungen, Bd. 11; Was ist Literatur? (1981).

Galloway, David, Prof. Dr. – Studium an der Harvard University (B. A.) und an der State University of New York (Ph. D.). Lehrstuhlinhaber für American Studies an der Ruhr-Universität Bochum. Forschungsschwerpunkte: Zahlreiche Themen der Kulturgeschichte. – Veröffentlichungen u. a.: The Absurd Hero (1966, 1970, 1981); A family Album (1978); Calamus (1982):

Ganter, Hans-Dieter, Prof. Dr. – Studium der Soziologie, Pädagogik und Anglistik. Professor für Soziologie und Organisation an der FH Kehl. Forschungsschwerpunkte: Technik und Organisation, interkulturelle Vergleichsforschung. – Veröffentlichungen u. a. zu den Themen: interkultureller Vergleich und Formen der Arbeitsorganisation.

Gleitsmann, Rolf-Jürgen, Prof. Dr. – Studium der Politologie, Wirtschaftswissenschaften, Geschichte und Technikgeschichte. Professor für Wirtschafts- und Technikgeschichte an der Universität Karlsruhe. Forschungsschwerpunkt: Technikgeschichte vom 16. bis zum 20. Jahrhundert. – Veröffentlichungen u. a. zu Themen der Umweltgeschichte, Energiegeschichte und Themen des Manufakturwesens.

Gömmel, Rainer, Prof. Dr. – Lehre als Bankkaufmann, Studium der Volkswirtschaft an der Universität Erlangen-Nürnberg. Direktionsassistent an einer Bank. Tätigkeit als wissenschaftlicher Assistent, Promotion und Habilitation. Geschäftsführer am Zentralinstitut für Fränkische Landeskunde und Allgemeine Regionalforschung der Universität Erlangen-Nürnberg. Lehrstuhlinhaber für Wirtschaftsgeschichte der Universität Regensburg. Forschungsschwerpunkte: Regionalgeschichte, Lohn- und Preisgeschichte, Geschichte der volkswirtschaftlichen Lehrmeinung. – Veröffentlichungen u. a.: Wachstum und Konjunktur der Nürnberger Wirtschaft 1815-1914 (1978); Vorindustrielle Bauwirtschaft vom 16. bis zum 18. Jahrhundert in der Reichsstadt Nürnberg und ihrem Umland (1985); Merkantilisten und Physiokraten in Frankreich (1994).

Graf, Fritz, Prof. Dr. – Studium der Geschichte und der Klassischen Philologie. Doktorat und Habilitation an der Universität Zürich. Ordentl. Professor für Lateinische Philologie und Religionsgeschichte der Antike an der Universität Basel. Forschungsschwerpunkte: Griechisch-Römische Religion. – Veröffentlichungen u. a.: Griechische Mythologie (1985, 3. Aufl. 1991); Mythos in mythenloser Gesellschaft (1993); La Magie Gréco-Romaine (1994).

Grüner, Gustav, Prof. Dr. † – Studium der Pädagogik. Professor für Berufspädagogik an der TH Darmstadt. Forschungsschwerpunkt: Fragen zur berufsbezogenen Pädagogik. – Veröffentlichungen u. a.: Technische Volksbildung (1960); Zur Geschichte der deutschen Ingenierschule. In: Handbuch für das Ingenieurschulwesen (1965); Die Entwicklung der höheren technischen Fachschulen (1967); Bausteine aus der Berufsschuldidaktik (1978); Die Berufsschule im ausgehenden 20. Jahrhundert (1984).

Guderian, Astrid. – Studium der Germanistik, Geographie, Kunstgeschichte und Philosophie an den Universitäten Freiburg und Zürich. Staatsexamen für das Lehramt an Höheren Schulen. Jakob-Burckhardt-Auszeichnung der Universität Frankfurt (1976). Tätig im Lehramt an Höheren Schulen und als freiberufliche Schriftstellerin. Forschungsschwerpunkte: Lyrik, Information und Sprache, Literatur und moderne Kunst. – Veröffentlichungen u. a.: Spurensuche Mathematik und Kunst. In: Guderian, Dietmar: Mathematik und Kunst (1987, 1991); Die Stimme in der Kunst (1989); Beiträge zu Ausstellungskatalogen über moderne Kunst.

Guderian, Dietmar, Prof. – Studium der Mathematik und Physik an der Pädagogischen Hochschule Bremen, der Universität Freiburg und der ETH Zürich. Wissenschaftlicher Mitarbeiter am Institut für Angewandte Mathematik und Mechanik der Universität Freiburg. Lehrer im Höheren Schuldienst in Freiburg. Professor für Mathematik und Didaktik der Mathematik an der Pädagogischen Hochschule Lörrach und danach an der Pädagogischen Hochschule Freiburg. Forschungsschwerpunkte: Mathematik und Kunst, anwendungsorientierter Mathematikunterricht. Ausstellungen zum Thema Mathematik und Kunst. – Veröffentlichungen u. a.: Mathematik und Kunst der letzten dreißig Jahre. Ausstellung im Wilhelm-Hack-Museum Ludwigshafen und Katalog zu dieser Ausstellung (1987); Referat vor DOCUMENTA IX -Team in Kassel und Zeichnung zum „displacement", die zur Vorlage für das offizielle Ankündigungsplakat der DOCUMENTA IX (1992) wurde; Zufall – Chaos – Katastrophe. In: Katalog des Museums für Konkrete Kunst in Ingolstadt sowie Ausstellung und Begleitheft zu dem gleichen Thema in der Mercator-Halle Duisburg (1994).

Haefner, Klaus, Prof. Dr. – Studium der Physik und Genetik. Universitätsprofessor für angewandte Informatik an der Universität Bremen. Leiter der Arbeitsgemeinschaft Informationstechnische Grundbildung der Lehrerausbildung. Sprecher der Institute für Informatik und Verkehr. Forschungsschwerpunkte: Informationstechnik und Bildung, Informationstechnik und Verkehr. – Veröffentlichungen u. a.: Der Große Bruder (1980); Die neue Bildungskrise – Herausforderung der Informationstechnik an Bildung und Ausbildung (1982); Mensch und Computer im Jahr 2000 – Ökonomie und Politik für eine humancomputerisierte Gesellschaft (1984); Evolution of Information Processing Systems – New Understanding of Nature and Society (1992).

Haverbeck, Werner Georg, Prof. em. Dr. – Studium der Neueren Geschichte und der Kultur- und Religionswissenschaften. Pfarrer 1950-1960. 1963 Begründer des Collegium Humanum (Institut für Angewandte Menschenkunde und Betriebspädagogik, seit 1975 Akademie für Umwelt und Lebensschutz). Lehrtätigkeit im Ingenieurwesen, seit 1971 bis zur Emeritierung Lehrtätigkeit an der Fachhochschule Bielefeld. – Veröffentlichungen u. a.: Ziel der Technik – die Menschwerdung der Erde (1965); Die andere Schöpfung – Technik, ein Schicksal von Mensch und Erde (1978); Entschluß zur Erde (1983).

Henkel, Hubert, Dr. – Organist in Halle, Studium der Musikwissenschaften. Konservator am Deutschen Museum München. Forschungsschwerpunkte: Instrumentenkunde, Geschichte des Hammerklavierbaus. – Veröffentlichungen u. a.: Beiträge zum historischen Cembalobau (1979); Kataloge des Musikinstrumentenmuseums Leipzig Bd. 2, 4, 6 (1979, 1981, 1983); Katalog des Deutschen Museums München: Besaitete Tasteninstrumente (1994).

Hermann, Armin: siehe Herausgeber und Redaktion des Gesamtwerkes

Herzig, Thomas, Dr. – Studium der Geschichte, Geographie, Germanistik, Völkerkunde. Wissenschaftlicher Mitarbeiter am Institut für Wirtschafts- und Sozialgeschichte der Universität Freiburg. Tätigkeit in Energieversorgungsunternehmen. Konservator am Landesmuseum für Technik und Arbeit in Mannheim, Leiter der Sammlungen. Forschungsschwerpunkte: Geschichte der Energieversorgung, Geschichte der Elektrizitätsversorgung. – Veröffentlichungen u. a.: Beiträge zur Geschichte der Energieversorgung.

Hoffsten, Henning. – Studium der Germanistik, Geschichte und Politologie. Staatsexamen für das Lehramt an Höheren Schulen. Gymnasiallehrer in der Erwachsenenbildung. Forschungsschwerpunkt: Seminare mit dem Schwerpunkt Kultur-, Sozial- und Wirtschaftsgeschichte der Neuzeit. – Veröffentlichungen in Zeitschriften, Sammelbänden und in Rundfunksendungen zu den Forschungsschwerpunkten.

Hoppe, Brigitte, Prof. Dr. – Studium der Naturwissenschaften, Pharmazie, Geschichte der Naturwissenschaften und der Technikgeschichte. Professorin für Biologiegeschichte an der Universität München. Forschungsschwerpunkte: Geschichte der Biologie, Pharmazie und Chemie. – Veröffentlichungen u. a. zu den Themenkreisen: Naturwissenschaften in der Antike, im Humanismus und in der Renaissance; Beiträge zur Geschichte der Wechselwirkungen der Biowissenschaften, der exakten Naturwissenschaften und der Technik; Beiträge zur Geschichte der Arzneimittellehre; Beiträge zur Geschichte der Biologie, Chemie und Pharmazie in der Neuzeit.

Hubenstorf, Michael, Dr. Dr. – Studium der Medizin, Humanbiologie, Politikwissenschaften und Soziologie an der Universität Wien. Dr. med. (Wien 1982); Dr. med. (FU Berlin 1992), Turnusarzt in Wien. Wissenschaftlicher Mitarbeiter als Medizinhistoriker an der FU

Berlin bzw. an der Akademie der Wissenschaften in Berlin. Assistent
am Institut für Geschichte der Medizin der FU Berlin. Forschungsschwerpunkte: Medizin im Nationalsozialismus, Exodus von Wissenschaften nach 1933; Geschichte der sozialen Medizin, des öffentlichen
Gesundheitswesens und der Bakteriologie. – Veröffentlichungen u. a.
zu den Themen: Medizin im Nationalsozialismus, ärztliche Standesge-
schichte, Geschichte der Sozialen Medizin und der Bakteriologie.

Hünemörder, Christian, Prof. Dr. – Studium der Biologie, Klassischen
und Mittelalterlichen Philologie an der Universität Bonn. Professor
für Biologiegeschichte am Institut für Geschichte der Naturwissenschaften und der Technik an der Universität Hamburg. Forschungsschwerpunkte: Geschichte der Biowissenschaften von der Antike bis
zur Gegenwart, Mediävistik. – Veröffentlichungen u. a.: Thomas von
Aquin und die Tiere. In: Miscellanea Mediaevalia 19 (1988); Zur
Nachwirkung des Aristoteles bei den Biologen im 19. und 20. Jahrhundert. In: Wiesner, Jürgen (Hrsg.): Aristoteles, Werk und Wirkung. Bd. 2 (1987); Des Zisterziensers Hienrich von Schüttenhofen
'Moraliates de naturis animalium (...)': In: Festschrift für G. Keil
(1994).

Huning, Alois, Prof. Dr. – Studium der katholischen Theologie, Psychologie, Geschichte und der Literaturwissenschaften in Münster,
Leuven-Louvain und Paris. Professor für Philosophie an der Universität Düsseldorf. Forschungsschwerpunkte: Philosophische Probleme
der Technik, Geschichte der Philosophie im Mittelalter. – Veröffentlichungen u. a.: Das Schaffen des Ingenieurs (3. Aufl. 1987); Beiträge
zur mittelalterlichen Philosophiegeschichte; Beiträge zur Philosophie
des Existentialismus und der Existenzphilosophie, insbesondere über
Peter Wust.

Huß, Guido, M. A. – Studium der Geschichte, Russistik, Publizistik
und der Kommunikationswissenschaften. Sachbuchredakteur.

Inhoffen, Peter, Prof. Dr. – Jurastudium von 1952–1955; Theologie-
studium von 1956–1960. Promotion in Theologie. Professor an der
Theologischen Fakultät Fulda (1975–1991); Professor an der Theologischen Fakultät der Karl-Franzen-Universität Graz. Forschungsschwerpunkte: Allgemeine Moraltheologie, Naturrecht, Rechtsethik,
Ökumenische Ethik, Ethik der Institutionen, Ehe und Familienethik.
– Veröffentlichungen u. a.: Der Bischof und sein Helferkreis. Zur

Neuordnung der Diözesankurie für die Ausübung des Apostolats (1971); Freiheit durch Vernunft? Ordnung und Ziel der menschlichen Gesellschaft nach Johann Gottlieb Fichte. In: Jahrbuch für christl. Soz.-Wiss. Bd. 28 (1987); Religion ohne Moral? Hrsgg. im Auftrag d. Theologischen Fakultät Fulda. In: Fuldaer Hochschulschriften Bd. 10 (1990).

Jäger, Alfred, Prof. Dr. – Studium der evangelischen Theologie in Zürich, Rom, Göttingen, Basel, Princeton. Inhaber des Lehrstuhls für Systematische Theologie an der Kirchlichen Hochschule Bethel/Bielefeld. Forschungsschwerpunkt: Wirtschaftsethik im kirchlichen Nonprofit-Bereich. – Veröffentlichungen u. a.: Diakonie als christliches Unternehmen (1986, 4. Aufl. 1992); Diakonische Unternehmenspolitik (1992); Kirchenleitung für die Zukunft (1993).

Kirchner, Hans-Martin, Dr. – Ausbildung als Verlagskaufmann. Dipl.-Kaufmann. Verlagsberater für Marktforschung und Marketing. Forschungsschwerpunkte: Geschichte der technischen und naturwissenschaftlichen Zeitschriften, Geschichte des Philhellenismus. – Veröffentlichungen u. a.: Die Zeitschrift am Markt. Wert und Bewertung (1964); Sozial- und Wirtschaftsgeschichte des Zeitschriftenverlages im 19. Jahrhundert. In: Geschichte des Zeitschriftenwesens, Bd. II (1963); Lesestoffe. 1.2. Die Zeitschrift. In: Lesen. Ein Handbuch (1973); Friedrich Thiersch. Ein Kulturpolitiker und Philhellene in Bayern (1994).

Kleinert, Andreas, Prof. Dr. – Studium der Romanistik und der Klassischen Philologie (Staatsexamen); Studium der Physik (Diplom); Studium der Geschichte der Naturwissenschaften (Promotion). Professor für Geschichte der Naturwissenschaften an der Universität Hamburg. Seit 1995 Professor für Geschichte der Naturwissenschaften an der Universität Halle. Forschungsschwerpunkt: Geschichte der Physik, insbesondere in der Zeit der Aufklärung, des 19. und des 20. Jahrhunderts. – Veröffentlichungen u. a.: Die allgemeinverständlichen Physikbücher der französischen Aufklärung (1974); Anton Lampa 1868-1938 (2. Aufl. 1985); (Hrsg.): Johannes Stark: Erinnerungen eines deutschen Naturforschers (1987).

Kleinschmidt, Harald, Prof. Dr. – Studium der Geschichte und Ethnologie. Professor am College of International Relations, University of Tsukuba (Japan). – Veröffentlichungen u. a.: Untersuchungen über das

englische Königtum im 10. Jahrhundert (1979); Amin Collection. Bibliographical Catalogue of Materials Relevant to the History of Uganda under the Military Government of Idi Amin Dada (1983); Tyrocinium militare. Militärische Körperhaltungen und -bewegungen im Wandel zwischen dem 14. und dem 18. Jahrhundert (1989); Württemberg und Japan. Landesgeschichtliche Aspekte der deutsch-japanischen Beziehungen (1988).

Knoche, Hans-Georg, Dr. – Studium der Mathematik und Physik. Vorstand der Ludwig-Bölkow-Stiftung in Ottobrunn/München. Forschungsschwerpunkte: regenerative Energie, innovative Verkehrsstrukturen. Aeromechanik bis 1989 bei MBB. – Veröffentlichungen u. a.: Wie teuer ist der Friede? (1983); Beiträge zum Themenbereich Technik und Ethik; Beiträge zu Themen der Flugphysik.

König, Gert, Prof. Dr. – Studium der Mathematik, Physik und Philosophie. Staatsexamen in Mathematik und Physik. Promotion und Habilitation in Philosophie. Professor für Philosophie an der Universität Bochum. Forschungsschwerpunkt: Philosophie mit besonderer Berücksichtigung von Wissenschaftstheorie und Wissenschaftsgeschichte. – Veröffentlichungen u. a.: gemeins. mit L. Geldsetzer: Edition: Sämtliche Schriften des Philosophen Jakob Friedrich Fries (1773–1843); Beiträge zu Themen der Wissenschaftstheoriegeschichte, insbesondere des 19. Jahrhunderts; Beiträge zur allgemeinen Wissenschaftstheorie.

König, Wolfgang, Prof. Dr. – Studium der Geschichte und Geographie. Professor für Technikgeschichte an der TU Berlin. Forschungsschwerpunkt: Technikgeschichte des 19. und 20. Jahrhunderts. – Veröffentlichungen u. a.: (Hrsg. zus. mit Karl-Heinz Ludwig): Technik, Ingenieure und Gesellschaft. Geschichte des Vereins Deutscher Ingenieure 1856–1981 (1981); (Hrsg.): Propyläen-Technikgeschichte in fünf Bänden (1990 bis 1992), dabei: Technikwissenschaften (1992). Die Entstehung der Elektrotechnik aus Industrie und Wissenschaft zwischen 1880 und 1914 (1994); Künstler und Strichezieher. Konstruktions- und Technikkulturen im deutschen, britischen und amerikanischen Maschinenbau zwischen 1850 und 1930 (1994).

Kornblum, Udo, Prof. Dr. – Studium der Rechtswissenschaften an den Universitäten Frankfurt a.M. und Freiburg i. Br. Professor für Bürgerliches Recht, Handels- und Wirtschaftsrecht sowie für Zivilrecht

an der Universität Stuttgart. Forschungsschwerpunkte: Unternehmens- und Gesellschaftsrecht, Recht der privaten Schiedsgerichtsbarkeit, Recht der freien Berufe. – Veröffentlichungen: Beiträge zu den Themen der Forschungsschwerpunkte.

Krafft, Fritz, Prof. Dr. – Studium der Klassischen Philologie, Philosophie, Physik und Geschichte der Naturwissenschaften. Promotion in Klassischer Philologie. Habilitation in Geschichte der Naturwissenschaften. Professor für Geschichte der Naturwissenschaften und der Pharmazie an der Universität Marburg. Forschungsschwerpunkt: Naturwissenschaften im historischen Umfeld (Antike, Renaissance, Wissenschaftliche Revolution, 18./19. Jahrhundert). – Veröffentlichungen u. a.: Beiträge zur Geschichte der Astronomie/Kosmologie (Antike bis zum 19. Jahrhundert); Beiträge zur Atomistik/Kernspaltung; Beiträge zu den Nachwirkungen antiken naturwissenschaftlichen Denkens; Beiträge zur Pharmazie in der Geschichte.

Krätz, Otto, Prof. Dr. – Studium der Chemie in München. Liebig-Stipendiat. Wissenschaftlicher Mitarbeiter am Deutschen Museum München. Leiter einer wissenschaftlichen Hauptabteilung der Sammlungen des Deutschen Museums. Lehrbeauftragter für Chemie an der Universität Stuttgart. Forschungsschwerpunkt: Geschichte der Chemie vom 18. Jahrhundert bis zur Mitte des 20. Jahrhunderts. – Veröffentlichungen u. a.: Faszination der Chemie (1990); Goethe und die Naturwissenschaften (1992); Casanova, Liebhaber der Wissenschaften (1995); Beiträge zu Themen der Geschichte der Chemie und der Geschichte der Chemischen Industrie.

Krieger, Wolfgang, Prof. Dr. – Studium der Neueren Geschichte. Professor für Geschichte an der Universität München. Forschungsschwerpunkt: Geschichte der internationalen Beziehungen im 20. Jahrhundert. – Veröffentlichungen u. a.: Beiträge zur britisch-amerikanischen Geschichte; Beiträge zur Geschichte des Ost-West-Konfliktes; Beiträge zu aktuellen Fragen der internationalen Politik.

Krolzik, Udo, Dr. M. A. – Studium der Betriebswirtschaft, der Soziologie und Theologie. Hochschulassistent. Vikariat. Pfarrer. Vorstand des Evangelischen Johanneswerkes in Bielefeld. Forschungsschwerpunkte: Geschichte des 12. und des 18. Jahrhunderts, preußische Geschichte, Ethik der Medizin. – Veröffentlichungen u. a.: Beiträge zur Theologiegeschichte; Beiträge zur Wissenschaftsgeschichte; Beiträge

zur preußischen Geschichte; Beiträge zur Medizinethik und zur Sozialethik.

Krüger, Jens, M. A. – Studium der Publizistik, der Politikwissenschaften und der Geschichte an der Universität Mainz. Wissenschaftlicher Mitarbeiter am Institut für Publizistik und Kommunikationspolitik der FU Berlin. Leiter des Referates „Wirtschafts- und Technologiestandort Hessen" im Hessischen Ministerium für Wirtschaft, Verkehr, Technologie und Europaangelegenheiten. – Veröffentlichungen u. a.: zus. mit Ruß-Mohl, Stephan (Hrsg.): Risikokommunikation. Technikakzeptanz, Medien und Kommunikationsrisiken (1991).

Kuhn, Axel, Prof. Dr. – Studium der Geschichte, Germanistik und Philosophie an den Universitäten Münster, Hamburg und Kiel. Professor für Geschichte an der Universität Stuttgart. Forschungsschwerpunkte: Faschismus, Geschichte der demokratischen und der revolutionären Bewegungen. – Veröffentlichungen u. a.: Das faschistische Herrschaftssystem und die moderne Gesellschaft (1973); Linksrheinische deutsche Jakobiner (1978); Volksunruhen in Württemberg 1789 bis 1801 (1991).

Kunz, Andreas, Dr. – Studium der Geschichte, der politischen Wissenschaften und der Wirtschaftswissenschaften an den Universitäten Freiburg i. Br., Massachusetts und Berkeley. Doctor of Philosophy – Ph.D. in Berkeley. Wissenschaftlicher Mitarbeiter und stellvertretender Direktor der Abteilung Universalgeschichte am Institut für Europäische Geschichte in Mainz. Forschungsschwerpunkte: Verkehrs- und Handelsgeschichte Deutschlands vom 18. bis zum 20. Jahrhundert, allgemeine Wirtschaftsgeschichte, historische Statistik. – Veröffentlichungen u. a.: (Hrsg. zus. mit Fremdling, Rainer): Historische Verkehrsstatistik Deutschlands 1835–1989 (1995); zus. mit I. Armstrong: Inland Navigation and Econimic Development in Nineteenth Century Europe (1995); zus. mit W. Asmus, I. E. Momsen: Atlas zur Verkehrsgeschichte Schleswig-Holsteins im 19. Jahrhundert (1995); Beiträge zur Verkehrs- und Wirtschaftgeschichte Deutschlands; Beiträge zu Problemen der historischen Statistik.

Küster, Hansjörg, Dr. – Studium der Biologie und Promotion an der Universität Stuttgart-Hohenheim, Habilitation an der Forstwirtschaftlichen Fakultät der Universität München. Akademischer Rat. Leiter der Arbeitsgruppe für Vegetationsgeschichte am Institut für

Vor- und Frühgeschichte der Universität München. Forschungsschwerpunkte: Vegetationsgeschichte, Geschichte von Ackerbau und Ernährung, Kulturlandschaftsgeschichte. – Veröffentlichungen u. a.: Vom Werden einer Kulturlandschaft (1988); Wo der Pfeffer wächst. Ein Lexikon zur Kulturgeschichte der Gewürze (1987); ital. Übersetzung davon 1989; Postglaziale Vegetationsgeschichte Südbayerns (1995, im Druck).

Landmann, Salcia, Dr. – Studium der Philosophie. Dissertation über die Phänomenologie und Ontologie: Husserl, Scheler und Heidegger. Ausbildung als Modegrafikerin. Freie Schriftstellerin und Journalistin. Forschungsschwerpunkte: Judentum, Marxismus als Bedrohung des Abendlandes. – Veröffentlichungen u. a.: Der jüdische Witz; Soziologie und Sammlung; Jüdische Witze (dtv); Jüdische Anekdoten und Sprichwörter (dtv); Die Juden als Rasse (1981); Jesus und die Juden; Gepfeffert und Gesalzen; Streitbares Kochbuch (1980); Marxismus und Sauerkirschen. Eine streitbare Zeitbetrachtung (1979); Jüdische Weisheiten aus drei Jahrtausenden (1983); Erinnerungen an Galizien (1983).

Lenk, Hans, Prof. Dr. Dr. h. c. mult. – Studium der Mathematik, Philosophie, Soziologie, Sportwissenschaft, Psychologie und Kybernetik an den Universitäten Freiburg und Kiel. Habilitation für Philosophie an der FU Berlin, Habilitation für Soziologie an der TU Berlin. Professor für Philosophie an der Universität Karlsruhe. Dr. h. c. mult. und zahlreiche Gastprofessuren im Ausland. Präsident der Allgemeinen Gesellschaft für Philosophie in Deuschland. Deutscher Präsident der Argentinisch-Deutschen Gesellschaft für Philosophie. Honorarprofessuren an den Universitäten Straßburg und Budapest. Deutscher Präsident der Deutsch-Ungarischen Gesellschaft für Philosophie. Mitglied zahlreicher internationaler Vereinigungen für Philosophie. Forschungsschwerpunkte: Wissenschaftstheorie, Sozialphilosophie, Moralphilosophie, Technikphilosophie, Techniksoziologie. – Veröffentlichungen u. a.: Philosophie im technologischen Zeitalter (2. Aufl. 1972); zus. mit H. Moser: Techne – Technik – Technologie. Philosophische Perspektiven (1973); Technische Intelligenz im systemtechnologischen Zeitalter (1976); Zur Sozialphilosophie der Technik (1982); (Hrsg. zus. mit Günter Ropohl): Technik und Ethik (1987); (Hrsg. zus. mit Maring): Technikverantwortung. Güterabwägung – Risikobewertung – Verhaltenskodizes (1991); Macht und Machbarkeit der Technik (1994); zahlreiche Beiträge zu den in den Forschungsschwerpunkten genannten Gebieten.

Leonhardt, Fritz, Prof. em., Dr.-Ing., Dr.-Ing. E.h. mult. – Studium des Bauingenieurwesens an den Universitäten Stuttgart und Purdue (USA). Forschungsschwerpunkt: Konstruktiver Ingenieurbau. – Veröffentlichungen u. a.: Vorlesungen über Massivbau Bd. 1 – 6; Brükken; Türme; Baumeister in einer umwälzenden Zeit.

Lorenz, Sönke, Prof. Dr. – Ausbildung als Elektriker. Abitur auf dem Zweiten Bildungsweg am Abendgymnasium. Studium der Geschichte und Germanistik. Dissertation über Aspekte der Hexenverfolgung. Habilitation über die Geschichte der Universität Erfurt. Professor für Mittlere und Neuere Geschichte an der Universität Tübingen und Direktor des Instituts für Geschichtliche Landeskunde und Historische Hilfswissenschaften. Forschungsschwerpunkte: Universitäts- und Bildungsgeschichte. Hexenforschung, Siedlungsgeschichte, Themen der vergleichenden Landeskunde. – Veröffentlichungen u. a.: Aktenversendung und Hexenprozeß, dargestellt am Beispiel der Juristenfakultäten Rostock und Greifswald (1570/82–1630). In: Studia Philosophica et Historica, Bd. I (1982); Studium generale Erfordense. In: Monographien zur Geschichte des Mittelalters, Bd. 34 (1989); zus. mit Kuhn, Axel: Baiersbronn. Vom Königsforst zum Luftkurort (1992).

Lüttge, Ulrich, Prof. Dr. – Studium der Biologie und Chemie an der Universität München. Habilitation für Botanik an der TH Darmstadt. Auslandsaufenthalte an der UCLA, Kalifornien, USA und der ANK, Canberra, Australien. Professor für Botanik an der TH Darmstadt. Forschungsschwerpunkte: Molekulare Ökophysiologie, Membranbiochemie, tropische Ökophysiologie der Pflanzen. – Veröffentlichungen u. a.: zahlreiche Beiträge und Herausgeberschaften zu Themenbereichen der pflanzlichen Transportphysiologie; Allgemeine Botanik (Lehrbuch); zahlreiche Beiträge zur Membranphysiologie; Beiträge zur Ökophysiologie.

Manegold, Karl-Heinz, Prof. Dr. – Professor für Neuere Geschichte an der Universität Hannover. Forschungsschwerpunkte: Geschichte der Technischen Hochschulen; Themen aus dem Bereich der Neueren Geschichte, der Sozial- und der Technikgeschichte. – Veröffentlichungen u. a.: Universität, Hochschule und Industrie (1970); Technische Forschung und Promotionsrecht. In: Technikgeschichte 36 (1969).

Mauel, Kurt, Prof. Dr. – Studium des Maschinenbaus an den Technischen Hochschulen Braunschweig und Aachen., Dipl.-Ing., Dr.-Ing.

Bereichsleiter im Verein Deutscher Ingenieure bis 1991. Professor für Technikgeschichte an der TU Berlin. Forschungsschwerpunkt: Technikgeschichte. – Veröffentlichungen u. a.: zahlreiche Beiträge zu den Themenbereichen: Rivalität zwischen Heißluftmaschine und Verbrennungsmotor; Naturwissenschaft, Technik und Wirtschaft im 19. Jahrhundert; Technik in der antiken Welt (Übersetzung).

Maurer, Bertram, M. A. – Studium der Mathematik und Physik. Studium der Geschichte der Naturwissenschaften. Dipl.-math., M. A. in Geschichte der Naturwissenschaften. Staatsexamina für das Lehramt an Höheren Schulen. Lehrer am Kolping-Kolleg Stuttgart. Forschungsschwerpunkte: Mathematik- und Technikgeschichte um 1900.

Mende, Michael, Prof. Dr. – Studium der Kunst- und Werkpädagogik, Studium der Kunstgeschichte, Politikwissenschaften und der Berufspädagogik an der Staatlichen Hochschule für Bildende Künste Berlin und an der TU Berlin. Professor an der Universität Hannover. Forschungsschwerpunkte: Geschichte der Fertigungstechnik, Geschichte der technischen Bildung und des Industriebaus unter besonderer Berücksichtigung der regionalen Zusammenhänge. – Veröffentlichungen u. a.: zus. mit Hamm, Manfred: Niedersachsen und Bremen – Denkmale der Industrie und Technik (1990); zahlreiche Beiträge zu den Themen der Forschungsschwerpunkte.

Müller, Werner, Dr., Dr. habil. † – Dozent für Ethnologie und Religionswissenschaft an der Universität Straßburg. ObBiblR. i. R. – Veröffentlichungen u. a.: Weltbild und Kult der Kwakiutl-Indianer (1955); Die Religionen der Waldindianer (1956); Glauben und Denken der Sioux (1970); Geliebte Erde: Naturfrömmigkeit und Naturhaß (1972); Indianische Welterfahrung (1976).

Nachtigall, Werner, Prof. Dr. – Studium der Biologie, Chemie, Physik, Technik und Geographie. Professor für Zoologie an der Universität des Saarlandes in Saarbrücken. Forschungsschwerpunkte: Bewegungsphysiologie, technische Biologie und Bionik. – Veröffentlichungen: zahlreiche Bücher und Publikationen zu den Themen der Forschungsschwerpunkte, u. a.: Phantasie der Schöpfung (1974); Biostrategie (1983, TB 1986); Funktionen des Lebens (1977); Technische Biologie und Bionik 1 (1. Bionik-Kongreß 1992).

Oldemeyer, Ernst, Prof. Dr. – Studium der Philosophie, Germanistik und Geschichte an den Universitäten Bonn und Freiburg i. Br. Profes-

sor für Philosophie an der Universität Karlsruhe. Seit 1993 im Ruhestand. Forschungsschwerpunkte: Philosophie des Bewußtseins, Analyse der Weltsichten und der Weltorientierungen. – Veröffentlichungen u. a.: Beiträge zu folgenden Themenbereichen: Phänomenologie und Theorie des Bewußtseins; Grundlagen und Wandel ethischer und ästhetischer Weltorientierungen; Typologie und Geschichte menschlicher Weltsichten.

Otto, Frei, Prof. Dr. – Studium der Architektur an der TU Berlin. Fortsetzung des Studiums bei Wright, Mendelsohn, Saarinen, Mies van der Rohe, Neutra, Eames u. a. Nach der Promotion an der TU Berlin tätig als freier Archtitekt und Berater. 1958 Gründung der Entwicklungsstätte für Leichtbau in Berlin. Zahlreiche Gastprofessuren im Ausland. Von 1964 bis zum Beginn des Ruhestandes Leiter des Instituts für Leichte Flächentragwerke der Universität Stuttgart. Professor an der Universität Stuttgart. Forschungsschwerpunkte: Leichte Flächentragwerke, natürliche Konstruktionen. Arbeiten als Architekt u. a.: Zeltpavillon und Hallen auf Bundes- und internationalen Gartenschauen in Kassel, Saarbrücken, Berlin, Köln, Hamburg, Mannheim und Lausanne. Deutscher Pavillon der Weltausstellung in Montreal (1967), Olympiadach München (1968–1970). Schatten in der Wüste (1972), Bühnendach Pink Floyd (1977–1979), flexible Bühnen im Rhein (1979). Träger zahlreicher internationaler Preise und Mitgliedschaften in internationalen Architektenvereinigungen und -akademien. – Veröffentlichungen u. a.: Das hängende Dach (1954): zahlreiche Beiträge zur Entwicklung der Leichten Flächentragwerke, zu der Verwirklichung der natürlichen Konstruktionen und grundlegenden Bauprinzipien in der Natur.

Päch, Susanne, Dr. – Studium der Kommunikationswissenschaft, Geschichte und Naturwissenschaften mit dem Schwerpunkt Astronomie und Raumfahrt, Studium der Theaterwissenschaft. Freiberufliche Journalistin und Publizistin. Geschäftsführerin der von ihr gegründeten „star consult Unternehmensberatung", Mitarbeit an Filmprojekten und Drehbuchmanuskripten. Forschungsschwerpunkt: wissenschaftshistorische Analyse von Zukunftsliteratur und Science Fiction. – Veröffentlichungen u. a.: Utopien – Erfinder, Träumer, Scharlatane (1983); Detektiv im weißen Kittel – Aus den Akten der Gerichtsmedizin (1984); die D2-Story – Mobilkommunikation – Aufbruch in den Wettbewerb (1994).

Pauer, Erich, Prof. Dr. – Studium der Japanologie, Völkerkunde, Sozial- und Wirtschaftsgeschichte an den Universitäten Wien und Tokyo. Geschäftsführender Direktor des Japan-Zentrums der Universität Marburg. Professor für Japanologie (Geschichte und Gesellschaft) an der Universität Marburg. Forschungsschwerpunkte: Neuere Technik- und Wirtschaftsgeschichte Japans. – Veröffentlichungen u. a.: Japans industrielle Lehrzeit. In: Bonner Zeitschrift für Japanologie Bd. 4 (1983); Japanischer Geist – westliche Technik: Zur Rezeption westlicher Technologie in Japan. In: Saeculum XXXVIII (1987); (Hrsg.): Technologietransfer Deutschland – Japan von 1850 bis zur Gegenwart (1992).

Paulinyi, Akos, Prof. em. Dr. – Studium der Geschichte und Archivwissenschaft mit Promotion und Habilitation an der Universität Bratislawa. 1970 Umhabilitation an die Universität Marburg. Professor für Technikgeschichte und Wirtschaftsgeschichte an der TH Darmstadt. Forschungsschwerpunkte: Technikgeschichte und Wirtschaftsgeschichte im 18. und 19. Jahrhundert, Industrielle Revolution, Maschinenbau. – Veröffentlichungen u. a.: Geschichte des Eisenhüttenwesens vom 17. bis zum 19. Jahrhundert; Industrialisierung und Techniktransfer Deutschland und Ungarn; Industrielle Revolution (Monographie).

Pernicka, Ernst, Ph. D.; Dr. – Studium der Chemie an der Universität Wien. Habilitation für Analytische Chemie an der Universität Heidelberg. Leiter der Arbeitsgruppe Chemie am Max-Planck-Institut für Kernphysik in Heidelberg. Forschungsschwerpunkte: Archäometrie, insbesondere Archäometallurgie. – Veröffentlichungen u. a.: (Hrsg. zus. mit Wegner, G. A.): Archeometry (1990); Gewinnung und Verbreitung der Metalle in prähistorischer Zeit. In: Jahrbuch d. Römisch-Germanischen Zentralmuseums (1990 und 1994).

Plumpe, Gottfried, Dr. – Studium der Wirtschaftswissenschaften und der Geschichte. Mitarbeiter der Bayer AG Leverkusen. Wissenschaftliche Veröffentlichungen zu den Bereichen: Wirtschaftliche Entwicklung, Wirtschaftspolitik und technische Entwicklung mit dem Schwerpunkt in der chemischen Industrie, z. B. Die IG Farben-Industrie AG – Wirtschaft, Technik und Politik 1904-1945.

Priesner, Claus, Dr. – Studium der Chemie mit Promotion und Habilitation in Chemie an der Universität München. Wissenschaftlicher

Mitarbeiter in der Historischen Kommission bei der Bayerischen Akademie der Wissenschaften. Forschungsschwerpunkte: Geschichte der Alchemie der frühen Neuzeit, Chemiegeschichte des 19. Jahrhunderts, Montangeschichte des 17. bis 19. Jahrhunderts, Kulturgeschichte der frühen Neuzeit. – Veröffentlichungen u. a.: Geschichte der Entwicklung der Atom- und Molekularvorstellungen; Geschichte der Makromolekularchemie; Denkstrukturen in der Alchemie; Bayerische Bergbaugeschichte; Kulturgeschichte der Hexendrogen.

Radkau, Joachim, Prof. Dr. – Studium der Geschichte an den Universitäten Münster, FU Berlin und Hamburg. Professor für Neuere Geschichte an der Universität Bielefeld. – Veröffentlichungen u. a.: Aufstieg und Krise der deutschen Atomwirtschaft 1945-1975 (1983); zus. mit Schäfer, Ingrid: Holz – Ein Naturstoff in der Technikgeschichte (1987); Technik in Deutschland – vom 18. Jahrhundert bis zur Gegenwart (1989).

Rammert, Werner, Prof. Dr. – Studium der Soziologie an den Universitäten Bochum, Bielefeld und der Northwestern University, Illinois (USA). Professor im Institut für Soziologie an der FU Berlin. Forschungsschwerpunkte: sozialwissenschaftliche Technikforschung, Industrie- und Organisationssoziologie. – Veröffentlichungen u. a.: Das Innovationsdilemma. Technikentwicklung in Unternehmen (1988); zus. mit Böhm, W., Oscha, C., Wehner, J.: Vom Umgang mit Computern im Alltag (1991); Technik aus soziologischer Perspektive (1993).

Rapp, Friedrich, Prof. Dr. – Studium der Physik und Mathematik (Staatsexamen); Studium der Philosophie (Promotion und Habilitation). Professor für Philosophie an der Universität Dortmund. Forschungsschwerpunkte: Philosophie der Technik, zeitgenössische Philosophie. – Veröffentlichungen u. a.: Analytische Technikphilosophie (1978); (Hrsg.): Naturverständnis und Naturbeherrschung (1981); (Hrsg. zus. mit Wiehl, R.): Whiteheads Metaphysik der Kreativität (1986); Fortschritt: Entwicklung und Sinngehalt einer philosophischen Idee (1992); Die Dynamik der modernen Welt: Eine Einführung in die Technikphilosophie (1994).

Rassem, Mohammed, Prof. em. Dr. – Studium der Geschichte, Philosophie an der TH München, an den philosophischen Fakultäten der Universitäten München, Wien und Basel. Professor für Kultursozio-

logie an der Universität Salzburg. Bis zur Emeritierung Direktor des Instituts für Kultursoziologie der Universität Salzburg. Forschungsschwerpunkte, Theoretische Soziologie, Wissenschaftsgeschichte, Politische Soziologie. – Veröffentlichungen u. a.: Stiftung und Leistung. Essays zur Kultursoziologie (1979); Im Schatten der Apokalypse. Zur deutschen Lage (1984); zus. mit Stagl, J.: Geschichte der Staatsbeschreibung (1994).

Rechenberg, Ingo, Prof. Dr. – Studium des Flugzeugbaus an den Universitäten TU Berlin und Cambridge. Tätigkeit bei den Fokker-Flugzeugwerken in Amsterdam. Inhaber des Lehrstuhls für Bionik und Evolutionstechnik an der TU Berlin. Forschungsschwerpunkte: Theorie und Anwendung der Evolutionsstrategie, Theorie neuraler Netze, evolutive Widerstandsminimierung bei schnellen Wassertieren, aerodynamische „Kunstgriffe" des Vogelfluges, photobiologische Wasserstoffproduktion, systematische Bionik. – Veröffentlichungen u. a.: Evolutionsstrategie, Optimierung technischer Systeme nach Prinzipien der biologischen Evolution (1973); Evolutionsstrategie 94 (1994); Photobiologische Wasserstoffproduktion in der Sahara (1994); (Hrsg. der Buchreihe): Werkstatt Bionik und Evolutionstechnik.

Reif, Wolf-Ernst, Prof. Dr. – Studium der Geologie und Paläontologie. Professor für Geologie und Paläontologie an der Universität Tübingen. Forschungsschwerpunkte: Konstruktionsmorphologie, – Wirbeltierpaläontologie. – Veröffentlichungen u. a.: Funktionelle Morphologie von Haien; Evolutionstheorie; Geschichte der Evolutionsbiologie.

Roeck, Bernd, Prof. Dr. – Studium der Geschichte und der Politischen Wissenschaften an der Universität München. Professor für Mittlere und Neuere Geschichte an der Universität Bonn. Forschungsschwerpunkte: Kulturgeschichte, Wirtschafts- und Sozialgeschichte der frühen Neuzeit. – Veröffentlichungen u. a.: Elias Holl. Architekt einer europäischen Stadt (1985); Eine Stadt in Krieg und Frieden (1989); Außenseiter, Randgruppen, Minderheiten (1993); Kultur und Lebenswelt des Bürgertums in der frühen Neuzeit (1991).

Röhrs, Hermann, Prof. em. Dr. – Studium der Erziehungswissenschaften. Prof. em. der Erziehungswissenschaften der Universität Heidelberg. Forschungsschwerpunkte: Allgemeine Erziehungswissenschaft, internationale historische Pädagogik. – Zahlreiche Veröffentlichungen

zu der Thematik der Forschungsschwerpunkte, u.a.: Systematische und internationale Pädagogik. Allgemeine Erziehungswissenschaft (3. Aufl. 1973); Die Reformpädagogik (4. Aufl. 1994); Frieden – eine pädagogische Aufgabe (1983); Nationalsozialismus, Krieg und Neubeginn (1990); Gesammelte Schriften (1990 ff.); Jean-Jacques Rousseau. Vision und Wirklichkeit (3. Aufl. 1993).

Rombach, Heinrich, Prof. em. Dr. – Studium der Philosophie. Prof. für Philosophie an der Universität Würzburg. Forschungsschwerpunkte: Phänomenologie und Fundamentalgeschichte. – Veröffentlichungen u.a.: Strukturontologie. Eine Phänomenologie der Freiheit (1971); Leben des Geistes. Ein Buch der Bilder zur Fundamentalgeschichte der Menschheit (1977); Der Ursprung. Philosophie der Konkreativität von Mensch und Natur (1994).

Ropohl, Günter, Prof. Dr.-Ing. habil. – Studium des Maschinenbaus. Diplom-Ingenieur für Maschinenbau, Promotion über Fertigungstechnik, Habilitation für Philosophie und Soziologie der Technik, für Systemtheorie. Professor für Allgemeine Technologie am Institut für Polytechnik/Arbeitslehre der Universität Frankfurt a.M. Forschungsschwerpunkte: Philosophie und Soziologie der Technik, Grundlagen der Technikbewertung. – Veröffentlichungen u.a.: Eine Systemtheorie der Technik (1979); Die unvollkommene Technik (1985); Technologische Aufklärung (1991).

Rotzler, Willy, Dr. † – Konservator am Kunstgewerbemuseum Zürich. Redakteur der kulturellen Monatsschrift „Du". Freier Kunstpublizist. Mitglied der Eidgnössischen Kunstkommission Zürich. – Veröffentlichungen u.a.: Konstruktive Konzepte. Eine Geschichte der konstruktiven Kunst vom Kubismus bis heute (1977).

Ruby, Jürgen, Dr.-Ing. Dipl.-Ing. – Lehre als Kfz-Mechaniker. Studium des Maschinenbaus an der TU Dresden, Sektion Fertigungstechnik und Werkzeugmaschinen, Fachrichtung Fertigungsmittelentwicklung. Forschungsstudium an der TU Dresden, Sektion Philosophie und Kulturwissenschaften, Bereich Geschichte der Produktivkräfte. Wissenschaftlicher Mitarbeiter am Zentralinstitut für Geschichte der Technik der TU München. Wissenschaftlicher Mitarbeiter am Deutschen Museum München. Forschungsschwerpunkte: Maschinenbau- und Kraftfahrzeuggeschichte. – Veröffentlichungen u.a.: Kraftfahrzeuge des Verkehrsmuseums Dresden (Katalog 1985); Automobile des

Hans Gustav Röhr (1990); Der Weg von der Drehmaschine zum Drehautomaten im deutschen Werkzeugmaschinenbau. In: Technikgeschichte 58 (1991); Die Notwendigkeit der Elektronik für die Automatisierung der Metallbearbeitung – ein Mythos! In: LTA-Forschung des Landesmuseums für Technik und Arbeit in Mannheim (1993).

Rühle, Michael, M. A. – Studium der Politikwissenschaften an der Universität Bonn (M. A). Senior Planing Officer, Abteilung für Politische Angelegenheiten der NATO. Forschungsschwerpunkt: transatlantische Beziehungen. – Veröffentlichungen u. a.: Die NATO als Instrument des Krisenmanagements. In: Europa-Archiv (1993); Das Ende der Lehnstuhl-Strategen. In: Europäische Sicherheit (1992).

Ruß-Mohl, Stephan, Prof. Dr. – Studium der Verwaltungs- und Sozialwissenschaften an den Universitäten München, Konstanz und Princeton. Ausbildung an der Deutschen Journalistenschule München. Professor und wissenschaftlicher Leiter des Studienganges Journalistische Weiterbildung an der FU Berlin. Forschungsschwerpunkte: Qualitätssicherung in der Journalistik. – Veröffentlichungen u. a.: Zeitungsumbruch. Wie sich Amerikas Presse revolutioniert (1992); Der I-Faktor. Qulitätssicherung im amerikanischen Journalismus (1994).

Sachsse, Hans, Prof. Dr. † – Studium der Chemie. 1935 Privatdozent der Universität Göttingen, 1957 Professor der Universität Mainz, zwischenzeitlich tätig in der chemischen Industrie. Leiter der Lösungsmittel- und Kunststofforschung der Farbwerke Hoechst. Forschungsschwerpunkte: Philosophische Probleme der Technik und der Naturwissenschaften. – Veröffentlichungen u. a.: Technik und Verantwortung (1972); Anthropologie der Technik (1978); Ökologische Philosophie, Natur – Technik – Gesellschaft (1984); Hrsg.: Technik und Gesellschaft I (1974), II (1976) und III (1976).

Sang, Hans-Peter, Dr. – Studium der Physik, Mathematik und Geschichte. Lehrer für Mathematik, Physik und Informatik. Lehrbeauftragter für Technikgeschichte an der Universität der Bundeswehr München. Forschungsschwerpunkte: Geschichte der Elektrotechnik in Frankreich und Deutschland, Geschichte der Fraunhofer-Gesellschaft. – Veröffentlichungen u. a.: Leben und Werk Joseph Fraunhofers. Beiträge zur Wissenschaftsgeschichte nach 1945.

Scheele, Irmtraut, Dr. – Studium der Erziehungswissenschaften mit dem Wahlfach Biologie. Studium der Geschichte der Naturwissenschaften mit dem Schwerpunkt Geschichte der Biologie. Wissenschaftliche Mitarbeiterin am Institut für Geschichte der Naturwissenschaften und der Technik der Universität Hamburg. Forschungsschwerpunkte: Geschichte der Biologie, Geschichte der Biotechnologie. – Veröffentlichungen u. a.: Von Lüben bis Schmeil. Die Entwicklung von der Schulnaturgeschichte zum Biologieunterricht zwischen 1833 und 1933 (1981); Wissenschaftliche Kommunikation zwischen Naturforschern im Ostseeraum im 18. Jahrhundert. In: Sudhoffs Archiv 72 (1988); Der historische Rückblick. Zur wissenschaftlichen und klinischen Entwicklung der Reproduktionsmedizin. In: International Journal of Feto-Maternal Medicine 6 (1993).

Schenkel, Werner, Prof. Dipl.-Ing. – Studium des Bauingenieurwesens. Zehn Jahre tätig im Siedlungsverband Ruhrkohlenbezirk (Abteilungsleiter und Geschäftsführer). Fachbereichsleiter beim Umweltbundesamt, Erster Direktor und Professor beim Bundesumweltamt. Forschungsschwerpunkt: Umweltforschung. – Veröffentlichungen u. a.: (Mithrsg.): Das Müllhandbuch; Recht auf Abfall (1993).

Schmucker, Georg, Dipl.-Ing., M. A. – Studium der Ingenieurwissenschaften am Oskar-von-Miller-Polytechnikum München. Studium der Philosophie, der Geschichte der Naturwissenschaften und Technik an der Universität Stuttgart. Oberingenieur und Abteilungsleiter bei AEG-Telefunken bis zum Beginn des Ruhestandes 1985. – Veröffentlichungen u. a.: Military fuser. In: Military Technology (1985); Künftige Sensorik und Miniaturisierung für die Erfordernisse der intelligenten Munition. In: Wehr und Wissen (1985); Ausgewählte Zukunftstechnologien und ihre wehrtechnischen Anwendungsmöglichkeiten: WT-Materialien. In: Wehr und Wissen (1985); Abraham Esam. Eine wissenschaftspolitische Biographie (1992).

Schönbeck, Charlotte: siehe Herausgeber und Redaktion des Gesamtwerkes.

Schumann-Bacia, Eva-Maria, Dr. – Studium der Kunstgeschichte, Archäologie und Germanistik an den Universitäten Köln, Tübingen, Freiburg, Frankfurt und London. Freie Journalistin. Freie Ausstellungsmacherin. Dozentin für Kunstgeschichte an der Freien Akademie für Bildende Künste in Freiburg. Forschungsschwerpunkt: Architek-

tur des 18. Jahrhunderts in England. – Veröffentlichungen u. a.: Die Bank von England und ihr Architekt John Soane (1991; in engl. 1992); Zahlreiche Beiträge zur zeitgenössischen Architektur im Deutschen Architektenblatt; Kunstkritiken und Beiträge zu Katalogen zeitgenössischer Künstler.

Schütt, Hans-Werner, Prof. Dr. – Studium der Chemie, besonders der Physikalischen Chemie. Professor für Geschichte der exakten Wissenschaften und der Technik an der TU Berlin. Forschungsschwerpunkte: Chemie des 19. Jahrhunderts, Alchemie, das Verhältnis von Naturwissenschaften (Naturphilosophie) und Technik. – Veröffentlichungen u. a.: Emil Wohlwill. Galileiforscher, Chemiker und Hamburger Bürger im 19. Jahrhundert (1972); Die Entdeckung des Isomorphismus. Eine Fallstudie zur Geschichte der Mineralogie und Chemie (1984); Eilhard Mitscherlich (1791-1863) – Baumeister am Fundament der Chemie (1992).

Schwoerbel, Jürgen, Prof. Dr. – Studium der Biologie, Chemie und Geologie an den Universitäten Innsbruck und Freiburg. Spezielle Ausbildung in Limnologie. Professor für Limnologie an der Universität Konstanz. Forschungsschwerpunkte: Limnologie der fließenden Gewässer; Forschungen über den Stoffhaushalt kleiner Fließgewässer, besonders über die funktionale Bedeutung des Sediment-Lückensystems (hyporheischer Interstitial). – Zahlreiche Veröffentlichungen zu den in den Forschungsschwerpunkten genannten Themenbereichen, u. a. Einführung in die Limnologie (Lehrbuch, 7. Aufl. 1993); Methoden der Hydrobiologie-Süßwasserbiologie (4. Aufl. 1994).

Scriba, Christoph J., Prof. em. Dr. – Studium der Mathematik, Physik und Philosophie an den Universitäten Gießen und Marburg. Staatsexamen und Promotion. Lehrtätigkeit an den Universitäten von Kentucky, Massachusetts, Toronto. Forschungsaufenthalt in Oxford. Dozent an der Universität Hamburg. Profesor an der TU Berlin und bis zur Emeritierung 1995 an der Universität Hamburg. Mitglied zahlreicher internationaler Gesellschaften für Geschichte der Mathematik. Forschungsschwerpunkt: Geschichte der Mathematik, insbesondere seit dem 17. Jahrhundert. – Veröffentlichungen u. a.: James Gregorys frühe Schriften zur Infinitesimalrechnung (1957); Studien zur Mathematik des John Wallis (1966); The Concept of Number (1968); Zur Geschichte der Bestimmung der rationalen Punkte auf elliptischen Kurven. In: Ber. a. d. Sitz. d. J.-Jungius-Ges. d. Wissenschaften in

Hamburg (1984). Zahlreiche Beiträge zur Geschichte der Mathematik, Herausgeberschaften von mathematik-historischen Zeitschriften und Archiven.

Seltz, Rüdiger, Dr. – Studium der Soziologie. Konservator am Landesmuseum für Technik und Arbeit in Mannheim. Forschungsschwerpunkte: Arbeits-, Industrie- und Angestelltensoziologie. – Veröffentlichungen u. a.: Beiträge zur Industriesoziologie; Beiträge zur Arbeitspolitik und zu den internationalen Beziehungen; Beiträge zur Angestelltensoziologie.

Slemr, Franz, Dr. – Diplom an der Chemisch-Technologischen Hochschule in Prag, Promotion an der Universität in Mainz. Stellvertretender Direktor des Fraunhofer-Instituts für Atmosphärische Umweltforschung in Garmisch-Partenkirchen. Forschungsschwerpunkte: biochemische Kreisläufe, Luftchemie, Instrumentenentwicklung. – Veröffentlichungen u. a.: Atmosphärischer Quecksilberkreislauf; Photochemische Bildung von Ozon und anderen Photooxidantien; Spurengasanalyse von Luft mit physiko-chemischen Meßverfahren; Stickoxidemissionen aus den Böden.

Slotta, Rainer, Dr. – Studium der Baugeschichte, der Klassischen Archäologie, der Vor- und Frühgeschichte und der Mittelalterlichen Geschichte an der Universität des Saarlandes. Museumsdirektor des Deutschen Bergbaumuseums in Bochum. Forschungsschwerpunkt: Industriebergbau-Archäologie. – Veröffentlichungen u. a.: Technische Denkmäler in der Bundesrepublik Deutschland. 5 Bde. (1975-1988); Einführung in die Industriearchäologie (1982); Meisterwerke Bergbaulicher Kunst (1990).

Sonnabend, Holger, Dr. – Studium der Geschichte und der Germanistik an der Universität Hannover. Promotion und Habilitation in Alter Geschichte. Dozent am Historischen Institut der Universität Stuttgart, Abteilung Alte Geschichte. Forschungsschwerpunkte: griechische Geschichte, römische Geschichte. – Veröffentlichungen u. a.: Beiträge zur Sozialgeschichte der Antike; Beiträge zur Mentalitätsgeschichte; Beiträge zur Historischen Geographie.

Stöcklein, Ansgar, Dr. † – Studium der katholischen Theologie, der Philosophie und Sprecherziehung. Zweites Studium der Vergleichenden Kulturwissenschaft und Soziologie. Forschungen über Technikge-

schichte am Deutschen Museum in München. Bis zum Eintritt in den Ruhestand Leiter der akademischen Berufsberatung des Kantons St. Gallen. Forschungsschwerpunkt: Verhältnis von Religion und Kultur. – Veröffentlichungen u. a.: Leitbilder der Technik – Biblische Tradition und technischer Fortschritt (1969); ausgezeichnet mit dem Kellermann-Preis des VDI; Zerbrochene Synthese – klösterliches Leben heute (1972); Beiträge zu kirchengeschichtlichen Themen.

Stratmann, Karlwilhelm, Prof. Dr. – Nach der Berufsausbildung im Baugewerbe Gewerbelehrerstudium in Frankfurt, Schuldienst, Universitätsstudium der Erziehungswissenschaften an den Universitäten Marburg und Köln. Promotion in Pädagogik. Professor an der Universität Bochum. Forschungsschwerpunkte: historische Berufsbildungsforschung, Berufsbildungspolitik. – Veröffentlichungen u. a.: Beiträge zur Geschichte der betrieblichen Berufsausbildung; Beiträge zu aktuellen Fragen der Berufsbildung.

Stümpel, Rolf, Dr. – Buchdruckermeister. Wissenschaftlicher Mitarbeiter am Museum für Verkehr und Technik in Berlin. Forschungsschwerpunkte: manuelle grafische Reproduktionstechniken, Frühdruckforschung (Schriftguß). – Veröffentlichungen u. a.: Überlegungen zum zweizeiligen Satz des Catholicon. In: Wolfenbüttler Notizen zur Buchgeschichte (1988).

Sturm, Michael, Dr. – Studium der Biologie und Geographie an den Universitäten Mainz und Graz. Oberstudienrat am Ketteler-Kolleg in Mainz. Promotion: Pflanzenphysiologische Untersuchungen an Wäldern und Wiesen in der Südweststeiermark.

Stürner, Wolfgang, Prof. Dr. – Studium der Geschichte, Germanistik, der Klassischen Philologie und der Philosophie an den Universitäten Tübingen und Freiburg. Habilitation für Mittlere und Neuere Geschichte. Professor am Historischen Institut der Unversität Stuttgart. Forschungsschwerpunkte: mittelalterliche Staatstheorie, Geschichte der späten Stauferzeit (Friedrich II.). – Veröffentlichungen u. a.: Friedrich II., Teil 1: Königsherrschaft in Sizilien und Deutschland 1194-1220 (1992); Peccatum und Potestas. Der Sündenfall und die Entstehung herrscherlicher Gewalt im mittelalterlichen Staatsdenken (1987); Natur und Gesellschaft im Denken des Hoch- und Spätmittelalters (1975).

Tangemann, Michael Dr.-Ing. – Studium der Elektrotechnik. Gruppenleiter am Forschungszentrum von Alcatel SEL. Forschungsschwerpunkt: Entwurf von Basisstationen für zukünftige Mobilfunknetze. – Veröffentlichungen u. a.: Beiträge zur Analyse und Dimensionierung von lokalen Hochgeschwindigkeitsnetzen; Beiträge zu Systemkonzepten für zukünftige Mobilfunknetze.

Thaller, Manfred, Dr. – Studium der Geschichte und Altorientalistik an der Universität Graz. Postdoc-Diplom der Soziologie am Institut für Höhere Studien in Wien. Wissenschaftlicher Referent am Max-Planck-Institut für Geschichte. Forschungsschwerpunkt: historische Fachinformatik (verantwortlich für Design und Implementation). Gastprofessuren in Florenz, Jerusalem und London. – Veröffentlichungen u. a.: Hrsg.: Halbgraue Reihe zur Historischen Fachinformatik.

Thomas, Daniel, M. A. – Studium der Geschichtswissenschaft und Volkswirtschaftlehre an der FU Berlin. Mitarbeiter an einem Forschungsprojekt zur historischen Verkehrsstatistik Deutschlands. Forschungsschwerpunkt: Verkehrsgeschichte, insbesondere Geschichte der Seefahrt. – Veröffentlichungen u. a.: Quellen zur Statistik der deutschen Seefahrt im 19. und 20. Jahrhundert. In: Fischer, W., Kunz, A: Grundlagen der historischen Statistik von Deutschland (1991).

Traebert, Wolf Ekkehard, Prof. Dr. – Professor für Technologie und Didaktik der Technik an der Universität-Gesamthochschule Wuppertal. Vorsitz im Bereich „Technik und Bildung" im Verein Deutscher Ingenieure. Forschungschwerpunkt: allgemeine Technologie. – Veröffentlichungen u. a.: Beiträge zur Didaktik der Technik; Beiträge über Technische Bildung als Entwicklungshilfe; Technik als Schulfach, Bd. 1 bis 6 (1976-87); Verbundwerkstoffe (1967).

Troitzsch, Ulrich, Prof. Dr. – Studium der Geschichte, der Literaturwissenschaften und der Pädagogik an der Universität Hamburg. Habilitation für Technikgeschichte und Wirtschaftsgeschichte an der Universität Bochum. Inhaber des Lehrstuhls für Sozial- und Wirtschaftsgeschichte an der Universität Hamburg. Forschungsschwerpunkte: Technikgeschichte in Verbindung mit Sozial- und Wirtschaftsgeschichte (16. bis 19. Jahrhundert). Historiographie der Technikgeschichte. – Veröffentlichungen u. a.: zahlreiche Beiträge zur Technik- und Sozialgeschichte; Technischer Wandel in Staat und Gesellschaft 1600 und 1750. In: Paulinyi Akos; Troitzsch, Ulrich: Mecha-

nisierung und Maschinisierung 1600 bis 1840. In: König, Wolfgang (Hrsg.):Propyläen-Technikgeschichte, Bd. 3 (1991).

Vester, Frederic, Prof. Dr. Dr. h.c. – Promotion an der Universität Hamburg. Habilitation an der Universität Konstanz. Ehrendoktorwürde in Wirtschaftswissenschaften der Hochschule St. Gallen. Alleiniger geschäftsführender Gesellschafter der Studiengruppe Biologie und Umwelt, München. Forschungsschwerpunkte: bis 1970: Themen der Krebsforschung; seitdem Themen der Biokybernetik; Anstöße für das Gebiet der Lernbiologie und der Systemkunde. – Zahlreiche Publikationen zu den in den Forschungsschwerpunkten genannten Bereichen, u. a.: Neuland des Denkens (1980); Phänomen Streß (1976/78); Die Welt – ein vernetztes Sstem; Ausfahrt Zukunft (1990).

Voiret, Jean-Pierre, Dr.-Ing. – Studium der Chemie und Metallurgie an der ETH Zürich. Promotion in Metallurgie. Zweites Studium der Sinologie an der Universität Zürich. Selbständiger Ingenieur, Publizist. Lehrbeauftragter für Chinesische Geschichte, Chinesische Technik- und Wissenschaftsgeschichte an der Universität Zürich. Forschungsschwerpunkt: Einsatz von Intelligenz in den Hochkulturen. – Veröffentlichungen u. a.: Papier und Graphik im alten China (1983); Panorama der technischen Hochkultur Chinas; Abriß zur chinesischen Technik und Wissenschaft. Beide Beiträge in: China, eine Wiege der Hochkultur. Katalog zur China-Ausstellung in Mannheim und Hildesheim (1994); Gespräch mit dem Kaiser und andere Geschichten (1995).

Wengenroth, Ulrich, Prof. Dr. – Studium der Geschichte, Volkswirtschaft und der Rechtswissenschaften an der TH Darmstadt. M. A. und Promotion in Geschichte an der TH Darmstadt. Wissenschaftlicher Mitarbeiter am Lehrstuhl für Wirtschafts- und Technikgeschichte an der TH Darmstadt. Jean-Fellow am Europäischen Hochschulinstitut Florenz. Stellvertretender Direktor am Institut für Europäische Geschichte in Mainz. Professor für Technikgeschichte an der TU München. Mitglied in zahlreichen internationalen Vereinigungen zur Technikgeschichte. Rudolf-Kellermann-Preis des VDI 1982. Forschungsschwerpunkte: Geschichte der Stahlindustrie, Geschichte der Elektrotechnischen Industrie, Deindustrialisierung, Methoden und Theorien der Technikgeschichte. – Veröffentlichungen u. a.: Unternehmensstrategien und technischer Fortschritt. Die deutsche und die britische Stahlindustrie 1865–1895 (1986); Hrsg.: Prekäre Selbstän-

digkeit. Zur Standortbestimmung von Handwerk, Hausindustrie und Kleingewerbe im Industrialisierungsprozeß. In: Veröffentlichungen des Instituts für Europäische Geschichte Mainz (1989); Hrsg.: Technische Universität München. Annäherung an ihre Geschichte (1993).

Winau, Rolf, Prof. Dr. Dr. – Studium der Geschichte und Germanistik an den Universitäten Bonn und Freiburg. Studium der Medizin an der Universität Mainz. Habilitation für Geschichte der Medizin an der Universität Mainz. Professor für Geschichte der Medizin an der FU Berlin. Direktor des Instituts für Geschichte der Medizin der FU Berlin. Forschungsschwerpunkte: Biologismus, Medizin in der Zeit des Nationalsozialismus, Berliner Medizin, Ethik in der Medizin. – Veröffentlichungen u. a.: Zahlreiche Beiträge zu den in den Forschungsschwerpunkten genannten Themenbereichen; zus. mit Rosemaier, H.P.: Tod und Sterben (1984); zus. mit Helmchen, H.: Versuche mit Menschen (1986); Medizin in Berlin (1987); zus. mit Fischer, W., u. a.: Exodus von Wissenschaften aus Berlin (1994); zus. mit Frewer, A.: Ärztliches Handeln an Grenzen (1995).

Wustrack, Michael, Dr. – Studium der Graphik, Malerei, des Objektdesign und Films an der Hochschule für Gestaltung in Offenbach/Main. Staatsexamen. Studium der Kunstgeschichte und Promotion an der Universität Frankfurt. Leiter der Lufthistorischen Sammlung der Flughafen Frankfurt/Main AG. Forschungsschwerpunkt: Luftfahrtgeschichte. – Veröffentlichungen u. a.: Beiträge zur Geschichte der Ballonfahrt; Beiträge zur historischen Entwicklung von Flughäfen; Beiträge zur Geschichte des Luftverkehrs.

Zimmerli, Walther Ch., Prof. Dr. – Studium der Philosophie, Germanistik und Anglistik am Yale-College und an den Universitäten Göttingen und Zürich. Promotion und Habilitation an der Universität Zürich. Professor an der TU Braunschweig und seit 1988 Professor für Philosophie an der Universität Erlangen-Nürnberg. Forschungsschwerpunkte: Philosophie der Wissenschaft und der Technik, Ethik, Sozialphilosophie, Politische Philosophie. Zahlreiche Beiträge zu den in den Forschungsschwerpunkten genannten Themenbereichen. – Veröffentlichungen u. a.: Einmischungen. Die sanfte Macht der Philosophie (1993); zus. mit Brennecke, V. W.: Technikverantwortung in der Unternehmenskultur. Von theoretischen Konzepten zur praktischen Umsetzung (1994); zus. mit Wolf, S.: Künstliche Intelligenz. Philosophische Probleme (1994).

Zimmermann, Peter, Prof. Dr. – Studium der Elektrotechnik. Promotion in der Fakultät für Bauingenieurwesen, Habilitation für Mechanik an der TU Berlin. Professor für Technische Mechanik und Leiter des Instituts für Mechanik der Universität der Bundeswehr München. Forschungsschwerpunkte: Elastokinetik, Geschichte der Mechanik. – Veröffentlichungen: u. a.: Beiträge zur Mechanik, insbesondere der Elastokinetik; Beiträge zur Geschichte der Ingenieurwissenschaften; Mithrsg. der „Internationalen Zeitschrift für Geschichte und Ethik der Naturwissenschaften, Technik und Medizin" (NTM).

Zweckbronner, Gerhard, Dr. – Studium des Maschinenbaus. Studium der Technikgeschichte. Oberkonservator am Landesmuseum für Technik und Arbeit in Mannheim. Lehrbeauftragter für Technikgeschichte an der Universität Stuttgart. Forschungsschwerpunkte: Technikgeschichte der Neuzeit, gegenständliche Quellen der technikhistorischen Forschung. – Veröffentlichungen u. a.: Beiträge zur neuzeitlichen Technikgeschichte, insbesondere zur Industrialisierung; Beiträge zum technischen Bildungswesen und zu den Ingenieurwissenschaften; Beiträge zum musealen Umgang mit Sachquellen.

Die Georg-Agricola-Gesellschaft zur Förderung der Geschichte der Naturwissenschaften und der Technik

Helmuth Albrecht, Charlotte Schönbeck

Gegründet wurde die Georg-Agricola-Gesellschaft ursprünglich für ein einziges, festumrissenes Projekt: die Anfertigung einer neuen deutschen Übersetzung von den zwölf Büchern über das Berg- und Hüttenwesen, das 1556 in lateinischer Sprache erschienene Lebenswerk des Arztes, Humanisten und Naturforschers Georgius Agricola (1494 – 1555).

Der Impuls für die Gründung der Gesellschaft im Jahr 1926 ging im gewissen Sinn von dem amerikanischen Bergingenieur Herbert Clark Hoover aus, der zwei Jahre später zum 31. Präsidenten der USA gewählt wurde. 1912 hatte Hoover zusammen mit seiner Frau seine bedeutende englische Übersetzung von Agricolas De Re Metallica Libri XII vorgelegt. In seinem Vorwort wies er ausdrücklich auf die erheblichen Mängel der 1557 in Basel erschienenen einzigen deutschen Ausgabe hin und äußerte sich sehr verwundert darüber, daß von diesem bis ins 18. Jahrhundert hinein richtungweisenden Lehrbuch zwar zahlreiche Übersetzungen in andere Sprachen angefertigt worden waren, dieses Werk aber in keiner neuen deutschen Fassung einem breiteren Leserkreis zugänglich war. Die deutsche Erstausgabe war sprachlich schwer verständlich, und nur noch wenige Exemplare waren überhaupt vorhanden. Deutsche Fachleute oder interessierte Laien mußten also immer auf die lateinische Fassung zurückgreifen oder neuere anderssprachige Übersetzungen benutzen.

Im Februar 1926 stellte Conrad Matschoß, Direktor des Vereins Deutscher Ingenieure (VDI) und langjähriger Förderer der Technikgeschichtsschreibung in Deutschland, die Hooversche Übersetzung dem Vorstandsrat des Deutschen Museums in München vor; Matschoß wies dabei eindringlich auf die kritischen Bemerkungen Hoovers hin und bezeichnete es als eine Schande, daß deutsche Ingenieure das Buch nur in Englisch oder in anderen Sprachen lesen konn-

ten. Sein Hinweis auf die Notwendigkeit einer neuen deutschen Übersetzung und seine Vorschläge für die Realisierung eines solchen Projektes fanden bei den Teilnehmern der Sitzung breite Unterstützung. Nachdem das Deutsche Museum diesem Plan seine ideelle Unterstützung zugesagt hatte, wurde eine besondere Kommission gegründet, um Einzelheiten der Vorbereitung und Realisierung zu klären.

Nach wenigen vorbereitenden Zusammenkünften in Freiberg in Sachsen einigten sich die Kommissionsmitglieder unter dem Vorsitz von Conrad Matschoß darauf, daß eine weitgehend unkommentierte Neuübersetzung von, „De Re Metallica" angefertigt und möglichst schnell weiten Kreisen zugänglich gemacht werden sollte. Eine ausführliche Kommentierung sollte dann von späteren deutschen Ausgaben geleistet werden. Professoren der Bergakademie Freiberg und andere Fachgelehrte erklärten sich bereit, diese Arbeit unter der Schriftleitung des Geheimen Bergrates Prof. Dr.-Ing. E. h. Carl Schiffner zu übernehmen. Diese neue deutsche Ausgabe sollte auch erstmalig die Übersetzung von Agricolas 1549 in Basel in lateinischer Sprache erschienenen Schrift „De Animatibus Subterraneis" („Von den Lebewesen unter Tage") enthalten.

Am 15. November 1926 trat der Vorstandsrat des Deutschen Museums zusammen, um die Finanzierung – 40 000 Reichmark hatte man für die Anfertigung der Übersetzung und den Druck veranschlagt – zu beraten. Diese Sitzung kann man als das eigentliche Gründungsdatum der Georg-Agricola-Gesellschaft bezeichnen:

Paul Reusch, Vorsitzender des Vorstandsrates des Deutschen Museums, Conrad Matschoß und Oskar von Miller legten in dieser Gründungssitzung eine Zeichnungsliste zur Finanzierung der geplanten deutschen Neuausgabe vor. Reusch zeichnete selbst mit eintausend Reichsmark und motivierte mit seinem Beispiel auch andere Teilnehmer, so daß am Ende der Zusammenkunft bereits ein Grundstock von fünftausend Reichsmark für das Projekt zur Verfügung standen. Reuschs ursprüngliche Vorstellung war es, die Finanzierung durch Schenkungen zu sichern, aber auf die Anregung Oskar von Millers einigte man sich auf die Zeichnung zinsloser Darlehen, die später aus dem Verkaufserlös des Werkes zurückgezahlt werden sollten. Auf diesem Finanzierungsweg hoffte man, in kurzer Zeit erhebliche Summen zusammentragen zu können. Um die Gelder zu verwalten, gründete man eine „Agricola-Gesellschaft beim Deutschen Museum". Man war sich von vornherein darüber einig, daß man keinen neuen Mitgliederverein gründen, sondern lediglich „eine Firmenbezeichnung für die Sammlung von Geldern" schaffen wollte, wie sich Conrad Matschoß

später erinnerte. Diese „Firma" sollte zusammen mit der Notgemeinschaft der deutschen Wissenschaft jeweils die Hälfte der für die Neuausgabe notwendigen Gelder vorschießen. Die Verwaltung des „Firmenvermögens" übernahm zunächst das Deutsche Museum; Conrad Matschoß wurde zum Geschäftsführer bestellt. Eine Satzung besaß die Gesellschaft nicht.

Diese etwas unkonventionelle Organisationsform tat der Entwicklung der jungen Gesellschaft keinen Abbruch. Bereits ein halbes Jahr nach der Konstituierung der Gesellschaft waren die für die Neuauflage notwendigen 40 000 Reichsmark zusammengetragen. Neben zahlreichen einflußreichen Persönlichkeiten war es vor allem die deutsche Bergbauindustrie, die durch große Zuwendungen die finanzielle Basis für das geplante Projekt sicherte. Die Montanindustrie sollte zum treuesten Förderer der Gesellschaft werden.

Die deutsche Neuübersetzung wurde vor allem durch Gelehrte in Sachsen, dem hauptsächlichen Wirkungsgebiet von Georgius Agricola, geschaffen; die Arbeit war in der bewundernswert kurzen Zeit von sieben Monaten abgeschlossen. Der Druck wurde vom Verlag des Vereins Deutscher Ingenieure – der VDI hatte bereits 1923 einen eigenen Verlag zur Herstellung seiner Veröffentlichungen gegründet – durchgeführt. Am 2. Mai 1927 konnte Conrad Matschoß auf einer Ausschußsitzung des Deutschen Museums das erste Probeexemplar vorstellen. Bereits vor dem eigentlichen Erscheinen des Buches stieg die Zahl der Vorbestellungen auf 1400 Exemplare an, so daß die ursprünglich auf 1500 Exemplare limitierte Auflage auf Drängen der Agricola-Gesellschaft auf 2500 Stück erhöht wurde.

Am 7. Mai 1928, dem 25-jährigen Gründungstag des Deutschen Museums, konnte Conrad Matschoß bei der 17. Ausschußsitzung im Ehrensaal des Deutschen Museums den erfolgreichen Abschluß des Übersetzungs-Projektes verkünden. Mit Stolz wies er darauf hin, daß – entgegen aller Planungen – das Ziel, diesmal ohne die Mithilfe der Notgemeinschaft, lediglich aus den Kreisen der Technik, der Industrie und vor allem des Bergbaus heraus,, errreicht worden sei. Die Verehrung für den großen Renaissance-Gelehrten Agricola, der Einfluß des Deutschen Museums, des Vereins Deutscher Ingenieure und des Vereins Deutscher Eisenhüttenleute waren es gewesen, die die großen bergbaulichen Verbände unter der Führung der Fachgruppe Bergbau des Reichsverbandes der deutschen Industrie sowie die Gesellschaft Deutscher Metallhütten- und Bergleute als Mitglieder gewonnen hatten. Dazu kamen zahlreiche einflußreiche Persönlichkeiten, Reichs- und Länderministerien sowie die Städte Glauchau, Zwickau und

Chemnitz, deren Namen eng mit dem Wirken Agricolas verknüpft waren. Die Einnahmen waren bald höher als die Ausgaben für die Neuausgabe des Agricola-Werkes. Die meisten Mitglieder verzichteten zudem auf die Rückzahlung ihrer Darlehen.

Diese Ausstrahlung des Projektes und das erfolgreiche finanzielle Echo entwickelten gleichsam eine Eigendynamik: Die bei der Gründung der Gesellschaft gestellte Aufgabe war erfolgreich abgeschlossen, aber es entstand nahezu von selbst die Idee, diese aktive Gesellschaft nicht wieder aufzulösen, sondern ihr neue, weiterreichende Aufgaben zuzuweisen. Im Jahr 1930 wandte sich daher Oskar von Miller in einem Rundschreiben an alle Mitglieder mit dem Vorschlag „die Gesellschaft nicht aufzulösen, sondern sie bestehen zu lassen mit der Aufgabe, auch weiterhin das Ansehen der Technik zu fördern". Die Gesellschaft besaß damals 32 Mitglieder, von diesen zogen auf das Schreiben von Millers hin nur fünf ihre Einlagen zurück, während 18 ausdrücklich dem Vorschlag zustimmten. Die Geldmittel der Gesellschaft wurden daraufhin wertbeständig angelegt; die Zinserträge, die Barmittel und die Einkünfte aus der Agricola-Übersetzung sollten den Grundstock für die Finanzierung weiterer Vorhaben bilden. Gedacht war dabei unter anderem an eine Herausgabe der „Experimenta nova" von Otto von Guericke. Die „Agricola-Gesellschaft am Deutschen Museum" war damit zu einer festen Institution im Rahmen der Förderung des technischen und naturwissenschaftlichen Schrifttums geworden.

Die Vermögensverhältnisse und die Erfolge der Neuauflage des deutschen Agricola standen im gewissen Sinn im Widerspruch zu der unklaren und unorthodoxen Organisation der Gesellschaft. Conrad Matschoß versuchte, hier ordnend einzugreifen, er wollte die Gesellschaft in eine Stiftung umwandeln. Ihr Zweck sollte – nach einem noch vorhandenen Satzungsentwurf vom 15. Oktober 1940 – „die wissenschaftliche Förderung der Herausgabe bedeutsamer Werke der Technikgeschichte auf ausschließlich gemeinnütziger Grundlage" sein. Die Stiftung sollte ihren Sitz in Berlin haben, ihr Vermögen sollte gemeinsam vom Verein Deutscher Ingenieure und vom Deutschen Museum verwaltet werden.

Dieser Satzungentwurf trat nie in Kraft. Der Zweite Weltkrieg und der Tod von Conrad Matschoß am 21. März 1942 verhinderten die Klärung der rechtlichen Stellung der Agricola-Gesellschaft. Verwirklicht wurde lediglich am 26. Januar 1942, wenige Wochen vor dem Tod von Conrad Matschoß, die Übertragung der Vermögensverwaltung der Gesellschaft vom Deutschen Museum an den Verein Deut-

scher Ingenieure in Berlin. Dort hatte dann die ‚Agricola-Gesellschaft beim VDI in Berlin' ihren Sitz bis zum Ende des Krieges.

In den ersten Jahren nach dem Krieg ruhten die Aktivitäten der Gesellschaft vollständig. Das Deutsche Museum und der Verein Deutscher Ingenieure bemühten sich zwar um eine Klärung der rechtlichen Situation der Gesellschaft, aber dieser Prozeß zog sich – wegen der nur noch lückenhaft vorhandenen Unterlagen – über mehr als zehn Jahre hin. Nach mehr als einem Jahrzehnt erfolgte auch erst die Freigabe ihrer – zusammen mit dem Vermögen des VDI – beschlagnahmten finanziellen Mittel. Eine Klärung wurde schließlich dringend, als 1952 die Gesellschaft Deutscher Metallhütten- und Bergleute plante, zum 50-jährigen Jubiläum des Deutschen Museums am 7. Mai 1953 einen Neudruck der inzwischen vergriffenen zweiten deutschen Agricola-Ausgabe von 1928 herauszubringen. Dafür waren nicht nur neue finanzielle Mittel für den Druck notwendig, sondern man brauchte auch die Agricola-Gesellschaft, bei der die Verlagsrechte lagen.

Durch besonderen Einsatz der Montanindustrie und des Vereins Deutscher Ingenieure wurde der finanzielle Teil des Problems schnell gelöst. Im Einverständnis mit dem Deutschen Museum in München übernahm Ende 1952 Friedrich Hassler vom VDI in Düsseldorf die Geschäftsführung der Agricola-Gesellschaft und die Leitung des Neudrucks im VDI-Verlag. 2000 Exemplare wurden bei dem Neudruck aufgelegt; das erste Exemplar davon konnte bei der Jubiläumsfeier des Deutschen Museums überreicht werden.

Der große Erfolg auch dieser neuen Ausgabe ermutigte Friedrich Hassler zu neuen Aktivitäten der Gesellschaft. Ende 1953 unterrichtete Hassler den Leiter des Deutschen Museums davon, daß der Satz der bereits vor dem Krieg begonnenen deutschen Ausgabe der „Experimenta Nova" von Guericke gerettet worden war. Im Auftrage der Gesellschaft hatte Hans Schimank diese Ausgabe in jahrelanger Arbeit vorbereitet. Hassler regte die Herausgabe des „Guericke" zum 100. Geburtstag Oskar von Millers am 7. Mai 1955 an. Ebenso wie bei der Agricola-Ausgabe sollte der VDI-Verlag der Herausgeber im Namen der Agricola-Gesellschaft sein. Für die Finanzierung sollten die Gewinne aus dem Agricola-Werk herangezogen werden.

Um die rechtliche Situation zu klären, bat Hassler den damaligen Vorsitzenden des Deutschen Museums, Otto Meyer, ebenfalls den Vorsitz der Agricola-Gesellschaft zu übernehmen. Das lehnte dieser ab. Er war der Ansicht, daß die Agricola-Gesellschaft gar keinen Vorsitzenden brauche und überhaupt nicht in „eine kontinuierlich arbei-

tende Gesellschaft" übergeführt werden sollte. Man sollte sie vielmehr – je nach Bedarf – „wenn Gelegenheit zum Druck eines besonders interessanten Werkes besteht", zeitweise wieder ins Leben rufen. „Man muß sonst immer befürchten, daß die Gesellschaft glaubt, sich in durchaus keiner zwingenden Weise betätigen zu müssen". Die Entscheidung darüber, wann einmal die Notwendigkeit für eine wichtige Drucklegung gegeben sei, wollte Otto Meyer dem Deutschen Museum vorbehalten. Die geplante Guericke-Ausgabe konnte daher nicht realisiert werden; sie erschien erst 1968 im VDI-Verlag.

Ungeklärt war indessen immer noch die rechtliche Situation der Gesellschaft. Die Rechtsabteilung des VDI konstatierte 1955, daß es sich um eine „Gesellschaft bürgerlichen Rechts oder auch um einen nicht rechtsfähigen Verein, der in keinem Register eingetragen ist", handele. Amtliche Bescheinigungen über seine Existenz und Rechtsfähigkeit waren schwer beizubringen. Selbst der Sitz der Gesellschaft blieb lange Zeit strittig und konnte erst im März 1955 angegeben werden, als das Deutsche Museum bestätigte, daß die Agricola-Gesellschaft „seit ihrer Gründung im Jahr 1926 unverändert ihren Sitz am Ort des Deutschen Museums, d.h. in München, gehabt hat".

Erst drei Jahre später kam es zu einer Lösung, als die Gesellschaft ihren Mitgliedern in einem Schreiben den Vorschlag machte, die Gesellschaft aufzulösen und alle ihre Rechte auf den VDI-Verlag zu übertragen. Den Beweggrund für diese Initiative bildete der Plan zu einer Neuauflage des inzwischen wieder vergriffenen Agricola-Werkes „ohne finanzielle Berührung und Belastung der Agricola-Gesellschaft" durch den VDI-Verlag. Die Mehrzahl der Mitglieder erklärten sich zwar bereit, die Neuauflage an den VDI-Verlag zu übertragen, sie forderten aber entschieden die Beibehaltung der Agricola-Gesellschaft. Sie sollte zukünftig neue Aufgaben übernehmen. Dieser Vorschlag zur Auflösung wurde so der Beginn der „neuen" Agricola-Gesellschaft.

In der Mitgliederversammlung im Deutschen Museum wurden am 6. Mai 1960 die Weichen für die Zukunft der Gesellschaft gestellt. Die Vertreter des Deutschen Museums, des Vereins Deutscher Ingenieure und des Vereins Deutscher Eisenhüttenleute einigten sich darauf, die Agricola-Gesellschaft in eine Fördergesellschaft des geplanten Instituts für Geschichte der exakten Naturwissenschaften und der Technik am Deutschen Museum umzuwandeln. Die Ausarbeitung einer Satzung sollte vom Verein Deutscher Ingenieure übernommen werden. Der VDI-Verlag sollte im Auftrage der Agricola-Gesellschaft die geplante dritte deutsche Auflage von „De Re Metallica" herausbringen.

Am 16. Dezember 1960 fand im Ingenieurhaus in Düsseldorf die Gründungsversammlung der „neuen" Gesellschaft statt. Als Gründungsmitglieder waren neben dem Verein Deutscher Ingenieure und dem Deutschen Museum der Verein Deutscher Eisenhüttenleute, die Gesellschaft Deutscher Chemiker e. V., der Verband Deutscher Elektrotechniker (VDE) e. V. und der Verband technisch-wissenschaftlicher Vereine e. V. vertreten. Die Versammlung wählte den VDI-Vertreter Dr.-Ing. Heinrich Grünewald zum Vorsitzenden des vorläufigen Vorstandes der Gesellschaft. Dieser bezeichnete es als wichtigste Aufgabe des neuen Vereins, die jahrelangen Bemühungen um die Schaffung eines Instituts für Technikgeschichte am Deutschen Museum intensiv zu fördern. Dieses Institut sollte vor allem Nachwuchskräfte für die dringend notwendigen Lehrstühle für Technikgeschichte an den deutschen Hochschulen heranbilden. In der von der Gründungsversammlung beschlossenen Satzung wurden die Ziele der neuen Gesellschaft noch weiter gefaßt: „Zweck der Gesellschaft ist die ideelle und materielle Förderung von wissenschaftlichen Aufgaben und Vorhaben auf dem Gebiet der exakten Naturwissenschaften und der Technik". Erreicht werden sollte dieses Ziel nicht nur durch die „Errichtung und Förderung von Lehrstühlen an den wissenschaftlichen Hochschulen und von Instituten beim Deutschen Museum und an anderen Stellen", sondern ebenso durch die „Förderung von Forschungsarbeiten und Untersuchungen, die Herausgabe von Büchern, Zeitschriften und sonstigen Veröffentlichungen sowie sonstige Vorhaben". In dieser neuen Satzung war nicht nur der erweiterte Aufgabenbereich der Gesellschaft umrissen, er wurde auch in dem nun veränderten Namen „Agricola-Gesellschaft beim Deutschen Museum zur Förderung der Geschichte der Naturwissenschaften und der Technik e. V." nach außen sichtbar. Erstmals in ihrer Geschichte gab die Satzung der Gesellschaft mit Vorstand, Wissenschaftlichem Beirat und Mitgliederversammlung einen festen organisatorischen Rahmen und ebenfalls durch regelmäßige Erhebung von Mitgliederbeiträgen eine finanzielle Basis.

Mitglieder der Gesellschaft konnten zunächst nur juristische Personen, Vereinigungen und Körperschaften werden, „die in der Lage und bereit sind, die Zwecke der Gesellschaft ideell und materiell zu fördern". Zehn namhafte Institutionen bzw. Verbände, unter anderem das Deutsche Museum, der Verein Deutscher Ingenieure sowie der Deutsche Verband technisch-wissenschaftlicher Vereine (DVT) erhielten das Recht, je ein Mitglied für den Wissenschaftlichen Beirat zu benennen. Aus eigener Vollmacht konnte dieser noch eigene Mitglie-

der hinzuwählen; seinen Vorsitzenden wählte der aus den eigenen Reihen. Anfang Juni 1961 erfolgte die Eintragung der Agricola-Gesellschaft in das Vereinsregister. Als Geschäftsführer wurde Dr. Friedrich W. Lehmann vom Deutschen Verband technisch-wissenschaftlicher Vereine (DVT) in Düsseldorf bestimmt. Um die in der Vergangenheit aufgetretenen Unklarheiten auszuschließen, bestimmte die Satzung eindeutig, daß der Ort der Geschäftsstelle zugleich Sitz der Gesellschaft zu sein hat. Mit der Anerkennung der Gemeinnützigkeit des Vereins zu Beginn des Jahres 1962 war die Phase der „Umgründung" der Agricola-Gesellschaft endgültig abgeschlossen.

Noch im Dezember 1961 konnte mit dem unveränderten Nachdruck der Ausgabe von 1953 die dritte Auflage von den „Zwölf Büchern über das Berg- und Hüttenwesen" von Agricola erscheinen. Zehn Prozent ihres Verkaufserlöses erhielt die Agricola-Gesellschaft zur Wahrnehmung ihrer neuen, erweiterten Aufgaben. Daneben standen der Gesellschaft Einkünfte aus ihrem Vermögen, Spenden und weitere Zuwendungen sowie die Mitgliedsbeiträge zur Verfügung. Die so erzielten Einnahmen waren für die gesteckten Ziele der Gesellschaft noch viel zu gering, nur eine Erhöhung der Mitgliederzahl konnte hier Abhilfe schaffen. Erste Erfolge in der Mitgliederwerbung konnte die Agricola-Gesellschaft in einer gezielten Aktion erreichen, in deren Verlauf mehr als 600 Unternehmen über die Aufgaben und Ziele der Gesellschaft informiert wurden. Unterstützt wurde sie dabei durch einen Aufruf des ehemaligen Bundespräsidenten Theodor Heuss, in dem es unter anderem hieß:

„Die exakten Naturwissenschaften und die Technik sind für den einzelnen wie für das Zusammenleben der Völker von außerordentlicher Bedeutung und von entscheidendem Einfluß auf Gefüge und Bestand der Staaten und der menschlichen Gesellschaft. Sie haben sich als kulturformende Mächte ersten Ranges erwiesen.

Die wissenschaftliche Erforschung der geschichtlichen Entwicklung der exakten Naturwissenschaften und der Technik als eines wesentlichen Bestandteils der allgemeinen Kulturgeschichte ist ein Anliegen, das von allen Kreisen nachdrücklich gefördert werden müßte. Ohne erschöpfende Kenntnis über die Stellung, die Naturwissenschaften und Technik in den Kulturen der Vergangenheit einnahmen, ist eine zuverlässige Beurteilung ihrer Rolle und Bedeutung für unsere Gegenwart nicht möglich".

Ende 1962 waren weitere 26 Unternehmen Mitglieder in der Gellschaft geworden; Ende 1964 zählte die Agricola-Gesellschaft 43 Mitglieder.

Als am 16. Februar 1963 der Wissenschaftliche Beirat der Gesellschaft zum erstenmal zusammentrat, konnte man noch nicht über nennenswerte Geldbeträge verfügen. Es wurden daher zunächst bei der Fritz-Thyssen-Stiftung Fördergelder beantragt und gleichzeitig die Anregung der gerade erst ins Leben gerufenen Stiftung aufgegriffen, im Rahmen der von ihr geförderten Erforschung der Geschichte des 19. Jahrhunderts einen Arbeitskreis zur Entwicklung der „Naturwissenschaften und Technik im 19. Jahrhundert" zu betreuen.

Das erste „Gespräch" des neuen Arbeitskreises fand im Juli 1963 in Frankfurt statt; bis zum Frühjahr 1973 folgten in regelmäßigen Abständen noch neun weitere Gespräche. Die Leitung dieser Gespräche hatte zunächst der Kölner Philosoph Paul Wilpert, nach dessen Tod 1967 vorübergehend der Hamburger Astronom Bernhard Sticker und in den folgenden Jahren Hans Schimank. Die Teilnehmer des Arbeitskreises diskutierten ein breites Themenspektrum; es reichte von der inneren Entwicklung der Naturwissenschaften und der Technik über die Wechselbeziehungen der Einzeldisziplinen untereinander bis zu allgemeinen Fragen der Wissenschafts-, Wirtschafts- und Gesellschaftspolitik des 19. Jahrhunderts. Als Gesprächsmöglichkeit vor allem für Historiker, Wissenschaftshistoriker, Philosophen, Ingenieure und Naturwissenschaftler entwickelte sich der Arbeitskreis schon bald zu einem zentralen Diskussionsforum für Geschichte der Naturwissenschaften und der Technik in der Bundesrepublik. Wiederholt boten die Gespräche die Gelegenheit, unterschiedliche Ansätze innerhalb der Forschung zur Geschichte der Wissenschaften zu diskutieren. Das Spektrum der vorgestellten Standpunkte reichte dabei von der Betonung des engen Zusammenhanges zwischen der Wissenschaftsentwicklung und der gesellschaftlichen Entwicklung über Hinweise auf die Bedeutung einer „scientific community", sowie psychologische und geistig-philosophische Einflüsse auf die Wissenschaftsentwicklung bis hin zur exponierten Auffassung von der völligen Autonomie der Entwicklung einzelner Wissenschaften. Diese weitgefächerten Auseinadersetzungen führten den Arbeitskreis zu einer intensiven Diskussion über den Themenkreis „Gesellschaftsgeschichte – Wissenschaftsgeschichte". Eine bedeutsame Erkenntnis dabei war, daß es eine wesentliche Aufgabe der Naturwissenschafts– und Technikgeschichte sein müsse, die angebliche Kluft zwischen den „Zwei Kulturen", d.h. der literarisch-geisteswissenschaftlichen und der technisch-naturwissenschaftlichen Geistesausrichtung, zu überbrücken. Mit den Worten von Hans Schimank hieß das, sowohl dem Naturwissenschaftler wie dem Ingenieur „ein Bewußtsein dafür zu geben, daß ihre Arbeit mehr

als rein fachlich ist, daß sie ein Stück Kulturarbeit darstellt". Es bedeu-
tete aber auch, wie Karl-Heinz Manegold betonte: „Die Historiker
sollten wissen, daß ohne entscheidende und bedeutsame Einbeziehung
der Bereiche Naturwissenschaften und Technik ein gültiges Ge-
schichtsbild, zumindest der letzten 300 oder 250 Jahre, nicht zu erzie-
len ist".

Wilhelm Treue faßte 1976 die Tätigkeit des Arbeitskreises zur Erforschung der Naturwissenschaften und der Technik mit folgenden
Worten zusammen:

*„Er diskutierte und veröffentlichte nicht nur, sondern bot vielerlei Anre-
gungen und griff solche auf, die von außen an ihn herangetragen wurden; er
fand Kontakt mit anderen Arbeitskreisen der Fritz-Thyssen-Stiftung sowie
mit der Hauptgruppe Technikgeschichte im Verein Deutscher Ingenieure und
pflegte einen lebendigen Austausch mit Assistenten- und Dozenten-Kollo-
quien zur Technikgeschichte, die um die gleiche Zeit von jener Hauptgruppe
Technikgeschichte im VDI ins Leben gerufen wurden und sich als sehr
nützlich für die Interessierung des akademischen Historiker-Nachwuchses
erwiesen".*

Auch diese hier erwähnten Assistenten-Kolloquien wurden maß-
geblich von der Agricola-Gesellschaft gefördert. Ihr zentrales Anliegen war es, den Assistenten an Historischen Seminaren, die in ihrer
Studienzeit meist nur wenig über Wirtschafts- und Unternehmensge-
schichte und fast nichts über Technikgeschichte erfuhren, Einblicke in
die Technik in Vergangenheit und Gegenwart zu geben. Die Dozen-
ten-Kolloquien verfolgten eine ähnliche Zielrichtung: Es war ihre
Aufgabe, den mittlerweile zu Dozenten aufgestiegenden ehemaligen
Teilnehmern der Assistenten-Kolloquien ein Forum für ihre weitere
Beschäftigung mit der Technikgeschichte zu bieten. Der Teilnehmer-
kreis beider Kolloquiumsreihen beschränkte sich nicht nur auf Historiker. Soziologen, Juristen, Chemiker, Physiker und Ingenieure betei-
ligten sich von Anfang an an dieser wichtigen Einrichtung der
Agricola-Gesellschaft zur Nachwuchsförderung im Bereich der Na-
turwissenschafts- und Technikgeschichte.

Trotz mancher finanzieller Probleme – vor allem gegen Ende der
sechziger Jahre – beschränkten sich die Aktivitäten der Gesellschaft,
die im Januar 1960 in „Agricola-Gesellschaft zur Förderung der Geschichte der Naturwissenschaften und der Technik e. V" unter Wegfall
des Zusatzes „beim Deutschen Museum" umbenannt worden war,
nicht nur auf die Betreuung und Durchführung von Arbeitsgesprä-
chen und Fachtagungen. Auf Anregung des Vereins Deutscher Ingenieure und unter maßgeblicher Beteiligung der Georg-Agricola-Ge-

sellschaft konnte im Juni 1963 das „Forschungsinstitut des Deutschen Museums für die Geschichte der Naturwissenschaften und der Technik (Conrad-Matschoß-Institut)" aus Mitteln des Volkswagenwerkes in München eingerichtet werden. Als Starthilfe bewilligte die Agricola-Gesellschaft dem neuen Institut erhebliche Mittel für die Beschäftigung wissenschaftlicher Mitarbeiter und einer Bibliothekskraft. Nach den Satzungen der Gesellschaft war diese finanzielle Unterstützung an die Bedingung geknüpft, daß sie in erster Linie für die Nachwuchsförderung verwendet wurden.

Nachwuchsförderung war in dieser Zeit notwendiger denn je. Nachdem 1960, dem Jahr der „Umgründung" der Georg-Agricola-Gesellschaft, der Wissenschaftsrat der Bundesrepublik Deutschland auf der Grundlage eines Gutachtens der Deutschen Forschungsgemeinschaft (DFG) für den Ausbau der Geschichte der Naturwissenschaften und der Technik als Hochschulfach und die Gründung von entsprechenden Instituten eingetreten war, kam es in den folgenden Jahrzehnten zur Gründung einer Reihe von neuen Instituten und Lehrstühlen. Bereits 1960 wurde in Hamburg auf der Grundlage der Empfehlung der DFG und des Wissenschaftsrates das zweite Institut für Geschichte der Naturwissenschaften – nach dem Frankfurter Institut (1949) – in der Bundesrepublik Deutschland gegründet. 1963 entstanden zwei weitere Institute an der Technischen Hochschule und an der Universität in München, gefolgt von einem autonomen Lehrstuhl in Tübingen im Jahr 1966. Bis zum Ende der sechziger Jahre folgten naturwissenschaftliche Lehrstühle bzw. Professuren in Stuttgart (1968), Mainz (1969) und Berlin (1969). Alle neugegründeten Forschungsstätten konnten in ihrer Entstehungsphase – und vielfach auch danach – von der Agricola-Gesellschaft finanziell unterstützt werden. Die Gesellschaft half dabei vor allem bei der Erstausstattung der Lehrstuhl- und Institutsbibliotheken, stellte aber auch Mittel für Hilfskräfte, Reisekosten und Lehraufträge zur Verfügung. Besondere Unterstützung durch die Agricola-Gesellschaft erfuhr der Stuttgarter Lehrstuhl für Geschichte der Naturwissenschaften und der Technik. Hier wurden nicht nur Mittel für die Bibliothek bereitgestellt, sondern durch die Übernahme der Personalkosten für ein Jahr die Schaffung einer zweiten Assistentenstelle für Technikgeschichte ermöglicht.

Mit Nachdruck setzte sich die Agricola-Gesellschaft für den Ausbau der Geschichte der Naturwissenschaften und der Technik in Forschung und Lehre ein. Gemeinsam mit dem Deutschen Verband technisch-wissenschaftlicher Vereine (DVT) veranstaltete sie 1972 die DVT-Jahrestagung mit dem Thema „Technikgeschichte, Voraus-

setzung für Forschung und Planung in der Industriegesellschaft". Das
Ergebnis dieser Disskussions- und Vortragsveranstaltung wurde in einer Entschließung zusammengefaßt, die an den Bundesausschuß für
Bildung und Wissenschaft, die Kulturausschüsse der Länderparlamen-
te, die Bund-Länder-Kommission für Bildungsplanung, das Bundesministerium für Bildung und Wissenschaft, die Kultusministerien der
Bundesländer, den Wissenschaftsrat, die Westdeutsche Rektorenkon-
ferenz sowie weitere zuständige Stellen, Behörden und Vereinigungen
gesandt wurde. In dieser Entschließung sprachen sich der DVT und die
Agricola-Gesellschaft unter anderem dafür aus:

*1. Forschung und Lehre in der Naturwissenschafts- und Technikgeschichte
an den Hochschulen, Gesamthochschulen und Fachhochschulen hauptamtlich
zu betreiben,*
*2. die Geschichte der Naturwissenschaften und der Technik als Wahlfächer
bzw. Pflichtfächer in die Studien- und Prüfungspläne der Hochschulen aufzu-
nehmen,*
*3. Lehramtskandidaten einen Teil ihrer Staatsprüfung auch in Technik-
und Naturwissenschaftsgeschichte ablegen zu lassen,*
*4. die naturwissenschaftliche und technische Entwicklung künftig in den
Schulbüchern sowie den Bildungsangeboten der Volkshochschulen stärker zu
berücksichtigen sowie*
*5. die Unternehmer der Wirtschaft mehr als bisher auf die Bedeutung der
Technik und Naturwissenschaften hinzuweisen und verstärkt deren ideelle
und materielle Förderung für die Naturwissenschafts- und Technikgeschichte
zu erlangen.*

Trotz dieser weitreichenden Aktivitäten verlor die Agricola-Gesellschaft ihr ursprüngliches Anliegen, die Herausgabe von bedeutenden
technikgeschichtlichen Werken, nicht aus dem Auge. Im Jahr 1968
konnte endlich die − zunächst durch den Zweiten Weltkrieg verhin-
derte − Publikation der von Hans Schimank unter der Mitarbeit von
H. Gossen, G. Maurach und F. Krafft übersetzten und herausgegebe-
nen Schrift „Neue (sogenannte) Magdeburger Versuche über den lee-
ren Raum" von Otto von Guericke im Namen der Agricola-Gesellschaft erscheinen. 1977 konnte die so eng mit der Geschichte der
Agricola-Gesellschaft verknüpfte Schrift über die „Zwölf Bücher
vom Berg- und Hüttenwesen" durch eine dtv-Taschenbuch-Ausgabe
einer breiteren Öffentlichkeit zugänglich gemacht werden. Sie fand
ein so großes Echo, daß sie bereits 1980 eine zweite und im Agricola-
Jubiläumsjahr 1994 eine dritte Auflage erlebte. An diesen Auflagen −
ebenso wie an der 1977 erschienenen vierten Auflage der großen

Agricola-Ausgabe war die Gesellschaft an diesen Veröffentlichungen mit namhaften finanziellen Zuschüssen beteiligt.

1984 erschien dann mit der finanziellen Unterstützung der Agricola-Gesellschaft das von Eberhard Knobloch herausgegebene Werk von Mariano Taccola „De Rebus Militaribus"; wenig später folgte die Publikation der Übersetzung derjenigen Teile der „Historia Naturalis" von Plinius dem Älteren, die sich mit Kupfer und Kupferlegierungen beschäftigen. Sie wurde 1985 von der Projektgruppe „Plinius" der Gesellschaft Deutscher Chemiker in den „Schriften der Agricola-Gesellschaft" veröffentlicht.

Neben der Neuauflage großer technik-historischer Werke bemühte sich die Agricola-Gesellschaft intensiv um die Technikgeschichtsschreibung der Gegenwart. Direkt durch Druckkostenzuschüsse oder indirekt durch Forschungsstipendien, Reisekostenzuschüsse u.ä. werden bis heute zahlreiche Dissertationen, Forschungsberichte, Monographien und Zeitschriften gefördert. Zu erwähnen sind hier besonders die Aktivitäten der Agricola-Gesellschaft für die Zeitschriften „Kultur & Technik" und „Technikgeschichte": Von 1979 bis Ende 1993 erschien die vom Deutschen Museum herausgegebene Zeitschrift „Kultur & Technik" in der Zusammenarbeit mit der Gesellschaft, die sie als Publikationsorgan für ihre Mitteilungen und Artikel benutzte. Nach einer Unterbrechung von einem Jahr wurde Anfang 1995 diese Zusammenarbeit wieder aufgenommen. Seit 1984 förderte die Gesellschaft die Erarbeitung eines Gesamtregisters der Zeitschrift „Technikgeschichte" des VDI Verlages – bis zu ihrer Abgabe durch den Verlag. Hier wurden in in den ersten Jahrgängen nach 1965 auch die Referate und Disskussionsbeiträge der „Gespräche des 19. Jahrhunderts" veröffentlicht.

Im Jahr 1975 erschien erstmals eine selbständige Schrift der Georg-Agricola-Gesellschaft in einem silbergrauen Umschlag; sie war der Anfang der eigenen Schriftenreihe der Gesellschaft, die unter dem Namen „silbergraue Hefte" bekannt wurden. Durch den Abdruck der auf den Jahreshauptversammlungen gehaltenen Vorträge dokumentierte die Gesellschaft auch nach außen hin die Breite ihres wissenschaftlich-historischen Spektrums. Ein von der Gesellschaft finanziertes Sonderheft dieser Reihe informierte 1981 die Teilnehmer des XVI. Internationalen Kongresses für Wissenschaftsgeschichte in Bukarest über die Fortschritte und den Stand der „Naturwissenschafts- und Technikgeschichte in der Bundesrepublik Deutschland und in West-Berlin 1970–1980" (Sonderdruck der von Fritz Krafft 1980 in den Berichten für Wissenschaftsgeschichte veröffentlichten Übersicht).

Eine besondere Auszeichnung erfuhr die Georg-Agricola-Gesellschaft auf ihrer Jahrestagung 1980 in Bonn durch einen Empfang bei
dem damaligen Bundespräsidenten Professor Dr. Karl Carstens, in
dessen Verlauf der Vorstand der Gesellschaft unter seinem Vorsitzenden, Professor Dr. Wilhelm Dettmering, Gelegenheit fand, dem Bundespräsidenten die Aufgaben und Ziele der Gesellschaft zu erläutern.

Diese Aufgaben hatten sich seit 1960 erheblich erweitert. Die dafür
notwendigen Mittel vermochte die Gesellschaft aus den Beiträgen
ihrer Mitglieder, den ihr zufließenden Spenden, den Erträgen aus
ihren Verlagsrechten und den Zinsen ihres Vermögens aufzubringen.
Aber nicht immer war es einfach, die Finanzierung ihrer vielfältigen
Ziele zu realisieren. Vor allem Ende der sechziger Jahre bereitete ein
Rückgang der Mitglieder erhebliche Sorgen und forderte organisatorische und inhaltliche Konsequenzen. Man einigte sich innerhalb der
verschiedenen Gremien der Gesellschaft auf eine Straffung der Arbeitsbereiche unter Konzentration auf Förderung wissenschaftlicher
Arbeiten, die Neuherausgabe alter Werke auf dem Gebiet der exakten
Naturwissenschaften und der Technik sowie die Unterstützung der
auf diesen Gebieten arbeitenden Institute. Zunehmend wurde deutlich, daß die Agricola-Gesellschaft eine Art Dachverband der im
Deutschen Verband technisch-wissenschaftlicher Vereine zusammen-
geschlossenen Verbände und Vereine mit naturwissenschafts- und
technikhistorischen Interessen darstellte und damit hier einen so brei-
ten Themenbereich ansprach wie keine andere Gesellschaft in der
Bundesrepublik. Im Mittelpunkt ihres Wirkens stand daher die Aufklärung über und die Werbung für die große Bedeutung der Geschichte der Naturwissenschaften und der Technik in Vergangenheit
und Gegenwart ebenso wie die Bedeutung von Technik und Naturwissenschaft überhaupt in unserer modernen Industriegesellschaft. Am
wirksamsten war dies durch ältere und neuere Publikationen zur ge-
genwärtigen Situation von Technik und Gesellschaft wie zur Geschichte der Naturwissenschaften und der Technik zu erreichen. Seit
Beginn der achtziger Jahre lag hier der Schwerpunkt der Arbeit der
Agricola-Gesellschaft.

Neben dieser inhaltlichen Konzentration trugen auch organisatorische Neuerungen zur Konsolidierung der Gesellschaft bei. Im Jahr
1972 gab man die bisherige Beschränkung der Mitgliedschaft auf Körperschaften und Vereinigungen auf und öffnete die Agricola-Gesellschaft auch persönlichen Mitgliedern. Bereits drei Jahre später zählte
die Gesellschaft mit 44 Personen und 27 Unternehmen bereits mehr
persönliche als korporative Mitglieder; bis 1985 wuchs diese Zahl auf

289 Personen an. Die Agricola-Gesellschaft hatte sich damit von einer Förder- zu einer Mitgliedergesellschaft gewandelt. Mit einer dadurch deutlich gestärkten finanziellen Rückendeckung konnte man so voller Stolz und auch mit Zuversicht vom 21. bis zum 23. Oktober 1976 in München die Fünfzigjahrfeier der Agricola-Gesellschaft mit der Enthüllung der Büste des Georgius Agricola im Deutschen Museum und erstmaligen Verleihung der neu gestifteten Gedenkmünze mit den Portraits von Georgius Agricola und Oskar von Miller begehen.

Einen großen Beitrag zur finanziellen Konsolidierung der Gesellschaft leistete die ebenfalls im Jahr 1972 vollzogene Gründung eines Kuratoriums in der Agricola-Gesellschaft. Zu seinen Mitgliedern wurden vom Vorstand der Gesellschaft Persönlichkeiten aus Wissenschaft, Wirtschaft, Politik und Öffentlichkeit berufen, die ihrerseits den Vorstand „bei der Erschließung ideeller und materieller Hilfsquellen für die Zwecke der Gesellschaft" zu unterstützen hatten. Unter der Leitung des Bundesministers a.D. Prof. Dr.-Ing., Dr. h. c. Siegfried Balke (1973–1983) und des Ehrenvorsitzenden des Aufsichtsrates der Bayer AG, Prof. Dr.-Ing. Kurt Hansen (seit 1983) entfaltete dieses jüngste Gremium der Agricola-Gesellschaft ein außerordentlich fruchtbares Wirken für die Belange der Gesellschaft.

Die Hauptlast der Arbeit lag allerdings in Vergangenheit und Gegenwart beim Vorstand, dem Wissenschaftlichen Beirat und bei der Geschäftsführung. Von 1960 bis 1971 war Dr.-Ing. Heinrich Grünewald Vorsitzender des Vorstandes; ihm folgte 1971 bis 1977 Bergassessor a.D. Wilhelm Fries, unter dessen Leitung die Umstrukturierung und Konsolidierung erfolgte. Von 1977 bis 1994 bekleidete das Amt des Vorstandsvorsitzenden der damalige Präsident des Vereins Deutscher Ingenieure, Prof. Dr.-Ing. Wilhelm Dettmering, der in dieser Position das neue Profil der Gesellschaft entscheidend prägte und ihre Belange mit Engagement und großer Umsicht vertrat. Unter seiner Leitung konnte die Gesellschaft in einem knappen Jahrzehnt die Mitgliederzahl mehr als verdoppeln. Als Dank für seine Verdienste ernannte die Gesellschaft Wilhelm Dettmering auf der Jahrestagung der Gesellschaft anläßlich des 500-jährigen Agricola-Jubiläums in Chemnitz zu ihrem Ehrenvorsitzenden. Den Vorstand der Gesellschaft führt seit 1994 Senator h. c. Dr.-Ing. Herbert Gassert.

Bei der Auswahl der förderungswürdigen Projekte sowie bei der fachlichen Beratung stand dem Vorstand der Wissenschaftliche Beirat unter der Leitung der Professoren Dr. Berhard Sticker (1964–1966), Dr. Wilhelm Treue (1966–1979) und Dr. Armin Hermann (seit 1979) zur Seite. Neben den Vertretern von namhaften Verbänden, die sich

für die Förderung der Naturwissenschafts- und Technikgeschichte einsetzen, gehören diesem Gremium auch anerkannte Vertreter der wissenschaftlichen Forschung im Bereich der Naturwissenschafts- und Technikgeschichte an.

Das Wirken und die Ausstrahlung der Gesellschaft ist in starkem Maße von der Arbeit der Geschäftsführung getragen, sie bildet gewissermaßen das organisatorische Fundament der Gesellschaft. In der Nachfolge von Conrad Matschoß und Friedrich Hassler waren für die Agricola-Gesellschaft als Geschäftsführer Dr. F. W. Lehmann (1960–1971), Prof. Dr.-Ing. Kurt Mauel (1971–1974), Dr. Friedrich Benthaus (1974–1982) und Dipl. rer. pol. Rudolf Gabrisch (1982–1994) tätig. In die Zeit der Geschäftsführung von Rudolf Gabrisch fiel die außerordentlich schwierige verwaltungstechnische Abwicklung der vielbändigen Buchreihe „Technik und Kultur", die viel Arbeitskraft und Weitsicht erforderte.

Seit 1994 liegt die Geschäftsführung in den Händen von Dr. Werner Kroker vom Deutschen Bergbaumuseum in Bochum. Entsprechend der 1960 getroffenen Regelung, daß der Ort der Geschäftsstelle zugleich der Sitz der Gesellschaft ist, wechselte dieser Sitz im Lauf der Jahre mit der Geschäftsstelle vom Verein Deutscher Ingenieure in Düsseldorf (1960–1974) zum Steinkohlenbergbauverein in Essen (1974–1982) zum „Haus der Metalle" in Düsseldorf (1982–1994) und schließlich zum Deutschen Bergbaumuseum in Bochum (seit 1994).

Schon immer übten die Mitglieder des Vorstandes, des Wissenschaftlichen Beirates und des Kuratoriums ihre Tätigkeit für die Georg-Agricola-Gesellschaft ehrenamtlich aus. Erst Mitte der achtziger Jahre kam es – im Zusammenhang mit einer neuen, zentralen Aufgabe in der Arbeit der Gesellschaft – zur Einrichtung einer wissenschaftlichen Mitarbeiterstelle. Am 1. April 1985 übernahm Dr. Charlotte Schönbeck diese Position. Ihre Hauptaufgabe war zunächst die redaktionelle Vorbereitung und konzeptionelle Mitarbeit an der von der Gesellschaft geplanten „Kulturenzyklopädie der Technik" und anschließend die Leitung der Gesamtredaktion bei der Erstellung der Buchreihe, deren zehn Bände unter dem Titel „Technik und Kultur" von 1989 bis 1994 erschienen. Der zu diesen Bänden gehörige vorliegende Registerband schließt 1995 das Gesamtwerk ab.

Die Vorbereitungen von „Technik und Kultur" in der Georg-Agricola-Gesellschaft reichen bis zum Beginn der achtziger Jahre zurück. In ersten Umrissen konnte dieses große Projekt bereits anläßlich der Bonner Jahrestagung im November 1980 dem damaligen Bundespräsidenten Dr. Karl Carstens durch den Vorsitzenden der Gesellschaft,

Prof. Dr.-Ing. Wilhelm Dettmering, und den Leiter des Wissenschaftlichen Beirates, Prof. Dr. Armin Hermann, vorgestellt werden. 1981 wurde die Konzeption dann erstmals von Dr. Charlotte Schönbeck auf einer Tagung für Technikgeschichte vorgetragen. Ziel des Projektes sollte es sein, die objektive Darstellung der Technik in den geistigen Räumen der Kultur, Philosophie, Religion, Kunst, Gesellschaft, Politik, Wirtschaft, Zivilisation, Natur und Bildung zu erfassen und für die breite Öffentlichkeit aufzubereiten. Der Wissenschaftliche Beirat führte dazu im Januar 1985 näher aus:

„Die Kulturenzyklopädie der Technik soll über die Technik als eine der großen Kulturleistungen der Menschheit Zeugnis ablegen und durch diese umfassende Information der irrationalen Angst vor der Technik entgegentreten. Das geschieht nicht durch eine euphorische Darstellung, sondern durch eine wissenschaftlich kritische Aufarbeitung dieses komplexen und kontroversen Themas, in der die positiven und die negativen Seiten technischer Entwicklung in gleicher Weise gewürdigt werden. Denn nur so wird die Kulturenzyklopädie der Technik ihre Aufgabe erfüllen, als Arbeitsinstrument und zur Urteilsfindung für Wissenschaftler, Techniker, Lehrer und Studenten wie für Journalisten und interessierte Laien zu dienen.‟

Mit „Technik und Kultur‟, ihrem Schwerpunktprojekt von Mitte der achtziger bis Mitte der neunziger Jahre, will die Agricola-Gesellschaft die Bedeutung der Technik für die materielle und ideelle Kultur unter systematischen und historischen Gesichtspunkten herausarbeiten. Die Gesellschaft ist überzeugt, daß sie damit ihrer eigentlichen Zielsetzung, der ideellen und materiellen Förderung der Geschichte der Naturwissenschaften und der Technik, neue und entscheidende Impulse verleihen wird.

Die Realisierung dieses langjährigen Hauptanliegens forderte von der Gesellschaft die Konzentration aller arbeitsmäßigen Möglichkeiten und aller finanziellen Mittel, so daß in diesem Zeitraum die Förderung anderer technik- und wissenschaftshistorischer Projekte in den Hintergrund treten mußte. Nach erfolgreichem Abschluß von „Technik und Kultur‟ wird sich die Agricola-Gesellschaft wieder neuen Zielen im Bereich der Förderung der Geschichte der Naturwissenschaften und der Technik zuwenden.

Durch die deutsche Wiedervereinigung kann die Gesellschaft nach den langen Jahrzehnten der Trennung in diese neuen Aufgaben wieder Mitglieder aus Sachsen, dem Wirkungsland von Georgius Agricola, und den anderen neuen Bundesländern mit einbeziehen. Die Jahrestagung der Gesellschaft fand 1994 in Chemnitz, im Rahmen der Jubiläumsfeierlichkeiten zum 500. Geburtstag Agricolas, statt. Als Zeichen

der Verbundenheit erneuerten die Städte Chemnitz und Glauchau ihre
Mitgliedschaft in der Agricola-Gesellschaft. In den Wissenschaftlichen
Beirat wurden Mitglieder aus Dresden und Freiberg aufgenommen.
Neue Impulse wird diese Erweiterung der Georg-Agricola-Gesellschaft sicher auch für ihre zukünftige Arbeit bringen, die dem Verständnis von Technik und Naturwissenschaften als prägende Kräfte in
unserer Kultur in Vergangenheit und Gegenwart gewidmet ist.

Eine ausführliche Darstellung der Geschichte der Georg-Agricola-Gesellschaft
findet sich in: Helmuth Albrecht: „60 Jahre Georg-Agricola-Gesellschaft zur
Förderung der Geschichte der Naturwissenschaften und der Technik e. V. 1926–
1986". In: Schriften der Georg-Agricola-Gesellschaft (Sonderheft).